普通高等院校电子信息类专业系列教材

电路分析与应用基础

刘　志　李云栋　毕福昆◎主　编
王艳蓉　张多纳　李　敏◎副主编

中国铁道出版社有限公司
CHINA RAILWAY PUBLISHING HOUSE CO., LTD.

内 容 简 介

本书依据教育部高等学校电子信息科学与电气信息类基础课程教学指导分委员会制定的“电路理论基础”和“电路分析基础”教学基本要求编写。

全书共七章，包括电路的基本概念和基本定律、电路的基本分析方法、动态电路的时域分析、正弦激励下动态电路的稳态分析、耦合电感与变压器、多频正弦稳态电路、拉氏变换在电路分析中的应用。针对一些专业的学习需要，在附录部分介绍了磁路的基础知识。本书除了介绍电路的基本理论和分析方法外，还结合工程实际，介绍了电路理论与分析方法在工程中的诸多应用案例，便于读者理论联系实际，启发创新思维。

本书选材得当，编排合理，注意了与先修课程及后续课程的联系，符合学习及教学规律。本书适合作为普通高等院校电子信息类、电气类专业电路基础课程教材，也可供相关专业工程技术人员参考。

图书在版编目（CIP）数据

电路分析与应用基础 / 刘志，李云栋，毕福昆主编 ；王艳蓉，张多纳，李敏副主编. -- 北京 ：中国铁道出版社有限公司，2025. 1. --（普通高等院校电子信息类专业系列教材）. -- ISBN 978-7-113-31654-9

Ⅰ. TM133

中国国家版本馆 CIP 数据核字第 2024VG4531 号

书　　名：**电路分析与应用基础**
作　　者：刘　志　李云栋　毕福昆

策　　划：闫钇汛　　**编辑部电话**：（010）63549508
责任编辑：闫钇汛　绳　超
封面设计：刘　颖
责任校对：安海燕
责任印制：赵星辰

出版发行：中国铁道出版社有限公司（100054，北京市西城区右安门西街 8 号）
网　　址：https://www.tdpress.com/51eds
印　　刷：河北宝昌佳彩印刷有限公司
版　　次：2025 年 1 月第 1 版　2025 年 1 月第 1 次印刷
开　　本：787 mm×1 092 mm 1/16　**印张**：15　**字数**：347 千
书　　号：ISBN 978-7-113-31654-9
定　　价：45.00 元

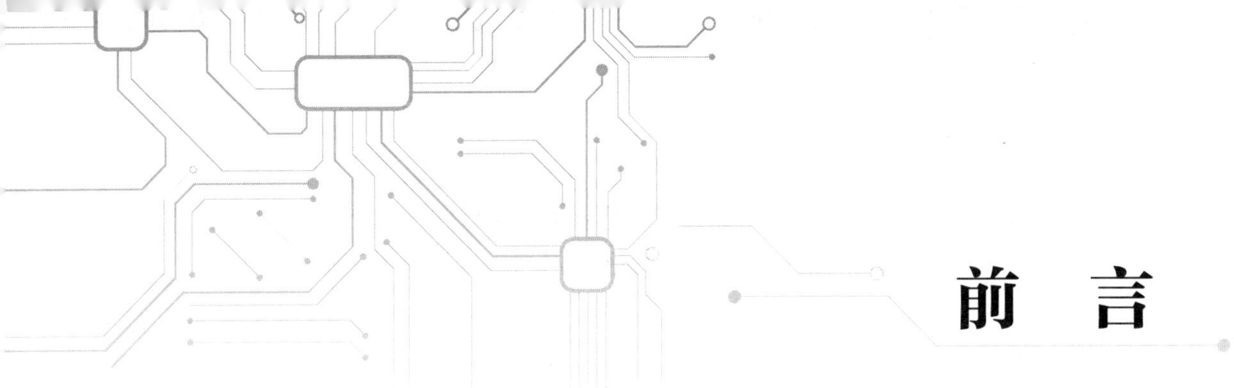

前　言

电路分析课程是电类专业本科生（包括强电类、弱电类本科生）的第一门专业课，在相关专业的课程体系中具有十分重要的地位。本书以《教育部关于深化本科教育教学改革 全面提高人才培养质量的意见》相关精神为指导，依据高等学校电子信息科学与电气信息类基础课程教学指导分委员会制定的“电路理论基础”和“电路分析基础”教学基本要求编写，可满足电子信息、通信工程、微电子、自动控制、电气工程、能源工程、储能工程等专业的教学需要。

本书对电路的基本概念、基本定理和基本分析方法进行了全面阐述。结合应用型本科学生的特点，本书注重基础概念和基本方法的介绍，并配以适量例题及习题以巩固知识点。本书的内容按照直流电阻电路分析→动态电路的时域分析→动态电路的稳态分析→动态电路的 s 域分析→磁路的线索来组织。第 1 章介绍电路的基本概念、基本参数、基本元件和基本定律。第 2 章介绍电路的基本分析方法，包括方程法、叠加法、等效法等分析方法，以及叠加定理、置换定理、戴维南定理、诺顿定理、最大功率传输定理等电路定理。第 3 章介绍动态电路的时域分析，包括电容、电感元件的时域模型和伏安特性，一阶和二阶动态电路的零输入响应、零状态响应、全响应等。第 4 章介绍正弦激励下动态电路的稳态分析，包括正弦量及两类约束的相量表示、相量分析法、正弦稳态电路的功率、三相交流电路等内容。第 5 章介绍耦合电感与变压器，包括互感现象、含耦合电感电路的分析、空心变压器及理想变压器的分析等。第 6 章介绍多频正弦稳态电路，包括频率响应、非正弦周期电流电路、谐振等内容。第 7 章介绍拉氏变换在电路分析中的应用，包括拉普拉斯变换的基本概念、基本性质，以及应用拉普拉斯变换求解高阶动态电路全响应的基本方法。附录部分介绍了磁路基础知识，包括铁磁材料的磁化过程、磁路的基本定律、直流磁路的计算、交流磁路的特点，以及交流铁芯线圈的电路模型等内容。

由于电路课程偏重理论分析的特点，不少读者容易陷入习题求解细节，忽略理论联系实际的基本路线，造成学习积极性不高、思路不开阔、与后续学习与研究脱节等问题。在多年的电路教学实践中，编者发现，将电路原理与具体的工程应用结合起来学习，能够有效激发学习兴趣，乃至启发创新思维。因此，本书在讲述电路基本理论和分析方法的同时，还适当注重相关知识的工程应用，并根据需要从电路原理的角度对应用模型加以简化，聚焦工程应用中的核心问题。除了经典的应用案例外，本书还介绍了电荷泵、汽车点火电路、自动体外除颤仪、交直流电桥、移相器、电容倍增器、漏电保护器、相序仪、电流互感器等案例。为了便于读者理解，在应用案例中适当加强了应用背景的介绍，并为读者留下了进一步阅读与探索的相关线索。

本书由刘志、李云栋、毕福昆任主编，王艳蓉、张多纳、李敏任副主编。其中，第1章由李敏编写，第2章由毕福昆编写，第3章、第4章、附录A由刘志编写，第5章由王艳蓉编写，第6章由李云栋编写，第7章由张多纳编写。全书由刘志统稿。

邢娜、叶青、关晓菡对本书的编写提出了宝贵意见，在此表示感谢。

另外，在本书编写过程中参考了大量的文献及网上资料，在此向这些文献和资料的作者表示衷心的感谢。

由于时间仓促，加之编者水平有限，本书难免存在疏漏之处，也有一些观点需要进一步探讨，敬请读者来信沟通。联系邮箱：lzliu@ncut.edu.cn。

编　者

2024年3月

目 录

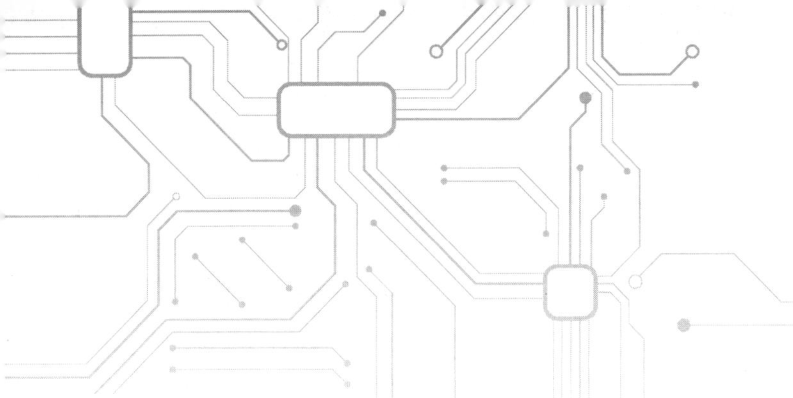

第1章 电路的基本概念和基本定律

电路分析的研究对象是电路模型，而不是实际电路。本章由实际电路出发，介绍电路模型、集总参数电路的基本概念、电路的基本物理量，以及集总参数电路的基本元件与基本定律。

尤其要注意的是，集总参数电路中所有的电压、电流均受到两类条件的制约：一类是元件约束，即元件的电压、电流关系；另一类是拓扑约束，即基尔霍夫定律。两类约束是分析集总参数电路的基本依据。

1.1 电路及集总参数电路模型

1.1.1 从实际电路到电路模型

在现代社会的生产和生活中，电路起着至关重要的作用。小至植入人体的微型芯片，大至长距离的高压输电线路，简单至传统的手电筒，复杂至计算机的中央处理器（CPU），电路都是其中的关键组成部分。

电路是指为了完成某种预期目的而设计、安装、运行的，由电路部件和电路器件相互连接而成的电流通路装置。借助电压或者电流，电路能够完成各种各样的功能。根据电路完成功能的不同，可以分为能量处理电路和信息处理电路两大类。能量处理电路主要涉及电能的产生、输送、分配等内容，典型的如电力系统中的电路，如图 1.1.1 所示。信息处理电路主要涉及信号的加工、变换、测量、控制、计算等内容，典型的如会议扩音系统中的电路，如图 1.1.2 所示。随着微电子技术的快速发展，可以将若干部件、器件制作成电气互连的整体，成为集成电路。目前，集成电路的集成度越来越高，应用越来越广泛，代表着电子技术的发展方向。

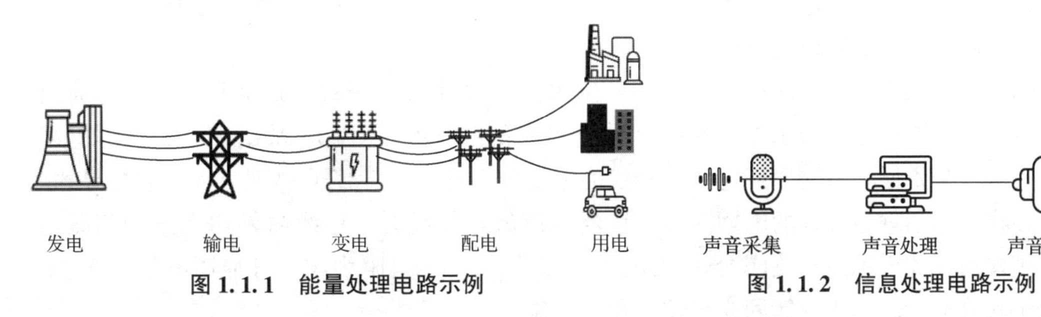

图 1.1.1　能量处理电路示例

图 1.1.2　信息处理电路示例

典型的电路包含三个基本组成部分：电源、负载和中间环节。电源是电能或电信号的发生器，它将其他形式能量（化学能、热能、风能、核能等）转换为电能或电信号。负载是电能或电信号传输的目的器件。在电源作用下，负载上往往会产生电压和电流，将电能转换为其他形式的能量。电源和负载之间通常还连接有一些其他部件或器件，统称为电路的中间环节，它们在电路中起着传输、控制、保护等作用。例如，手电筒电路中的开关、电力系统中的输配电线路及设备、工业控制设备中为了长期安全工作而添加的一些保护装置（如熔断器、热继电器、空气开关）等。

由于电路中的电压、电流是在电源的作用下产生的，因此电源也称为激励源或输入。在激励源作用下，电路中产生的电流、电压称为响应或输出。

构成实际电路的电路部件或器件种类繁多，工作时的物理过程也十分复杂，难以直接对它们进行分析。所幸的是，电路部件或器件在电磁特性方面具有许多相同的地方，可以从电磁特性的角度将它们抽象为一些基本的元件模型。通过不同元件模型的不同组合，得到实际电路对应的电路模型。基于对电路模型的分析，便可以了解实际电路的特性，解释实际电路的行为。通过电路模型来研究实际电路，是电路分析的一个基本原则。

然而，要为一个实际电路部件或器件建立精确的电路模型是非常困难的。这是因为，一个真实的、物理上可实现的电路部件或器件往往不只具有单一的电磁特性，而是兼有多种电磁特性。比如，一个实际电阻器主要呈现电阻的性质。然而，根据电磁感应定律，电流流过电阻器会产生磁场，从而使电阻器兼具电感的性质。反过来，一个实际电感器主要呈现电感的性质。然而，由于导线材料的电导率有限，电感线圈会对电流呈现阻力作用，从而使电感器兼具电阻的性质。为了便于分析，人们常常根据实际需要，在一定工作条件下，对于一类电路部件或器件忽略其次要性质，只选用表征其主要性能的模型来近似表示该类部件或器件，从而简化建模与分析过程。

不同的电路部件或器件，只要具有相同的主要电磁性能，在一定条件下就可以抽象成相同的元件模型。与此同时，同一个电路部件或器件，在不同的近似条件下，得到的元件模型也会有所不同。

1.1.2 集总参数电路模型

如果假设元件工作时的电磁过程只集中在元件的内部，一个元件只反映一种基本电磁现象，且具有精确的数学定义，则称这类元件为集总参数元件，或称理想元件。例如，电阻元件只考虑消耗电能的现象，电感元件只考虑元件内部存储磁场能的现象，电容元件只考虑元件内部存储电场能的现象等。由集总参数元件组成的电路称为集总参数电路。集总参数电路模型是本书的研究对象。

图 1.1.3（a）所示为一个手电筒的实际电路，由电池、开关、灯泡和导线连接而成。其集总参数电路模型如图 1.1.3（b）所示。其中的电池由理想电压源 U_s 和电阻 R_s 的串联组合表示，分别反映电池内部化学能转换为电能及电池本身耗能的物理过程；连接导线用理想导线表示，理想导线的电阻为 0，且当电流流过导线时，导线内外均无电场和磁场；开关用理想开关表示，开关闭合时电阻为 0，开关打开时电阻为∞；灯泡用电阻 R_L 表示，反映了其将电能转换为热能和光能这一物理现象。

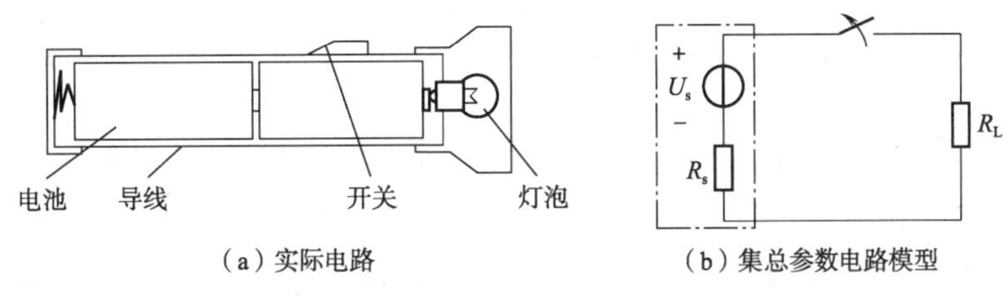

（a）实际电路　　　（b）集总参数电路模型

图 1.1.3　手电筒的实际电路及对应的集总参数电路模型

利用集总参数电路模型建模实际电路需满足两个条件：一是元件材料需满足的条件，比如电阻元件的电导率要比周围介质的电导率大很多，电容元件的介电常数要比周围介质的介电常数大很多等；二是电路尺寸需满足的条件，要求信号从电路一端传输到另一端所需的时间要远小于信号的周期，或电路元件及整个电路的尺寸要远小于信号频率所对应的波长。若电路的尺寸大于最高频率所对应的波长或两者属于同一量级时，便不能采用集总参数电路模型分析，应采用分布参数电路模型。例如，我国电力系统的电源频率为 50 Hz，对应的波长为 $\lambda = \frac{c}{f} = 6 \times 10^6$ m（其中 $c = 3 \times 10^8$ m/s，为光速），远大于一般用电设备的尺寸，因此以该电源作为激励的用电设备都可以使用集总参数电路模型分析。然而，远距离输电线路的尺寸常常达到数千千米，与电源的波长在同一量级，此时就不能采用集总参数电路模型分析，而应考虑到电场、磁场沿传输线分布的现象，使用分布参数模型分析。又如，对于频率为 10^5 MHz 的微波信号来说，其波长为 $\lambda = \frac{c}{f} = 3$ mm，远小于收发电路的尺寸，因此对于使用此微波信号作为激励的电路不能采用集总参数电路模型分析。

本书只讨论集总参数电路。

1.2　电路基本物理量

电路分析的目的是获得给定电路的电性能。电性能通常可以使用一组电路物理量来描述，电路分析的任务便是求解这些物理量。其中，电流、电压和功率是最常用到的电路物理量，下面加以简要介绍。

1.2.1　电流、电压

1. 电流

电流是带电粒子（电子、离子等）的有向运动。通常规定，正电荷的定向运动方向为电流方向。电流的大小以单位时间内通过导电介质截面的电荷量来衡量，用符号 i 表示，即

$$i = \frac{\mathrm{d}q}{\mathrm{d}t} \tag{1.2.1}$$

式中，$\mathrm{d}q$ 为通过导电介质截面的电荷量；$\mathrm{d}t$ 为通过 $\mathrm{d}q$ 所需要的时间。

根据电流的流动方向是否随时间变化，电流可以分为直流和交流。如果电流的大小和方向不随时间变化，则这种电流称为直流。常见的电池所提供的电流就是直流。如果电流

的方向和大小都随时间做周期性变化，则这种电流称为交流。

电路分析中，常常用大写英文字母表示恒定的直流电流，用小写英文字母表示随时间变化的电流。

在式（1.2.1）中，当电荷量的单位为库仑（C），时间的单位为秒（s）时，电流的单位为安培（A），简称“安”。

电流还有较小的单位，如毫安（mA）、微安（μA）和纳安（nA），它们之间的换算关系为

$$1\ \mathrm{A}=10^{3}\ \mathrm{mA}=10^{6}\ \mu\mathrm{A}=10^{9}\ \mathrm{nA}$$

2. 电压

电荷在电路中流动，不可避免地会发生能量转换。电荷在电路中某些部分（如电源）获得能量，而在另外一些部分（如电阻）失去能量。电荷在电源处获得的能量是由电源的化学能、机械能或其他形式的能量转换而来，而在其他部分失去的能量，则可能转化为热能、化学能、磁场能等。

为了研究电路的能量转换，除了定义“电流”概念外，人们还定义了“电压”概念，它是指单位正电荷从电路中的一点移动到另一点，电场力所做的功。设电路中电荷量为 $\mathrm{d}q$ 的正电荷从 A 点移动到 B 点，所获得或失去的能量为 $\mathrm{d}w$，则 A、B 两点间的电压表示为

$$u=\frac{\mathrm{d}w}{\mathrm{d}q} \tag{1.2.2}$$

在式（1.2.2）中，若 $\mathrm{d}w$ 的单位为焦耳（J），$\mathrm{d}q$ 的单位为库仑（C），则电压的单位为伏特（V），简称“伏”。

1.2.2 电流、电压的参考方向

1. 参考方向

由于电流与电压均有方向，故在对电路进行分析之前，必须事先指定它们的方向。单电源电路的支路电流、电压方向很容易确定，但多电源情况下则往往难以确定。

为了在确定电流、电压的实际方向之前，使电路分析工作能够得以进行，可以先为电流或电压假定一个正方向，这个假定正方向称为参考方向。在参考方向下，经计算得到的电流或电压值如果是负值，则意味着电流或电压的实际方向与参考方向相反，否则与参考方向相同。

如图 1.2.1 所示，假设实箭头表示电流的参考方向，虚箭头表示电流的实际方向。当电流的实际方向与参考方向一致时，电流为正值，如图 1.2.1（a）所示，否则电流为负值，如图 1.2.1（b）所示。

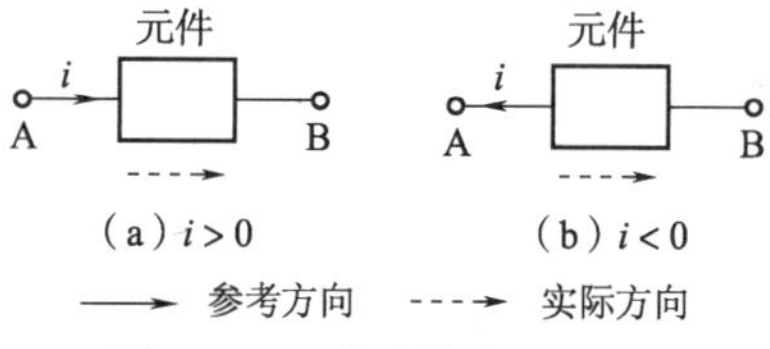

(a) $i>0$　　(b) $i<0$

图 1.2.1　电流的参考方向

习惯上，使用箭头来标注电流的参考方向，该箭头可以标注在电流的导线上，如图 1.2.1 所示，也可以标注在导线旁边。

电压参考方向有三种标注法：箭头标注法、符号标注法、双下标字母标注法，如图 1.2.2 所示。

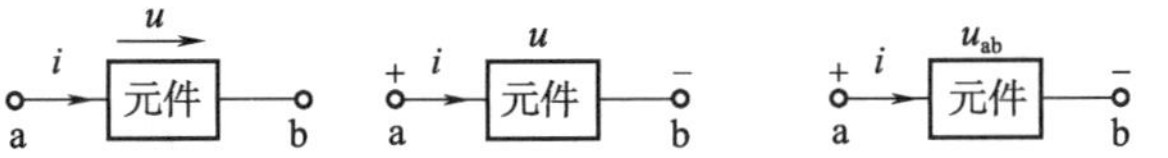

（a）箭头标注法　（b）符号标注法　（c）双下标字母标注法

图 1.2.2　电压的参考方向及标注法

2. 关联参考方向

原则上说，元件或支路的电流和电压参考方向可以独立地任意指定。然而，同一个元件上的电流和电压毕竟是两个具有关系的物理量，如果在指定参考方向时考虑了这种关系，则会给后面的分析过程带来一定的便利。由于大多数情况下，同一个电路元件的电压和电流往往具有相同的方向，因此，在定义一个元件的电压和电流参考方向时，最好将它们定义为相同的方向，把按这种方法定义的参考方向称为关联参考方向，如图 1.2.3 所示。

（a）关联参考方向　（b）非关联参考方向

图 1.2.3　关联参考方向与非关联参考方向

例 1.2.1　图 1.2.4（a）所示电路中，变量 I_s、I_5、U_{R_3}、U_{R_2} 未标出参考方向。试为它们标出参考方向，使得四个元件上的电压、电流均为关联参考方向。

解　按照电流参考方向与电压参考方向一致的原则，标注出各变量的参考方向，如图 1.2.4（b）所示。

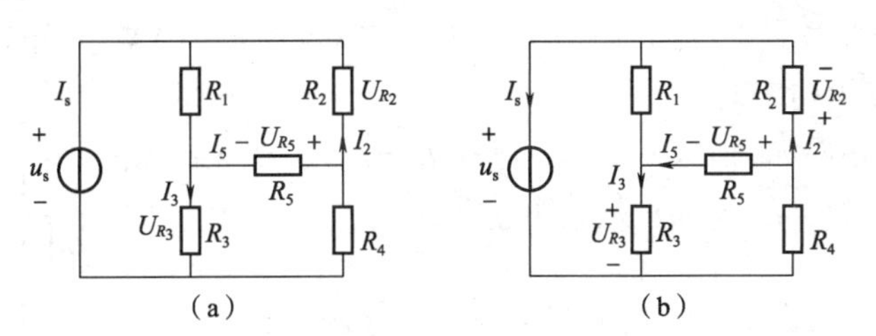

图 1.2.4　例 1.2.1 图

1.2.3　功率

在电路元件内部，电源所产生的电场力将驱使正电荷从高电位端经元件移动到低电位端，即电场力对电荷做功，把电能提供给用电元件。如果元件两端的电压为 u，那么电源对该元件所做的功为

$$dw = u dq \tag{1.2.3}$$

由于 $i = \frac{dq}{dt}$，在元件电流 i 与电压 u 为关联参考方向的条件下，式（1.2.3）可以写成

$$dw = u i dt \tag{1.2.4}$$

当电压单位为伏特（V），电流单位为安培（A），时间单位为秒（s）时，功的单位为焦耳（J），简称“焦”。在工程上，通常用千瓦·时（kW·h）作为功的单位，1 kW·h 又称 1 度电。

单位时间内电流所做的功称为电功率，表示为

$$p = \frac{\mathrm{d}w}{\mathrm{d}t} = ui \tag{1.2.5}$$

电功率的单位为瓦特（W），简称“瓦”。

另外，从式（1.2.5）可以看出，电路元件并不是任何时刻都在吸收电能。当元件电压 u 与电流 i 的实际方向相同时，式（1.2.5）的计算结果为正，意味着电场力对正电荷做功，元件吸收电能；反之，计算结果为负，意味着电场力对正电荷做负功，元件向外释放电能。

确定元件功率方向的方法有多种。为了简便，本书采用统一的处理办法如下：

若元件的电压 u 与电流 i 为关联参考方向，则功率计算式为 $p = ui$；

若元件的电压 u 与电流 i 为非关联参考方向，则功率计算式为 $p = -ui$。

根据上述两式求得的功率 p 的正负号来判断功率的方向：若 $p > 0$，则元件吸收功率；若 $p < 0$，则元件提供功率。

例 1.2.2 元件的参考方向如图 1.2.5 所示。已知电流 i 的实际方向为自 A 点流向 B 点，其值为 2 A。

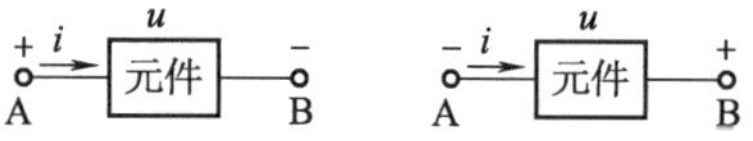

（1）图 1.2.5（a）中，元件两端的电压 u 为 5 V，求元件的功率，判断功率的流向。

（2）图 1.2.5（b）中，元件两端的电压 u 为 5 V，求元件的功率，判断功率的流向。

图 1.2.5　例 1.2.2 题图

解　（1）u、i 为关联参考方向，有 $p = ui = 2 \times 5\ \text{W} = 10\ \text{W}$。由于 $p>0$，因此元件的功率为 10 W，为吸收功率。

（2）u、i 为非关联参考方向，有 $p = -ui = -2 \times 5\ \text{W} = -10\ \text{W}$。由于 $p<0$，因此元件的功率为 10 W，为提供功率。

例 1.2.3 直流电路如图 1.2.6 所示。已知 $U_1 = 4$ V，$U_2 = -2$ V，$U_3 = 6$ V，$I = 2$ A，求各元件吸收或提供的功率 P_1、P_2 和 P_3，并求整个电路的功率 P。

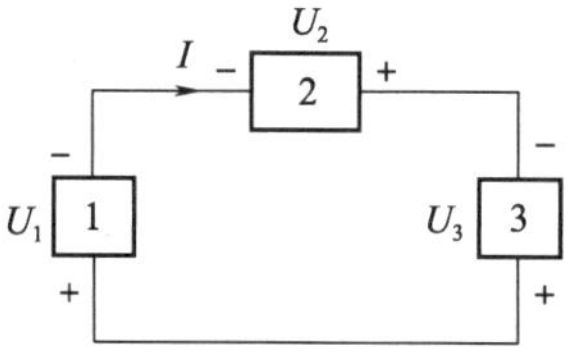

图 1.2.6　例 1.2.3 题图

解　元件 1 的电压参考方向与电流参考方向关联，故

$$P_1 = U_1 I = 4 \times 2\ \text{W} = 8\ \text{W}\ (\text{吸收})$$

元件 2 和元件 3 的电压参考方向与电流参考方向非关联，故

$$P_2 = -U_2 I = -(-2) \times 2\ \text{W} = 4\ \text{W}\ (\text{吸收})$$

$$P_3 = -U_3 I = -6 \times 2\ \text{W} = -12\ \text{W}\ (\text{提供})$$

整个电路的功率为

$$P = P_1 + P_2 + P_3 = (8 + 4 - 12)\ \text{W} = 0\ \text{W}$$

说明：在一个完整的电路中，根据功率守恒定律，一定有提供的功率=吸收的功率。

各种电路器件（电灯、电烙铁、电阻器等）都有所谓的额定值，如额定电压、额定电流和额定功率等。使用电路器件时不应超过其额定电压、额定电流或额定功率，否则可能因过热而烧坏器件。

例 1.2.4 已知某实验室有额定电压 220 V、额定功率 100 W 的白炽灯 12 盏，额定电压 220 V、额定功率 2 kW 的电炉两台，均并联工作在额定状态。求总功率、总电流和这些用电设备在 2 h 内消耗的总电能。

解　总功率为

$$P=(100\times 12+2\ 000\times 2)\ \text{W}=5\ 200\ \text{W}$$

总电流为

$$I=\frac{P}{U}=\frac{5\ 200}{220}\ \text{A}=23.6\ \text{A}$$

总电能为

$$W=Pt=5\ 200\times 2\ \text{W}\cdot\text{h}=10\ 400\ \text{W}\cdot\text{h}=10.4\ \text{kW}\cdot\text{h}$$

1.3　基本电路元件

电路元件是由实际电路部件或器件抽象得到的电路中最基本的元件。元件通过端子与外部电路相连。在集总参数假设下，每种元件通过元件端子的两种物理量之间的代数函数关系来反映一种确定的电磁性质。

除电源外，电路中的基本元件有电阻、电容和电感三类，其中电阻是耗能元件，而电容和电感是储能元件，它们具有截然不同的电磁特性。本节主要介绍电阻元件和电源元件。

1.3.1　电阻元件

1. 电阻元件的定义

电阻器是电路中不可或缺的器件，在分压、限流、积分、延时、滤波等各种电路中有应用。图 1.3.1（a）所示为常见电阻器实物。

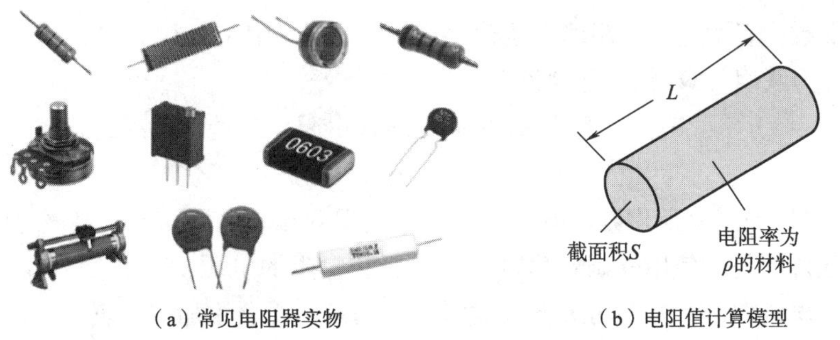

（a）常见电阻器实物　　（b）电阻值计算模型

图 1.3.1　常见电阻器实物及电阻值计算模型

实际电阻器通常由合金或碳化合物制成，其电阻值与所用材料的类型、材料的截面积与长度等参数有关。一段截面积为 S，长度为 L，电阻率为 ρ 的材料，如图 1.3.1（b）所示，其电阻值可以通过式（1.3.1）确定。

$$R=\rho\frac{L}{S} \tag{1.3.1}$$

式中，电阻率 ρ 的单位为 $\Omega\cdot\text{m}$。良导体的电阻率小，如铜、铝等；绝缘体的电阻率大，如云母、纸张等。

电阻元件是从实际电阻器抽象出来的理想元件模型，只反映元件对电流呈现阻力作用这一电磁性质。当电流流过电阻时，电阻两端会产生电压降。

电阻元件的一般定义为：如果任一时刻，一个二端元件的端电压 u 和电流 i 之间的关

系可以用 u-i 平面上的一条过原点的曲线决定，如图 1.3.2 所示，则称该元件为电阻元件。用函数表示为

$$u = f(i) \tag{1.3.2}$$

由于该曲线描述了电阻元件的电压与电流间的特性关系，因此常称其为电阻的伏安特性曲线。

2. 线性电阻的伏安关系

根据 u-i 平面上曲线的特点，电阻元件可以分为线性电阻和非线性电阻。若某电阻元件在 u-i 平面上的伏安特性曲线是一条过原点的直线，且不随时间变化，则称此电阻元件为线性时不变电阻。本书仅研究线性时不变电阻，以下简称电阻。图 1.3.3 所示为线性电阻的符号及其伏安特性曲线。

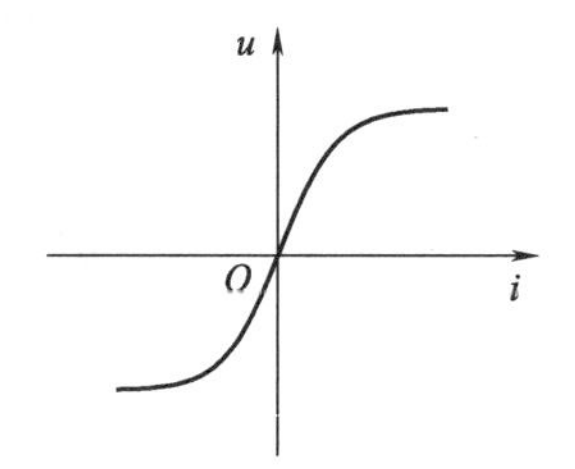

图 1.3.2　定义电阻元件

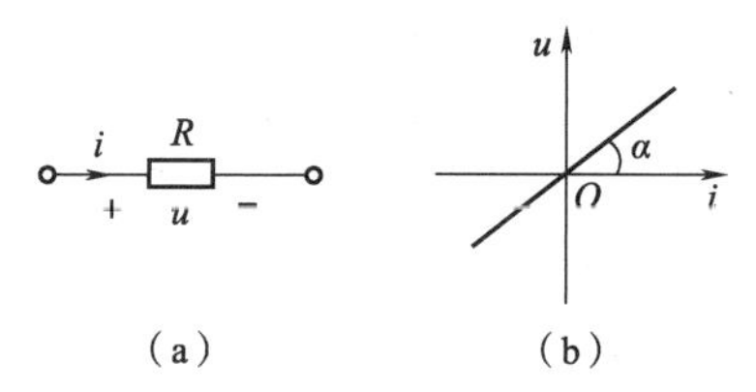

图 1.3.3　线性电阻的符号及其伏安特性曲线

假设电阻的电压和电流取关联参考方向，如图 1.3.3（a）所示，则电阻元件的电压、电流关系，即伏安关系（简称 VCR）可以表示为

$$u = Ri \tag{1.3.3}$$

式中，R 为常数，表示线性电阻的电阻值。当 u 的单位为伏特（V），i 的单位为安培（A）时，R 的单位为欧姆（Ω），简称“欧”。

由图 1.3.3（b）可知，R 正是 u-i 平面上线性电阻伏安特性曲线的斜率，即

$$R = \tan\alpha \tag{1.3.4}$$

式（1.3.3）正是众所周知的欧姆定律，即电阻两端的电压 u 与流过该电阻的电流 i 成正比。需要强调的是，使用欧姆定律时，一定要和电阻的电压、电流参考方向相匹配。若电阻的电压和电流取非关联参考方向，此时的欧姆定律需要添加一个负号，即

$$u = -Ri \tag{1.3.5}$$

3. 电导

关联参考方向下，电阻元件的电压、电流关系式可以改写成下面的形式：

$$i = Gu \tag{1.3.6}$$

式中，$G=\dfrac{1}{R}$，即电阻 R 的倒数，称为电导，可用来衡量元件传导电流的强弱程度，单位为西门子（S），简称“西”。

4. 开路与短路

当一个电阻元件的端电压不论为何值，流过它的电流恒为零时，则称该电阻处于“开路”状态。由式（1.3.6）可知，处于开路状态的电阻元件的电导 $G=0$，即其电阻值 $R=\infty$。在 u-i 平面上，开路电阻元件的伏安特性曲线与电压轴重合，如图 1.3.4（a）所示。

当流过一个电阻元件的电流不论为何值，其端电压恒为零时，则称该电阻处于“短路”状态。由式（1.3.3）可知，处于短路状态的电阻元件的电阻值 $R=0$，即其电导值 $G=\infty$。在 u-i 平面上，短路电阻元件的伏安特性曲线与电流轴重合，如图 1.3.4（b）所示。

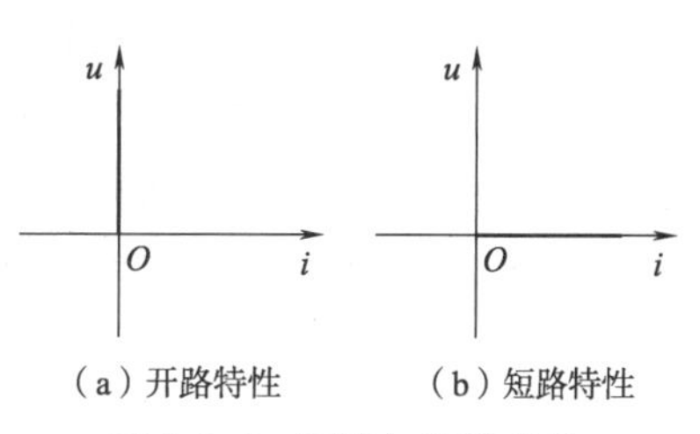

图 1.3.4　开路与短路特性

5. 电阻元件的电功率

当电压和电流取关联参考方向时，电阻元件消耗的功率为

$$p=ui=Ri^2=\frac{u^2}{R}=Gu^2=\frac{i^2}{G} \tag{1.3.7}$$

由于 R 和 G 为正实常数，可知电阻元件功率 p 恒大于或等于零，所以电阻元件是一种耗能元件，其吸收的电能通常转换成热能、光能，以及其他形式的能量。

6. 现实中常见的电阻元件

除了大家熟悉的各类电阻元件以外，还有许多其他电气设备在分析过程中可以等效为电阻元件模型（有关等效的概念将在第 2 章讲述）。一般来说，通过消耗电能并将其转换为其他形式的能量，如热能、光能、声能、动能等的电气设备，在分析时都应该包含电阻元件模型。

比如，白炽灯泡将电能转换为光能与热能，电炉、电热器、电烤箱将电能转换为热能，扬声器将电能转换为声能等。在分析时，都可以考虑为电阻元件模型。

1.3.2　理想电压源与理想电流源

电源是为电路提供电能量的部件，如图 1.3.5 所示。如果没有电源，单纯由纯电阻组成的电路中是不会存在电压和电流的。实际电源包括各种形式的发电机、电池、信号源等。电源元件是从实际电源抽象得到的二端有源元件。根据呈现的主要电磁特性不同，电源元件可以分为电压源和电流源两种。

图 1.3.5　常见电源

1. 理想电压源模型与实际电压源模型

如果电源的输出电压不受流过电源电流的影响，则称这种电源为理想电压源。理想电压源可表示为

$$u(t)=u_s(t) \tag{1.3.8}$$

式中，$u_s(t)$ 为给定的时间函数，称为激励电压。

理想电压源的输出电流与外接电路的参数有关。

理想电压源的伏安特性（即电源的外特性）及图形符号如图 1.3.6 所示。当 $u_s(t)$ 为恒定值（例如 U_s）时，这种电压源称为恒定电压源或直流电压源。在电路图中，有时用图 1.3.6（c）所示符号来表示直流电压源，其中长线表示电源“+”端。

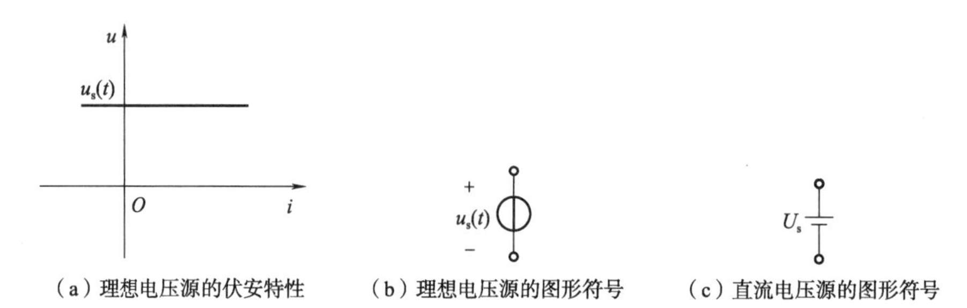

（a）理想电压源的伏安特性　（b）理想电压源的图形符号　（c）直流电压源的图形符号

图 1.3.6　理想电压源的伏安特性及图形符号

实际电压源的端电压会受到输出电流的影响。当电压源向外输出电流时，其端电压会有所下降，且输出电流越大，端电压的下降幅度越大。这是由于实际电压源内部不可避免地存在内电阻（简称内阻），它对电流产生阻碍作用，在电压源内部产生一部分压降。根据这一特点，实际电压源可表示为理想电压源与一个线性电阻元件的串联，如图 1.3.7 所示。

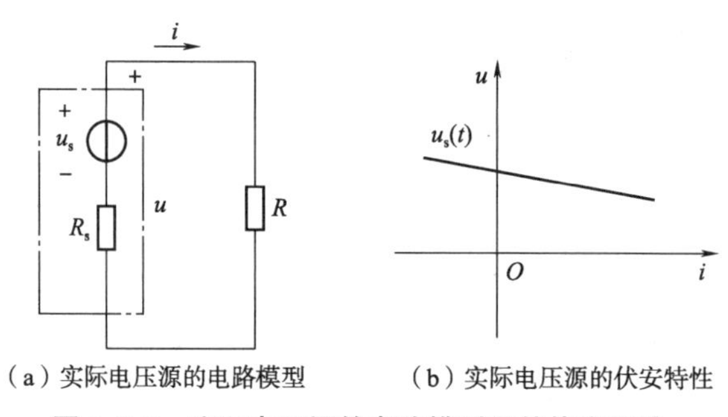

（a）实际电压源的电路模型　（b）实际电压源的伏安特性

图 1.3.7　实际电压源的电路模型及其伏安特性

工程应用中，希望实际电压源的内阻越小越好。

2. 理想电流源模型与实际电流源模型

如果电源的输出电流完全不受电源两端电压的影响，则称这种电源为理想电流源。理想电流源的输出可表示为

$$i(t)=i_s(t) \tag{1.3.9}$$

式中，$i_s(t)$ 为给定的时间函数，称为激励电流。

理想电流源的端电压与外接电路的参数有关。

图 1.3.8（a）所示为理想电流源的伏安特性，它是一条不通过原点且与电压轴平行的直线。理想电流源的图形符号如图 1.3.8（b）所示。

实际电流源的输出电流会受到端电压的影响。随着端电压增大，实际电流源的输出电流会减小。这是由于电源内阻产生了分流作用。根据这一特点，实际电流源可表示为理想电流源与一个线性电阻元件的并联，如图 1.3.9 所示。

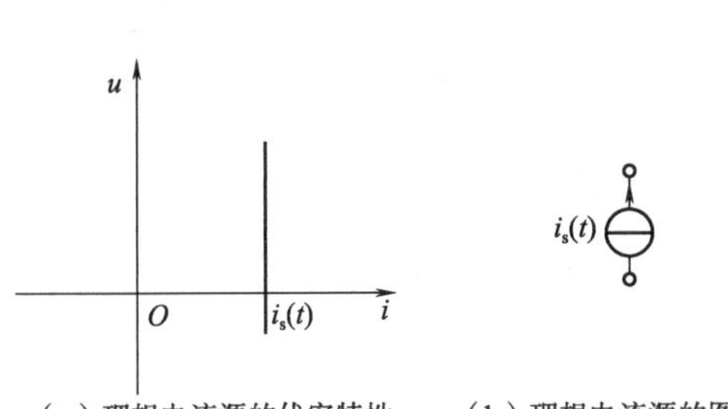

（a）理想电流源的伏安特性　（b）理想电流源的图形符号

图 1.3.8　理想电流源的伏安特性及图形符号

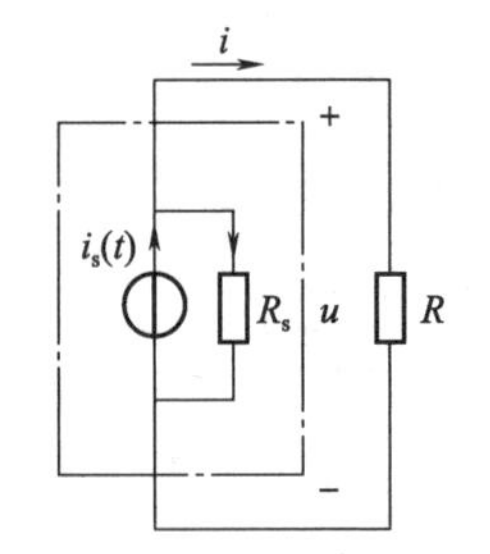

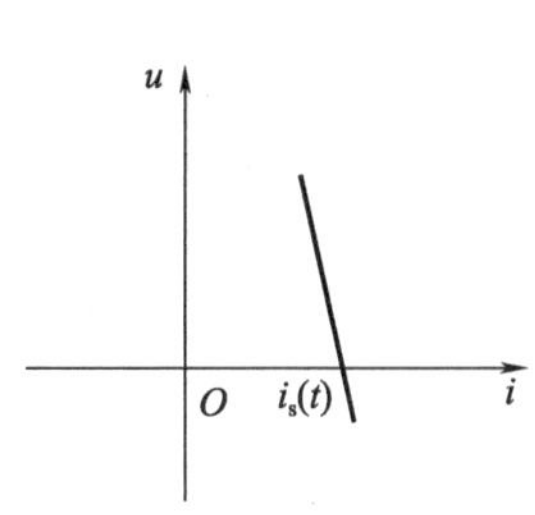

（a）实际电流源的电路模型　（b）实际电流源的伏安特性

图 1.3.9　实际电流源的电路模型及其伏安特性

工程应用中，希望实际电流源的内阻越大越好。

3. 现实中的常见电源

现实中的电源种类有很多，除了干电池、蓄电池、各类发电机（水力、火力、风力、核能等）外，还有光电二极管、太阳能电池等。

光电二极管能够将光能转换为电流输出，输出电流的幅度与入射光的强度有关，且基本不受外电路的影响。因此，光电二极管常用电流源模型进行建模。太阳能电池是新能源领域的代表之一，可以把它看成感光面积很大的光电二极管，由于感光面积很大，它可提供比普通光电二极管大得多的功率。

1.3.3　受控源

上一小节介绍电源模型中，理想电压源的输出电压由其内部特性决定，独立于电路的其他部分；理想电流源的输出电流由其内部特性决定，独立于电路的其他部分。这两种电源被统称为独立源。

在电路中，还存在另外一种重要情形，即某个器件两端的电压由电路中其他部分的电压或电流决定，或者某个器件的输出电流由电路中其他部分的电压或电流决定。例如电子电路中常用的三极管器件，在一定条件下，集电极的电流受到基极电流的控制，是基极电流的比例放大。这类器件无法用上述的电阻、独立电压源、独立电流源等二端器件来建模。为了分析含有这类部件或器件的电路，人们将其建模为受控源模型，简称受控源。

受控源由两条支路组成，一条为控制支路，另一条为受控支路。根据受控量的不同，受控源模型可以分为受控电压源和受控电流源两种。根据控制量的不同，受控源模型可以分为电压控制和电流控制两种。因此，依据控制量和受控量的不同，一共有四种受控源，即电压控制电压源（voltage controlled voltage source，VCVS）、电压控制电流源（VCCS）、电流控制电压源（CCVS）和电流控制电流源（CCCS）。

如果控制量和受控量之间是线性关系，则称这种受控源为线性受控源。本书只讨论线性受控源。图 1.3.10 所示为四种线性受控源的电路模型。为了与表示独立源的圆形符号相区别，受控源中的电源部分都采用菱形符号。

图 1.3.10 中的μ、g、r和β为控制系数，均为常量。其中μ和β无量纲，分别称为转移电压比、转移电流比；r具有电阻的量纲，称为转移电阻；g具有电导的量纲，称为转移电导。

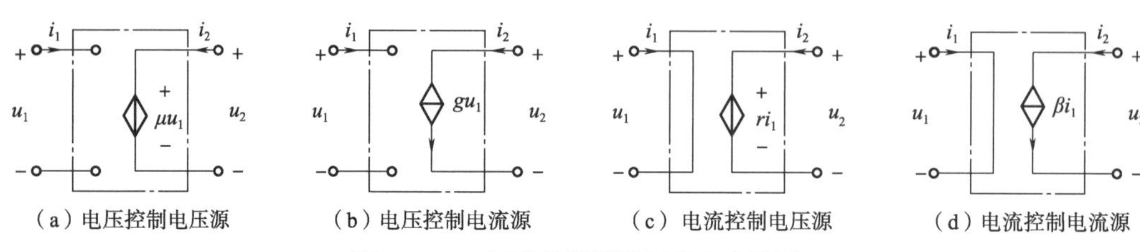

（a）电压控制电压源　（b）电压控制电流源　（c）电流控制电压源　（d）电流控制电流源

图 1.3.10　四种线性受控源的电路模型

由图 1.3.10 可以看出，与电阻元件只有两个端子不同，受控源有四个端子，且是一种二端口电阻元件。二端口元件需要使用两个方程来描述其端口特性（关于二端口的概念将在第 2 章讲述）。对于图 1.3.10 所示的受控源，描述方程如下：

（1）对于图 1.3.10（a）所示的电压控制电压源，方程为

$$i_1 = 0,\ u_2 = \mu u_1$$

（2）对于图 1.3.10（b）所示的电压控制电流源，方程为

$$i_1 = 0,\ i_2 = g u_1$$

（3）对于图 1.3.10（c）所示的电流控制电压源，方程为

$$u_1 = 0,\ u_2 = r i_1$$

（4）对于图 1.3.10（d）所示的电流控制电流源，方程为

$$u_1 = 0,\ i_2 = \beta i_1$$

受控源的功率为控制支路和受控支路的功率之和。在图 1.3.10 定义的参考方向下，受控源的功率可以统一表示为

$$p = u_1 i_1 + u_2 i_2$$

由于控制支路不是开路（$i_1 = 0$）便是短路（$u_1 = 0$），因此控制支路的功率总等于零。因此只需计算受控支路的功率，即

$$p = u_2 i_2$$

例 1.3.1　在图 1.3.11 中，电压控制电压源的控制系数 $\mu = 4$。求电流 i 以及受控源的功率。

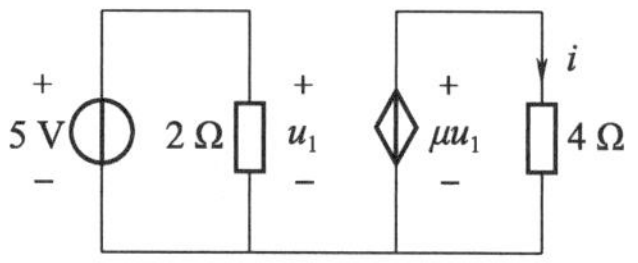

图 1.3.11　例 1.3.1 图

解　先求控制量：$u_1 = 5\ \text{V}$。

再求受控源电压：$\mu u_1 = 4u_1 = 20\ \text{V}$。

因此，电流 $i = \dfrac{20}{4}\ \text{A} = 5\ \text{A}$。

求受控源的功率只需计算受控支路的功率。μu_1 与 i 为非关联参考方向，有

$$p = -\mu u_1 \cdot i = -20 \times 5\ \text{W} = -100\ \text{W}$$

可见，受控源能够发出功率，因此受控源是一种有源元件。

1.4　基尔霍夫定律

由上一节可知，每种集总参数元件的电压与电流之间都存在很明确的约束关系，即元件的伏安关系，这种约束是由元件自身的电磁特性所决定的，与元件之间的连接关系无关。

根据具体需要，人们把不同类别、不同数量的集总参数元件相互连接，形成各种具有

不同拓扑结构的集总参数电路。集总参数电路中是否存在与元件类型无关，仅与拓扑结构有关的电压或电流间的约束关系呢？答案是肯定的，这便是基尔霍夫定律。基尔霍夫定律是分析电路的基本定律，它是由德国物理学家基尔霍夫提出的，包括基尔霍夫电流定律（KCL）和基尔霍夫电压定律（KVL）。在介绍基尔霍夫定律之前，先介绍电路中的几个基本概念。

1.4.1　支路、节点与网孔

为了简便，把电路中的每一个二端元件视为一条支路，把支路与支路的连接点称为节点。显然，图 1.4.1 所示电路具有 6 条支路和 4 个节点。

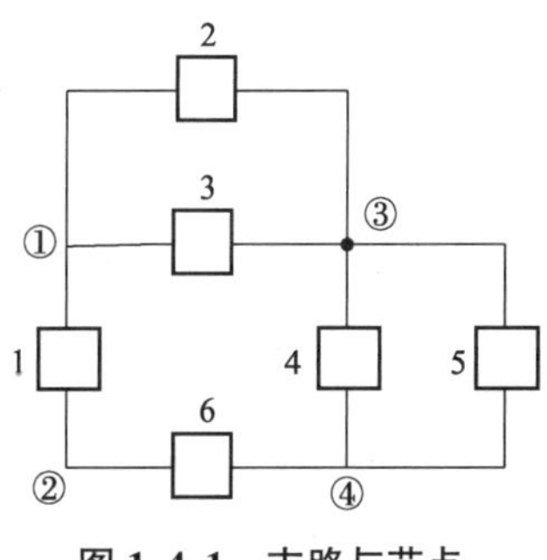

图 1.4.1　支路与节点

电路中的由支路所组成的闭合路径称为回路。由图 1.4.1 可知，图中一共有 6 个回路，分别由支路(2,3)、(1,3,4,6)、(4,5)、(1,2,4,6)、(1,3,5,6)、(1,2,5,6)所构成。回路内部不另含有支路的回路称为网孔。图 1.4.1 中含有 3 个网孔，分别由支路(1,3,4,6)、(2,3)、(4,5)构成。

1.4.2　基尔霍夫电流定律（KCL）

基尔霍夫电流定律陈述 1：对于集总参数电路中的任一节点，任何时刻流出（或流入）节点的支路电流的代数和恒等于零。其数学表达式为

$$\sum_{n=1}^{N} i_n = 0 \tag{1.4.1}$$

式中，N 为与该节点相连的支路数；i_n 为流出（或流入）该节点的第 n 条支路的电流。

这里“代数和”的符号根据电流是流入节点还是流出节点来定义。如果规定流入节点电流的符号为“+”，则流出节点电流的符号为“−”。反之亦然。

如图 1.4.2 所示节点，假设规定流出节点电流的符号为“+”，则该节点的 KCL 方程为

$$i_1 + i_2 + i_3 - i_4 = 0 \tag{1.4.2}$$

如果图 1.4.2 的节点中，规定流入节点电流的符号为“+”，则该节点的 KCL 方程为

$$-i_1 - i_2 - i_3 + i_4 = 0$$

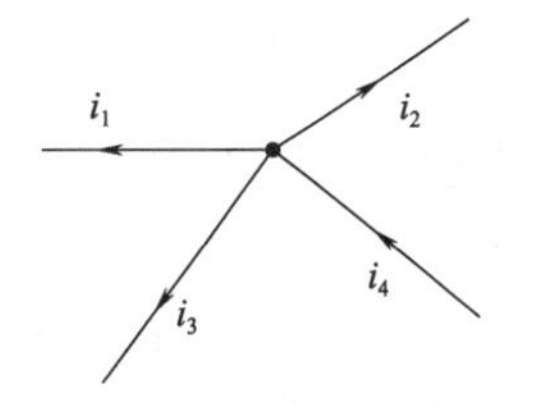

图 1.4.2　电路中的一个节点

可见上式与式（1.4.2）是完全相同的。也就是说，对支路电流符号的不同假定不会影响 KCL 方程的形式。

由式（1.4.2）还可以得到

$$i_4 = i_1 + i_2 + i_3$$

式中，i_4 是流入该节点的电流；i_1、i_2、i_3 是流出该节点的电流。也就是说，在集总参数电路的一个节点中，流入该节点的支路电流的代数和等于流出该节点的支路电流的代数和，这可以看作 KCL 的另一种表述形式。

KCL 说明了一个重要事实：节点既不产生电流，也不吸收电流。对于一个节点来说，向节点流入多少电流，也就会自节点流出多少电流，反之亦然。KCL 实质上是电荷守恒定

律的宏观体现。

例 1.4.1 电路如图 1.4.3 所示。已知 $i_4=1$ A，$i_5=-2$ A，试求电流 i_6。

解 假设规定流出节点电流的符号为“+”，根据 KCL，对节点④有

$$i_4-i_5-i_6=0$$

于是可得

$$i_6=i_4-i_5=[1-(-2)]\ \text{A}=3\ \text{A}$$

KCL 除了可以用于表示一个节点的电流约束，对于集总参数电路中的任一闭合面同样适用。

基尔霍夫电流定律陈述 2：对于集总参数电路中的任一闭合面，任一时刻流出（或流入）该闭合面的所有支路的电流的代数和恒等于零。

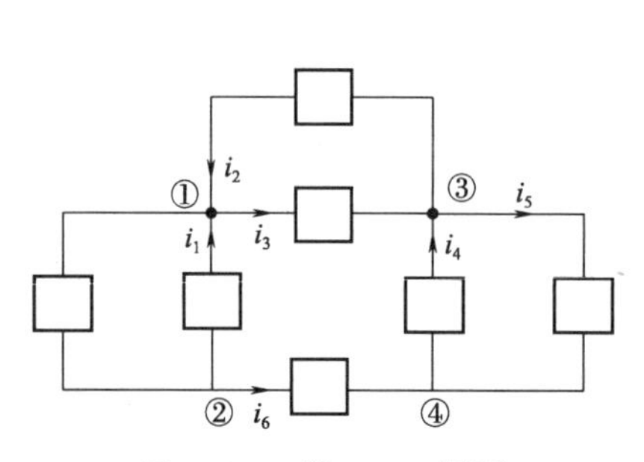

图 1.4.3 例 1.4.1 题图

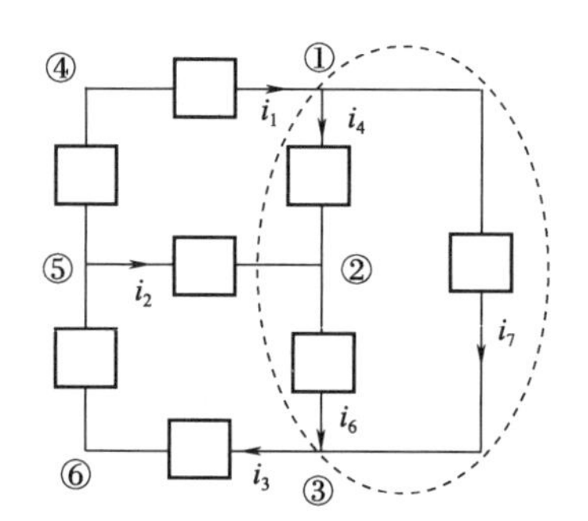

图 1.4.4 KCL 在闭合面的应用

下面以图 1.4.4 所示电路为例简单验证“陈述 2”。在图 1.4.4 中，虚线表示的闭合面内有 3 个节点，即节点①、②和③。假设规定流出节点电流的符号为“+”，对于这些节点分别列 KCL 方程如下：

$$-i_1+i_4+i_7=0$$

$$-i_2-i_4+i_6=0$$

$$i_3-i_6-i_7=0$$

将以上三式相加，可得

$$-i_1-i_2+i_3=0$$

上式正是流入流出虚线表示的闭合面的支路电流的代数和。可见基尔霍夫电流定律陈述 2 是正确的。

1.4.3 基尔霍夫电压定律（KVL）

基尔霍夫电压定律陈述：对于集总参数电路中的任一回路，任一时刻该回路上所有支路电压降（或电压升）的代数和恒等于零。其数学表达式为

$$\sum_{m=1}^{M}u_m=0 \tag{1.4.3}$$

式中，M 为该回路中的支路数；u_m 为第 m 条支路的支路电压。

在使用 KVL 时，需要预先规定回路的绕行方向，同时规定在该绕行方向下各支路电压的符号。如果规定绕行方向上支路电压升的符号为“+”，则绕行方向上支路电压降的符号

为“-”。反之亦然。

以图 1.4.5 为例，对支路（1,3,4,6）构成的回路，采用顺时针绕行方向（图中虚线箭头方向），假设规定支路电压降的符号为“+”，则该回路的 KVL 方程为

$$-u_1+u_3+u_4-u_5=0 \qquad (1.4.4)$$

如果上述回路中，规定顺时针绕行方向上电压升的符号为“+”，则该回路的 KVL 方程为

$$u_1-u_3-u_4+u_5=0$$

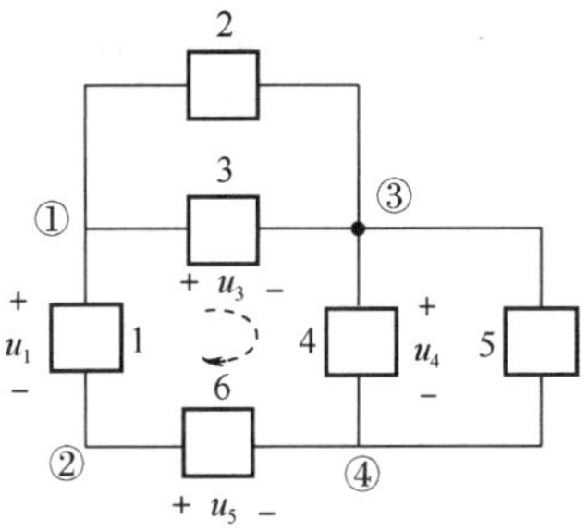

图 1.4.5　电路中的一个回路

上式与式（1.4.4）完全相同，可见对支路电压符号的假定不会影响 KVL 方程。

式（1.4.4）可改写为

$$u_3+u_4=u_1+u_5$$

式中，u_3+u_4 为该回路绕行方向上电压升的支路电压的代数和；u_1+u_5 为该回路绕行方向上电压降的支路电压的代数和。也就是说，在集总参数电路中，任一回路的所有电压升的支路电压的代数和等于电压降的支路电压的代数和。这可视为 KVL 的另一种表述形式。

例 1.4.2　电路如图 1.4.6 所示。已知 $u_1=1$ V，$u_2=4$ V，$u_4=2$ V。试求电压 u_3。

解　假设绕行方向如图 1.4.6 中的虚线所示，规定绕行方向上电压降的符号为“+”，对该回路列写 KVL 方程如下：

$$-u_1+u_2+u_3+u_4=0$$

解得

$$u_3=u_1-u_2-u_4=(1-4-2)\ \text{V}=-5\ \text{V}$$

KVL 的实质是能量守恒定律。如果自电路中的某点出发移动单位正电荷，不管沿着什么样的路径，只要又回到出发点，那么电场力所做的功就为零。这也说明，KVL 不仅适用于电路中的具体回路，对于电路中任何一假想回路也成立。例如，对图 1.4.7 所示电路中的假想回路 M，可列写如下的 KVL 方程：

$$-U_s-u+U_{ab}=0$$

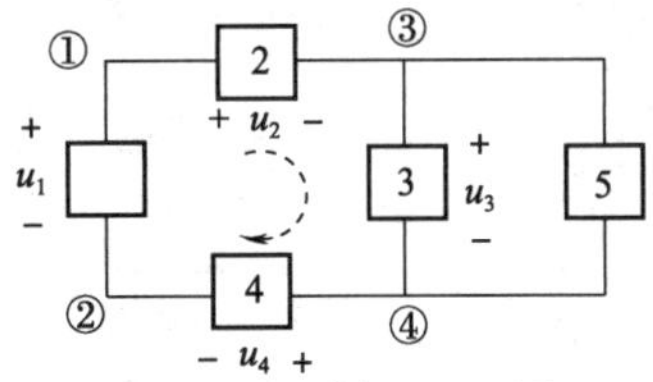

图 1.4.6　例 1.4.2 图

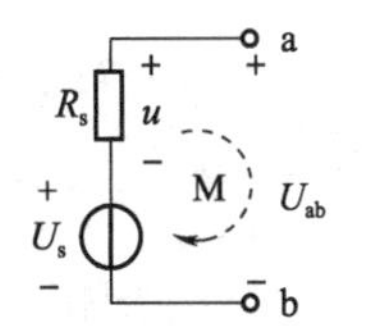

图 1.4.7　KVL 的推广

例 1.4.3　如图 1.4.8 所示电路，端口 ab 断开。已知 $R_1=10\ \Omega$，$R_2=20\ \Omega$，$R_3=30\ \Omega$，$U_{s1}=6$ V，$U_{s2}=6$ V，求 I_1、U_{ab}。

解　规定流入节点电流的符号为“+”，对节点①列 KCL 方程：

$$I_1+I_2-I_3=0$$

由于端口 ab 断开，因此 $I_3=0$。

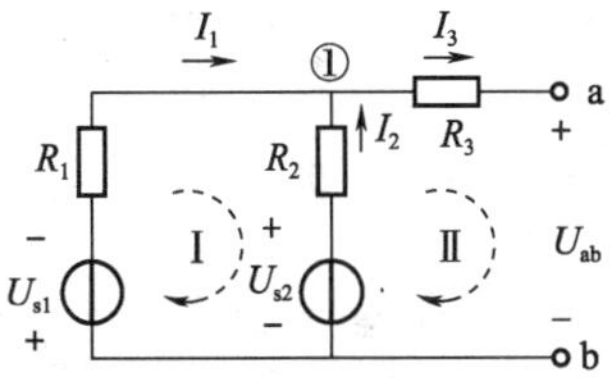

图 1.4.8　例 1.4.3 图

规定绕行方向上电压降的符号为“+”，对回路 Ⅰ 和 Ⅱ 列 KVL 方程，有

$$R_1I_1-R_2I_2+U_{s1}+U_{s2}=0$$
$$R_2I_2+R_3I_3+U_{ab}-U_{s2}=0$$

联立上述四个方程，并代入已知数据，得

$$\left.\begin{aligned} &I_1+I_2=I_3\\ &I_3=0\\ &10I_1-20I_2+6+6=0\\ &20I_2+U_{ab}-6=0 \end{aligned}\right\}$$

最后可解得

$$I_1=-0.4\ \text{A}$$
$$U_{ab}=-2\ \text{A}$$

工程应用：用电阻扩展电流表的量程

电流表是电子、电气工程中常用的测量电流的仪表。测量电流的原理主要有两种：一种基于达松伐尔电流计；另一种则基于欧姆定律。这里介绍基于达松伐尔电流计的测量原理的量程扩展方法。

在达松伐尔电流计中，如图 1.4.9 所示，永磁铁的两极之间放置了一个可绕轴线转动的小型铁芯线圈（简称转动线圈），铁芯的轴与指向刻度盘的指针相连，轴上还装有两个小型的螺旋弹簧。当直流电流流过处于磁场中的线圈时，线圈受到安培力作用，产生转矩，推动螺旋弹簧，使指针发生偏转。通过精心设计使得磁场均匀分布，指针的偏转角度将与电流大小成正比，此时指针所指的刻度就与当前流过线圈的电流值相对应。当断开电流时，在螺旋弹簧的弹性恢复力的作用下，线圈和指针会被复原至零位。

安培力的方向可根据左手定则判定：左手放平，让磁力线穿过掌心（磁力线从 N 极指向 S 极），四指指向电流方向，则大拇指指向为安培力的方向。

达松伐尔电流计的量程非常小，一般在满刻度偏转时也只有毫安（mA）级别，难以满足多数测量的需要。为了扩展电流测量量程，可以在达松伐尔电流计内部并联高精度电阻，如图 1.4.10 所示。

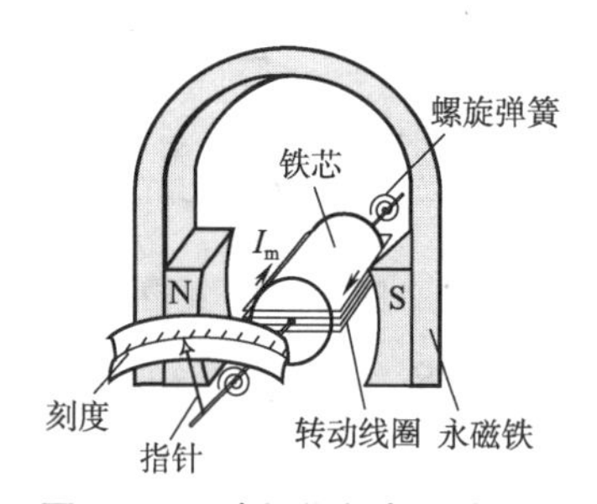

图 1.4.9　达松伐尔电流计原理

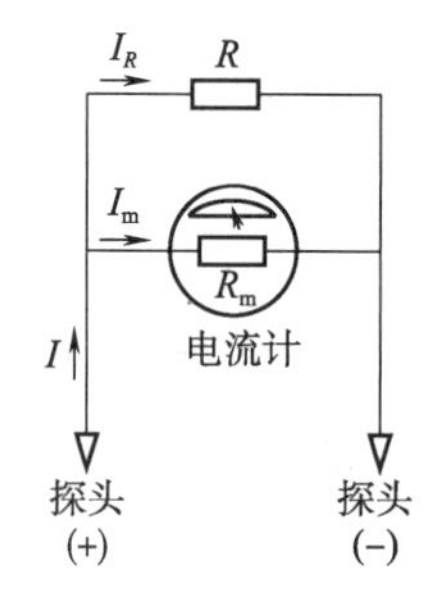

图 1.4.10　扩展电流计量程的原理

由于电流计的转动线圈是由导线构成的，导线本身有一定的电阻值，把这个电阻值视为电流计的内阻 R_m。假设内阻 $R_m=50\ \Omega$，满刻度时流过电流计的电流为 $I_{mMax}=1$ mA，若需要测量的电流量程范围为 0~5 A（即满量程时流过探头的电流 $I_f=5$ A），下面通过计算确定并联电阻 R 的阻值。在图 1.4.10 中，根据 KCL 有

$$I=I_R+I_m$$

根据分流关系，有

$$I_{\mathrm{m}} = \frac{R}{R + R_{\mathrm{m}}}I \tag{1.4.5}$$

由于R_{m}和R的值固定，流过电流计的电流I_{m}与流进探头的电流I成正比。因此当探头上流进的电流达到最大值I_{f}时，流过电流计的电流也达到最大值$I_{\mathrm{mMax}} = 1\ \mathrm{mA}$。此时，对于式（1.4.5），有

$$I_{\mathrm{mMax}} = \frac{R}{R + R_{\mathrm{m}}}I_{\mathrm{f}}$$

由此可以解得所需的并联电阻R为

$$R = \frac{I_{\mathrm{mMax}}}{I_{\mathrm{f}} - I_{\mathrm{mMax}}}R_{\mathrm{m}} = \frac{1 \times 10^{-3}}{5 - 1 \times 10^{-3}} \times 50\ \Omega \approx 10\ \mathrm{m}\Omega$$

也就是说，通过将阻值为 10 mΩ 的电阻与电流计相并联，便可以将测量量程扩展到 0~5 A。根据上述原理，可以通过并联不同类型的电阻，制成具有多量程的电流计。请感兴趣的读者自行设计并计算不同量程下并联电阻的阻值。

1.5 两类约束与方程的独立性

前面几节讨论了基尔霍夫定律（KVL、KCL）以及元件的伏安关系（VCR），并运用它们计算了一些简单的电阻电路。基尔霍夫定律描述的是由元件的连接关系形成的支路电压间、支路电流间的约束，称为拓扑约束。元件的 VCR 描述的是由元件的电磁特性形成的元件电压与元件电流间的约束，称为元件约束。一切集总参数电路中的电压、电流都受这两类约束支配。根据两类约束关系，可以列出联系电路中所有电压变量、电流变量的足够的方程组，从而求出电路的解。两类约束是求解集总参数电路的基本依据。

细心的读者已经发现，对于一个完整电路，根据两类约束，可以列出相当数量的电路方程，这些方程是否满足独立性？下面举例讨论。

在图 1.5.1 所示电路中，共有 4 个节点、6 条支路、7 个回路、3 个网孔。有 6 个支路电压变量，6 个支路电流变量，均已在图中标出。

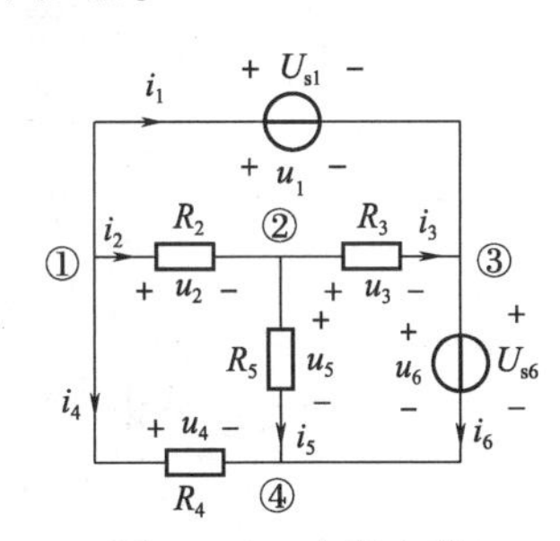

图 1.5.1 电阻电路

规定流出节点电流的符号为“+”，依次对节点①、②、③、④列 KCL 方程，可得

$$\left.\begin{aligned} i_1 + i_2 + i_4 &= 0 \\ -i_2 + i_3 + i_5 &= 0 \\ -i_1 - i_3 + i_6 &= 0 \\ -i_4 - i_5 - i_6 &= 0 \end{aligned}\right\}$$

很容易验证，这 4 个 KCL 方程中只有 3 个是独立的，例如第四个方程可由前三个方程相加减得到。也就是说，在该电路中有 4 个节点，但只可列出 4−1=3 个独立的 KCL 方程。这个结论可以推广到一般情形：对于具有 n 个节点的电路，独立的 KCL 方程为 $n-1$ 个。

任选 $n-1$ 个节点列 KCL 方程，即组成一个独立的 KCL 方程组。能提供独立 KCL 方程的节点，称为独立节点。

规定顺时针绕行方向上电压降的符号为“+”，对图 1.5.1 中的每个回路列写 KVL 方程，可得

$$u_2+u_5-u_4=0$$
$$u_3+u_6-u_5=0$$
$$u_1-u_3-u_2=0$$
$$u_1-u_3+u_5-u_4=0$$
$$u_1+u_6-u_5-u_2=0$$
$$u_2+u_3+u_6-u_4=0$$
$$u_1+u_6-u_4=0$$

其中，前三个方程列写的是 3 个网孔的 KVL 方程，后四个方程列写的是电路中非网孔回路的 KVL 方程。很容易验证，后四个方程可由前三个方程相加得到，因而不是独立的。也就是说，该电路有 6 条支路、4 个节点，可列出的独立 KVL 方程数为 6-4+1=3 个。这个结论可以推广到一般情形：在一个具有 b 条支路，n 个节点的电路中，独立的 KVL 方程为 $b-n+1$ 个。对于平面电路（指可以画在一个平面上而不使任何两条支路相交的电路），恰好有 $b-n+1$ 个网孔，对这些网孔列 KVL 方程，即可得到一组独立的 KVL 方程。能提供独立 KVL 方程的回路称为独立回路。需注意的是，对每一网孔列写 KVL 方程，这只是获得独立 KVL 方程的一种方法，而且这一方法只能用于平面电路。还有一些其他的列写独立 KVL 方程的方法，但不论用什么方法，独立的 KVL 方程的数目总是 $b-n+1$ 个。

对于图 1.5.1 中的 6 条支路，可以列出 6 个 VCR 方程，即

$$u_1=U_{s1}$$
$$u_2=i_2R_2$$
$$u_3=i_3R_3$$
$$u_4=i_4R_4$$
$$u_5=i_5R_5$$
$$u_6=U_{s6}$$

这 6 个方程是相互独立的，其中任何一个方程不能由其他方程推导出来。

至此，在图 1.5.1 所示的电路中，一共有 12 个未知量，而上面列出的独立方程数量恰好为 12 个，因此，该电路的变量能够求解。

在一般情况下，如果一个电路有 b 条支路，则一共有 $2b$ 个电压、电流变量，需要 $2b$ 个联立方程来反映它们的全部约束关系。其中，由 b 条支路的元件约束可得到 b 个 VCR 方程，而由拓扑约束则恰好可以列出 b 个独立的 KCL、KVL 方程，从而可以完全求解电路。这便是 $2b$ 法求解电路的基本思想。

从上面的分析过程也可看出，即使对于简单电路，采用 $2b$ 法求解也需要列写相当数量的方程。对于复杂电路，这种方法列写的方程数量将会相当可观，求解过程非常烦琐。为此，人们进行了大量的研究，提出了很多减少电路方程数量的方法。第 2 章将介绍两种常用的电路方程解法：节点电压法和网孔电流法。

1.6 电位的概念

电子电路中，经常用到电位的概念。选择电路中的某一节点为参考节点，则其余节点相对于参考节点的电压降就称为该节点的电位（又称节点电压）。在本书中，对于一个节点 x，其电位统一用符号 U_{nx} 表示。电位的单位也是伏特（V）。由于参考节点的电位为零，因此习惯对参考节点标上“接地”符号（⊥）。这里的“接地”只是表示它是一个参考电位点或零电位点，并非真正与大地相连。

下面举例说明电压与电位的联系与区别。

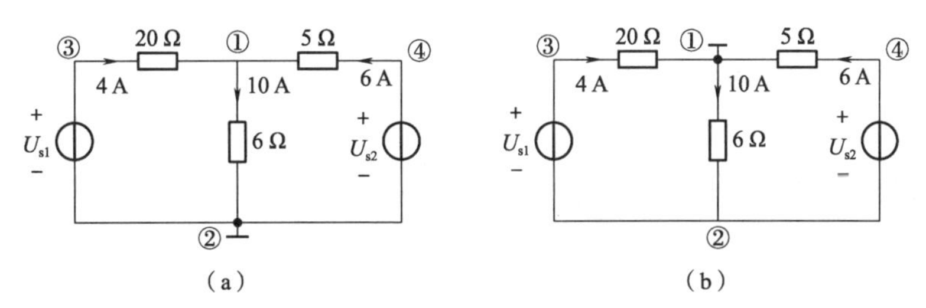

图 1.6.1 电位与电压的关系

如图 1.6.1 所示电路，$U_{s1}=140\ V$，$U_{s2}=90\ V$，各支路电流已知。如果将节点②作为参考节点（$U_{n2}=0\ V$），如图 1.6.1（a）所示，根据电位的定义，可得到其余节点的电位为

$$U_{n1}=60\ V,\quad U_{n3}=140\ V,\quad U_{n4}=90\ V$$

此时，各支路电压可以由节点电位计算得到：

$$U_{12}=U_{n1}-U_{n2}=(60-0)\ V=60\ V$$

$$U_{31}=U_{n3}-U_{n1}=(140-60)\ V=80\ V$$

$$U_{41}=U_{n4}-U_{n1}=(90-60)\ V=30\ V$$

如果将节点①作为参考节点（$U_{n1}=0\ V$），如图 1.6.1（b）所示，则其余各节点的电位为

$$U_{n2}=-60\ V,\quad U_{n3}=80\ V,\quad U_{n4}=30\ V$$

此时，各支路电压为

$$U_{12}=U_{n1}-U_{n2}=[0-(-60)]\ V=60\ V$$

$$U_{31}=U_{n3}-U_{n1}=(80-0)\ V=80\ V$$

$$U_{41}=U_{n4}-U_{n1}=(30-0)\ V=30\ V$$

从上面的结果可以看出：

（1）参考节点选取不同，电路各节点的电位值会随之改变，即节点的电位值是相对参考节点而言的。

（2）电路中任意两节点之间的电位差（即电压）不随参考节点的改变而改变，即两节点间的电压值是绝对的。

电子电路中，为了简化电路图的表示，常常不画出电源，而在对应节点上标出其极性和电位。因此，图 1.6.1（a）可表示为图 1.6.2 所示形式。

例 1.6.1 电路如图 1.6.3 所示，求各支路电流和 a 点电位 u_{na}。

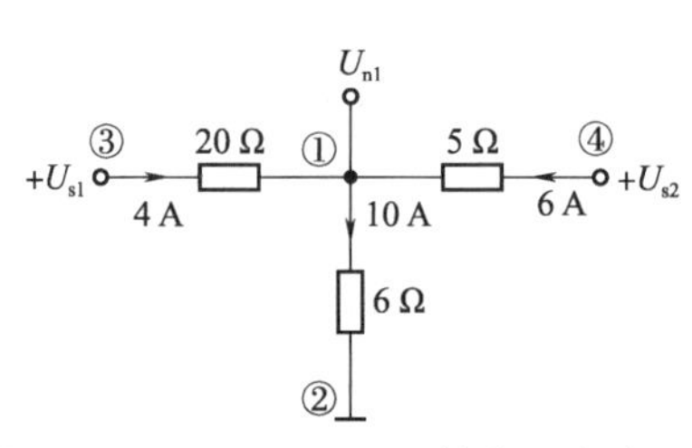

图 1.6.2　图 1.6.1（a）的电子电路画法

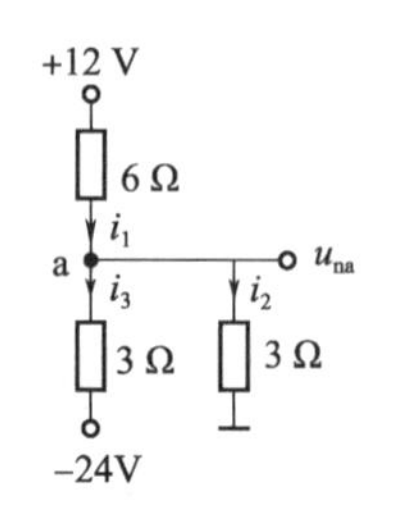

图 1.6.3　例 1.6.1 题图

解　写出各支路的 VCR 方程

$$i_1 = \frac{12 - u_{na}}{6}$$

$$i_3 = \frac{u_{na} - (-24)}{3}$$

$$i_2 = \frac{u_{na}}{3}$$

对节点 a 写出 KCL 方程：

$$i_1 = i_2 + i_3$$

上述四个方程联立，可解得

$$i_1 = \frac{16}{5}\ \text{A},\quad i_2 = -\frac{12}{5}\ \text{A},\quad i_3 = \frac{28}{5}\ \text{A},\quad u_{na} = -\frac{36}{5}\ \text{V}$$

习　　题

1.1　电路如题图 1.1，如果元件 B 的电压、电流的参考方向是关联的，那么元件 A 的电压、电流参考方向是否也为关联的？

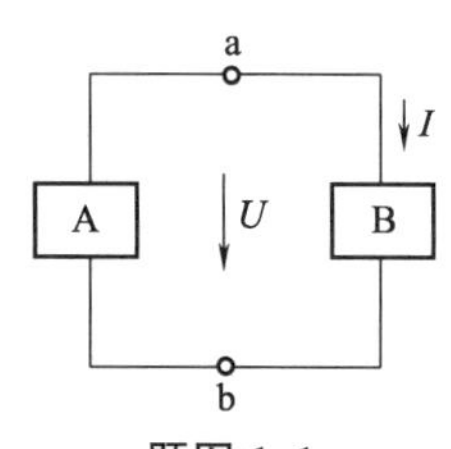

题图 1.1

1.2　各元件的情况如题图 1.2 所示。

（1）若元件 A 吸收功率 10 W，求 u_A；

（2）若元件 B 吸收功率−10 W，求 i_B；

（3）试求元件 C 吸收的功率；

（4）若元件 D 提供的功率为 10 W，求 i_D。

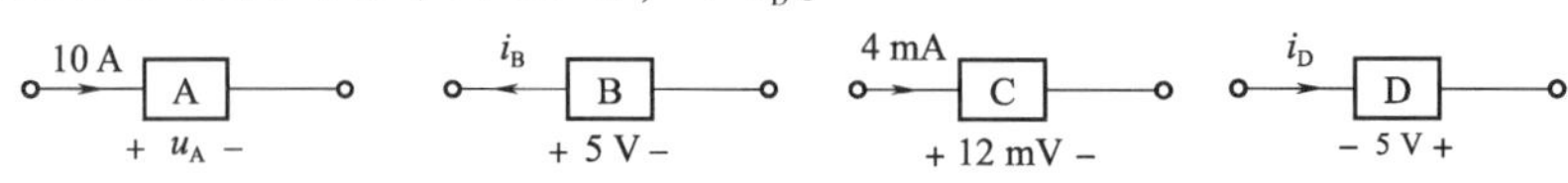

题图 1.2

1.3　电路如题图 1.3 所示，已知 $i_1=2$ A，$i_3=-3$ A，$u_1=10$ V，$u_4=-5$ V，试计算各元件吸收的功率。

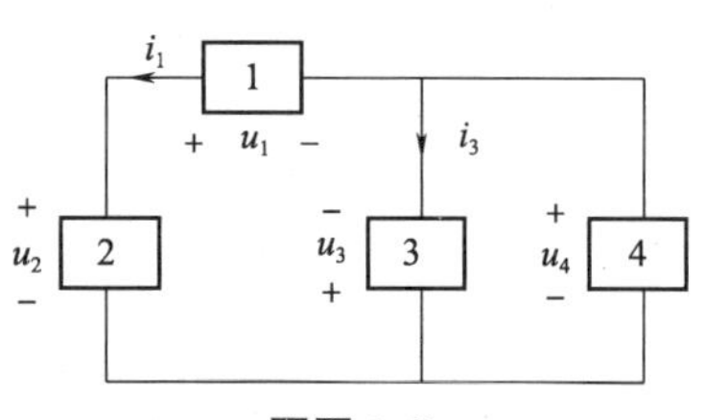

题图 1.3

1.4　电路如题图 1.4 所示，（1）已知 $i_1=4$ A，求 u_1；（2）已知 $i_2=-2$ A，求 u_2；（3）已知 $i_3=2$ A，求 u_3；（4）已知 $i_4=-2$ A，求 u_4。

1.5　试计算题图 1.5 中的 I 和 U。

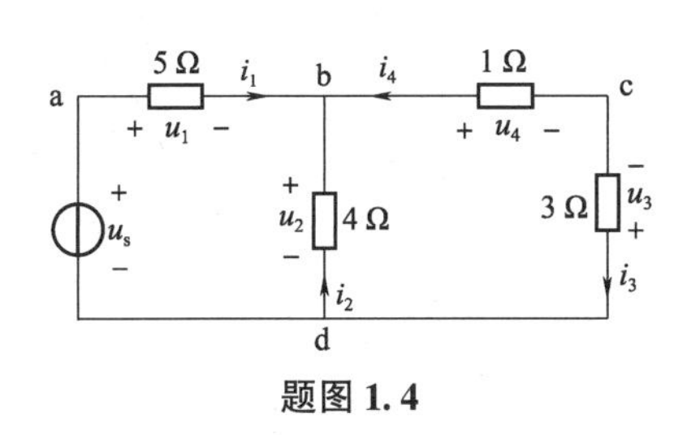

题图 1.4

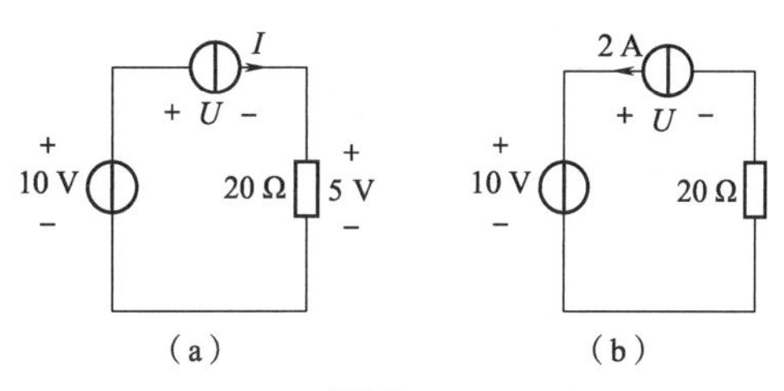

题图 1.5

1.6　试计算题图 1.6 中各电路的各个未知量。

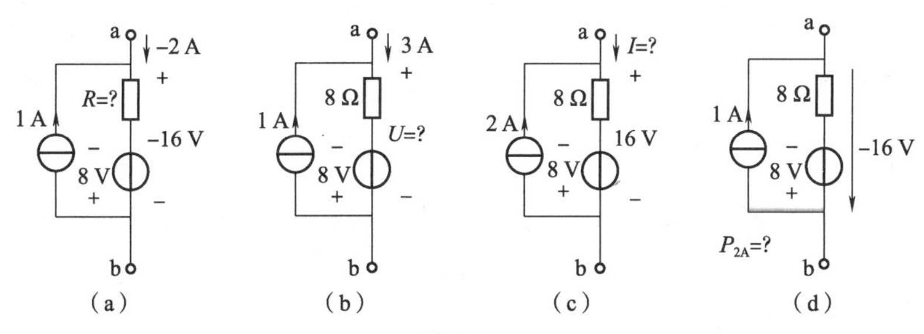

题图 1.6

1.7　在题图 1.7 所示的电路中，有几个支路、几个节点和几个网孔？试写出节点 a、b 的 KCL 方程，各网孔的 KVL 方程。

1.8　在题图 1.8 所示的电路中，根据已知电流尽可能多地确定未知电流。

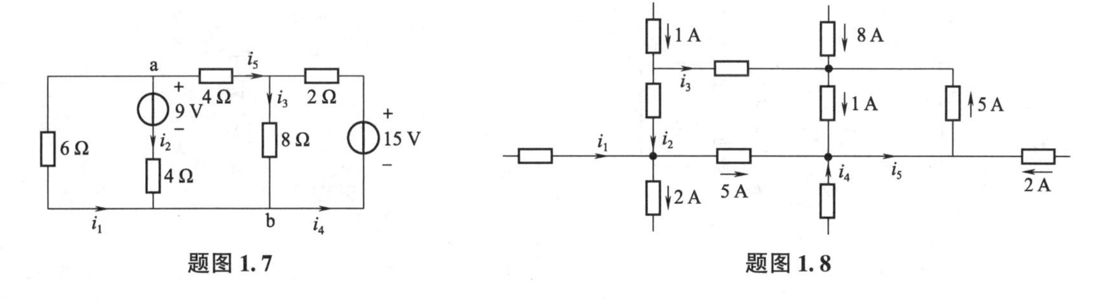

题图 1.7　　　　题图 1.8

1.9　在题图 1.9 所示的电路中，已知 $R_1=4\ \Omega$，$R_2=8\ \Omega$，$R_3=8\ \Omega$，$R_4=6\ \Omega$，$R_5=2\ \Omega$，$R_6=4\ \Omega$，$U_{s1}=10\ \text{V}$，$U_{s2}=6\ \text{V}$。求电流 I_{R_6}。

1.10　电路如题图 1.10 所示。(1) 求-5 V 电压源提供的功率；(2) 如果要使-5 V 电压源提供的功率为零，4 A 电流源应改变为多大电流？

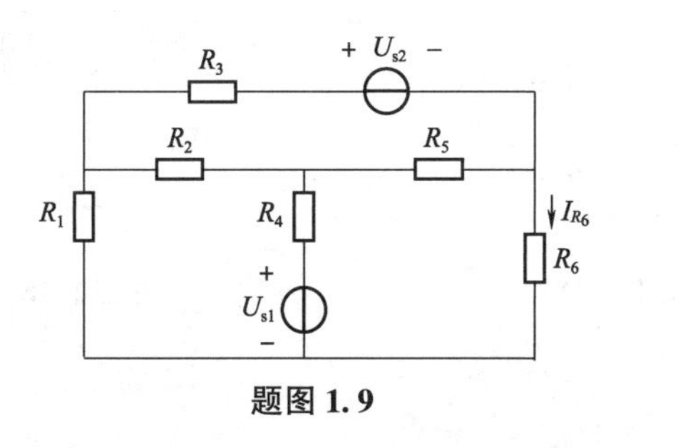

题图 1.9

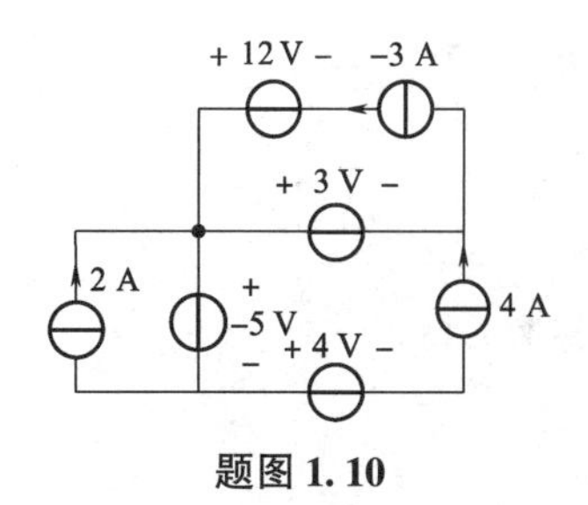

题图 1.10

1.11　在题图1.11所示的电路中，(1) 计算电流I；(2) 计算理想电压源和理想电流源的功率，并说明它们各自是吸收功率还是在发出功率。

1.12　在题图1.12所示的电路中，试求受控源提供的电流以及每一元件吸收的功率。核对功率平衡关系。

1.13　电路如题图1.13所示，若$u_s=20$ V，$u_1=1$ V，试求R。

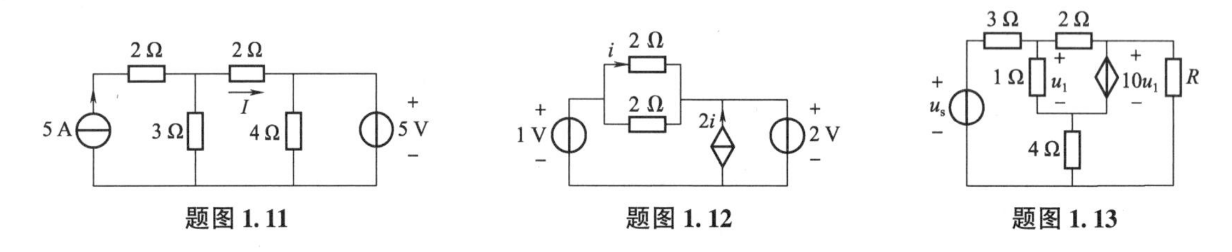

题图1.11　　**题图1.12**　　**题图1.13**

1.14　电路如题图1.14所示。

(1) 当N_1，N_2为任意网络时，问u_2与u_1的关系以及i_2与i_1的关系如何?

(2) 在$i_2=0$的情况下，u_2与u_1关系如何?

(3) 在$i_1=0$的情况下，u_2与u_1关系如何?

(4) 在$u_2=0$和$u_1=0$时，i_2与i_1的关系分别如何?

1.15　在题图1.15所示电路中，A为电位器滑动触头，A端断开。试计算：

(1) 当电位器滑动触头变化时，A点电位的变化范围。

(2) 当R_{AC}为何值时，A点电位$U_A=0$。

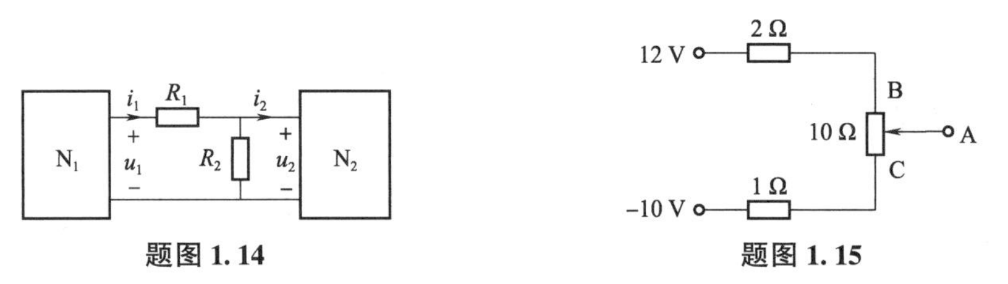

题图1.14　　**题图1.15**

1.16　在题图1.16所示电路中，求开关S断开和闭合时电路中的电流I及a点的电位。

1.17　计算题图1.17中的i_1和u。

1.18　如题图1.18所示，B端开路。计算S打开时电路中A、B两点的电位。

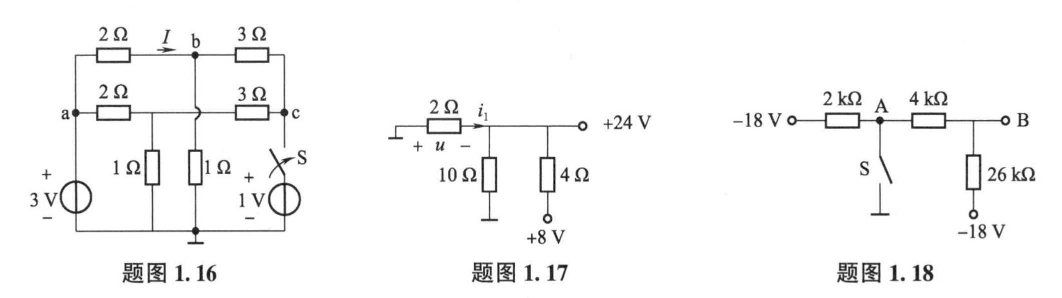

题图1.16　　**题图1.17**　　**题图1.18**

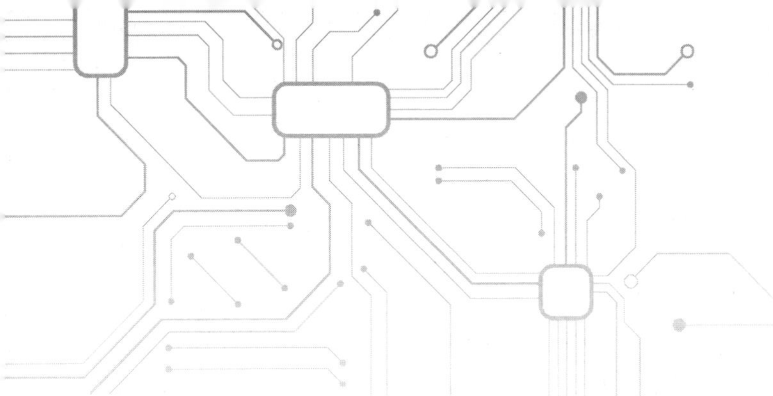

第 2 章 电路的基本分析方法

基于两类约束，人们在电路分析方面总结出了一系列定理和方法，在很大程度上简化了电路分析过程，提高了分析效率。本章重点介绍方程法、叠加法、等效法等电路分析的基本方法。

 2.1 网孔电流法与节点电压法

从第 1 章已经知道，对于元件众多、连接复杂的电路，可以定义出大量的支路电压与电流变量；同时，基于基尔霍夫定律（拓扑约束）和元件的伏安关系（元件约束）也可以列出数量可观的电路方程。然而，如果变量或方程选择不当，所得的方程组不一定满足独立性，或者无法求解电路的全部电参量。

方程的独立性问题在第 1 章已经有所讨论，这里简要介绍方程变量的选择原则。电路方程变量需要满足两个基本属性：独立性和完备性。独立性是指所选定的方程变量组中的任意一个变量均不能用其他变量表示，即变量间是线性无关的。对于电流变量，要求它们均不受 KCL 约束；对于电压变量，则要求它们均不受 KVL 约束。完备性是指基于所选定的这一组方程变量，可以表示电路中任意支路的电压和电流。

电路分析中最常用的两种方程法是网孔电流法与节点电压法。

2.1.1 网孔电流法

以网孔电流为变量列写方程来分析电路的方法称为网孔电流法，也称网孔分析法，简称网孔法。网孔法只适用于平面电路。

网孔电流是一种沿着网孔边界流动的假想电流。在第 1 章已经明确，一个具有 b 条支路、n 个节点的平面电路中，共有 $b-(n-1)$ 个网孔，因而可以定义 $b-(n-1)$ 个网孔电流。图 2.1.1 所示为一个含有 3 个网孔的电路，因此可以定义 3 个网孔电流变量，即图中虚线表示的假想电流 i_{m1}、i_{m2}、i_{m3}。

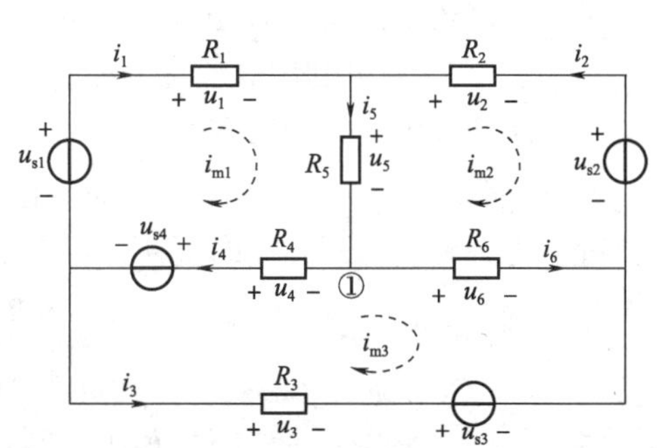

图 2.1.1　网孔电流法示例

下面简要验证这 3 个变量的独立性与完备性。在完备性方面，可以发现，该电路的所有支路电压和电流都可以用 i_{m1}、i_{m2}、i_{m3} 表示。其中，各支路电流可以表示为

$$
\begin{aligned}
&i_1=i_{m1},\quad i_2=-i_{m2},\quad i_3=-i_{m3},\\
&i_4=i_{m1}-i_{m3},\quad i_5=i_{m1}-i_{m2},\quad i_6=i_{m3}-i_{m2}
\end{aligned}
\tag{2.1.1}
$$

基于 $i_1 \sim i_6$，各支路电压均可以表示出来

$$
\begin{aligned}
&u_1=i_1R_1,\quad u_2=-i_2R_2,\quad u_3=i_3R_3,\\
&u_4=-i_4R_4,\quad u_5=i_5R_5,\quad u_6=i_6R_6
\end{aligned}
\tag{2.1.2}
$$

在独立性方面，验证 i_{m1}、i_{m2}、i_{m3} 是否存在 KCL 约束。以图中的节点①为例，其 KCL 为

$$i_5-i_4-i_6=0$$

将上述各支路的电流表达式代入，得到

$$i_{m1}-i_{m2}-(i_{m1}-i_{m3})-(i_{m3}-i_{m2})=0$$

即

$$0\cdot i_{m1}+0\cdot i_{m2}+0\cdot i_{m3}=0$$

这说明在节点①处三个变量是相互独立的。类似地，对所有节点展开验证，可知 i_{m1}、i_{m2}、i_{m3} 是相互独立的。

下面介绍网孔电流方程的列写方法。在顺时针绕行方向下，以电压升为正，为图 2.1.1 中每个网孔列写 KVL 方程，有

$$
\left.
\begin{aligned}
&u_{s1}-i_1R_1-i_5R_5-i_4R_4-u_{s4}=0\\
&R_5i_5+R_2i_2-u_{s2}+R_6i_6=0\\
&u_{s4}+R_4i_4-R_6i_6+u_{s3}+R_3i_3=0
\end{aligned}
\right\}
\tag{2.1.3}
$$

将上式中的支路电流变量全部用网孔电流表示，可得

$$
\left.
\begin{aligned}
&u_{s1}-R_1i_{m1}-R_5(i_{m1}-i_{m2})-R_4(i_{m1}-i_{m3})-u_{s4}=0\\
&R_5(i_{m1}-i_{m2})+R_2(-i_{m2})-u_{s2}+R_6(i_{m3}-i_{m2})=0\\
&u_{s4}+R_4(i_{m1}-i_{m3})+R_6(i_{m3}-i_{m2})+u_{s3}+R_3(-i_{m3})=0
\end{aligned}
\right\}
\tag{2.1.4}
$$

经过整理，得

$$
\left.
\begin{aligned}
&(R_1+R_4+R_5)i_{m1}-R_5i_{m2}-R_4i_{m3}=u_{s1}-u_{s4}\\
&-R_5i_{m1}+(R_2+R_5+R_6)i_{m2}-R_6i_{m3}=-u_{s2}\\
&-R_4i_{m1}-R_6i_{m2}+(R_3+R_4+R_6)i_{m3}=u_{s3}+u_{s4}
\end{aligned}
\right\}
\tag{2.1.5}
$$

这是以网孔电流 i_{m1}、i_{m2}、i_{m3} 为变量的 3 个方程。它们来源于式（2.1.3），根据 1.5 节可知，该式是独立方程组，因而式（2.1.5）也是独立的。求解式（2.1.5）可得 i_{m1}、i_{m2}、i_{m3}，之后便可利用式（2.1.1）、式（2.1.2）求出电路中所有的支路电压、支路电流，进而求解出电路的所有电参量。

对于图 2.1.1 所示的电路，实际上凭观察即能由电路图直接列出式（2.1.5）这样的方程。为了寻找列写方程的规律，可以把式（2.1.5）表达为如下形式：

$$
\left.
\begin{aligned}
&R_{11}i_{m1}+R_{12}i_{m2}+R_{13}i_{m3}=u_{s11}\\
&R_{21}i_{m1}+R_{22}i_{m2}+R_{23}i_{m3}=u_{s22}\\
&R_{31}i_{m1}+R_{32}i_{m2}+R_{33}i_{m3}=u_{s33}
\end{aligned}
\right\}
\tag{2.1.6}
$$

并对式中的各项系数做如下定义：

R_{11}、R_{22}、R_{33} 分别称为网孔 1、网孔 2 和网孔 3 的自电阻，它们分别是各自网孔内的所有电阻的总和。例如，1 号网孔中，有电阻 R_1、R_4、R_5，因此 $R_{11} = R_1 + R_4 + R_5$。

R_{12}、R_{13}、R_{21}、R_{23}、R_{31}、R_{32} 称为互电阻，分别为其下标数字所示的两个网孔间公共电阻的代数和。代数和的含义是，当相邻网孔的网孔电流按同一方向流过该公共电阻时，其符号为"+"，否则符号为"−"。比如，网孔 1 和网孔 2 的公共电阻为 R_5，由于 i_{m1} 和 i_{m2} 是以反方向流过该电阻的，因此 $R_{12} = -R_5$。一般情况下，互电阻是相互对称的，即 $R_{12} = R_{21}$、$R_{23} = R_{32}$、$R_{13} = R_{31}$。

u_{s11}、u_{s22}、u_{s33} 分别为网孔 1、网孔 2、网孔 3 中各自电压源电压的代数和，在网孔电流的绕行方向上以电压升为"+"。例如，对于网孔 1，在绕行方向上，u_{s1} 为电压升，u_{s4} 为电压降，因此有 $u_{s11} = u_{s1} - u_{s4}$。

式（2.1.6）为三网孔电路的网孔电流方程的一般形式。实际上，可以把式（2.1.6）的形式推广到含任意多个网孔的电路。列写网孔电流方程的一般步骤如下：

（1）确定网孔，在网孔中标出网孔电流的参考方向，并把这一参考方向作为网孔的绕行方向。

（2）列出各网孔的自电阻、互电阻、电压源电压代数和，然后参照式（2.1.6）直接写出网孔电流方程。应注意，自电阻的符号恒为"+"，互电阻的符号由相邻网孔电流的方向来决定：当相邻网孔的网孔电流按同一方向流过该公共电阻时为"+"，否则为"−"。方程右侧，以电压源电压升为"+"。

为了方便，常将一个电路中所有网孔的网孔电流绕向均标为同一方向，这时所有互电阻的符号均为"−"。

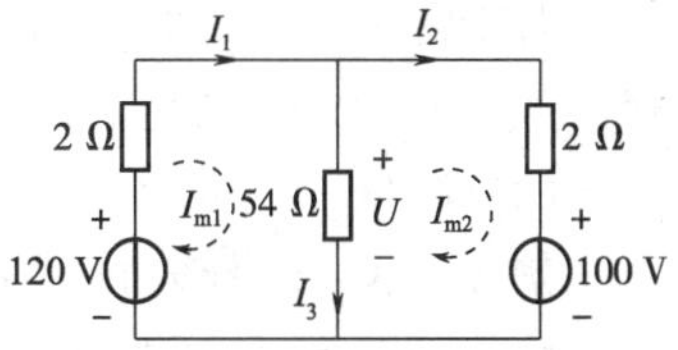

例 2.1.1 用网孔电流求解图 2.1.2 所示电路的各支路电流。

图 2.1.2 例 2.1.1 图

解 （1）在每一个网孔内标出网孔电流方向，如图 2.1.2 所示的 I_{m1} 和 I_{m2}。这里假设它们都是顺时针方向。

（2）列出各网孔的自电阻、互电阻、电压源电压。

网孔 1 的自电阻：$R_{11} = (2 + 54)\ \Omega = 56\ \Omega$。

网孔 1 和网孔 2 的互电阻：$R_{12} = R_{21} = -54\ \Omega$。

网孔 2 的自电阻：$R_{22} = (2 + 54)\ \Omega = 56\ \Omega$。

网孔 1 的电压源电压代数和：$u_{s11} = 120\ \text{V}$。

网孔 2 的电压源电压代数和：$u_{s22} = -100\ \text{V}$。

由此，写出网孔方程为

$$\begin{cases} 56I_{m1} - 54I_{m2} = 120 \\ -54I_{m1} + 56I_{m2} = -100 \end{cases}$$

解方程组，得

$$I_{m1} = 6\ \text{A},\ I_{m2} = 4\ \text{A}$$

（3）根据网孔电流求解题目的待求量。

$$I_1 = I_{m1} = 6\ \text{A},\ I_2 = I_{m2} = 4\ \text{A},\ I_3 = I_{m1} - I_{m2} = 2\ \text{A}$$

如果电路中含有电流源，可以分两种情况处理。（1）若电流源位于边界支路，则该支路所在网孔的网孔电流直接由该电流源确定，无须对该网孔列方程。(2) 若电流源位于公共支路，则可为该电流源定义一个电压变量，将电流源视作电压源处理，为此，需要增补一个方程，增补的方法是把该电流源的电流用相邻网孔的网孔电流表示。

例 2.1.2 如图 2.1.3 所示，用网孔电流法求 $I_1 \sim I_4$。

解 图中，2 A 电流源位于边界支路，因此该支路所在网孔的网孔电流即由该电流源确定。另外，本题中还有一个 4 A 电流源位于公共支路，假设其两端电压为 U，视作电压源列方程。

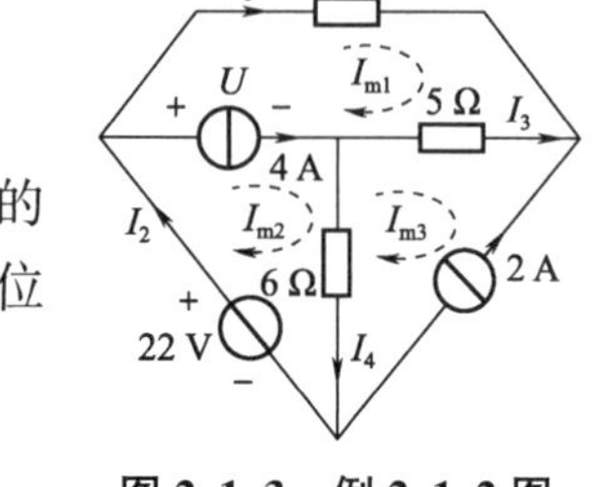

图 2.1.3 例 2.1.2 图

(1) 标出网孔电流方向，如图 2.1.3 所示。

(2) 列出网孔电流方程如下：

网孔 1： $(1+5)I_{m1} - 5I_{m3} = U$

网孔 2： $6I_{m2} - 6I_{m3} = 22 - U$

网孔 3： $I_{m3} = -2\ \text{A}$

增补方程： $I_{m2} - I_{m1} = 4$

解之得

$$I_{m1} = -2\ \text{A},\quad I_{m2} = 2\ \text{A},\quad I_{m3} = -2\ \text{A},\quad U = -2\ \text{V}$$

(3) 根据网孔电流求解待求变量：

$$I_1 = I_{m1} = -2\ \text{A},\ I_2 = I_{m2} = 2\ \text{A},\ I_3 = I_{m3} - I_{m1} = 0\ \text{A},\ I_4 = I_{m2} - I_{m3} = 4\ \text{A}$$

对于含有受控源的支路，处理方法如下：(1) 将受控源视作独立源，列网孔电流方程；(2) 增补一个方程，增补的方法是用网孔电流表示受控源的控制量。

例 2.1.3 如图 2.1.4 所示，用网孔分析法求 I_{in}。

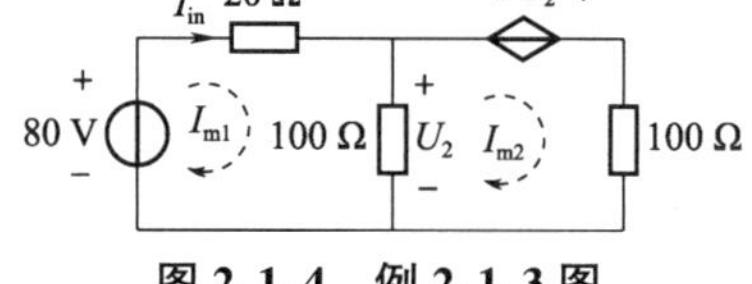

图 2.1.4 例 2.1.3 图

解 (1) 标出网孔电流方向，如图 2.1.4 所示。

(2) 列网孔电流方程如下：

网孔 1： $120I_{m1} - 100I_{m2} = 80$

网孔 2： $-100I_{m1} + 200I_{m2} = 3U_2$

增补方程： $100(I_{m1} - I_{m2}) = U_2$

解之得

$$I_{m1} = 2\ \text{A},\quad I_{m2} = \frac{8}{5}\ \text{A},\quad U_2 = 40\ \text{V}$$

(3) 根据网孔电流求解待求变量：

$$I_{in} = I_{m1} = 2\ \text{A}$$

2.1.2 节点电压法

以节点电压作为变量并列写方程来分析电路的方法称为节点电压法，或节点分析法，简称节点法。

节点电压的概念正如 1.6 节所述：在电路中任选一个节点为参考点，其余的每一节点到参考点的电压降，就称为该节点的节点电压。显然，对于一个具有 n 个节点的电路，可以定义 $n-1$ 个节点电压。以图 2.1.5 所示电路来说，它有 4 个节点，若选节点④为参考节点，则其余 3 个节点的节点电压可以定义为 u_{n1}、u_{n2}、u_{n3}。

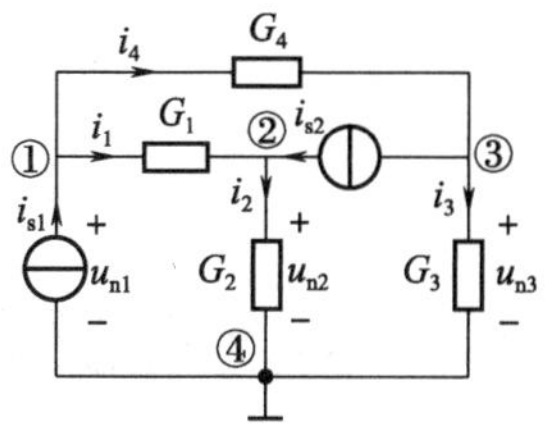

图 2.1.5 节点分析法示例

可以验证，u_{n1}、u_{n2}、u_{n3} 满足独立性与完备性。其中，图 2.1.5 中所有支路的电压都可用节点电压表示如下：

$$\left.\begin{aligned} u_{12} &= u_{n1} - u_{n2} \\ u_{23} &= u_{n2} - u_{n3} \\ u_{14} &= u_{n1} \\ u_{24} &= u_{n2} \\ u_{34} &= u_{n3} \\ u_{13} &= u_{n1} - u_{n3} \end{aligned}\right\} \tag{2.1.7}$$

下面介绍节点电压方程的列写方法。对节点①、②、③列写 KCL 方程，可得

$$\left.\begin{aligned} i_1 + i_4 - i_{s1} &= 0 \\ i_2 - i_1 - i_{s2} &= 0 \\ i_3 - i_4 + i_{s2} &= 0 \end{aligned}\right\} \tag{2.1.8}$$

对所有电阻支路列写 VCR 方程，可得

$$\left.\begin{aligned} i_1 &= G_1(u_{n1} - u_{n2}) \\ i_2 &= G_2 u_{n2} \\ i_3 &= G_3 u_{n3} \\ i_4 &= G_4(u_{n1} - u_{n3}) \end{aligned}\right\} \tag{2.1.9}$$

把式（2.1.9）代入式（2.1.8），有

$$\left.\begin{aligned} G_1(u_{n1} - u_{n2}) + G_4(u_{n1} - u_{n3}) &= i_{s1} \\ G_2 u_{n2} - G_1(u_{n1} - u_{n2}) &= i_{s2} \\ G_3 u_{n3} - G_4(u_{n1} - u_{n3}) &= -i_{s2} \end{aligned}\right\}$$

略加整理可得

$$\left.\begin{aligned} (G_1 + G_4)u_{n1} - G_1 u_{n2} - G_4 u_{n3} &= i_{s1} \\ -G_1 u_{n1} + (G_1 + G_2)u_{n2} &= i_{s2} \\ -G_4 u_{n1} + (G_3 + G_4)u_{n3} &= -i_{s2} \end{aligned}\right\} \tag{2.1.10}$$

这是以节点电压 u_{n1}、u_{n2}、u_{n3} 为变量的 3 个方程。它们来源于式（2.1.8），根据 1.5 节可知，该式是独立方程组，因而这组方程也是独立的。求解这三个方程可得 u_{n1}、u_{n2}、u_{n3}，代入式（2.1.7）、式（2.1.9）便可求得所有的支路电压、支路电流，进而求出电路的所有电参量。

对于图 2.1.5 所示的三独立节点电路，实际上凭观察即能由电路图直接列出式（2.1.10）这样的方程。为了寻找列写方程的规律，可以把式（2.1.10）表达为如下形式：

$$\left.\begin{aligned}G_{11}u_{n1}+G_{12}u_{n2}+G_{13}u_{n3}&=i_{s11}\\G_{21}u_{n1}+G_{22}u_{n2}+G_{23}u_{n3}&=i_{s22}\\G_{31}u_{n1}+G_{32}u_{n2}+G_{33}u_{n3}&=i_{s33}\end{aligned}\right\}\tag{2.1.11}$$

并对式中的各项系数做如下定义：

G_{11}、G_{22}、G_{33}分别称为节点①、节点②、节点③的自电导，它们分别是与节点①、②、③相连的所有电导的总和。例如，和节点①相连的电导有G_1、G_4，因此$G_{11}=G_1+G_4$。

G_{12}、G_{13}、G_{21}、G_{23}、G_{31}、G_{32}称为互电导，分别为其下标所示两个节点间所有公共电导之和的相反数。例如，节点①和节点③之间的公共电导只有G_4，因此$G_{13}=-G_4$；节点②和节点③之间无公共电导，因此$G_{23}=0$（因此，式中忽略此项）。互电导表达式中出现负号，是由于所有节点电压都一律假定为电压降的缘故。一般情况下，互电导是对称的，即$G_{12}=G_{21}$、$G_{23}=G_{32}$、$G_{13}=G_{31}$。

i_{s11}、i_{s22}、i_{s33}分别为和节点①、②、③相连的电流源电流的代数和，以流入节点为“+”。例如，流入节点①的电流为i_{s1}，因此有$i_{s11}=i_{s1}$。

式（2.1.11）为三独立节点电路的节点电压方程的一般形式。实际上，可以把式（2.1.11）的形式推广到含任意多个节点的电路。列写节点电压方程的一般步骤如下：

（1）选定参考节点，将其余各节点与参考节点之间的电压定义为待求的节点电压。

（2）列出各节点的自电导、互电导及汇集到该节点的电流源电流代数和，然后参照式（2.1.11）直接写出节点电压方程。

例 2.1.4 电路如图 2.1.6 所示，试求各电阻上的电流。

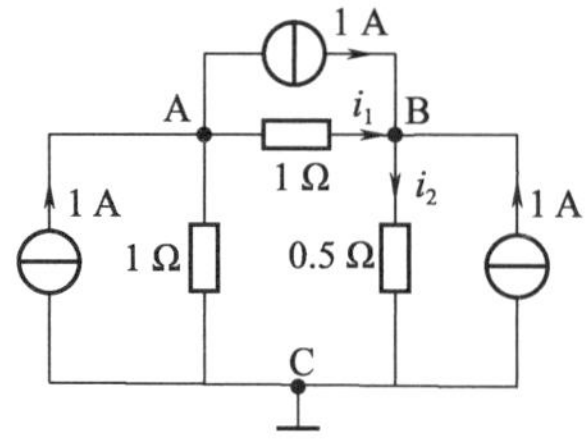

解 选节点 C 为参考点，对独立节点 A、B 列写方程：

对于 A 节点：$\left(\dfrac{1}{1}+\dfrac{1}{1}\right)U_{nA}-\dfrac{1}{1}U_{nB}=1-1$

对于 B 节点：$\left(\dfrac{1}{1}+\dfrac{1}{0.5}\right)U_{nB}-\dfrac{1}{1}U_{nA}=1+1$

图 2.1.6 例 2.1.4 图

对上面两式求解，得到

$$U_{nA}=0.4\ \text{V}$$
$$U_{nB}=0.8\ \text{V}$$

根据图 2.1.6，利用欧姆定律可求得各电阻电流为

$$I_1=\frac{U_{nA}-U_{nB}}{2}=\frac{0.4-0.8}{2}\ \text{A}=-0.2\ \text{A}$$

$$I_2=\frac{U_{nB}}{0.5}=\frac{0.8}{0.5}\ \text{A}=1.6\ \text{A}$$

如果电路中有仅含电压源的支路，可以分为两种情形处理：

（1）若电压源的一端为参考节点，则该电压源另一端的节点电压可以直接由该电压源的电压确定。

（2）若电压源两端都不与参考节点相连，则可在该电压源所在支路上增加定义一个电流变量，将电压源视作电流源来列写节点电压方程；同时用节点电压表示该电压源电压，增补一个方程，使得方程组有唯一解。

例 2.1.5　求图中的电流 I。

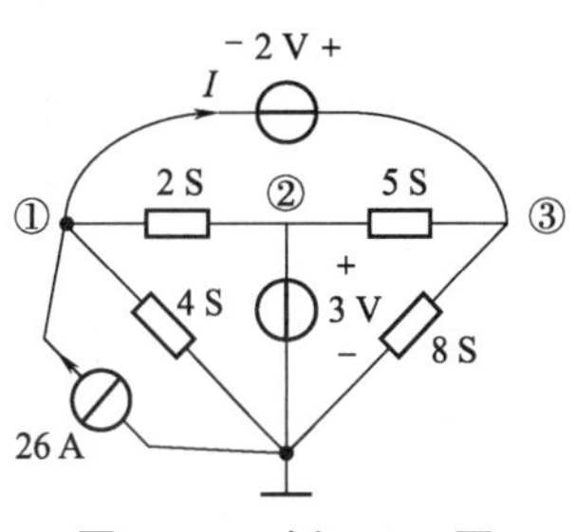

图 2.1.7　例 2.1.5 图

解　先选定参考节点，并假设节点①、②、③的节点电压为 u_{n1}、u_{n2}、u_{n3}。

该电路中，3 V 电压源的一端连接到参考节点上，因此，节点②的节点电压可以直接确定为

$$u_{n2} = 3\ \text{V}$$

2 V 电压源的两端均不与参考节点相连，此时可以假设流经 2 V 电压源的电流为 I，参考方向如图 2.1.7 所示。可得节点电压方程为

$$(2+4)u_{n1} - 2u_{n2} = 26 - I$$
$$u_{n2} = 3\ \text{V}$$
$$-5u_{n2} + (5+8)u_{n3} = I$$

由于增加了一个变量 I，因此需要增补一个方程。利用节点电压来表示 2 V 电压源的电压，得到增补方程为

$$u_{n3} - u_{n1} = 2\ \text{V}$$

解上述方程，得到

$$u_{n1} = \frac{12}{19}\ \text{V},\quad u_{n3} = \frac{59}{19}\ \text{V},\quad I = \frac{482}{19}\ \text{A}$$

对于含有受控源的电路，列节点电压方程时的处理思路如下：

（1）将受控源视同独立源，列节点电压方程。

（2）增补一个方程：将受控源控制量用节点电压变量表示。

例 2.1.6　电路如图 2.1.8 所示，用节点电压法求电压 U。

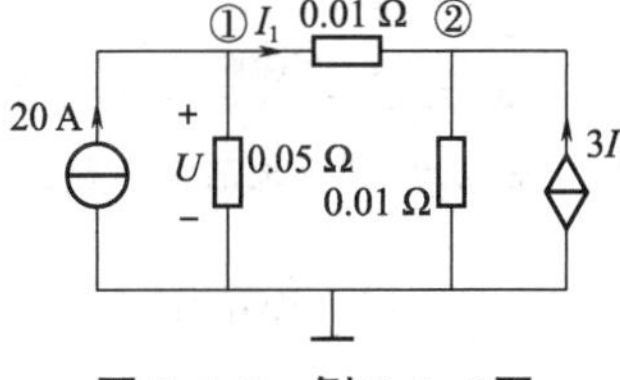

图 2.1.8　例 2.1.6 图

解　假设节点①、②的节点电压分别为 u_{n1}、u_{n2}。

$$\left(\frac{1}{0.01} + \frac{1}{0.05}\right)u_{n1} - \frac{1}{0.01}u_{n2} = 20$$

$$-\frac{1}{0.01}u_{n1} + \left(\frac{1}{0.01} + \frac{1}{0.01}\right)u_{n2} = 3I_1$$

增补方程：

$$I_1 = \frac{u_{n1} - u_{n2}}{0.01}$$

联立上述方程，可以解得

$$U = u_{n1} = 0.5\ \text{V}$$
$$u_{n2} = 0.4\ \text{V}$$

2.1.3　含理想运放的电阻电路分析

运算放大器简称运放，是使用集成电路技术制作的一个多端器件，在现代电子技术中的应用十分广泛。运放的内部结构虽然复杂，但其端钮上的 VCR 却很简单。本节简要介绍

如何利用电路模型来分析运放电路。

图 2.1.9 所示为运放的图形符号。图中只标出电路分析中常用的 3 个端钮，其他的端钮如正电源、负电源、公共端等未标出。图中，标“+”号的端钮为同相输入端，标“-”号的端钮为反相输入端，另一个端钮则为输出端。当在同相输入端接输入电压时，输出端的电压方向与输入端相同；当在反相输入端接输入电压时，输出端的电压方向与输入端相反。运放是一种单向器件，其输出电压受差分输入电压的控制，但输入电压却不受输出电压的影响。

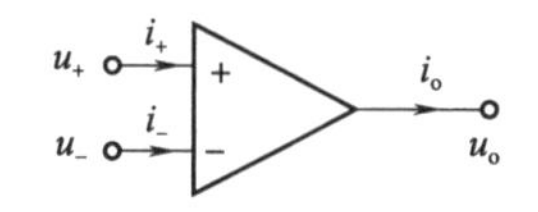

图 2.1.9　运放的图形符号

图 2.1.10 所示为运放的输入输出特性。图 2.1.11 所示为当运放工作在线性区时的电路模型。模型中 R_i 为运放的输入电阻，R_o 为输出电阻。其中的受控源表明运放具有电压放大作用，A 为运放的电压放大倍数，u_+ 和 u_- 分别为施加在同相输入端和反相输入端的输入电压。当 u_+ 与 u_- 同时作用时，受控源的输出电压为

$$A(u_+ - u_-) = Au_d \tag{2.1.12}$$

式中，$u_d = u_+ - u_-$ 称为差分输入电压。

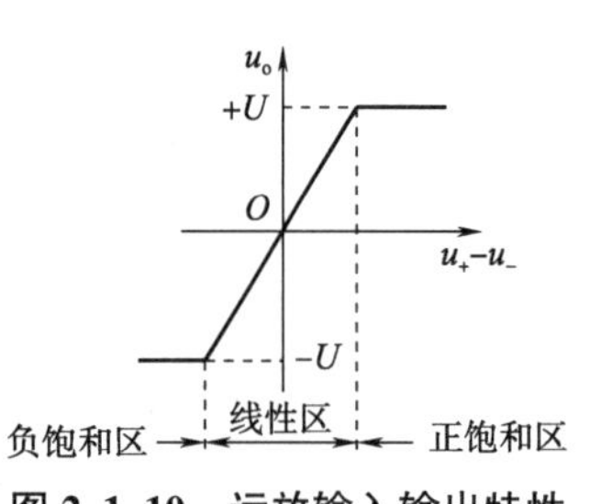

图 2.1.10　运放输入输出特性

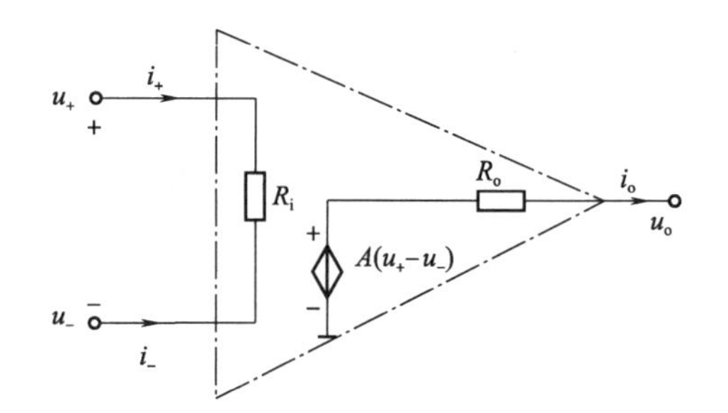

图 2.1.11　线性运放的受控源模型

表 2.1.1 列出了实际运放的参数。

表 2.1.1　实际运放的参数

参数	名称	典型数值	理想情况
A	电压增益	$10^5 \sim 10^7$	∞
R_i	输入电阻	$10^6 \sim 10^{13}$ Ω	∞
R_o	输出电阻	10 ~ 100 Ω	0

符合理想情况的运放称为理想运放。对理想运放而言，由于 A 为无限大，且输出电压 u_o 为有限值，由式（2.1.12）可知，应满足 $u_d = u_+ - u_- = 0$，即

$$u_+ = u_- \tag{2.1.13}$$

式（2.1.13）表明理想运放两个输入端的电位相等，称该性质为理想运放的“虚短”性质。如果不是差分输入，而是把反相输入端（或同相输入端）接地，则由于 $u_- = 0$（或 $u_+ = 0$），得到 $u_+ = 0$（或 $u_- = 0$）。总之，不论是反相输入端还是同相输入端接地，都有 $u_+ = u_- = 0$。

又由于输入电阻为无限大，因此不论是同相输入端还是反相输入端，其输入电流都为零，以 i_+ 和 i_- 表示这两个输入端的电流，有

$$i_+ = i_- = 0 \tag{2.1.14}$$

式（2.1.14）表明理想运放两个输入端的电流均等于0，称该性质为理想运放的“虚断”性质。

图2.1.12所示为理想运放的图形符号。

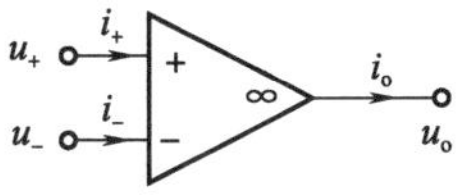

注意： 由于图中没有画出运放的所有端钮，因此不能把该符号表示的理想运放视为广义节点列写KCL方程，否则由式（2.1.14）将得出输出电流 i_o 为零的错误结论。

图2.1.12　理想运放的图形符号

理想运放的分析常采用节点电压法。分析时请注意以下规则：

（1）在运放的输出端应假设一个节点电压，但不要为输出端列写节点电压方程，应该对输入端列节点电压方程。

（2）“虚短”性质、“虚断”性质在理想运放的分析中十分重要。在列写节点电压方程时，注意运用这两个性质以减少未知量的数目。

例2.1.7　如图2.1.13所示电路，试求其输出 u_o 与输入 u_s 的关系。

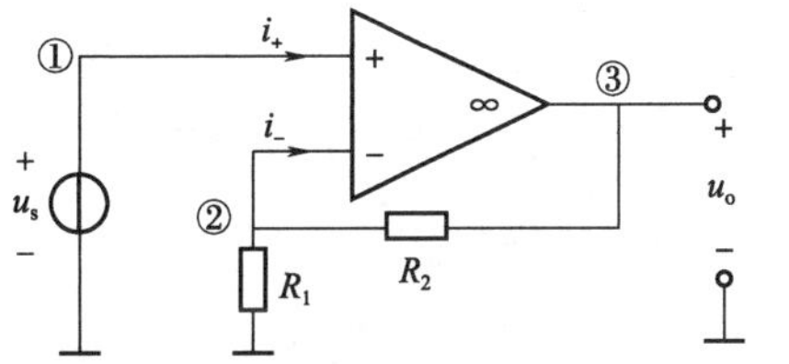

解　节点②处共有3条支路，由式（2.1.14）的“虚断”性质，有 $i_- = 0$。故节点电压方程为

$$\left(\frac{1}{R_1} + \frac{1}{R_2}\right)u_{n2} - \frac{1}{R_2}u_{n3} = 0$$

图2.1.13　例2.1.7图

根据式（2.1.13）的“虚短”性质，可知

$$u_{n2} = u_{n1} = u_s$$

又由于 $u_{n3} = u_o$，故得

$$\left(\frac{1}{R_1} + \frac{1}{R_2}\right)u_s - \frac{1}{R_2}u_o = 0$$

因此得到

$$\frac{u_o}{u_s} = \frac{R_1 + R_2}{R_1} = 1 + \frac{R_2}{R_1}$$

上式表明：当 $u_s > 0$ 时，$u_o > 0$，因此称该电路为同相比例器。通过调节运放外部电阻 R_1、R_2，即可调节输出电压 u_o 对输入电压 u_s 的比值。

例2.1.8　如图2.1.14所示，求 u_o 与 u_{i1}、u_{i2} 的关系。

解　对反相输入端（节点电压为 u_-）列节点电压方程，有

$$\left(\frac{1}{R_1} + \frac{1}{R_2} + \frac{1}{R_f}\right)u_- - \frac{1}{R_1}u_{i1} - \frac{1}{R_2}u_{i2} - \frac{1}{R_f}u_o = 0$$

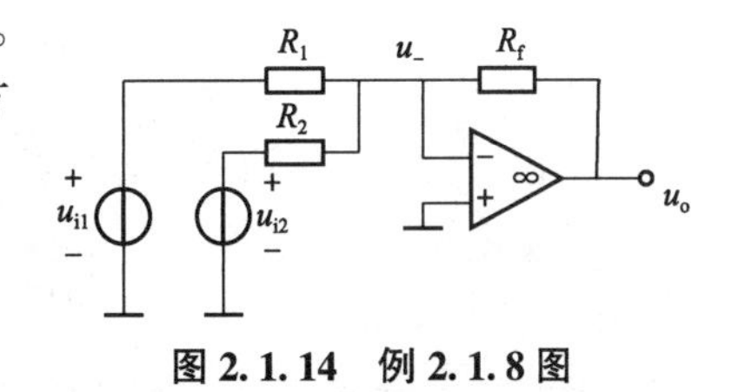

图2.1.14　例2.1.8图

根据“虚短”性质，有

$$u_- = u_+ = 0$$

代入上式，得到

$$u_o = -\frac{R_f}{R_1}u_{i1} - \frac{R_f}{R_2}u_{i2}$$

可见，该电路能够将输入电压 u_{i1}、u_{i2} 相加并反相输出，因此称其为反相加法器。

2.2 线性电路的叠加方法

由线性元件及独立源组成的电路称为线性电路。独立源是电路的输入，也称为激励，而支路电压、电流则是在独立源的激励下产生的，称为电路的响应。

线性性质是线性电路最基本的性质，包括齐次性（比例性）和叠加性两方面。

2.2.1 齐次性与网络函数

本节考虑只有一个独立源时，线性电路的响应和激励间的关系。

图 2.2.1 所示电路只有一个激励 u_s。当以输入端的电流 i_1 作为响应时，易得

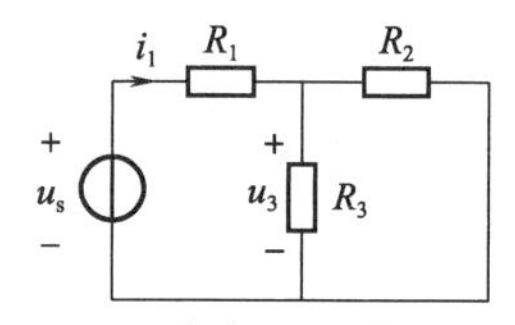

图 2.2.1 单电源激励下的电路

$$i_1 = \frac{R_2 + R_3}{R_1R_2 + R_1R_3 + R_2R_3}u_s$$

当以 R_3 支路的电压 u_3 作为响应时，易得

$$u_3 = \frac{R_2R_3}{R_1R_2 + R_1R_3 + R_2R_3}u_s$$

可以发现，如果保持电阻元件 R_1、R_2、R_3 不变，当激励 u_s 增大或缩小 k 倍时，响应 i_1、u_3 也相应地增大或缩小 k 倍。实际上，选择该电路的其他支路电压、电流作为响应时也存在类似的规律。

也就是说，线性电路的响应与激励之间存在比例关系，这个性质称为线性电路的齐次性。对于单一激励的线性电路，将响应与激励之比称为网络函数，用符号 H 表示，即

$$H = \frac{\text{响应}}{\text{激励}} \tag{2.2.1}$$

式中，激励可以是电压源电压或电流源电流；响应可以是任一支路的电压或电流。

上例中，当以 i_1 作为响应时，网络函数为

$$H_1 = \frac{i_1}{u_s} = \frac{R_2 + R_3}{R_1R_2 + R_1R_3 + R_2R_3}$$

当以 u_3 作为响应时，网络函数为

$$H_3 = \frac{u_3}{u_s} = \frac{R_2R_3}{R_1R_2 + R_1R_3 + R_2R_3}$$

这里，H_1 为位于同一端钮的电流与电压之比，称为策动点电导；H_3 为位于不同端钮的两个电压之比，称为转移电压比。还有其他网络函数类型，这里不具体展开。可以发现，

在线性电阻电路中，网络函数是一个与激励无关的实数。

2.2.2　叠加性与叠加方法

下面考虑线性电路中存在多个独立源时，响应和激励间的关系。图 2.2.2（a）所示电路包含两个激励，分别为独立电压源 u_s 和独立电流源 i_s，下面求解响应 i_1、u_2。

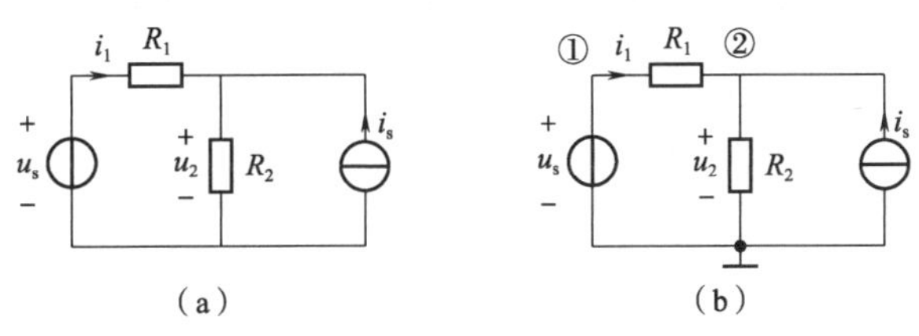

图 2.2.2　两个电源激励的电路

此电路可直接使用两类约束求解，这里采用节点法。若选择底部的节点为参考节点，如图 2.2.2（b）所示，易知节点①的节点电压 $u_{n1}=u_s$。只需对节点②列方程，有

$$\left(\frac{1}{R_1}+\frac{1}{R_2}\right)u_{n2}-\frac{1}{R_1}u_{n1}=i_s$$

$$u_{n2}=\frac{R_2}{R_1+R_2}u_s+\frac{R_1R_2}{R_1+R_2}i_s$$

解得

$$i_1=\frac{u_{n1}-u_{n2}}{R_1}=\frac{1}{R_1+R_2}u_s-\frac{R_2}{R_1+R_2}i_s$$

$$u_2=u_{n2}=\frac{R_2}{R_1+R_2}u_s+\frac{R_1R_2}{R_1+R_2}i_s$$

可以发现，响应 i_1 和 u_2 均为两项之和，且第一项只与激励 u_s 成比例，第二项只与激励 i_s 成比例。很容易验证，第一项是仅有 u_s 激励时的响应，如图 2.2.3（a）所示，而第二项则是仅有 i_s 激励时的响应，如图 2.2.3（b）所示，且每一项的比例系数分别为图 2.2.3 中对应的网络函数。

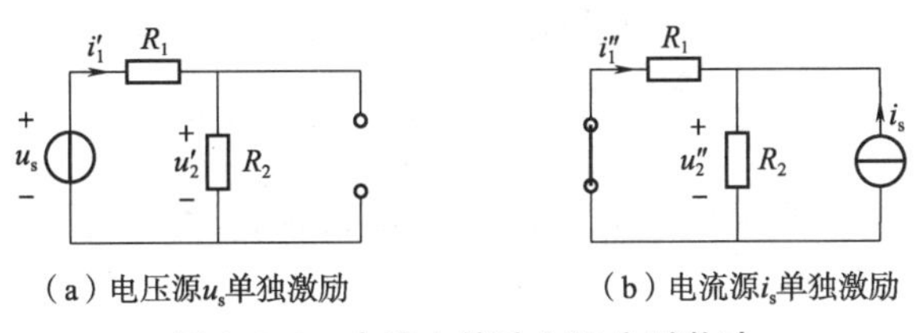

（a）电压源 u_s 单独激励　　（b）电流源 i_s 单独激励

图 2.2.3　电路中的独立源分别激励

上述现象即为线性电路叠加性的具体表现，称为线性电路的叠加定理（或叠加原理）。表述为：在线性电路中，多个独立源共同激励时任一支路的电流（或电压）响应，等于各独立源单独激励时在该支路产生的电流（或电压）响应的代数和。

设线性电路共有 M 个激励，每个激励为 $x_m(t)(m=1,2,\cdots,M)$，则某支路的电压或电流响应 $y(t)$ 可表示为

$$y(t)=\sum_{m=1}^{M}H_{m}x_{m}(t) \tag{2.2.2}$$

式中，H_m 为 $x_m(t)$ 单独激励时的网络函数。

根据叠加定理可以得到分析线性电路的另一种基本方法：叠加方法。它使用分解激励的方法将复杂激励问题简化为单一激励问题，从而简化电路的分析。

叠加方法一般只用于求解电压或电流，不用于直接求解功率。

在使用叠加方法时，凡是不作为激励的独立源均需置零。置零的方法是：对于独立电压源支路，需将其短路，从而使得该支路的电压为零；对于独立电流源支路，需将其开路，从而使得该支路的电流为零。

例 2.2.1 电路如图 2.2.4（a）所示，请用叠加定理求 I_2、U。

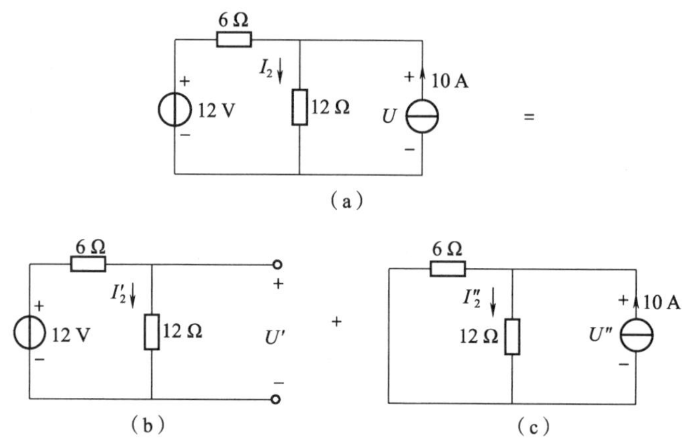

图 2.2.4 例 2.2.1 图

解 此电路中有两个独立源，可以让它们分别激励电路，求解待求量 I_2、U 的部分解，再将部分解叠加起来得到最终的 I_2、U。

（1）只有 12 V 电压源单独激励时，10 A 电流源需开路。此时的电路如图 2.2.4（b）所示。可以求得

$$I_2'=\frac{12}{6+12}\ \text{A}=\frac{2}{3}\ \text{A}$$

$$U'=12\times I_2'=12\times\frac{2}{3}\ \text{V}=8\ \text{V}$$

（2）只有 10 A 电流源单独激励时，12 V 电压源需短路。此时的电路如图 2.2.4（c）所示。可以求得

$$I_2''=\frac{6}{6+12}\times 10\ \text{A}=\frac{10}{3}\ \text{A}$$

$$U''=12\times I_2'=12\times\frac{10}{3}\ \text{V}=40\ \text{V}$$

（3）将两个分量相加，得到

$$I_2=I_2'+I_2''=\left(\frac{2}{3}+\frac{10}{3}\right)\ \text{A}=4\ \text{A}$$

$$U=U'+U''=(8+40)\ \text{V}=48\ \text{V}$$

如果电路中含有受控源，运用叠加定理时须注意：叠加定理中强调的是各独立电源单独激励电路，而受控源的电压或电流不是电路的输入，因此不能单独用于激励电路。使用叠加定理时，受控源应和电阻一样，始终保留在电路中。

例 2.2.2 电路如图 2.2.5 所示，用叠加定理求 i_1。

解 此电路中有两个独立源、一个受控源。画分电路时，注意受控源应该始终保留在电路中。

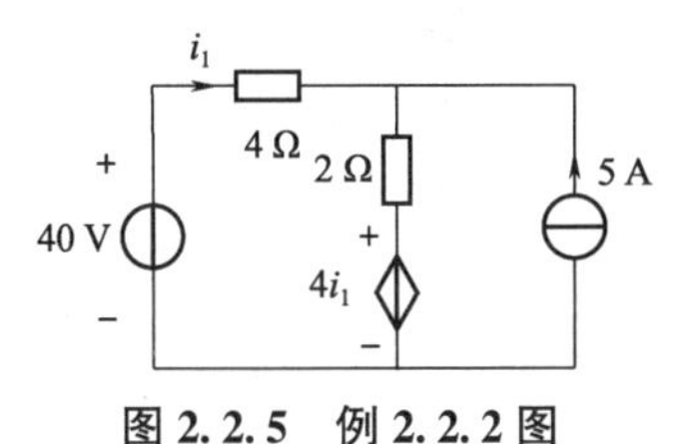

图 2.2.5 例 2.2.2 图

(1) 40 V 电压源单独激励时，5 A 电流源开路。此时电路如图 2.2.6 (a) 所示。对回路列 KVL 方程，有

$$-40+(4+2)i_1'+4i_1'=0$$

解得

$$i_1'=4\ \text{A}$$

(2) 5 A 电流源单独激励时，40 V 电压源短路。此时电路如图 2.2.6 (b) 所示。由两类约束，有

$$i''=i_1''+5$$

$$4i_1''+2i''+4i_1''=0$$

解得

$$i_1''=-1\ \text{A}$$

(3) 结果叠加，得到最后的解

$$i_1=i_1'+i_1''=(4-1)\ \text{A}=3\ \text{A}$$

例 2.2.3 在图 2.2.7 所示电路中，N_0 的内部结构未知，但知其只含线性电阻、线性受控源。在激励 u_s 和 i_s 作用下，对网络 N_0 进行了两组测试，得到测试数据如下：当 $u_s=3$ V，$i_s=5$ A 时，$u=11$ V；当 $u_s=5$ V，$i_s=3$ A 时，$u=13$ V。试问：若 $u_s=7$ V，$i_s=2$ A 时，u 为多少？

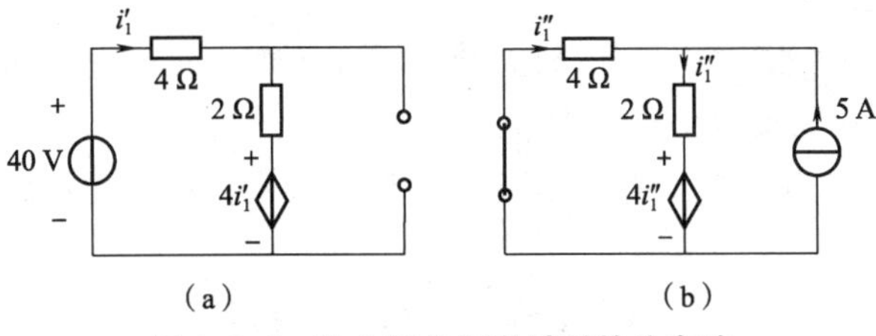

图 2.2.6 独立源分别激励时的分电路

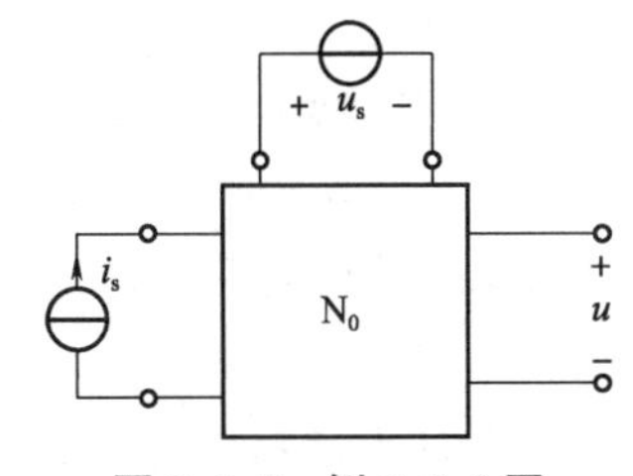

图 2.2.7 例 2.2.3 图

解 由式 (2.2.2) 可知

$$u=H_1u_s+H_2i_s$$

此式对任何 u_s 和 i_s 均成立。将两组测试数据代入，有

$$3H_1+5H_2=11$$

$$5H_1+3H_2=13$$

解得

$$H_1=2,\ H_2=1$$

故有

$$u = 2u_s + i_s$$

当 $u_s = 7$ V，$i_s = 2$ A 时

$$u = (2 \times 7 + 1 \times 2)\ \text{V} = 16\ \text{V}$$

由本例可见，当无源线性网络 N_0 的结构、参数未知时，可以根据线性电路的叠加定理，利用网络函数 H_1、H_2 表达激励与指定响应的关系，再通过实验的方法确定 H_1、H_2。这种做法可以推广到有 n 个激励的一般情形。

另一个有意义的结论是，网络函数 H_1、H_2 只和 N_0 的结构和参数有关，只要 N_0 的结构和参数不发生改变，H_1、H_2 就不会改变。因此，一旦确定了网络函数，后续讨论激励与响应的关系时，便可以直接使用网络函数进行研究，无须考虑电路的元件参数和结构。可见，在研究激励与响应的关系时，采用叠加方法比直接运用方程法要方便得多。

工程应用：数/模转换器（DAC）

模拟信号和数字信号是电子技术中最基本的两种信号类型。数字信号只由 0 和 1 两种数码组成，1 个 0 或 1 个 1 称为 1 比特（bit）。工程应用中会根据具体需要，选用一定长度的由 0、1 组成的二进制序列来表示一个数字信号，并赋予它一种特定的含义。与数字信号不同，模拟信号使用连续变化的物理量来表达信息。比如用电压来表示温度时，不同的电压幅度值便表示了不同的温度值。生活中的多数物理量都是模拟信号，如温度、湿度、压力、亮度、声音等。

数字信号具有抗干扰能力强、可靠性高、易于传输和处理、便于加密等特点。因此，很多系统设计方案都选择先将模拟信号转换为数字信号，再利用数字电路对数字信号进行复杂、高级的处理，从而实现模拟电路难以实现的众多功能。同时，经过数字电路处理后的数字信号常常也需要转换为模拟信号输出，以便于实际应用。例如，人耳只能接收使用模拟信号表示的声音，经数字处理后的声音信号只有转换为模拟信号，才能满足人耳的听觉需要。

模/数转换器（analog digital converter，ADC）和数/模转换器（digital analog converter，DAC）是电路中十分常见的器件，前者实现模拟信号到数字信号的转换，后者实现数字信号到模拟信号的转换。这里介绍 DAC 的工作原理，解释其如何将数字信号转换为对应的模拟信号。

DAC 的电路结构有多种，包括 R-$2R$ 结构、MDAC 结构、电阻串结构等。图 2.2.8 所示为 3 bit R-$2R$ 结构 DAC 的电路原理。

图 2.2.8 中，开关 S_0、S_1、S_2 均为单刀双掷开关，其连接触点分别受到 3 bit 数字信号的最低位、次低位、最高位比特值的控制。例如，对于开关 S_0，当 3 bit 数字信号的最低位为 0 时，S_0 接地（即接 S_0 右下方的触点）；当最低位为 1 时，S_0 接电压源 U_s（即接 S_0 左下方的触点）。

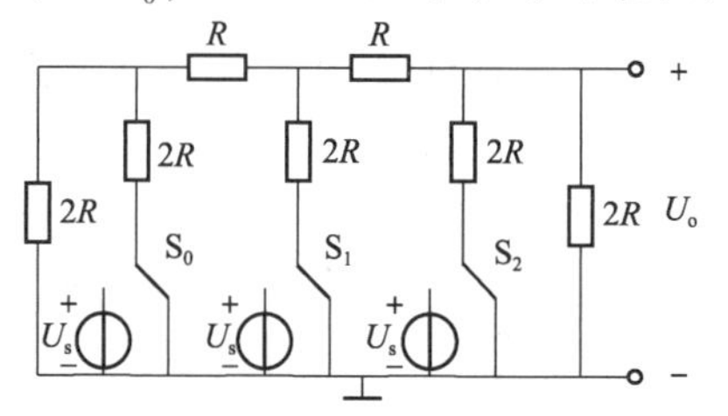

图 2.2.8　3 bit R-$2R$ 结构 DAC 的电路原理

若 $U_s = 8.4$ V，假设输入的数字信号为 111，下面分析 DAC 输出的模拟信号 U_o。由于三个比特位的值均为 1，因此开关 S_0、S_1、S_2 均连接电压源

U_s，对应的电路如图 2.2.9 所示。显然，此时电路中有 3 个独立源。根据叠加定理，输出电压 U_o 等于三个独立源单独作用时的输出电压之和。下面分别计算。

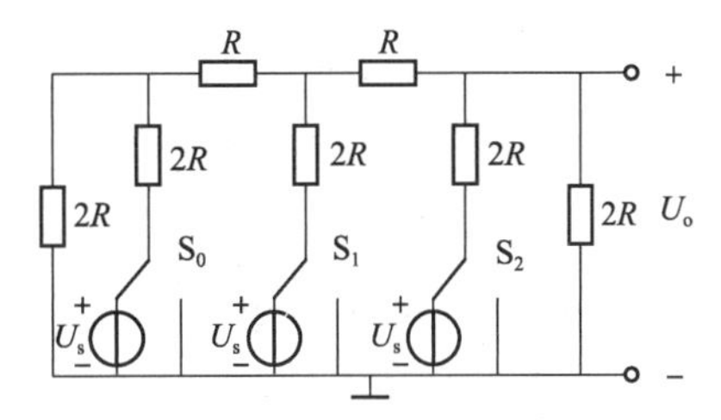

图 2.2.9　数字信号为 111 时的开关位置

(1) 当只有 S_0 支路的电压源作用时，其余两个电压源应该置零（短路）。将此时电路中的电压源所在支路换到最左侧，并合并最右侧的并联电阻，可得图 2.2.10 (a) 所示电路。由于端口是断开的，根据分压关系，易求得输出电压 U_o' 为

$$U_o' = U_s \times \frac{R}{2R+R} \times \frac{R}{R+R} \times \frac{R}{R+R} = \frac{U_s}{12} = 0.7\ \text{V}$$

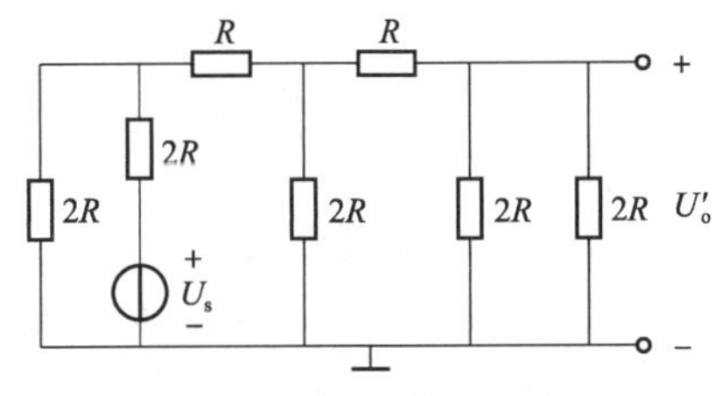

(a) 仅S_0支路所在电压源作用

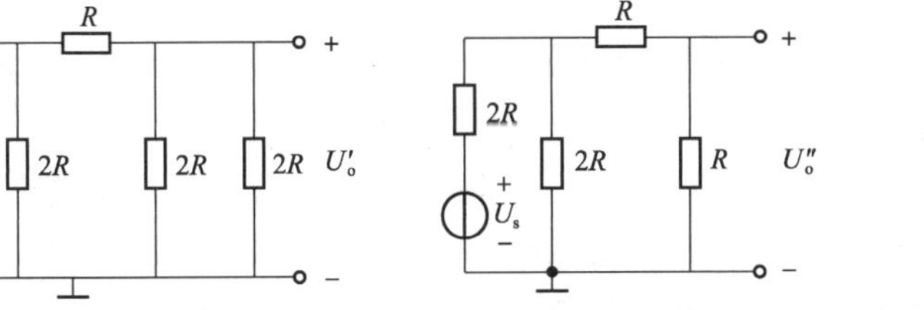

(b) 仅S_1支路所在电压源作用

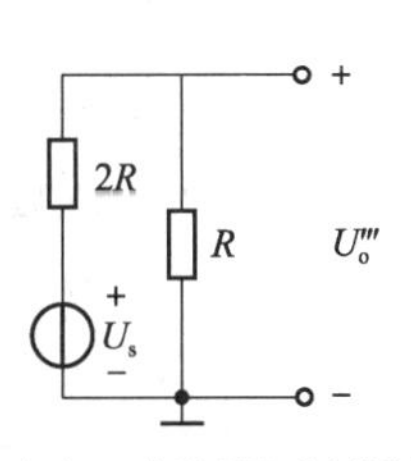

(b) 仅S_2支路所在电压源作用

图 2.2.10　用叠加定理计算输出

(2) 当只有 S_1 支路的电压源作用时。合并电路中的并联、串联电阻，并将电压源支路换到电路的最左侧，可得图 2.2.10 (b) 所示电路。根据分压关系，容易求得输出电压 U_o'' 为

$$U_o'' = U_s \times \frac{R}{2R+R} \times \frac{R}{R+R} = \frac{U_s}{6} = 1.4\ \text{V}$$

(3) 当只有 S_2 支路的电压源作用时。采用与前面相似的方式简化电路，可得如图 2.2.10 (c) 所示电路。根据分压关系，容易求得输出电压 U_o''' 为

$$U_o''' = U_s \times \frac{R}{2R+R} = \frac{U_s}{3} = 2.8\ \text{V}$$

可见，当输入的数字信号为 111 时，DAC 的模拟电压输出为

$$U_o = U_o' + U_o'' + U_o''' = 4.9\ \text{V}$$

对于其他的 3 bit 数字信号，也可以仿照上面的计算过程得到对应的 DAC 输出模拟电压值，见表 2.2.1。感兴趣的读者可以自行验证。

表 2.2.1　图 2.2.8 电路的数字输入与模拟输出

数字输入	模拟输出/V	数字输入	模拟输出/V
000	0	100	2.8
001	0.7	101	3.7
010	1.4	110	4.2
011	2.1	111	4.9

在实际电路中，开关 S_0、S_1、S_2 一般用电子开关实现，从而能够根据数字信号中各比特位的值自动完成开关切换，实现模拟信号输出。

 2.3 电路置换与电路等效

除了电路方程法、叠加法之外，分析电路时还常常使用电路置换与电路等效两种方法。

电路置换与电路等效常常是基于端口进行的，这里给出端口的简要定义。电路的一个端口是它向外引出的一对端钮，且这对端钮必须满足条件：流入一个端钮的电流等于流出另一个端钮的电流。该条件称为端口条件，如图 2.3.1 所示。只含有一个端口的电路称为一端口电路，或称单口网络。

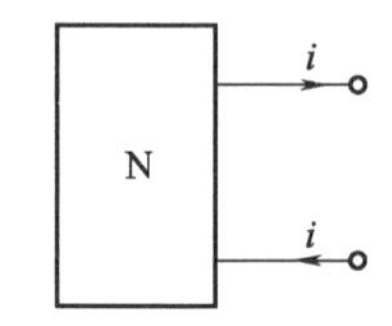

图 2.3.1 端口条件

2.3.1 置换定理

置换定理也称替代定理，常用于工作点已知时电路的简化。置换定理不仅适用于线性电路，也适用于非线性电路。

置换定理的内容为：若一个电路由两个一端口网络连接而成，已知端口处的电压 u_p 或电流 i_p，则可以用一个电压为 u_p 的电压源或用一个电流为 i_p 的电流源置换其中一个一端口网络，未被置换的一端口网络内部的支路电压、电流均维持不变，如图 2.3.2 所示。(i_p，u_p) 称为工作点。

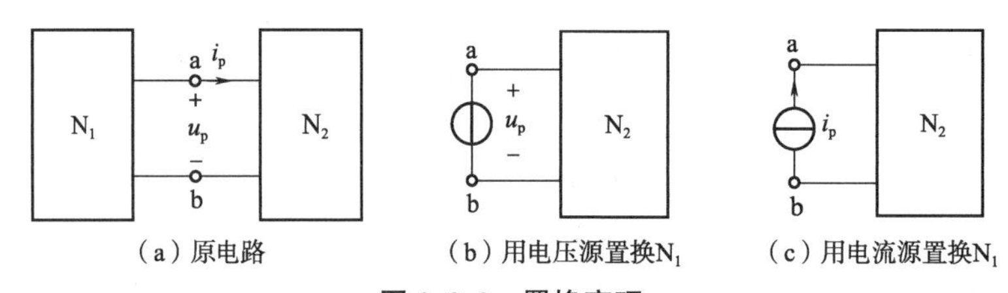

(a) 原电路　(b) 用电压源置换N_1　(c) 用电流源置换N_1

图 2.3.2 置换定理

证明：在图 2.3.2 (a) 中，端钮 a 的左侧添加两个数值为 u_p、极性相反的电压源，如图 2.3.3 (a) 所示。由于 u_{ad} = 0，因此添加的两个电压源不影响原电路的解。由图 2.3.3 (a) 可见，b 与 c 之间的电压 u_{bc} = 0，因此可以用一条导线连接 b、c 两点，从而得到图 2.3.3 (b) 所示电路。此时对网络 N_2 而言，相当于在端口 a、b 处用电压源 u_p 置换了图 2.3.2 (a) 中的 N_1，即 2.3.2 (b) 所示电路。

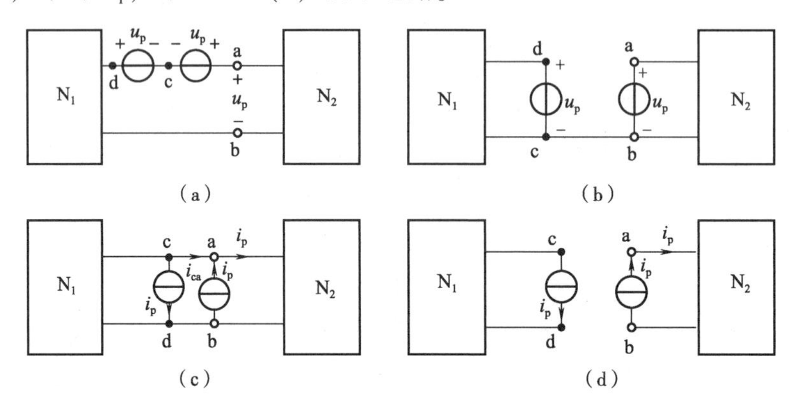

(a)　(b)　(c)　(d)

图 2.3.3 置换定理的证明

类似地，在图 2.3.2（a）的端钮 a、b 之间添加两个数值为 i_p、方向相反的两个电流源，如图 2.3.3（c）所示。由于两个电流源大小相等、方向相反，总电流为 0，因此添加的两个电流源不影响原电路的解。由图 2.3.3（c）中 a 点 KCL 易知，$i_{ca}=0$，因此 a 点与 c 点、b 点与 d 点间的导线可以断开，从而得到图 2.3.3（d）所示电路。此时对网络 N_2 而言，相当于在端口 a、b 处用电流源 i_p 置换了图 2.3.2（a）中的 N_1，即图 2.3.2（c）所示电路。证毕。

电路置换建立在工作点相同的基础上，它只要求相互替换的两个一端口网络在 u-i 平面上的伏安关系（VCR）特性曲线通过相同的工作点，而不要求两者完全重合。图 2.3.2 中，假设 N_1 的 VCR $u=f_1(i)$ 对应图 2.3.4 中的曲线①，N_2 的 VCR $u=f_2(i)$ 对应图 2.3.4 中的曲线②。端口处的电压 u_p、电流 i_p 需要同时满足这两个方程，因此（i_p,u_p）实际上是 $u=f_1(i)$ 与 $u=f_2(i)$ 在 u-i 平面上的交点 Q。当在端口处用电压源 $u=u_p$ 替换 N_1 时，即图 2.3.2（b），相当于在图 2.3.4 中用曲线③代替曲线①。由图 2.3.4 可见，曲线③和曲线①虽完全不同，但曲线③经过了工作点 Q。同理，当在端口处用电流源 $i=i_p$ 替换 N_1 时，即图 2.3.2（c），相当于用曲线④代替曲线①，曲线④也经过了工作点 Q，因此置换后电路的解不变。实际上，可以用任意 VCR 曲线通过工作点 Q 的一端口网络来置换 N_1，电路的解均保持不变。

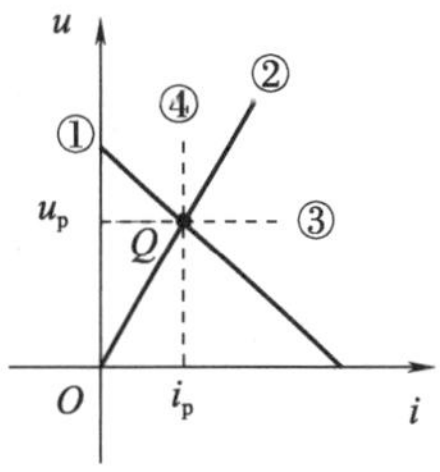

图 2.3.4　置换定理的解释

例 2.3.1　图 2.3.5（a）所示电路中，若由实验测得 $i_1=2$ A，求电流 I。

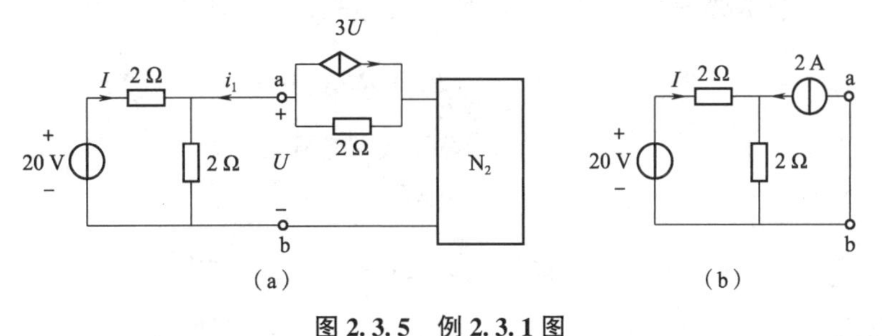

图 2.3.5　例 2.3.1 图

解　在端口 a、b 处应用置换定理，得到如图 2.3.5（b）所示电路。对左侧回路列写 KVL 方程，有$2I+(2+I)\times2=20$，则 $I=4$ A。

2.3.2　无源一端口的等效

当两个一端口电路在端口处的电压、电流函数关系（即伏安关系）完全相同时，称这两个电路相互等效。在这种情况下，可以用其中一个电路去替换另外一个电路，而且替换前后电路中未被等效部分的解不变。

如图 2.3.6 所示，N_1 和 N_2 为两个线性一端口网络，端口的伏安关系分别为 $i=f_1(u)$ 和 $i=f_2(u)$，如果函数 $f_1(u)=f_2(u)$，则称 N_1 和 N_2 为相互等效的网络。此时，对于第三个一端口网络 N 而言，无论其端口处连接 N_1 还是 N_2，网络 N 内部的电压、电流关系都不变。

需要注意的是，相互等效的两个网络，其内部的电压、电流关系可能是完全不同的。如图 2.3.6 所示的 N_1 和 N_2 相互等效，但 N_1 和 N_2 内部的解可能是完全不同的。也就是说，等效只是对外等效，对内不等效。

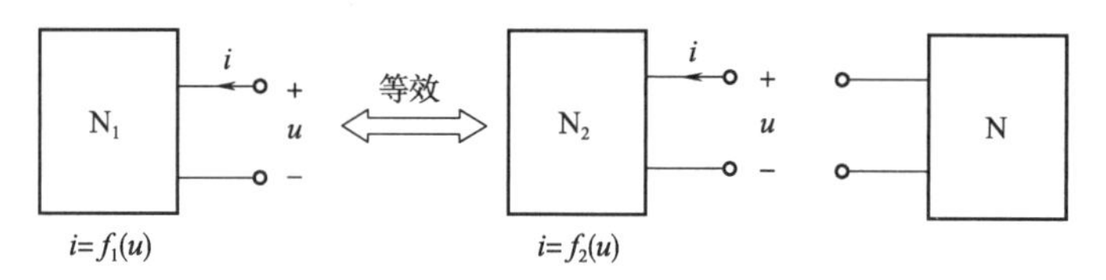

图 2.3.6　电路的等效

电路等效是电路分析中非常重要的一个概念，通过合理的等效，可以化简电路，从而聚焦关注的电参量。本节重点介绍利用等效思想对无源一端口网络进行化简。

1. 电阻的串联等效

多个电阻首尾相接组成的支路称为电阻串联电路。图 2.3.7（a）展示了由 n 个电阻组成的串联电路。

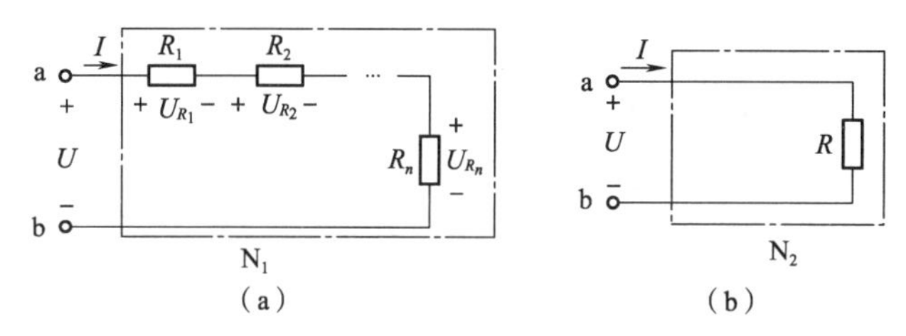

图 2.3.7　串联电阻的等效

对于图 2.3.7（a）所示的一端口电路 N_1，写出端口的电压电流关系为

$$U = U_{R_1} + U_{R_2} + \cdots + U_{R_n} = (R_1 + R_2 + \cdots + R_n)I = \sum_{k=1}^{n} R_k I \qquad (2.3.1)$$

对于图 2.3.7（b）的一端口电路 N_2，端口电压电流关系为

$$U = RI \qquad (2.3.2)$$

如果 $R = \sum_{k=1}^{n} R_k$，则式（2.3.1）和式（2.3.2）的伏安关系方程完全相同，此时 N_1、N_2 两个电路相互等效。可见，多个电阻的串联可以用一个电阻来等效，等效电阻为串联电阻之和。

$$R = R_1 + R_2 + \cdots + R_n = \sum_{k=1}^{n} R_k \qquad (2.3.3)$$

第 k 个电阻的分压与其电阻值 R_k 成正比，即

$$U_{R_k} = \frac{R_k}{R} U$$

2. 电阻的并联等效

如果将多个电阻元件首端与首端，尾端与尾端对应连接，称这种连接为电阻的并联。图 2.3.8（a）所示为由 n 个电阻组成的并联电路。

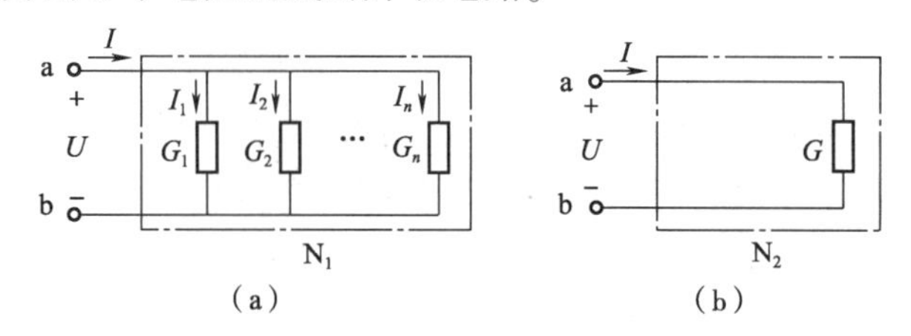

图 2.3.8　并联电阻的等效

对于图 2.3.8（a）的一端口电路 N_1，端口的电压电流关系为

$$I = I_1 + I_2 + \cdots + I_n = G_1U + G_2U + \cdots + G_nU = \sum_{k=1}^{n} G_kU \tag{2.3.4}$$

对于图 2.3.8（b）的一端口电路 N_2，端口的电压电流关系为

$$I = GU \tag{2.3.5}$$

如果 $G = \sum_{k=1}^{n} G_k$，则式（2.3.4）、式（2.3.5）表示的伏安关系方程完全相同，此时称 N_1、N_2 两个电路相互等效。可见，多个电导的并联可以用一个电导来等效，等效电导为并联电导之和，即

$$G = G_1 + G_2 + \cdots + G_n = \sum_{k=1}^{n} G_k \tag{2.3.6}$$

第 k 个电导的分流与其电导值 G_k 成正比，即

$$I_k = \frac{G_k}{G}I$$

特别地，对于两个电导并联的情形，等效电阻 R 满足：

$$\frac{1}{R} = \frac{1}{R_1} + \frac{1}{R_2}$$

即

$$R = \frac{R_1R_2}{R_1 + R_2}$$

相应的分流公式为

$$I_1 = \frac{R_2}{R_1 + R_2}I, \quad I_2 = \frac{R_1}{R_1 + R_2}I$$

例 2.3.2 求图 2.3.9（a）所示电路中 a、b 端的等效电阻 R_{ab}。

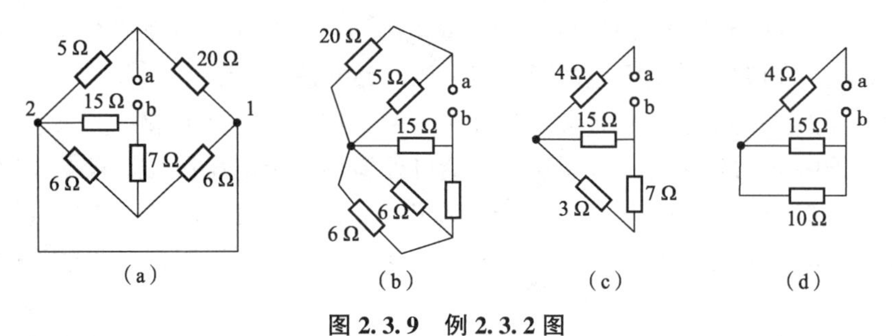

图 2.3.9 例 2.3.2 图

解 由于理想导线可以无限延长或缩短，因此图中标 1 和 2 的两个点实际上属于同一个节点，由此可以将图 2.3.9（a）改画为图 2.3.9（b）所示形式。再将两个 6 Ω 的并联电阻等效为一个 3 Ω 的电阻，并将 20 Ω 的电阻和 5 Ω 的电阻等效为一个 4 Ω 的电阻，从而得到图 2.3.9（c）所示电路。最后，3 Ω 电阻和 7 Ω 电阻的串联可以等效为一个 10 Ω 电阻，得到图 2.3.9（d）所示电路。

三个电阻的关系为：15 Ω 和 10 Ω 电阻并联再和 4 Ω 电阻串联，即 a、b 端的等效电阻为

$$R=\left(4+\frac{15\times10}{15+10}\right)\ \Omega=10\ \Omega$$

3. 无源一端口的输入电阻与等效电路

电阻串、并联电路属于特殊的无源一端口电路，下面讨论一般情形下无源一端口电路的等效问题。

对于一个无源一端口线性电路 N_0，N_0 的内部可以包含任意数量的电阻、受控源等元件，元件的连接方式可以任意复杂，但 N_0 的内部不含独立源。根据线性电路的齐次性质（参见第 2.2.1 节），N_0 的端口电压和端口电流总是成比例变化，将两者的比值称为该无源一端口电路的输入电阻。

如图 2.3.10（a）所示无源一端口电路，端口电压为 u，端口电流为 i，两者为关联参考方向，则无源一端口的输入电阻 R_i 为

$$R_i=\frac{u}{i} \tag{2.3.7}$$

式（2.3.7）可表示为

$$u=R_i i \tag{2.3.8}$$

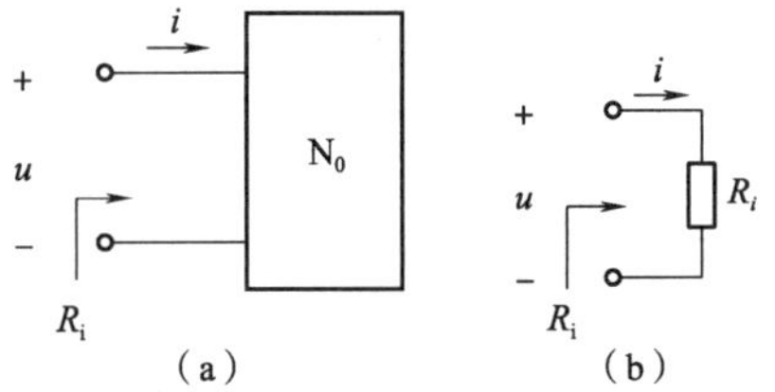

（a）　　（b）

图 2.3.10　无源一端口电路及其等效电路

式（2.3.8）即图 2.3.10（a）所示电路的端口伏安关系。显然，式（2.3.8）也是图 2.3.10（b）电路的端口伏安关系。因此，图 2.3.10（a）和图 2.3.10（b）是相互等效的，此时的 R_i 也称为图 2.3.10（a）的等效电阻。也就是说，任意一个无源一端口电路都可以等效为一个电阻，等效电阻的阻值即为该电路的输入电阻。

端口输入电阻与等效电阻在含义上是有区别的，这里暂不展开叙述。求解无源一端口电路输入电阻的一般方法为外加电源法：在端口处施加一个电压源 u，求 u 作用下的端口电流 i；或在端口处施加一个电流源 i，求 i 作用下的端口电压 u。再根据式（2.3.7），即可求得该电路的输入电阻。对于简单的电阻串并联电路，也可以根据串并联等效直接得到输入电阻。

例 2.3.3　求图 2.3.11（a）所示无源一端口电路的输入电阻，并画出其等效电路。

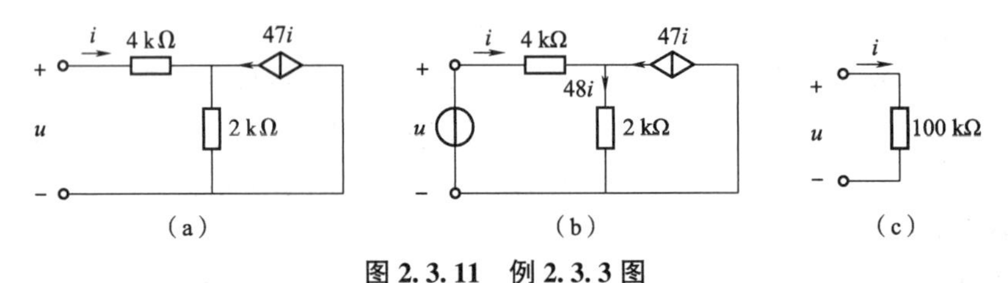

图 2.3.11　例 2.3.3 图

解　采用外加电源法求输入电阻。假设端口加电压源 u，如图 2.3.11（b）所示。根

据 KCL，可知 2 kΩ 电阻流过的电流为（$i+47i=48i$）。对左侧网孔列 KVL 方程，有

$$u=4\times10^3\times i+2\times10^3\times48i=100\times10^3 i$$

因此，输入电阻

$$R_i=\frac{u}{i}=100\times10^3\ \Omega=100\ \text{k}\Omega$$

画出等效电路如图 2.3.11（c）所示。

2.3.3　电源的等效

1. 理想电压源的串联等效

如图 2.3.12（a）所示由电压源串联组成的一端口网络，根据 KVL，其端口 VCR 为

$$u=u_{s1}+u_{s2}\qquad（对所有电流 i）$$

对于图 2.3.12（b）所示的电路，其端口 VCR 为

$$u=u_s\qquad（对所有电流 i）$$

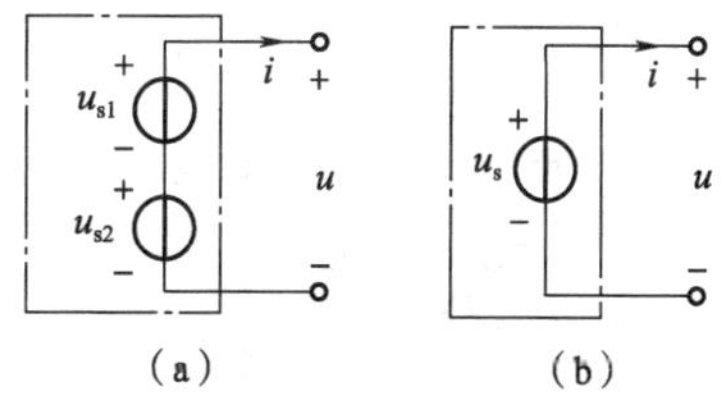

图 2.3.12　两电压源的串联及其等效电路

根据等效的定义，当满足：

$$u_s=u_{s1}+u_{s2}\tag{2.3.9}$$

时，图 2.3.12（a）和图 2.3.12（b）所示电路是相互等效的。

也就是说，电压源相串联的一端口网络可以等效为一个电压源。这个结论可以推广到不同极性方向的 n 个电压源相串联的情形。

2. 理想电压源的并联等效

电压源的并联一般都将违背 KVL，因此是不允许的。只有电压相等且极性一致的情况下，电压源才允许并联，其等效电路为其中的任一个电压源。图 2.3.13 所示为两个电压源并联后的等效电路。

3. 理想电压源与任意网络（非理想电压源）并联的等效

当理想电压源与任意一端口网络（非理想电压源）N 并联时，从端口等效的观点看，网络 N 存在与否对端口的伏安关系不产生影响。因此，N 是多余的，等效时可以直接忽略，如图 2.3.14 所示。

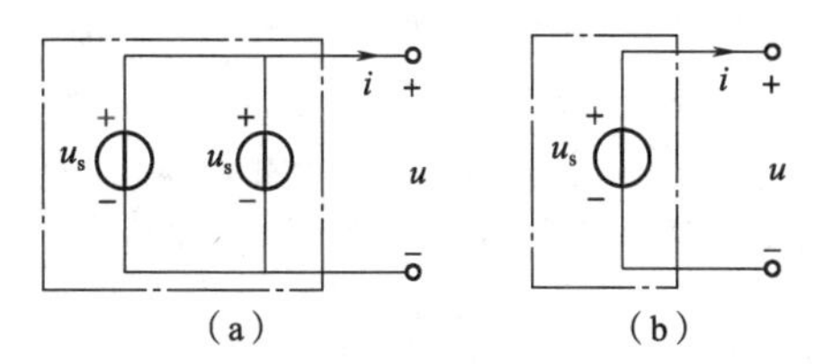

图 2.3.13　两相同电压源的并联及其等效电路

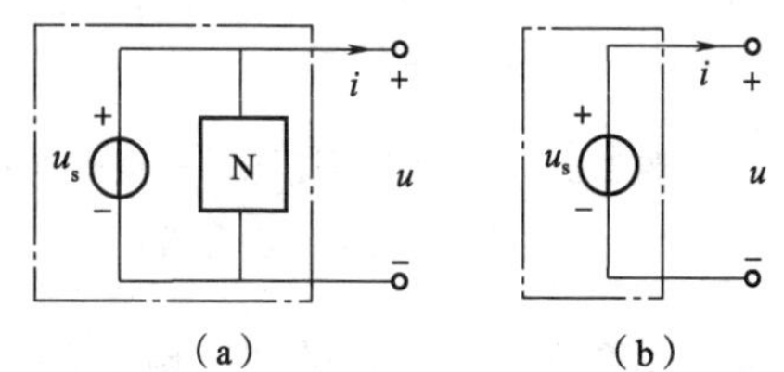

图 2.3.14　理想电压源与任意网络的并联及其等效电路

4. 理想电流源的并联等效

图 2.3.15（a）所示为两电流源并联的情形。根据 KCL，可得端口 VCR 为

$$i=i_{s1}+i_{s2}\qquad（对所有电压 u）$$

对于图 2.3.15（b），其端口 VCR 为

$$i = i_s \qquad (\text{对所有电压 } u)$$

根据等效的定义，当满足：

$$i_s = i_{s1} + i_{s2} \tag{2.3.10}$$

时，图 2.3.15（a）与图 2.3.15（b）所示电路相互等效。

也就是说，电流源相并联的一端口网络可以等效为一个电流源。这个结论可以推广到不同方向的 n 个电流源相并联的情形。

5. 理想电流源的串联等效

电流源的串联一般都将违背 KCL，因此是不允许的。只有在电流源的电流相等且方向一致时，电流源串联才是允许的，此时等效电路即为其中任一电流源，如图 2.3.16 所示。

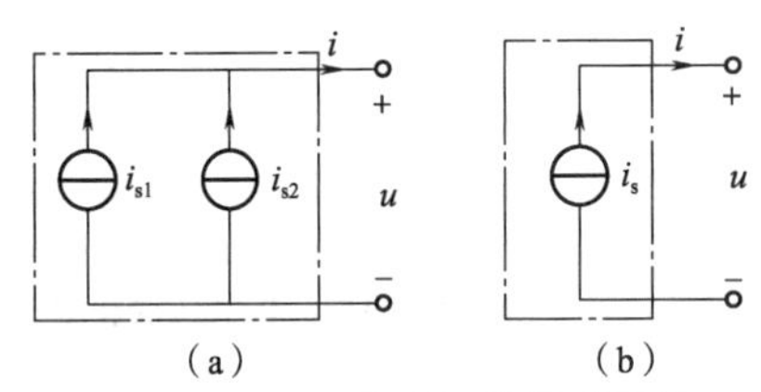

图 2.3.15　两电流源的并联及其等效电路

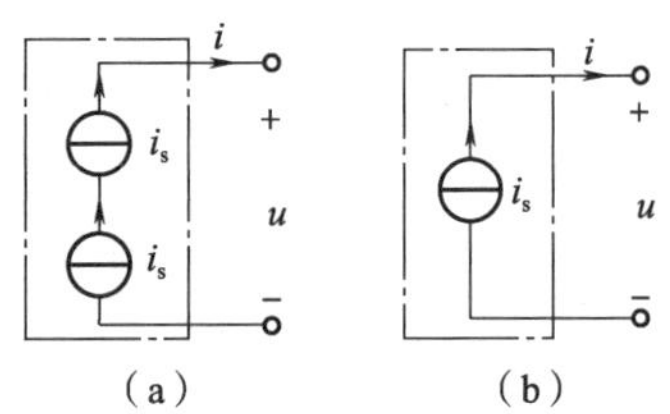

图 2.3.16　两相同电流源的串联及其等效电路

6. 理想电流源与任意网络（非理想电流源）串联的等效

当理想电流源与任意一端口网络（非理想电流源）N 串联时，从端口等效的观点看，网络 N 存在与否对端口的伏安关系不产生影响。因此，N 是多余的，等效时可以直接忽略，如图 2.3.17 所示。

7. 实际电压源、电流源的等效互换

第 1 章介绍了实际电压源和实际电流源的模型，这两种电源也可以相互等效，如图 2.3.18 所示。

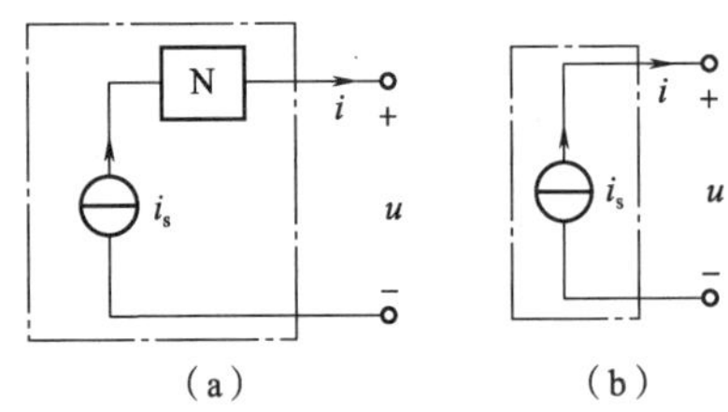

图 2.3.17　理想电流源与任意网络的串联及其等效电路

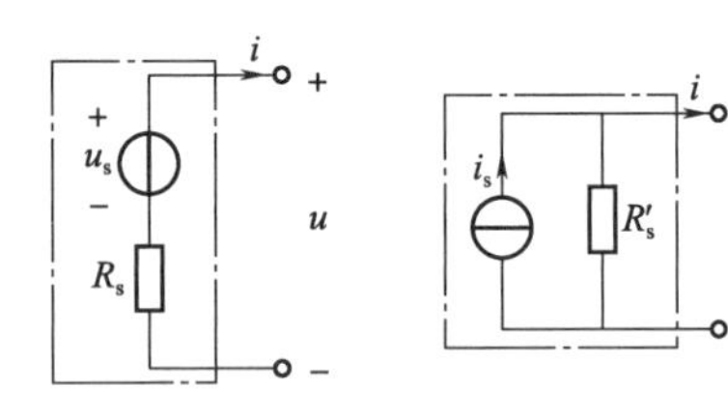

（a）实际电压源　　（b）实际电流源

图 2.3.18　实际电压源与实际电流源模型

对于图 2.3.18（a）的实际电压源，其端口 VCR 为

$$u = u_s - R_s i \tag{2.3.11}$$

对于图 2.3.18（b）的实际电流源，其端口 VCR 为

$$i = i_s - \frac{u}{R'_s} \tag{2.3.12}$$

将式（2.3.12）整理为

$$u = i_s R'_s - R'_s i \tag{2.3.13}$$

若要求实际电压源与实际电流源等效，则需要式（2.3.11）和式（2.3.13）的函数关系式完全相同。因此得到二者等效的条件为

$$u_s = i_s R'_s \tag{2.3.14}$$

$$R_s = R'_s \tag{2.3.15}$$

此即实际电压源和实际电流源相互等效的条件。请注意，等效电压源的参考方向与等效电流源的参考方向是相反的。

例 2.3.4 利用电源等效变换方法求图 2.3.19 所示电路中的电流 I。

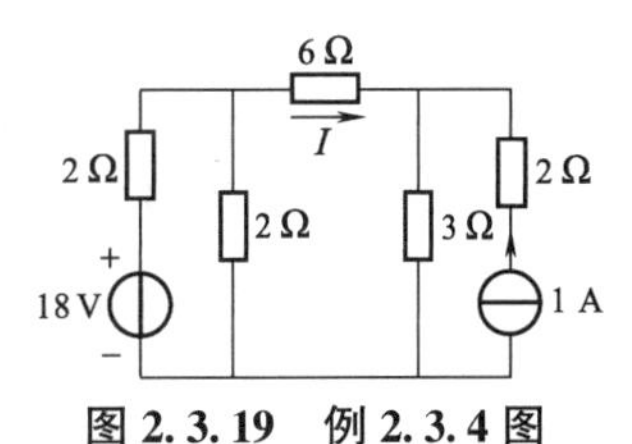

图 2.3.19 例 2.3.4 图

解 （1）根据等效概念，1 A 电流源与 2 Ω 电阻串联的电路与只含 1 A 电流源电路的端口 VCR 是相同的，因此得到等效电路如图 2.3.20（a）所示。

（2）18 V 电压源和 2 Ω 电阻的串联可以等效为 9 A 电流源和 2 Ω 电阻的并联，并将并联的 2 个 2 Ω 电阻等效为 1 个 1 Ω 的电阻，如图 2.3.20（b）所示。

（3）将 9 A 电流源与 1 Ω 电阻的并联等效成 9 V 电压源与 1 Ω 电阻的串联，如图 2.3.20（c）所示。

（4）将 1 A 电流源与 3 Ω 电阻的并联等效成 3 V 电压源与 3 Ω 电阻的串联，如图 2.3.20（d）所示。

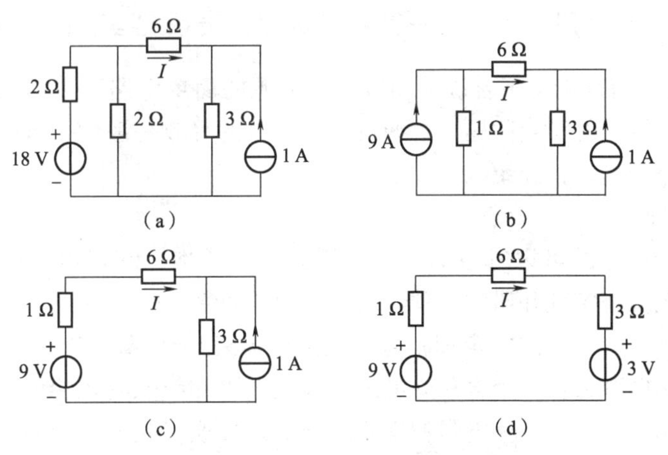

图 2.3.20 例 2.3.4 等效过程

由此，得到一个单回路的电路，可以很方便地求出电流 I，即

$$I = \left(\frac{9-3}{1+6+3}\right)\ \text{A} = 0.6\ \text{A}$$

例 2.3.5 如图 2.3.21（a）所示电路，试求电流 I。

解 （1）将左侧 6 V 电压源与 2 Ω 电阻的串联等效为 3 A 电流源与 2 Ω 电阻的并联，得到图 2.3.21（b）所示电路。

（2）将 3 A 电流源和 6 A 电流源等效为 9 A 电流源，两个并联的 2 Ω 电阻等效为 1 个 1 Ω 电阻，得到图 2.3.21（c）所示电路。

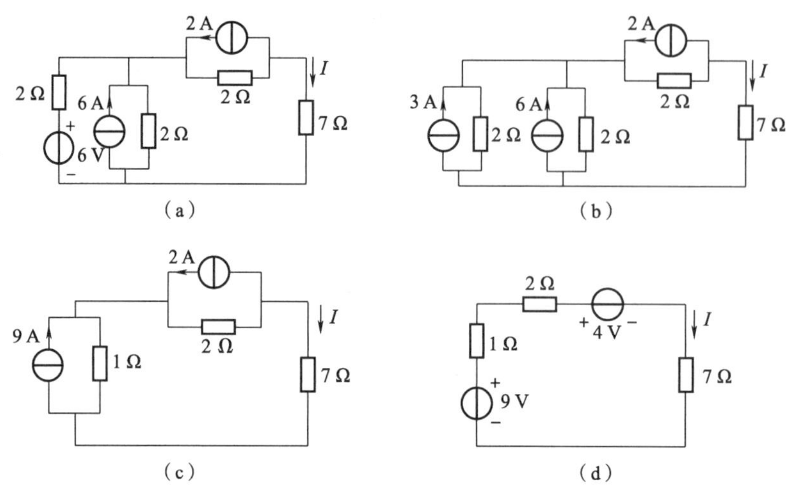

图 2.3.21　例 2.3.5 图

(3) 将两个实际电流源模型各自等效为实际电压源模型，得到图 2.3.21 (d) 所示的电路。

计算出电流 I 为

$$I=\left(\frac{9-4}{1+2+7}\right)\text{A}=0.5\ \text{A}$$

2.3.4　含源线性一端口的等效——戴维南定理、诺顿定理、最大功率传输定理

2.3.3 节介绍了特殊情形下含源一端口 (含电源的简单电路) 的等效方法，本节讨论一般情形下含源一端口的等效问题。含源线性一端口的等效一般使用戴维南定理和诺顿定理，下面结合电路定理进行介绍。

1. 戴维南定理

无源线性一端口电路可以等效为一个电阻，含源线性一端口电路的等效电路是什么呢？这个问题由戴维南定理和诺顿定理给出了明确的回答。

戴维南定理 (也译作戴维宁定理) 是由法国科学家 L. C. 戴维南于 1883 年提出的一个著名电学定理。其内容为：一个含独立电源、线性电阻和线性受控源的一端口电路，对外电路来说，可以用一个电压源和电阻的串联组合等效置换，此电压源的电压等于一端口的开路电压，电阻等于一端口内全部独立电源置零后的输入电阻，如图 2.3.22 所示。

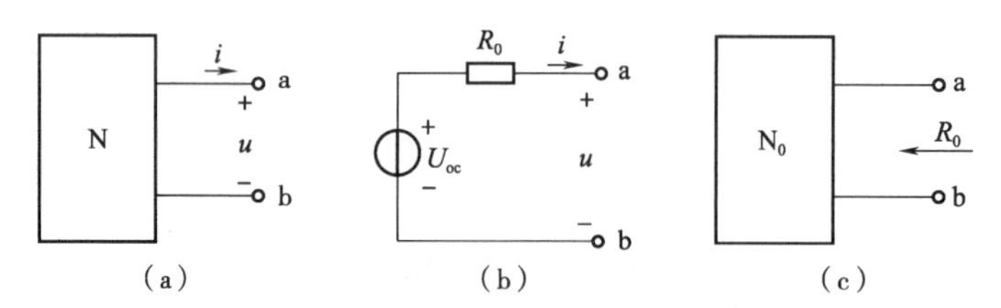

图 2.3.22　戴维南定理

图 2.3.22 (a) 中，N 为含源线性一端口网络。根据戴维南定理，该网络在端口 a、b 处可以等效为如图 2.3.22 (b) 的形式。等效的电压源电压为含源线性一端口网络 N 在端

口 a、b 处的开路电压 U_{oc}， 等效电阻为网络 N 中的独立源置零后（记为 N_0），从端口 a、b 看进去的输入电阻 R_0， 如图 2.3.22（c）所示。

证明：戴维南定理可以利用叠加定理和置换定理加以证明。

由于图 2.3.22（a）所示电路在端口处的电压为 u、电流为 i，根据置换定理，可以将端口处的电流 i 置换为一个电流源 i，如图 2.3.23（a）所示。根据叠加定理，电压 u 等于 N 内部独立源激励下的响应（u'）及电流源 i 激励下的响应（u''）的叠加，即 $u = u' + u''$。

当只有 N 内部的独立源激励时，电流源 i 开路，电路如图 2.3.23（b）所示。由于此时端口开路，易知 $u' = U_{oc}$。

当只有电流源 i 激励时，N 内部独立源置零（记为 N_0），电路如图 2.3.23（c）所示。由于 N_0 的输入电阻为 R_0， 因此有，$u'' = -R_0 i$。

因此，图 2.3.22（a）所示电路的端口伏安关系为

$$u = u' + u'' = U_{oc} - R_0 i$$

对于图 2.3.22（b），可以直接写出端口处的 VCR 为

$$u = U_{oc} - R_0 i \tag{2.3.16}$$

可见，图 2.3.22（a）和图 2.3.22（b）所示电路是相互等效的。证毕。

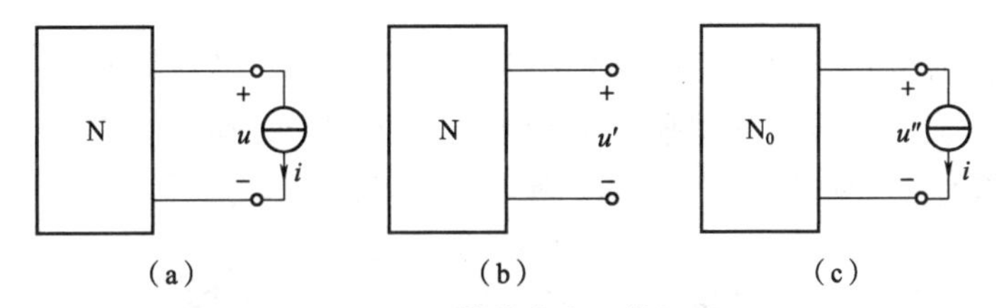

图 2.3.23　戴维南定理的证明

例 2.3.6　电路如图 2.3.24（a）所示，试用戴维南定理将其化为最简电路。

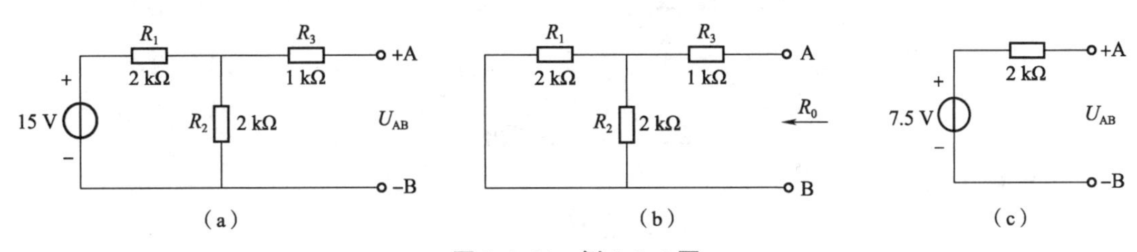

图 2.3.24　例 2.3.6 图

解　（1）求开路电压。在端口开路的情况下，电阻 R_3 所在支路的电流为 0，因此 A、B 两端的电压 U_{AB} 等于电阻 R_2 两端的电压，即

$$U_{AB} = \frac{R_2}{R_1 + R_2} U_s = \left(\frac{2}{2+2} \times 15 \right) \text{ V} = 7.5 \text{ V}$$

（2）求等效电阻。将图 2.3.24（a）所示电路的独立源置零，如图 2.3.24（b）所示。从 A、B 端看进去的等效电阻为

$$R_0 = R_1 // R_2 + R_3 = 2 \text{ k}\Omega$$

（3）画出戴维南等效电路如图 2.3.24（c）所示。

例 2.3.7　电路如图 2.3.25（a）所示，求当 $R_L = 5\ \Omega$ 和 $R_L = 10\ \Omega$ 时的电流 i。

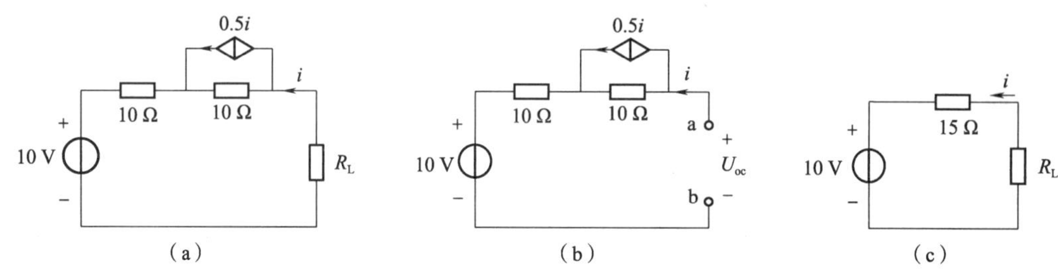

图 2.3.25　例 2.3.7 图

解　由于本题只关心 R_L 所在支路的电流 i，因此可以先把 R_L 支路以外的电路用戴维南定理进行等效，再对等效电路进行分析。在对一个完整电路应用戴维南等效时，需要先断开电路，一般选择从待求元件的两端断开。此外，对于含受控源的电路，选择断开点时注意不要把受控源的控制支路和受控支路划分到两个不同的一端口电路中。

（1）断开电路。选择从 R_L 的两端断开，得到如图 2.3.25（b）所示的一端口电路。

（2）求开路电压。在图 2.3.25（b）中，端口开路时，$i=0$，因此 CCCS 的电流 $0.5i$ 也等于零，相当于开路。因此 2 个电阻上也无电压，故有

$$U_{oc} = 10\ \text{V}$$

（3）求等效电阻。将图 2.3.25（b）中的独立源置零，得到如图 2.3.26（a）所示电路。由于电路中含有受控源，这里选择外加电源法求解等效电阻。在端口施加电压源 U，求端口处 U、I 的关系，如图 2.3.26（b）所示。

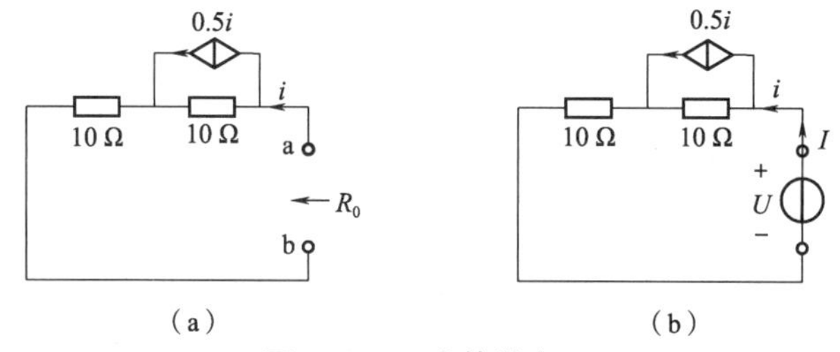

图 2.3.26　求等效电阻

列写 KVL 方程，有

$$(I - 0.5i) \times 10 + 10 \times I = U$$

$$i = I$$

将第二式代入第一式，得到 U、I 间的关系式：

$$U = 15i$$

因此，等效电阻为

$$R_0 = \frac{U}{I} = 15\ \Omega$$

（4）画出等效电路如图 2.3.25（c）所示。根据等效电路易求得

当 $R_L = 5\ \Omega$ 时，$i = -\dfrac{10}{15 + 5}\ \text{A} = -0.5\ \text{A}$。

当 $R_L = 10\ \Omega$ 时，$i = -\dfrac{10}{15 + 10}\ \text{A} = -0.4\ \text{A}$。

2. 诺顿定理

诺顿定理的内容为：一个含独立电源、线性电阻和线性受控源的一端口网络，对外电路来说，可以用一个电流源和电阻的并联组合等效置换，电流源的电流等于一端口网络的短路电流，电阻等于一端口网络中全部独立源置零后的输入电阻，如图 2.3.27 所示。

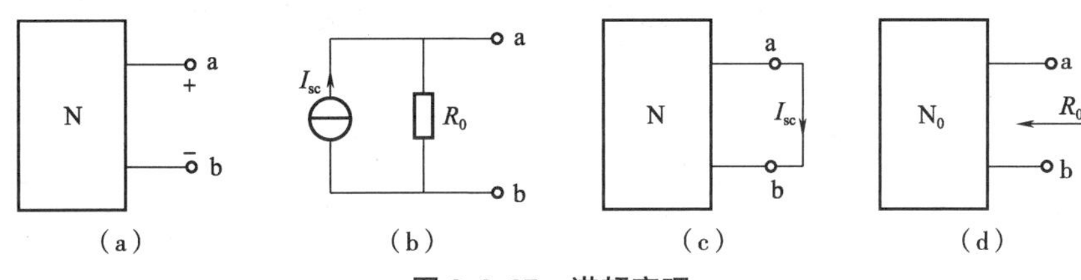

图 2.3.27　诺顿定理

诺顿定理的证明和戴维南定理类似，此处不再赘述。容易发现，戴维南定理和诺顿定理研究的是同一个问题，它们的等效电路可以利用实际电压源和实际电流源的等效关系相互转换。

例 2.3.8　求图 2.3.25（b）所示电路的诺顿等效电路。

解　（1）求端口处的短路电流。短路后的电路如图 2.3.28（a）所示。

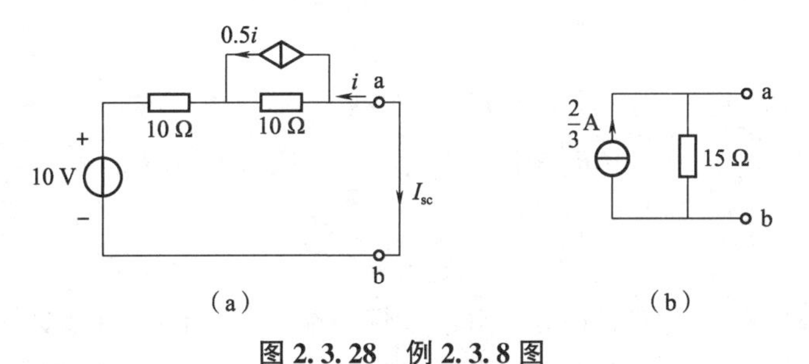

图 2.3.28　例 2.3.8 图

可以列出 KVL 方程如下：

$$10\times I_{sc}+(I_{sc}+0.5i)\times 10=10$$

$$i=-I_{sc}$$

将第二式代入第一式，可得

$$15I_{sc}=10$$

故有

$$I_{sc}=\frac{10}{15}\ \text{A}=\frac{2}{3}\ \text{A}$$

（2）求等效电阻。例 2.3.7 中已经求得

$$R_0=15\ \Omega$$

（3）画诺顿等效电路，如图 2.3.28（b）所示。

3. 最大功率传输定理

在分析计算从电源向负载传输功率时，会遇到两种不同类型的问题。第一类问题着重关注传输功率的效率。典型的例子为交直流电力传输网络，传输的电功率巨大使得传输引起的损耗、传输效率问题成为首要考虑的问题。第二类问题着重关注传输功率的大小。例如在通信系统和测量系统中，首要问题是如何从给定的信号源取得尽可能大的信号功率。

由于此时传输的功率不大，因此效率问题并不是第一位考虑的问题。这里仅讨论第二类问题。

考虑图 2.3.29（a）所示的一般情形，N 为含源线性一端口网络，负载 R_L 可变。问 R_L 为何值时，能够得到最大功率？

由于这里只关心 R_L 支路，因此可以对含源线性一端口网络 N 进行戴维南等效，等效电路如图 2.3.29（b）所示。

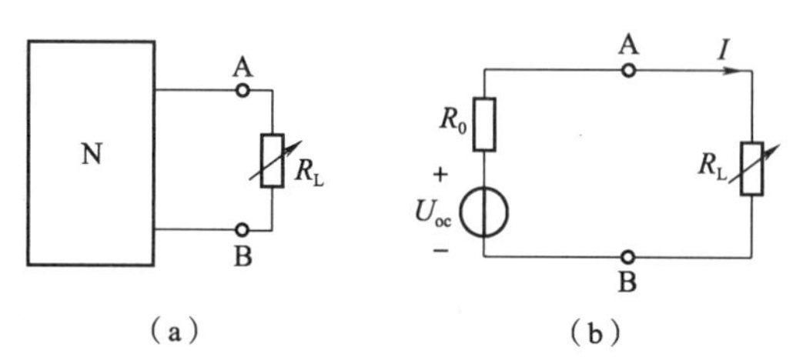

图 2.3.29　线性含源网络及其等效

在图 2.3.29（b）中，负载的功率 $P=I^2R_L$，即

$$P=R_LI^2=R_L\left(\frac{U_{oc}}{R_0+R_L}\right)^2$$

显然，P 取得最大值时，应满足

$$\frac{dP}{dR_L}=\frac{(R_0+R_L)^2-2(R_0+R_L)R_L}{(R_0+R_L)^4}U_{oc}^2=\frac{R_0-R_L}{(R_0+R_L)^3}U_{oc}^2=0$$

即

$$R_L=R_0 \tag{2.3.17}$$

最大功率传输定理的内容表述为：含源线性一端口网络传递给可变负载 R_L 的功率为最大的条件是负载 R_L 的值应该与一端口网络的戴维南（或诺顿）等效电阻相等。

满足 $R_L=R_0$ 时，称为最大功率匹配。此时，负载获得的最大功率为

$$P_{max}=\frac{U_{oc}^2}{4R_0} \tag{2.3.18}$$

值得注意的是，从等效电路来看，当 $R_L=R_0$ 时，负载可以获得最大功率，且此时看起来该电路的传输效率只有 50%。但是，一端口网络和它的等效电路就其内部电路来说是不等效的，由等效电阻 R_0 算得的功率一般不等于网络内部消耗的功率。因此，当负载得到最大功率时，功率传输效率未必是 50%。

例 2.3.9　如图 2.3.30 所示电路。（1）求 R_L 为何值时能获得最大功率；（2）计算此时 R_L 得到的功率；（3）当 R_L 获得最大功率时，求 18 V 电源的功率传输效率。

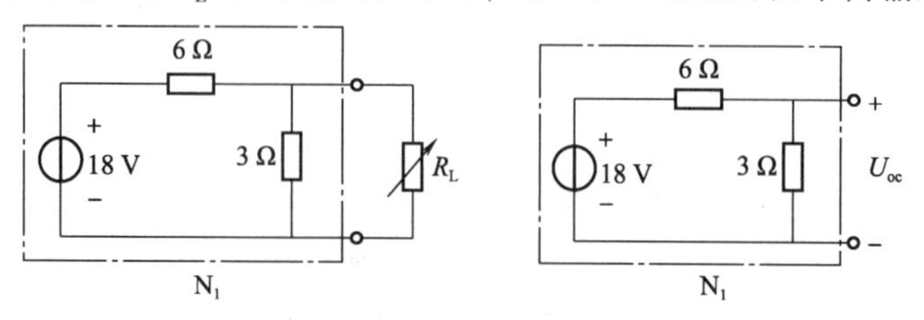

图 2.3.30　例 2.3.9 图

解　(1) 先求 N_1 的戴维南等效电路：

$$U_{oc} = 18 \times \frac{3}{6+3}\ \text{V} = 6\ \text{V}$$

$$R_0 = \frac{6 \times 3}{6+3}\ \Omega = 2\ \Omega$$

因此，当 $R_L = R_0 = 2\ \Omega$ 时，R_L 获得最大功率。

(2) R_L 获得的最大功率为

$$P_{max} = \frac{U_{oc}^2}{4R_0} = \frac{6^2}{4 \times 2}\ \text{W} = 4.5\ \text{W}$$

(3) 当 $R_L = 2\ \Omega$ 时，其两端电压为 $6 \times \frac{2}{2+2}\ \text{V} = 3\ \text{V}$

流过 18 V 电源的电流为

$$i = \frac{18-3}{6}\ \text{A} = 2.5\ \text{A}$$

18 V 电源的功率为

$$P_s = -18 \times 2.5\ \text{W} = -45\ \text{W}\ (\text{提供})$$

功率传输效率为

$$\eta = \frac{P_{max}}{P_s} = \frac{4.5}{45} \times 100\% = 10\%$$

4. 等效与置换的区别

从形式上看，置换和等效有相似之处，均是将电路的一部分替换为另外的电路，从而简化分析过程。但两者有本质的区别。等效建立在相同 VCR 的基础上，要求相互替换的两个一端口在 u-i 平面上的伏安特性曲线完全重合；置换建立在工作点相同的基础上，只要求相互替换的两个一端口在 u-i 平面上的伏安特性曲线均通过当前的工作点，而不需要完全重合。电路等效中，未被等效部分的结构和参数可以发生改变；电路置换中，未被置换部分的结构和参数不能改变，否则结果将发生错误。

2.3.5　电阻的星形、三角形联结及其等效

电阻的三角形和星形联结是电路设计中常用的结构，这两种结构的电路也可以进行等效互换。

如果三个电阻元件如图 2.3.31 (a) 所示首尾相接地连成一个环路，并由三个连接点引出 3 个接线端钮，那么这种电路连接就称为三角形连接（△连接），也称 Π 形联结。

如果将三个电阻元件的一个端子连接到一起，而另外三个端子分别与外电路连接，如图 2.3.31 (b) 所示，那么这种连接方式就称为星形连接（Y 连接），也称 T 形联结。

寻找电阻三角形联结和电阻星形联结间的等效条件，属于三端电路的等效问题，其原理和一端口网络的等效类似。由图 2.3.31 可以发现，虽然三端网络有 3 个电流变量、3 个电压变量，但由于 KCL、KVL 约束，其独立的电流变量、电压变量分别只有 2 个。因此，只需列其中任意两个电流变量与任意两个电压变量间的方程即可。这里选择 i_1、i_2，以及 u_{12}、u_{31} 作为端口方程变量，则有

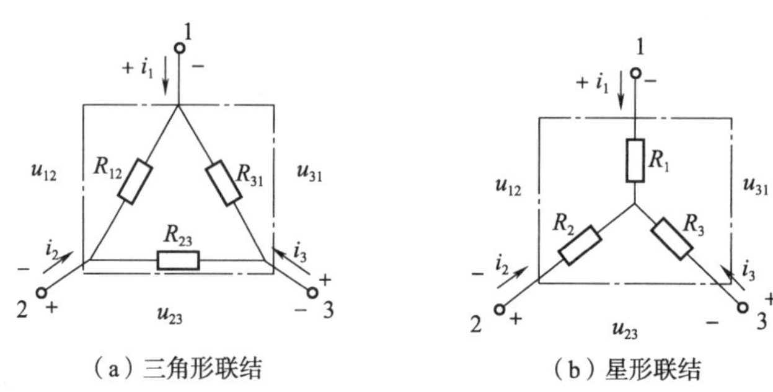

图 2.3.31　电阻的三角形和星形联结

$$i_3 = -(i_1 + i_2)$$

$$u_{23} = -(u_{12} + u_{31})$$

对于三角形联结，有

$$i_1 = \frac{u_{12}}{R_{12}} - \frac{u_{31}}{R_{31}} \tag{2.3.19}$$

$$i_2 = \frac{-(u_{12} + u_{31})}{R_{23}} - \frac{u_{12}}{R_{12}} \tag{2.3.20}$$

对于星形联结，有

$$u_{12} = R_1 i_1 - R_2 i_2$$

$$u_{31} = -R_3(i_1 + i_2) - R_1 i_1$$

将星形联结的两个方程改写为电压的函数，有

$$i_1 = \frac{u_{12}R_3 - u_{31}R_2}{R_1R_2 + R_2R_3 + R_3R_1} \tag{2.3.21}$$

$$i_2 = \frac{-u_{31}R_1 - u_{12}(R_1 + R_3)}{R_1R_2 + R_2R_3 + R_3R_1} \tag{2.3.22}$$

对比式（2.3.19）、式（2.3.20）与式（2.3.21）、式（2.3.22），可以得到△电阻网络和Y电阻网络互相等效的条件。总结如下：

（1）把Y电阻网络等效变换为△电阻网络的计算方法为

$$R_{12} = \frac{R_1R_2 + R_2R_3 + R_3R_1}{R_3} \tag{2.3.23}$$

$$R_{23} = \frac{R_1R_2 + R_2R_3 + R_3R_1}{R_1} \tag{2.3.24}$$

$$R_{31} = \frac{R_1R_2 + R_2R_3 + R_3R_1}{R_2} \tag{2.3.25}$$

（2）把△电阻网络等效变换为Y电阻网络的计算方法为

$$R_1 = \frac{R_{12}R_{31}}{R_{12} + R_{23} + R_{31}} \tag{2.3.26}$$

$$R_2 = \frac{R_{12}R_{23}}{R_{12} + R_{23} + R_{31}} \tag{2.3.27}$$

$$R_3 = \frac{R_{23}R_{31}}{R_{12} + R_{23} + R_{31}} \tag{2.3.28}$$

为了便于记忆，上述等效变换中，各等效电阻的计算方法可归纳为

$$\text{Y 电阻} = \frac{\triangle \text{ 相邻电阻之积}}{\triangle \text{ 电阻之和}}$$

$$\triangle \text{ 电阻} = \frac{\text{Y 电阻两两乘积之和}}{\text{Y 不相邻电阻}}$$

特别地，如果 Y 电阻网络中 3 个电阻的阻值相等，那么与之等效的△电阻网络中的 3 个电阻也相等，且有

$$R_Y = \frac{1}{3}R_\triangle \tag{2.3.29}$$

或

$$R_\triangle = 3R_Y \tag{2.3.30}$$

例 2.3.10　电路如图 2.3.32 所示，试求电路中的电流 I、I_1。

解　将不含有待求电流 I_1 的三角形结构 abc 等效为星形结构，电路如图 2.3.33（a）所示。

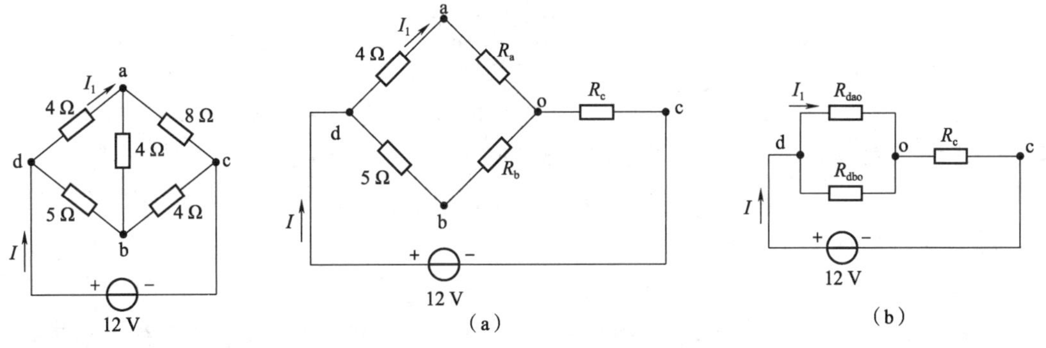

图 2.3.32　例 2.3.10 图　　**图 2.3.33　例 2.3.10 等效过程**

其中

$$R_a = \frac{4 \times 8}{4 + 4 + 8}\ \Omega = 2\ \Omega$$

$$R_b = \frac{4 \times 4}{4 + 4 + 8}\ \Omega = 1\ \Omega$$

$$R_c = \frac{4 \times 8}{4 + 4 + 8}\ \Omega = 2\ \Omega$$

再将图 2.3.33（a）所示电路等效为图 2.3.33（b）所示电路，其中

$$R_{dao} = (4 + 2)\ \Omega = 6\ \Omega$$

$$R_{dbo} = (5 + 1)\ \Omega = 6\ \Omega$$

于是有

$$I = \frac{12}{\frac{6 \times 6}{6 + 6} + 2} \text{ A} = 24 \text{ A}$$

$$I_1 = 24 \times \frac{1}{2} \text{ A} = 12 \text{ A}$$

知识点应用：双极型晶体管的直流等效模型

晶体管是半导体技术中一种非常重要的器件，它包括双极型晶体管（BJT）和场效应晶体管（FET）两类。双极型晶体管又分为NPN型和PNP型，它包括三个极，分别为基极（B）、集电极（C）和发射极（E）。NPN型晶体管的图形符号如图2.3.34（a）所示。

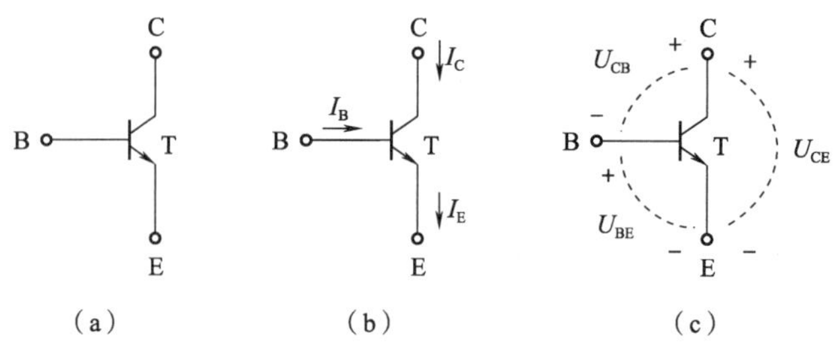

图2.3.34　NPN晶体管及其电压电流定义

图2.3.34（b）、（c）给出了NPN型晶体管的电流方向及电压极性。其中，I_B、I_C、I_E分别称为晶体管的基极电流、集电极电流和发射极电流，U_{CE}、U_{BE}分别称为集电极-发射极电压、基极-发射极电压。显然，对于图2.3.34（b），根据KCL，有

$$I_E = I_B + I_C \tag{2.3.31}$$

对于图2.3.34（c），根据KVL，有

$$U_{CE} = U_{CB} + U_{BE}$$

当晶体管处于放大状态时，U_{BE}的典型值约为0.7 V（硅管），基极电流I_B和集电极电流I_C存在如下关系式：

$$I_C = \beta I_B \tag{2.3.32}$$

且I_C的值和U_{CE}无关。将式（2.3.32）代入式（2.3.31），可得

$$I_E = (1 + \beta) I_B$$

β为常数，称为共射放大系数，其典型值在50到1 000之间。式（2.3.32）说明，处于放大状态下的双极型晶体管，其集电极电流I_C是受到基极电流I_B控制的，这便是双极型晶体管用于放大电路的基础。因此，在放大状态下的双极型晶体管可以采用电流控制电流源来建模。对于图2.3.34所示的NPN型晶体管，在放大状态下的直流等效模型如图2.3.35所示。

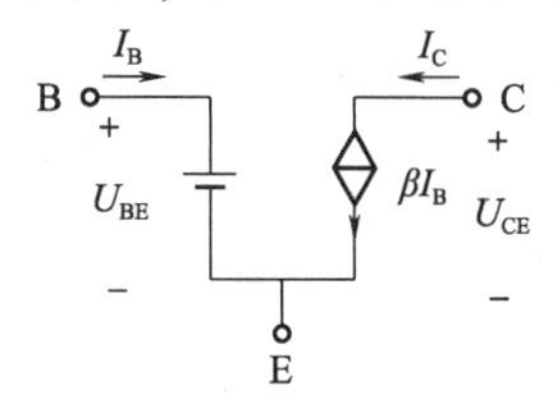

图2.3.35　放大状态下NPN型晶体管的直流等效模型

例 2.3.11 如图2.3.36（a）所示，晶体管处于放大状态，$U_{BE}=0.7\ V$，$\beta=50$。求该直流电源作用下电路的 I_B、I_C、U_{CE}。

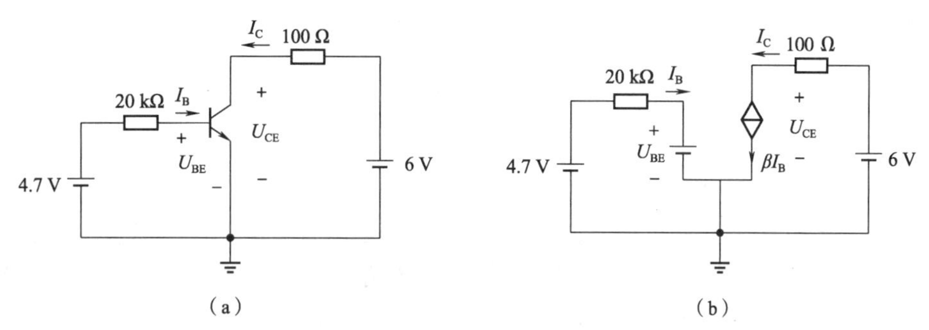

图 2.3.36 例 2.3.11 图

解 画放大状态下的直流等效模型，如图 2.3.36（b）所示。

选择顺时针绕行方向上电压升为正，对左侧回路列 KVL 方程，有

$$4.7-20\times10^{3}\times I_B-U_{BE}=0$$

解得

$$I_B=\frac{4.7-0.7}{20\times10^{3}}\ A=2\times10^{-4}\ A$$

因此，

$$I_C=\beta I_B=0.01\ A$$

对右侧回路列 KVL 方程，有

$$U_{CE}+100\times I_C-6=0$$

解得

$$U_{CE}=6-100I_C=5\ V$$

工程应用：电阻的高精度测量

虽然可以利用万用表直接测量电阻的阻值，然而得到的结果往往精度不高。为了测得高精度的电阻值，可以使用电桥。电桥是一种比较式仪器，在电测量技术中占有重要地位。根据激励电源的性质不同，可以分为直流电桥和交流电桥；根据工作时是否平衡来区分，可以分为平衡电桥和非平衡电桥。

1. 稳定电阻值的测量

如果待测的电阻值是稳定的，可以用平衡电桥进行测量。平衡电桥是把待测电阻与标准电阻进行比较，通过调节电桥平衡，从而获得电阻值。常用的有惠斯通电桥、开尔文电桥等。惠斯通电桥的结构如图 2.3.37 所示。

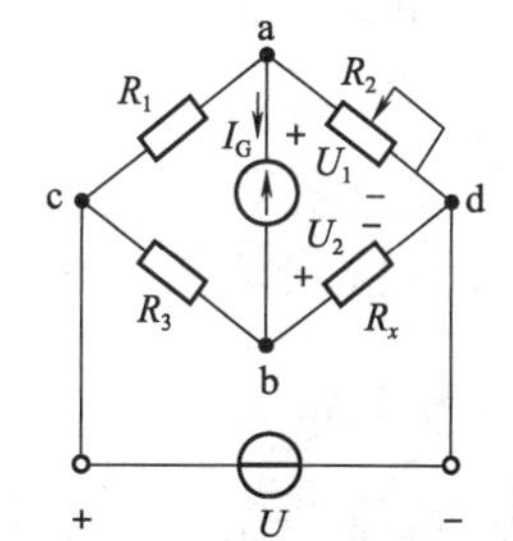

图 2.3.37 惠斯通电桥

其中，R_1、R_2、R_3 的电阻值已知，R_x 为待测电阻，在 ab 端之间接有一个检流计。R_2 的电阻值可调。当调节 R_2 使电桥达到平衡时，检流计上没有电流流过，即 $I_G=0$，因此 $U_1=U_2$。此时 R_1 和 R_2、R_3 和 R_x 分别为串联关系。根据分压关系，有

$$U_1 = \frac{R_2}{R_1 + R_2}U, \quad U_2 = \frac{R_x}{R_3 + R_x}U$$

由于 $U_1 = U_2$，有

$$R_x = \frac{R_3}{R_1}R_2$$

由此可得 R_x 的值。

2. 变化电阻值的测量

在实际工程和科学实验中，有的物理量是连续变化的，如温度、压力、形变等。此时，可以将电阻型传感器接入电桥回路，根据电桥输出的不平衡电压，测得电阻的变化值，从而换算得到引起该电阻值变化的物理量的值。比如在基于热敏电阻的温度传感器中，温度的变化会引起电阻值的变化，只要测得了电阻阻值的变化情况，便可得到对应的温度值。

对于变化电阻值的测量，可以使用非平衡电桥。非平衡电桥的结构和平衡电桥类似，但其测量原理有很大不同。图 2.3.38 所示为非平衡电桥的测量原理。

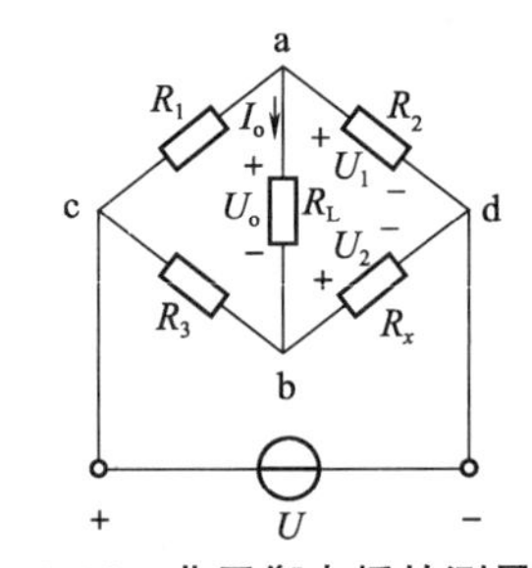

图 2.3.38　非平衡电桥的测量原理

在图 2.3.38 所示的非平衡电桥中，R_1、R_2、R_3 的电阻值保持不变，R_x 为阻值变化的待测电阻，ab 端连接负载电阻 R_L（阻值可以非常大）。当 R_x 发生变化时，负载 R_L 两端的输出电压 U_o 也会发生变化。

在测量开始前，电桥必须调节平衡，此时输出电压 $U_o = 0$。假设此时待测电阻的阻值为 R_{x0}，则有

$$R_{x0} = \frac{R_3}{R_1}R_2 \tag{2.3.33}$$

输出电压为

$$U_o = U_1 - U_2 = \left(\frac{R_2}{R_1 + R_2} - \frac{R_x}{R_3 + R_x}\right)U$$

当待测物理量（如温度）发生变化时，R_x 的电阻值也会发生变化。设此时的 $R_x = R_{x0} + \Delta R$，其中 ΔR 为电阻变化量，则输出电压为

$$U_o = U_1 - U_2 = \left(\frac{R_2}{R_1 + R_2} - \frac{R_{x0} + \Delta R}{R_3 + R_{x0} + \Delta R}\right)U = \frac{R_2R_3 - R_1R_{x0} - \Delta RR_1}{(R_1 + R_2)(R_3 + R_{x0} + \Delta R)}U$$

将式（2.3.33）代入上式，得到

$$U_o = \frac{-\Delta RR_1}{(R_1 + R_2)(R_3 + R_{x0} + \Delta R)}U$$

如果待测电阻的 $\Delta R \ll R_{x0}$，则上式可以简化为

$$U_o = \frac{-\Delta RR_1}{(R_1 + R_2)(R_3 + R_{x0})}U$$

即输出电压 U_o 与 ΔR 为线性关系。因此，通过测量连续变化的 U_o，可得到连续变化的 ΔR，再根据 ΔR 与待测物理量（如温度）间的关系，便可得出待测物理量的值。

2.4　二端口网络

前面讨论了二端网络（即一端口网络）、三端网络的分析方法，在电路技术中，常常用到一类特殊的四端网络——二端口网络。二端口网络是对电路的一种抽象，电气工程中的晶体管、滤波器、变压器、传输线等都可以用二端口网络模型进行描述。与前述二端网络、三端网络在端口处的外特性类似，在二端口网络中，也是忽略电路的内部结构，而把电路看成一个具有两个端口的模块，仅关心电路模块的外部表现及其对其他电路的影响。

2.4.1　二端口网络模型

1. 二端口网络简介

具有两个端口的电路称为二端口网络。如图2.4.1所示的具有四个端钮的网络N，从端钮1流入网络N的电流等于从端钮1′流出的电流，因此端钮1-1′称为一个端口。可以发现，端钮2-2′也满足端口条件，因此它们也是一个端口。因此，图2.4.1所示为一个二端口网络。

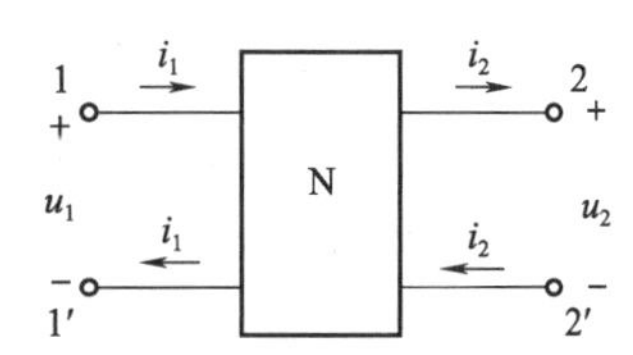

图2.4.1　二端口网络模型及参考方向

实际电路中，变压器、滤波单元电路、晶体管放大器等均为二端口网络，如图2.4.2所示。

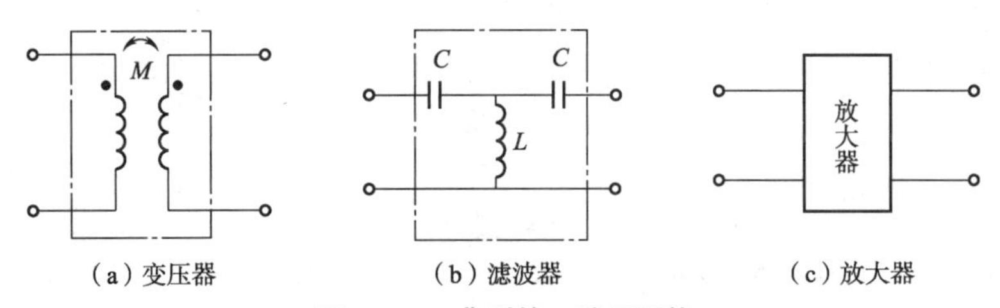

（a）变压器　（b）滤波器　（c）放大器

图2.4.2　典型的二端口网络

在二端口网络的分析中，习惯上用1-1′表示输入端口，用2-2′表示输出端口。这里仅研究不含独立源的线性电阻二端口网络。

2. 研究二端口网络的目的

之所以要定义和研究二端口网络，其根本目的就是想把网络也能看成“元件”来直接使用。这样做有两个好处：一是对于使用者来说，在获得了一个二端口的参数后，就可以只从外部来了解和使用该网络，而不必再涉及二端口内部电路的任何计算；二是对于二端口网络的设计者来说，可以用不同电路结构、元件和参数构成具有同样端口行为的电路，从而可以方便地对实现二端口网络的技术进行升级换代。

此外，有了二端口网络的概念，当遇到一个复杂的电路时，就能利用这个概念把电路分成若干个二端口模块进行分析，从而简化复杂电路的分析。

2.4.2　二端口网络的参数和方程

二端口网络的外部特性使用参数方程来描述，不同的参数方程适用于不同的场合。下面简要介绍几种二端口参数方程。

1. G 参数方程、G 参数

1）G 参数的定义

二端口网络如图 2.4.3（a）所示，N 的内部可以包含电阻、受控源等线性元件，端口处的电压电流参考方向如图 2.4.3（a）所示。

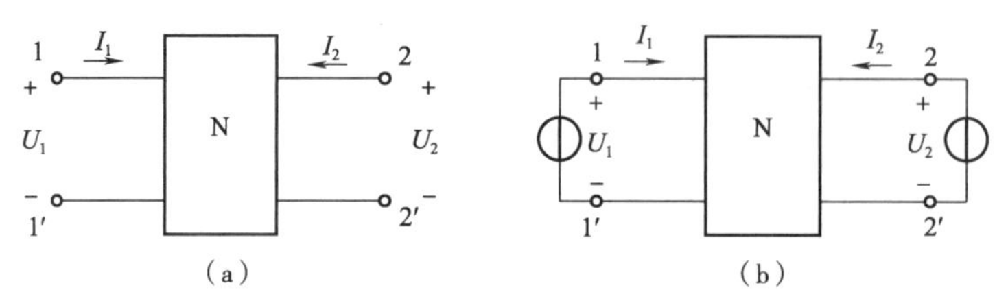

图 2.4.3　线性二端口模型

假设已知两个端口处的电压 U_1 和 U_2，根据置换定理，可将端口处的两个电压分别看成是电压为 U_1 和 U_2 的两个独立电压源，它们共同产生电流 I_1 和 I_2，如图 2.4.3（b）所示。根据叠加定理，可得其端口电压与电流方程（即端口特性方程）为

$$\left.\begin{aligned} I_1 &= g_{11}U_1 + g_{12}U_2 \\ I_2 &= g_{21}U_1 + g_{22}U_2 \end{aligned}\right\} \tag{2.4.1}$$

方程中的四个系数取决于网络 N 的内部结构，因这些参数具有电导的单位，所以用字母 G 来表示，g_{11}、g_{12}、g_{21}、g_{22} 就称为该二端口的 G 参数。

式（2.4.1）还可以写成如下的矩阵形式：

$$\begin{pmatrix} I_1 \\ I_2 \end{pmatrix} = \begin{pmatrix} g_{11} & g_{12} \\ g_{21} & g_{22} \end{pmatrix} \begin{pmatrix} U_1 \\ U_2 \end{pmatrix} \tag{2.4.2}$$

或

$$\boldsymbol{I} = \boldsymbol{g}\boldsymbol{U}$$

其中，端口的电流、电压列向量分别为

$$\boldsymbol{I} = \begin{pmatrix} I_1 \\ I_2 \end{pmatrix},\quad \boldsymbol{U} = \begin{pmatrix} U_1 \\ U_2 \end{pmatrix}$$

而系数矩阵

$$\boldsymbol{g} = \begin{pmatrix} g_{11} & g_{12} \\ g_{21} & g_{22} \end{pmatrix}$$

称为二端口网络 N 的 G 参数矩阵。

仅由电阻元件构成的二端口网络，总有 $g_{12} = g_{21}$，此时四个 G 参数中只有三个为独立参数。

如果二端口网络除了满足 $g_{12} = g_{21}$，还满足 $g_{11} = g_{22}$，则称该二端口网络为对称二端口。对称二端口的四个 G 参数中，只有两个为独立参数。

要注意的是，结构上对称的二端口网络一定是对称二端口，但对称二端口并非要求电路在结构上一定是对称的。

2）G 参数的求取

对于简单的二端口网络，可以根据二端口的内部电路建立电路方程，消掉中间变量后，将方程整理成式（2.4.1）的形式，方程的系数矩阵即为该二端口的 G 参数矩阵。

对于一般的二端口电路，则可以使用定义法，用叠加定理逐个端口计算 G 参数。由式（2.4.1）和图 2.4.3（b）可见，当 1-1′端口处的电压源 U_1 作用，而 2-2′端口处的电源置零（即 $U_2=0$）时，如图 2.4.4（a）所示，可得 g_{11} 和 g_{21} 的计算式为

$$g_{11}=\frac{I_1}{U_1}\Big|_{U_2=0},\quad g_{21}=\frac{I_2}{U_1}\Big|_{U_2=0} \tag{2.4.3}$$

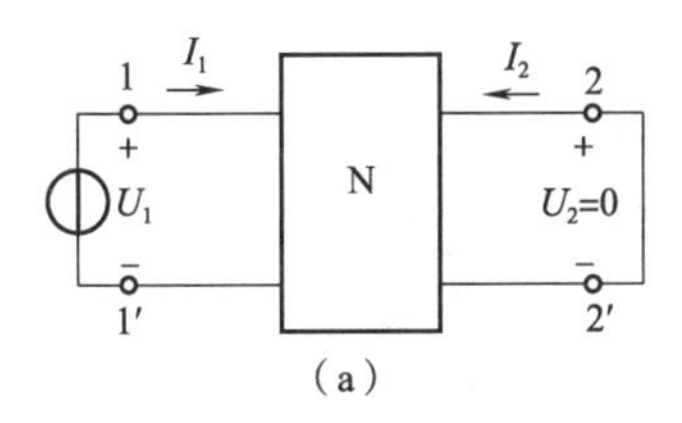

（a）

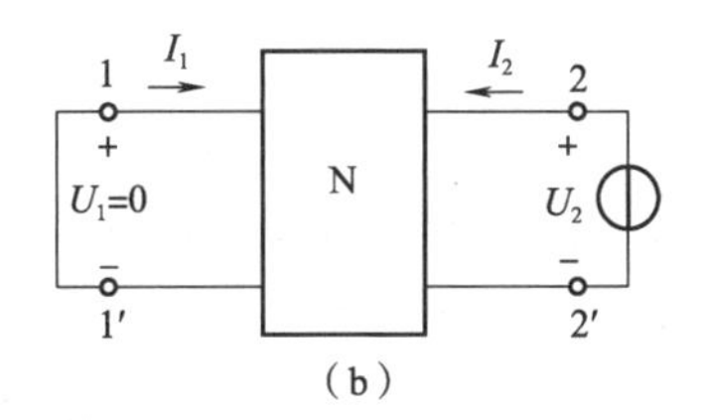

（b）

图 2.4.4　G 参数的求取

同理，当令 2-2′端口处的电压源 U_2 作用，而 1-1′端口处的电压源置零（即 $U_1=0$）时，如图 2.4.4（b）所示，可得 g_{12} 和 g_{22} 的计算式为

$$g_{12}=\frac{I_1}{U_2}\Big|_{U_1=0},\quad g_{22}=\frac{I_2}{U_2}\Big|_{U_1=0} \tag{2.4.4}$$

上述计算方法也为通过实验来测定 G 参数提供了依据。

由于 G 参数都是在一个端口短路情况下通过计算或测试求得的，所以 G 参数又称短路电导参数。

二端口的端口特性方程只和二端口的内部结构有关，和外电路无关。

例 2.4.1　有一线性电阻二端口网络，如图 2.4.5（a）所示。当端口 2-2′短路，$U_1=10$ V 时，测得电流 $I_1=1$ A，$I_2=2$ A，如图 2.4.5（b）所示；当端口 1-1′短路，$U_2=8$ V 时，测得电流 $I_1=3$ A，$I_2=6$ A，如图 2.4.5（c）所示。试求：

（1）此二端口网络的短路电导矩阵。

（2）若要求负载电压 $U_2=0.5$ V，电流 $I_2=0.5$ A，则电源的电压和电流应为多少？

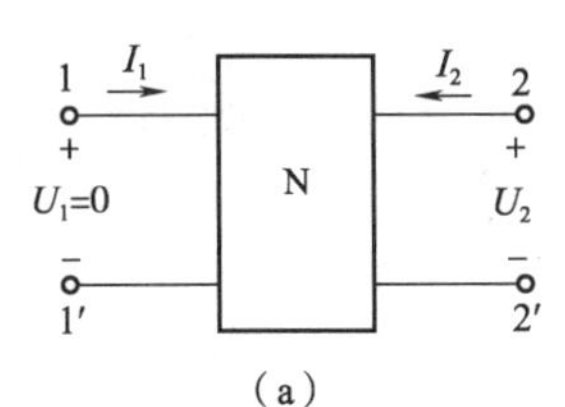

（a）

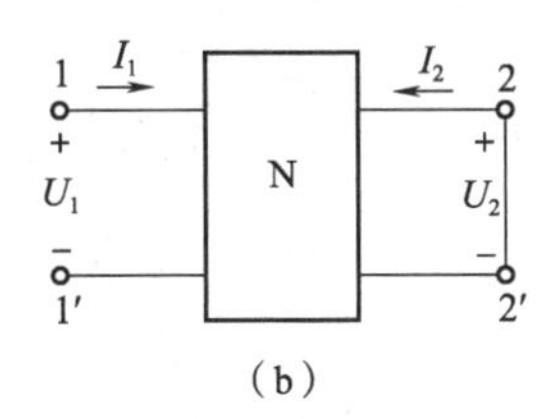

（b）

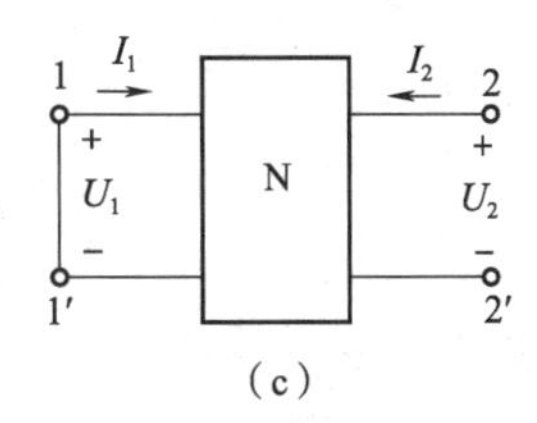

（c）

图 2.4.5　例 2.4.1 图

解　（1）求短路电导矩阵：

$$g_{11}=\frac{I_1}{U_1}\Bigg|_{U_2=0}=\frac{1}{10}\text{ S}=0.1\text{ S},\quad g_{21}=\frac{I_2}{U_1}\Bigg|_{U_2=0}=\frac{2}{10}\text{ S}=0.2\text{ S},$$

$$g_{12}=\frac{I_1}{U_2}\Bigg|_{U_1=0}=\frac{3}{8}\text{ S}=0.375\text{ S},\quad g_{22}=\frac{I_2}{U_2}\Bigg|_{U_1=0}=\frac{6}{8}\text{ S}=0.75\text{ S}$$

可得短路电导矩阵为

$$g=\begin{pmatrix}g_{11} & g_{12}\\ g_{21} & g_{22}\end{pmatrix}=\begin{pmatrix}0.1 & 0.375\\ 0.2 & 0.75\end{pmatrix}$$

（2）写出短路电导参数方程：

$$I_1=0.1U_1+0.375U_2$$
$$I_2=0.2U_1+0.75U_2$$

将已知负载电压 $U_2=0.5\ \text{V}$ 和电流 $I_2=0.5\ \text{A}$，代入上面的第二个方程，求得

$$U_1=\frac{I_2-0.75U_2}{0.2}=\frac{0.5-0.75\times0.5}{0.2}\ \text{V}=0.625\ \text{V}$$

将已知电压 $U_1=0.625\ \text{V}$ 和 $U_2=0.5\ \text{V}$ 代入第一个方程，求得

$$I_1=0.1U_1+0.375U_2=(0.1\times0.625+0.375\times0.5)\ \text{A}=0.25\ \text{A}$$

例 2.4.2 求图 2.4.6（a）所示二端口网络的 G 参数。

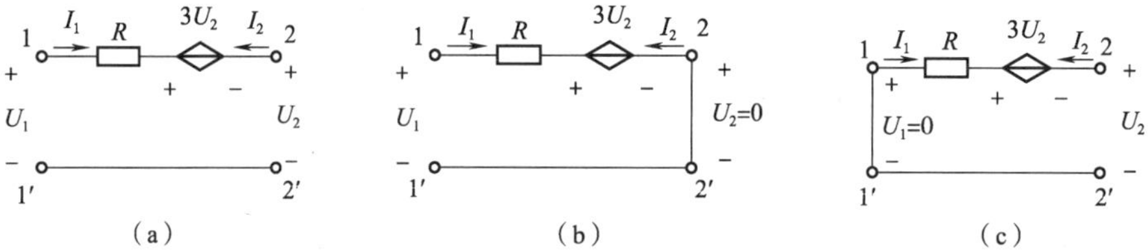

（a）　（b）　（c）

图 2.4.6　例 2.4.2 图

解　（1）将网络的 2-2′端口短路，如图 2.4.6（b）所示。因为 $U_2=0$，所以受控源电压为零。在 U_1 作用下，可得

$$g_{11}=\left.\frac{I_1}{U_1}\right|_{U_2=0}=\frac{1}{R},\quad g_{21}=\left.\frac{I_2}{U_1}\right|_{U_2=0}=-\left.\frac{I_1}{U_1}\right|_{U_2=0}=-\frac{1}{R}$$

（2）将 1-1′端口短路，如图 2.4.6（c）所示。这时因 $U_2\neq0$，所以受控源 $3U_2$ 不为零。有

$$U_2=-3U_2-I_1R$$

即

$$4U_2=-I_1R=I_2R$$

于是得

$$g_{12}=\left.\frac{I_1}{U_2}\right|_{U_1=0}=-\frac{4}{R},\quad g_{22}=\left.\frac{I_2}{U_2}\right|_{U_1=0}=\frac{4}{R}$$

最后的 G 参数矩阵为

$$g=\begin{pmatrix}g_{11} & g_{12}\\ g_{21} & g_{22}\end{pmatrix}=\begin{pmatrix}\frac{1}{R} & -\frac{4}{R}\\ -\frac{1}{R} & \frac{4}{R}\end{pmatrix}$$

可见，当二端口网络含有受控源时，$g_{12}\neq g_{21}$，为非互易网络。

2. *R* 参数方程、*R* 参数

1）*R* 参数的定义

对于图 2.4.3（a）所示二端口网络，若以 I_1、I_2 为自变量，U_1、U_2 为因变量，其端口方程也可写为如下形式：

$$\left.\begin{aligned}U_1 &= r_{11}I_1 + r_{12}I_2\\ U_2 &= r_{21}I_1 + r_{22}I_2\end{aligned}\right\} \tag{2.4.5}$$

与 G 参数方程的处理办法类似，可以利用叠加定理将式（2.4.5）的 R 参数方程表示为图 2.4.7 所示的网络模型。

图 2.4.7　R 参数网络模型

方程中的四个系数由于具有电阻的单位，故用电阻的字母 R 表示。上式写成矩阵的形式为

$$\begin{pmatrix}U_1\\U_2\end{pmatrix}=\begin{pmatrix}r_{11} & r_{12}\\ r_{21} & r_{22}\end{pmatrix}\begin{pmatrix}I_1\\I_2\end{pmatrix} \tag{2.4.6}$$

即

$$U = rI$$

其中，电压、电流向量为

$$U=\begin{pmatrix}U_1\\U_2\end{pmatrix},\quad I=\begin{pmatrix}I_1\\I_2\end{pmatrix}$$

系数矩阵为

$$r=\begin{pmatrix}r_{11} & r_{12}\\ r_{21} & r_{22}\end{pmatrix}$$

这里的 r 称为二端口网络的 R 参数矩阵，r_{11}、r_{12}、r_{21}、r_{22} 称为该二端口网络的 R 参数。

比较 g 和 r 后，不难看出，同一网络的 R 参数矩阵和 G 参数矩阵之间有如下关系：

$$r = g^{-1} \quad 或 \quad g = r^{-1} \tag{2.4.7}$$

即同一个二端口网络的 R 参数矩阵和 G 参数矩阵互为逆矩阵。

2）R 参数的求取

和 G 参数的计算类似，R 参数的求取主要有两种方法。对于简单的电路，可以在端口直接列写 u、i 方程，并整理为 R 参数的格式。

对于一般电路，可以采用定义法求解：用叠加定理逐个端口计算 R 参数。

当 1-1′端口的电流源 I_1 激励时，2-2′端口的电流源应置零（$I_2=0$，即端口 2-2′开路），如图 2.4.8（a）所示。由式（2.4.5）可得 r_{11} 和 r_{21} 的计算公式为

$$r_{11}=\left.\frac{U_1}{I_1}\right|_{I_2=0},\quad r_{21}=\left.\frac{U_2}{I_1}\right|_{I_2=0} \tag{2.4.8}$$

当 2-2′端口的电流源 I_2 激励时，1-1′端口的电流源应置零（$I_1=0$，即端口 1-1′开路），如图 2.4.8（b）所示。由式（2.4.5）可得 r_{12} 和 r_{22} 的计算公式为

$$r_{12}=\left.\frac{U_1}{I_2}\right|_{I_1=0},\quad r_{22}=\left.\frac{U_2}{I_2}\right|_{I_1=0} \tag{2.4.9}$$

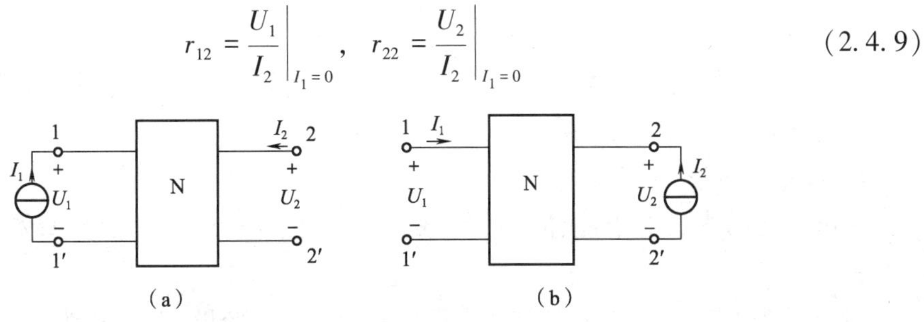

图 2.4.8　R 参数的求取

可以证明，对于仅由电阻元件构成的二端口网络，有 $r_{12}=r_{21}$ 成立。对于对称二端口网络而言，还同时满足 $r_{11}=r_{22}$。

例 2.4.3 试求图 2.4.9 所示二端口网络的 R 参数。

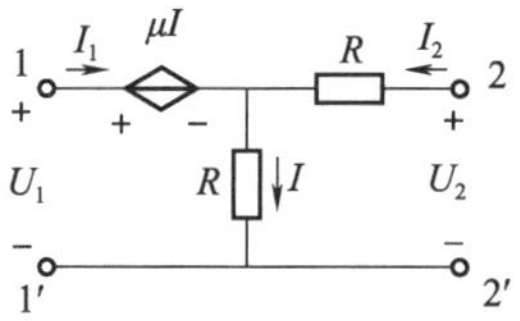

解 本题电路比较简单，可直接列方程求解。列 KVL、KCL 方程如下：

$$U_1=\mu I+RI$$

$$U_2=RI_2+RI$$

$$I=I_1+I_2$$

图 2.4.9 例 2.4.3 图

把第三式代入前两式，消去 I，可得

$$U_1=(R+\mu)I_1+(R+\mu)I_2$$

$$U_2=RI_1+2RI_2$$

由此即可得出二端口的 R 参数矩阵为

$$\boldsymbol{r}=\begin{pmatrix}R+\mu & R+\mu\\ R & 2R\end{pmatrix}$$

3. *T* 参数方程、*T* 参数

在进行多个二端口网络连接时，常常需要把同一个端口的电流和电压看成一个整体，并用它来描述一个端口的状态。例如，对于图 2.4.3（a）所示二端口网络来说，端口电压 U_1 和端口电流 I_1 便是一个整体，它描述了端口 1-1′的状态。同样，端口电压 U_2 和端口电流 I_2 也是一个整体，它描述了端口 2-2′的状态。之所以这样做，就是希望能用下面的方程来描述两个端口之间的关系，即

$$\left.\begin{aligned}U_1&=AU_2-BI_2\\ I_1&=CU_2-DI_2\end{aligned}\right\}\tag{2.4.10}$$

称上式为二端口的 T 参数方程。写成矩阵形式为

$$\begin{pmatrix}U_1\\ I_1\end{pmatrix}=\begin{pmatrix}A & B\\ C & D\end{pmatrix}\begin{pmatrix}U_2\\ -I_2\end{pmatrix}\tag{2.4.11}$$

可见，向量 $(U_1\quad I_1)^{\mathrm{T}}$ 就是端口 1-1′的状态描述数据，而向量 $(U_2\quad I_2)^{\mathrm{T}}$ 则是端口 2-2′的状态描述数据。这样，式（2.4.10）与式（2.4.11）就是一个描述了两个端口状态之间关系的方程，而所谓的 T 参数就是该方程中的系数。

$$T=\begin{pmatrix}A & B\\ C & D\end{pmatrix}$$

称为该二端口网络的 T 参数矩阵，A、B、C、D 称为该二端口网络的 T 参数。在使用 T 参数时应特别注意 I_2 前的负号。

4. *H* 参数方程、*H* 参数

在电子电路中，对于晶体管的等效二端口电路常用一套混合参数来描述，称为 H 参数。

对于图 2.4.3（a）所示二端口，若以 I_1、U_2 为自变量，U_1、I_2 为因变量，其端口方程可写为如下形式：

$$\left.\begin{aligned} U_1 &= H_{11}I_1 + H_{12}U_2 \\ I_2 &= H_{21}I_1 + H_{22}U_2 \end{aligned}\right\} \tag{2.4.12}$$

上式写成矩阵的形式为

$$\begin{pmatrix} U_1 \\ I_2 \end{pmatrix} = \begin{pmatrix} H_{11} & H_{12} \\ H_{21} & H_{22} \end{pmatrix}\begin{pmatrix} I_1 \\ U_2 \end{pmatrix} = H\begin{pmatrix} I_1 \\ U_2 \end{pmatrix} \tag{2.4.13}$$

其中

$$H = \begin{pmatrix} H_{11} & H_{12} \\ H_{21} & H_{22} \end{pmatrix}$$

称为二端口网络的 H 参数矩阵，H_{11}、H_{12}、H_{21}、H_{22} 称为二端口网络的 H 参数。可以证明，对于仅由电阻元件构成的二端口网络，有 $H_{12} = -H_{21}$。对于对称二端口网络而言，还有 $H_{11}H_{22} - H_{12}H_{21} = 1$。

T 参数、H 参数的求解方法与 G 参数、R 参数类似，此处不再赘述。

5. 四种二端口参数之间的关系

对于一个结构确定的二端口网络来说，其端口特性一定是唯一的，只因为选择了不同的自变量和因变量，使得方程的形式不同、方程的系数矩阵不相同。显然，对于同一个二端口网络来说，这四种参数之间应可以相互转换。即当已知任意一种参数后，就可以根据该参数写出端口特性方程，如果需要求取另一种参数，则只需将端口特性方程按定义变成相应的形式，得到方程的系数矩阵就是待求的参数矩阵。

需要注意的是，对于某些特殊电路，可能不存在某种类别的参数方程，这点要具体分析。

2.4.3 二端口网络的等效电路

这里仅探讨互易二端口网络的等效问题。前文已经提到，一个互易二端口网络的四个参数中，只有三个参数是独立的，其外特性可用三个参数来表征。那么，如果能找到由三个电阻（或电导）组成的简单二端口网络，其参数与给定的互易二端口网络参数分别相等，则这两个二端口网络的外特性就完全相同，即它们是等效的。

由三个电阻（或电导）所组成的简单二端口网络只有两种形式：Π 形电路（即三角形网络）和 T 形电路（即星形网络），如图 2.4.10 所示。下面来确定 Π 形和 T 形等效电路的参数。

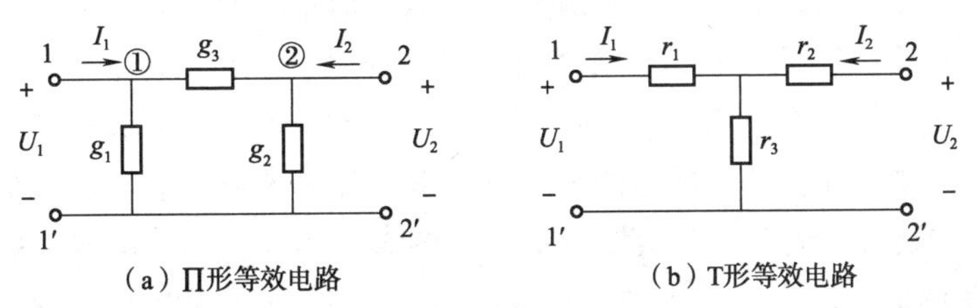

（a）Π形等效电路　（b）T形等效电路

图 2.4.10 Π 形与 T 形等效电路

1. Π 形等效电路

对图 2.4.10（a）所示 Π 形电路的节点①、②列 KCL 方程，得

$$I_1 = g_1U_1 + g_3(U_1 - U_2) = (g_1 + g_3)U_1 - g_3U_2$$
$$I_2 = g_2U_2 + g_3(U_2 - U_1) = -g_3U_1 + (g_2 + g_3)U_2$$

其对应的 G 参数为

$$g_{11} = g_1 + g_3$$
$$g_{12} = g_{21} = -g_3$$
$$g_{22} = g_2 + g_3$$

因此，可由给定的 G 参数矩阵，采用下式求解各电导的值

$$g_1 = g_{11} + g_{12}$$
$$g_2 = g_{22} + g_{12}$$
$$g_3 = -g_{12} = -g_{21}$$

根据上式，可以由给定的 G 参数矩阵，得到等效的 Π 形等效电路。

2. T 形等效电路

对图 2.4.10 (b) 所示 T 形电路列 KVL 方程，得

$$U_1 = r_1I_1 + r_3(I_1 + I_2) = (r_1 + r_3)I_1 + r_3I_2$$
$$U_2 = r_2I_2 + r_3(I_1 + I_2) = r_3I_1 + (r_2 + r_3)I_2$$

其对应的 R 参数为

$$r_{11} = r_1 + r_3$$
$$r_{12} = r_{21} = r_3$$
$$r_{22} = r_2 + r_3$$

因此，可由给定的 R 参数矩阵，采用下式求解各电导的值

$$r_1 = r_{11} - r_{12}$$
$$r_2 = r_{22} - r_{12}$$
$$r_3 = r_{12} = r_{21}$$

根据上式，可以由给定的 R 参数矩阵，得到等效的 T 形等效电路。

2.4.4 二端口网络的联结

把复杂问题化成相对独立的简单问题，是人们解决问题的一贯做法。同样，在电路分析中，可以将一个复杂的二端口网络看成是由若干个简单二端口网络连接而成。简单二端口就称为部分二端口，它们连接成的复杂的二端口称为复合二端口。从电路分析方面而言，部分二端口的结构一般比较简单，其参数往往容易求得，在求得部分二端口的参数后，再根据部分二端口和复合二端口的关系就可以很容易求得整个复合二端口的参数。

研究二端口的连接，就是要研究复合二端口的参数和部分二端口的参数之间的关系。

1. 二端口的级联

当一个二端口网络的输出端口直接连到另一个二端口网络的输入端口时，两个二端口网络形成级联，如图 2.4.11 所示。

图 2.4.11 中，假设构成复合二端口的两个部分二端口 N_1 和 N_2 的 T 参数分别为

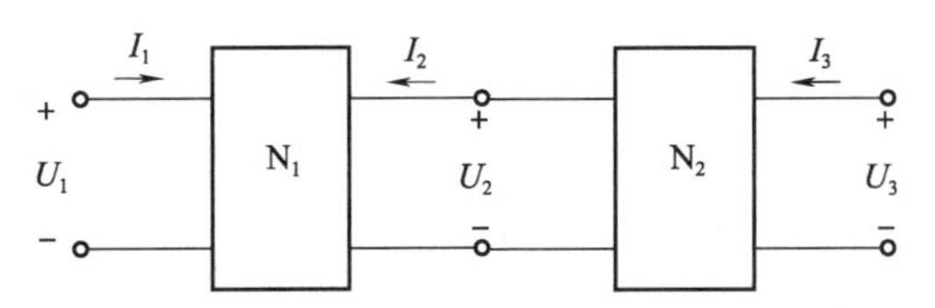

图 2.4.11 二端口网络的级联

$$T_1=\begin{pmatrix}A_1 & B_1\\ C_1 & D_1\end{pmatrix},\ T_2=\begin{pmatrix}A_2 & B_2\\ C_2 & D_2\end{pmatrix}$$

根据 T 参数的定义有

$$\begin{pmatrix}U_1\\ I_1\end{pmatrix}=T_1\begin{pmatrix}U_2\\ -I_2\end{pmatrix},\ \begin{pmatrix}U_2\\ -I_2\end{pmatrix}=T_2\begin{pmatrix}U_3\\ -I_3\end{pmatrix}$$

由以上两式可得

$$\begin{pmatrix}U_1\\ I_1\end{pmatrix}=T_1T_2\begin{pmatrix}U_3\\ -I_3\end{pmatrix}=T\begin{pmatrix}U_3\\ -I_3\end{pmatrix}$$

可见，整个复合二端口的 T 参数和两个部分二端口的 T 参数之间满足

$$T=T_1T_2$$

上述结论可推广到 n 个二端口级联的情况。

2. 二端口的串联

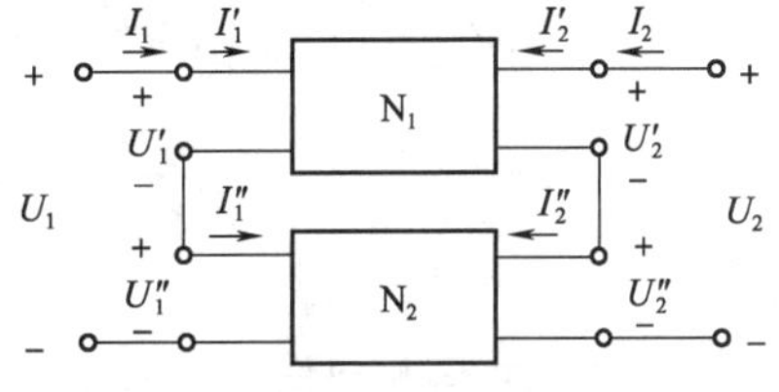

图 2.4.12 二端口网络的串联

图 2.4.12 所示为由两个二端口串联而成的复合二端口。

设两个部分二端口 N_1 和 N_2 的 R 参数分别为 r_1 和 r_2。

$$\begin{pmatrix}U'_1\\ U'_2\end{pmatrix}=\begin{pmatrix}r'_{11} & r'_{12}\\ r'_{21} & r'_{22}\end{pmatrix}\begin{pmatrix}I'_1\\ I'_2\end{pmatrix}=r_1\begin{pmatrix}I'_1\\ I'_2\end{pmatrix},\ \begin{pmatrix}U''_1\\ U''_2\end{pmatrix}=\begin{pmatrix}r''_{11} & r''_{12}\\ r''_{21} & r''_{22}\end{pmatrix}\begin{pmatrix}I''_1\\ I''_2\end{pmatrix}=r_2\begin{pmatrix}I''_1\\ I''_2\end{pmatrix}$$

由于有

$$\begin{pmatrix}I_1\\ I_2\end{pmatrix}=\begin{pmatrix}I'_1\\ I'_2\end{pmatrix}=\begin{pmatrix}I''_1\\ I''_2\end{pmatrix}$$

可以证明

$$\begin{pmatrix}U_1\\ U_2\end{pmatrix}=\begin{pmatrix}U'_1\\ U'_2\end{pmatrix}+\begin{pmatrix}U''_1\\ U''_2\end{pmatrix}=r_1\begin{pmatrix}I'_1\\ I'_2\end{pmatrix}+r_2\begin{pmatrix}I''_1\\ I''_2\end{pmatrix}=(r_1+r_2)\begin{pmatrix}I_1\\ I_2\end{pmatrix}$$

因此，复合二端口的 R 参数和构成它的部分二端口的 R 参数之间满足

$$r=r_1+r_2$$

上述结论可推广到多个二端口串联的情况。

3. 二端口的并联

图 2.4.13 所示为由两个二端口 N_1 和 N_2 并联而成的复合二端口。

设两个部分二端口 N_1 和 N_2 的 G 参数分别为 g_1 和 g_2。

$$\begin{pmatrix}I'_1\\ I'_2\end{pmatrix}=\begin{pmatrix}g'_{11} & g'_{12}\\ g'_{21} & g'_{22}\end{pmatrix}\begin{pmatrix}U'_1\\ U'_2\end{pmatrix}=g_1\begin{pmatrix}U'_1\\ U'_2\end{pmatrix},\ \begin{pmatrix}I''_1\\ I''_2\end{pmatrix}=\begin{pmatrix}g''_{11} & g''_{12}\\ g''_{21} & g''_{22}\end{pmatrix}\begin{pmatrix}U''_1\\ U''_2\end{pmatrix}=g_2\begin{pmatrix}U''_1\\ U''_2\end{pmatrix}$$

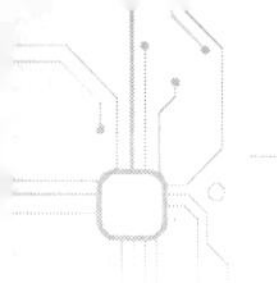

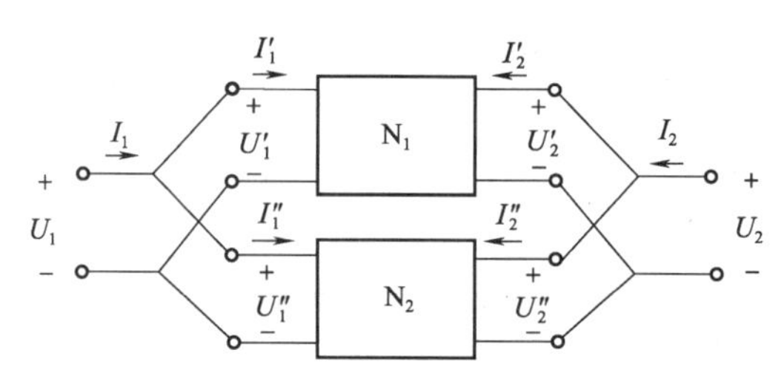

图 2.4.13　二端口网络的并联

由于有

$$\begin{pmatrix} U_1 \\ U_2 \end{pmatrix} = \begin{pmatrix} U_1' \\ U_2' \end{pmatrix} = \begin{pmatrix} U_1'' \\ U_2'' \end{pmatrix}$$

可以证明

$$\begin{pmatrix} I_1 \\ I_2 \end{pmatrix} = \begin{pmatrix} I_1' \\ I_2' \end{pmatrix} + \begin{pmatrix} I_1'' \\ I_2'' \end{pmatrix} = g_1\begin{pmatrix} U_1' \\ U_2' \end{pmatrix} + g_2\begin{pmatrix} U_1'' \\ U_2'' \end{pmatrix} = (g_1 + g_2)\begin{pmatrix} U_1 \\ U_2 \end{pmatrix}$$

可见，复合二端口的 G 参数和构成它的部分二端口的 G 参数之间满足

$$g = g_1 + g_2$$

上述结论可推广到多个二端口并联时的情况。

 习　　题

2.1　电路如题图 2.1 所示，试用节点电压法求解节点①、②电压 u_{n1}、u_{n2}，并求支路电流 i_1、i_2 和 i_3。

2.2　电路如题图 2.2 所示，试求节点②电压 u_2。

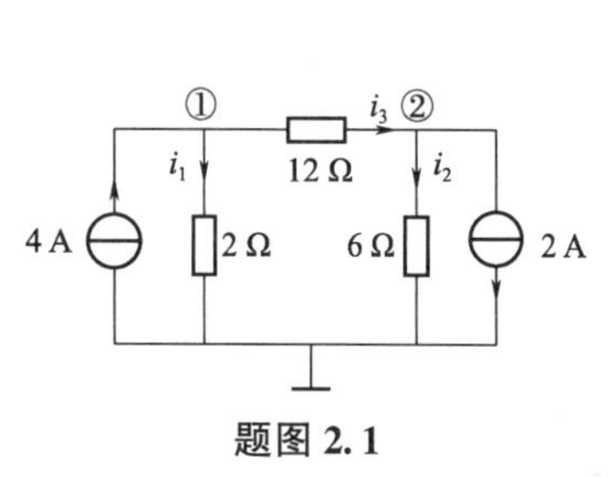

题图 2.1

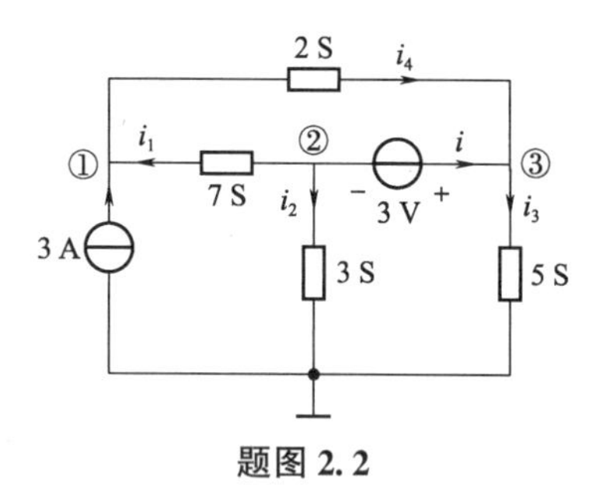

题图 2.2

2.3　列写题图 2.3 所示电路的节点电压方程。

2.4　用节点电压法求题图 2.4 所示电路中的 u 和 i。

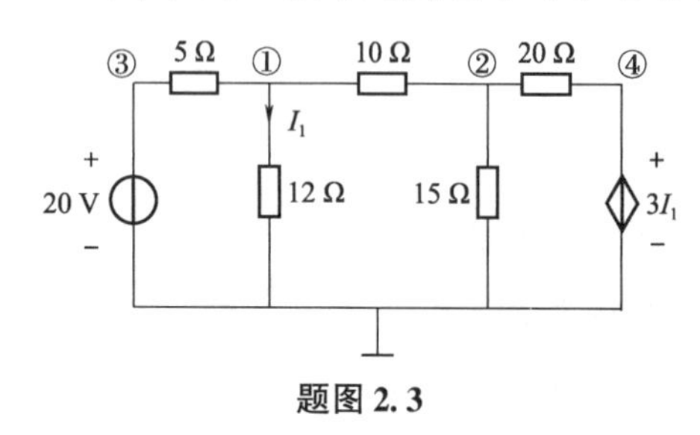

题图 2.3

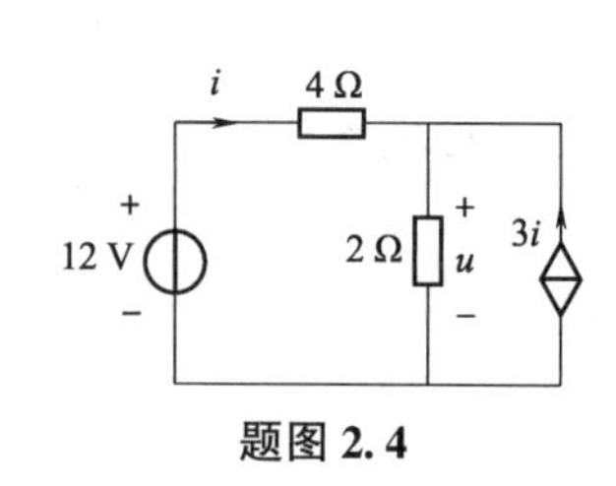

题图 2.4

2.5　电路如题图 2.5 所示，用网孔电流法列写方程。

2.6　电路如题图 2.6 所示，试求电压 u。

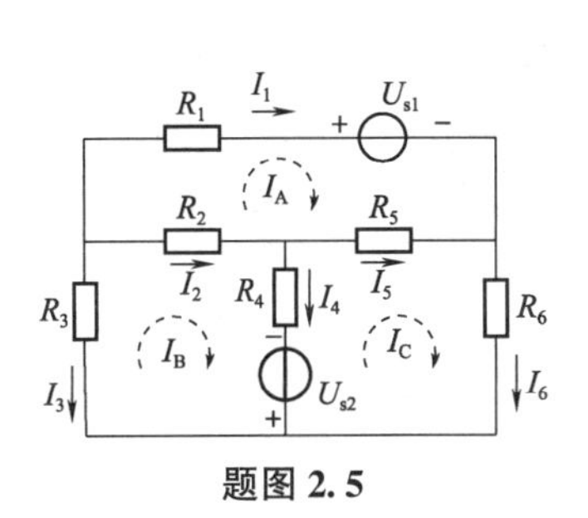

题图 2.5

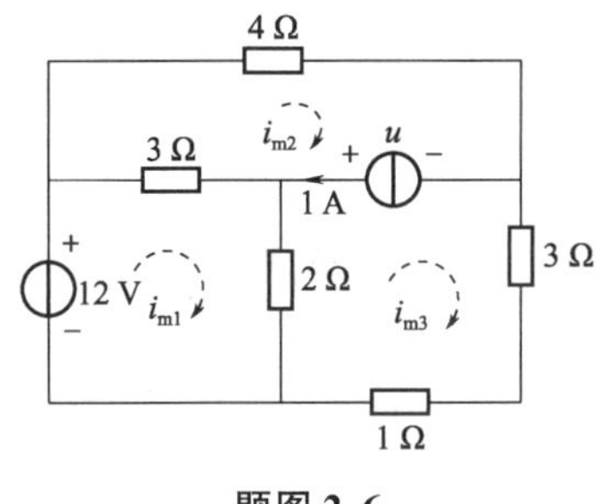

题图 2.6

2.7　如题图 2.7 所示电路，列网孔方程，求 I、U。

2.8　题图 2.8 所示为反相比例器，试求其输出 u_o 与输入 u_s 的关系。

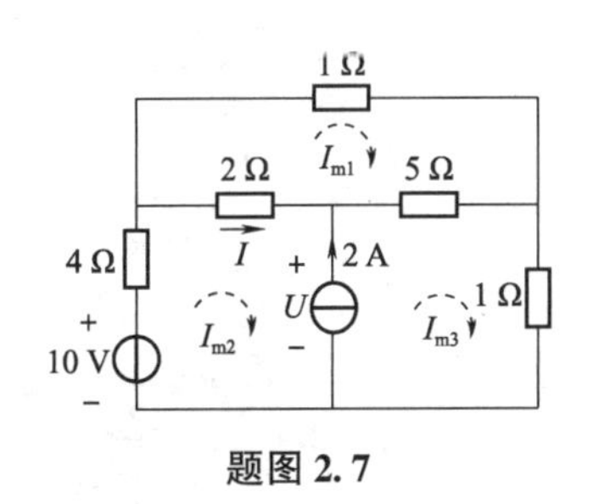

题图 2.7

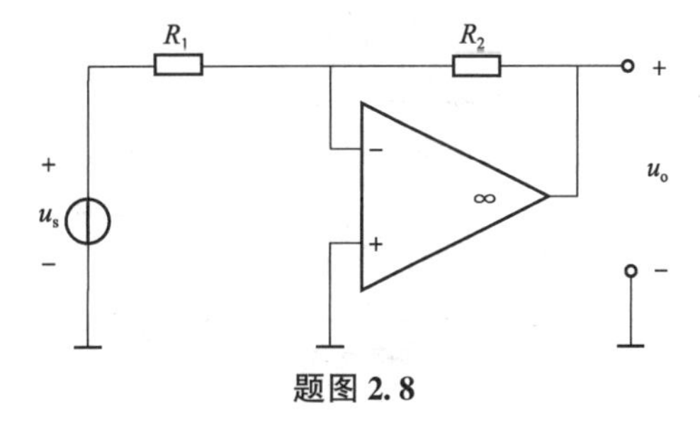

题图 2.8

2.9　如题图 2.9 所示电路，求 u_o 与 u_s 的关系。

2.10　如题图 2.10 所示电路，用叠加定理求电压 U。

2.11　如题图 2.11 所示电路，用叠加定理求 I_1。

2.12　求题图 2.12 所示各电路的等效电阻。

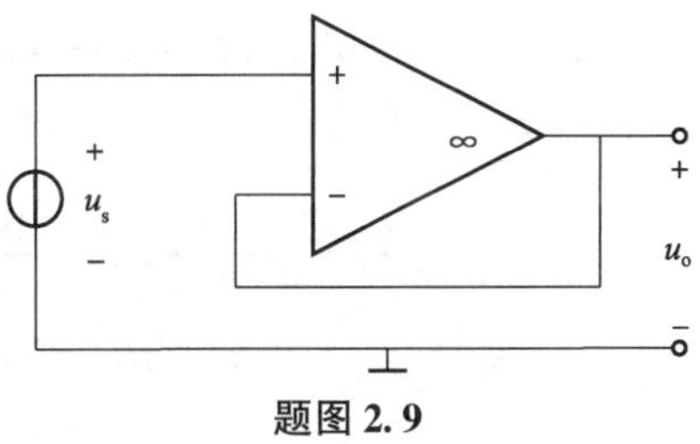

题图 2.9

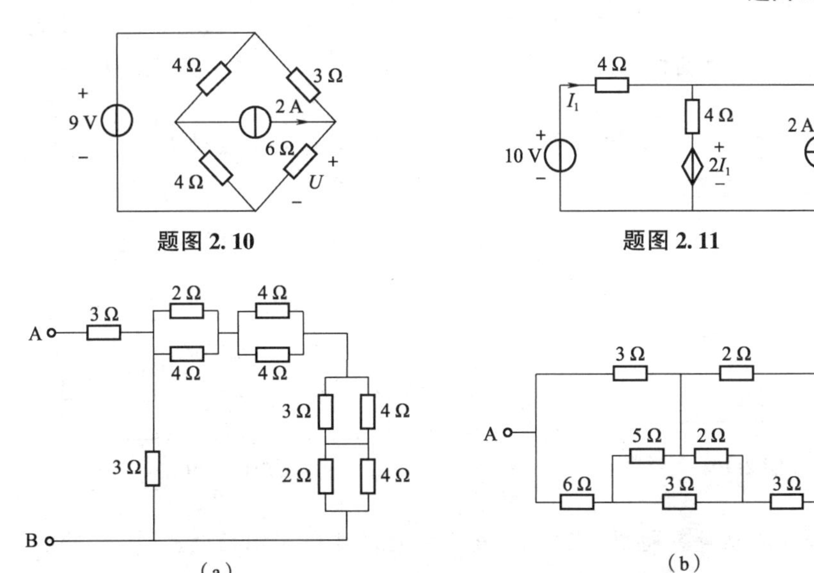

题图 2.10

题图 2.11

题图 2.12

2.13　用电源等效变换方法求题图 2.13 所示电路中 I_3。

2.14　利用等效变换的方法。求题图 2.14 所示电路中的支路电流 I。

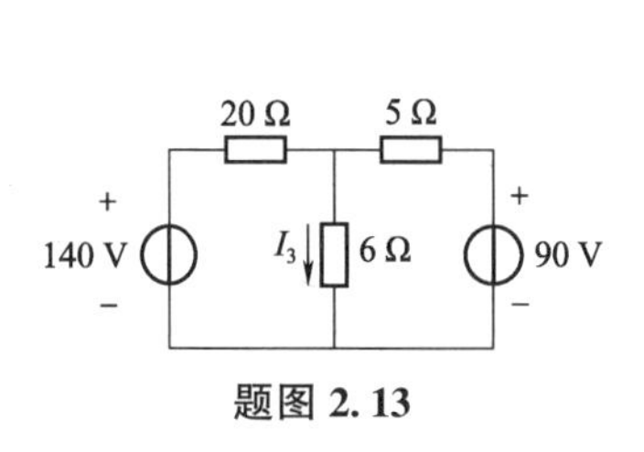

题图 2.13

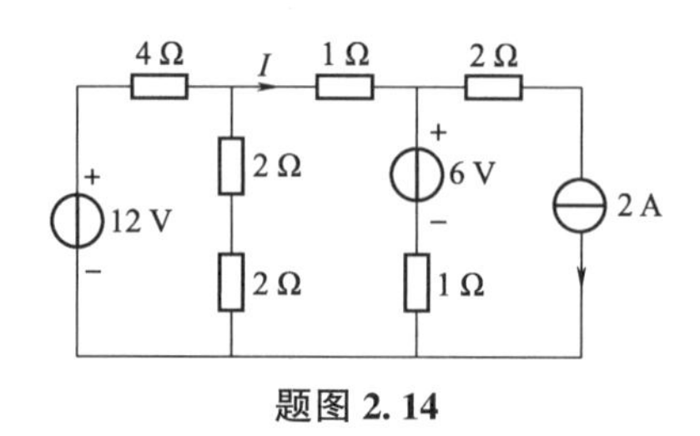

题图 2.14

2.15　利用电源等效变换，求题图 2.15 所示电路的电流 i。

2.16　求题图 2.16 所示电路的等效电阻。

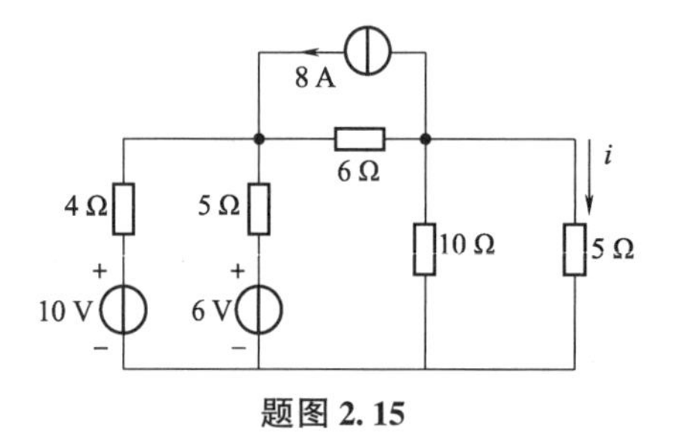

题图 2.15

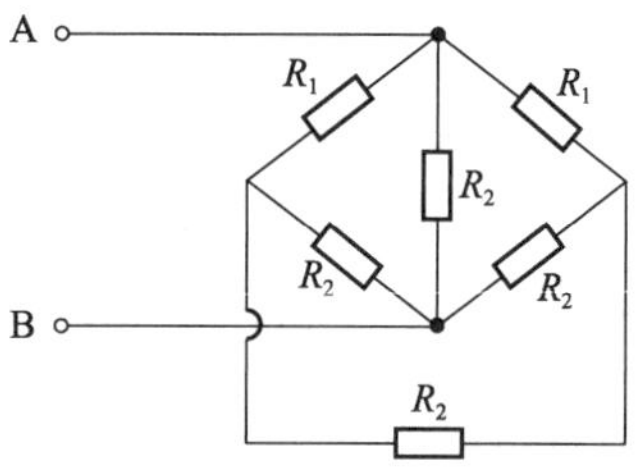

题图 2.16

2.17　求题图 2.17 所示梯形电路中各支路电流。

2.18　求题图 2.18 所示一端口网络的戴维南等效电路。

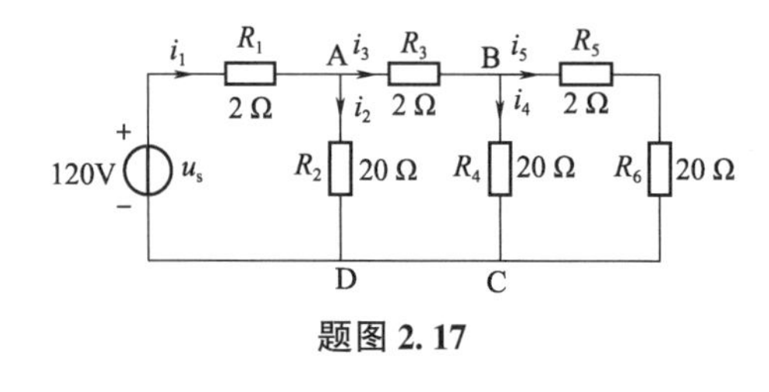

题图 2.17

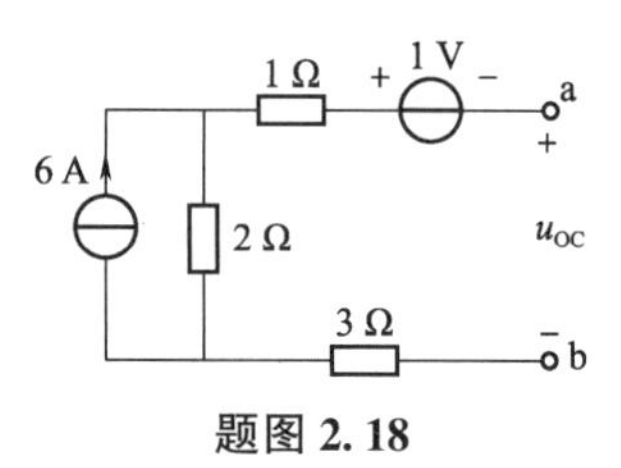

题图 2.18

2.19　计算题图 2.19 所示电路中 R_x 分别为 2 Ω、8 Ω 时的电流 I。

2.20　利用戴维南定理求题图 2.20 所示电路中电流 I。

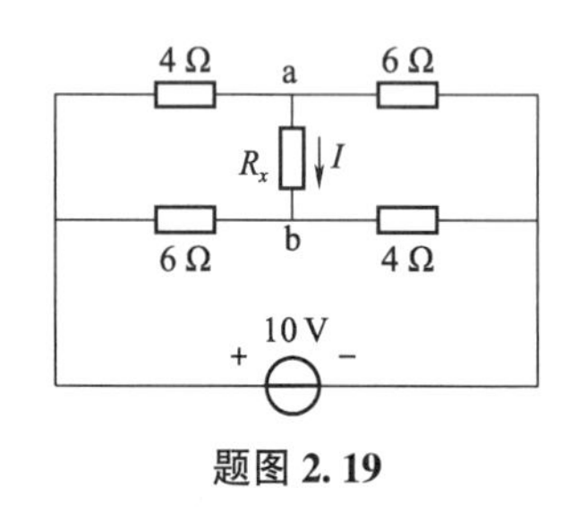

题图 2.19

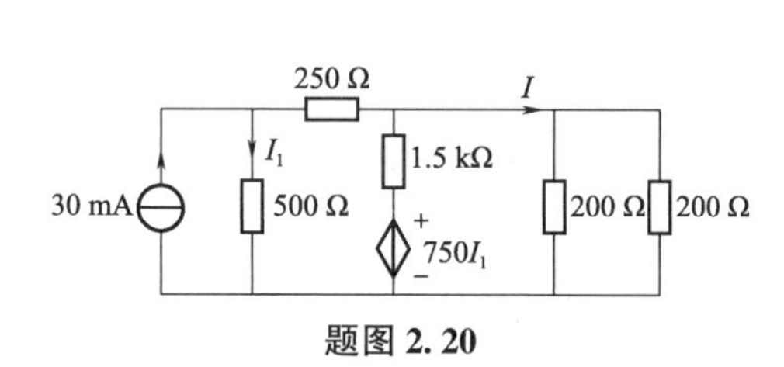

题图 2.20

2.21　用诺顿定理计算题图 2.21 所示电路中流过 4 Ω 电阻的电流 i。

2.22　题图 2.22 所示含源线性网络 N 端口 a、b 处的等效电路通过实验确定。当端口

a、b 连接 10 Ω 电阻时，测得电压 $u_{ab}=20$ V；当端口 a、b 连接 30 Ω 电阻时，测得电压 $u_{ab}=40$ V。试确定：(1) 端口 a、b 处的戴维南等效电路；(2) 当端口 a、b 处连接的电阻 R_L 为多大时，R_L 能够得到最大功率；(3) 求最大功率。

2.23　在题图 2.23 所示电路中，问 R_L 为何值时，它可取得最大功率，并求此最大功率。由电源发出的功率有多少百分比传输给 R_L？

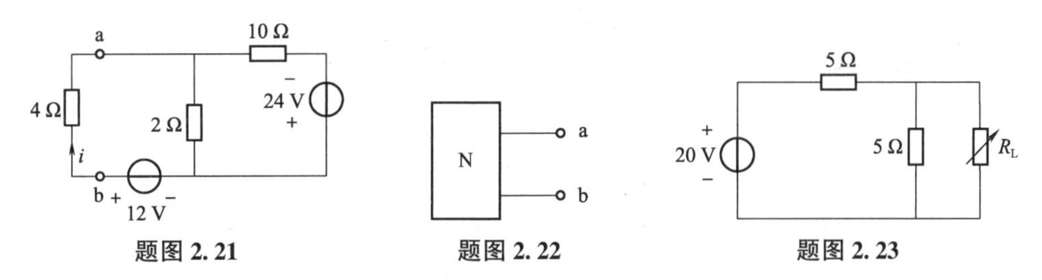

题图 2.21　　题图 2.22　　题图 2.23

2.24　如题图 2.24 所示直流电路，求图中 R 为何值时，能得到最大功率？并求最大功率。

2.25　在题图 2.25 所示电路中，已知 $R_1=1$ Ω，$R_2=2$ Ω，$\beta=2$，试计算二端口网络的开路电阻参数矩阵 r 和短路电导参数矩阵 g，并说明该网络是否为互易网络。

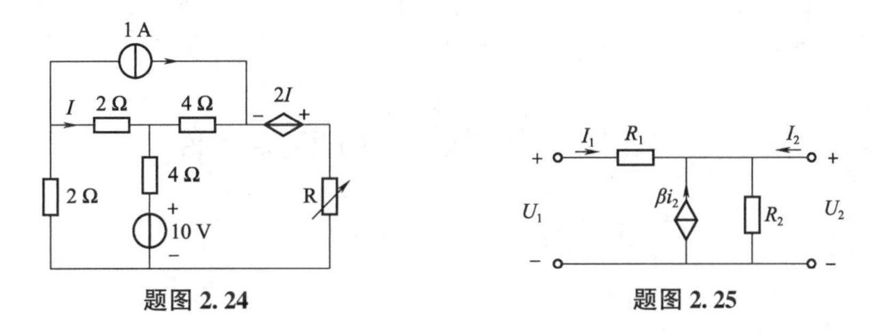

题图 2.24　　题图 2.25

2.26　求题图 2.26 所示二端口网络的 r 参数。

2.27　在题图 2.27 所示含二端口网络 N 的电路中，已知 $R_1=2$ Ω，$R_2=1$ Ω。开关 S 断开时，测得 $U_s=12$ V，$U_1=6$ V，$U_2=2$ V；开关 S 闭合时，测得 $U_s=12$ V，$U_1=4$ V，$U_2=1$ V。求网络 N 的 T 参数矩阵。

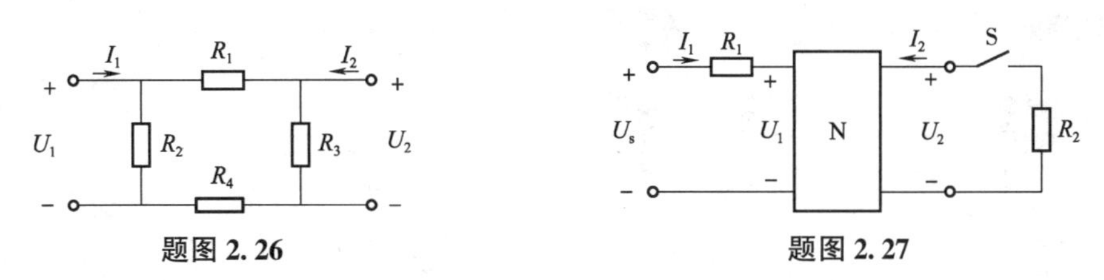

题图 2.26　　题图 2.27

2.28　二端口网络如题图 2.28 所示，已知 $R_1=4$ Ω，$R_2=3$ Ω，$R_3=6$ Ω。求该二端口的 H 参数矩阵。

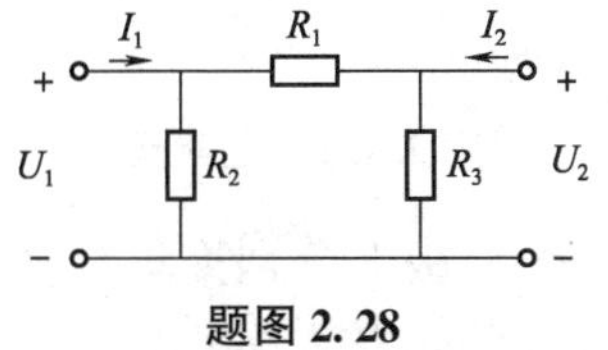

题图 2.28

第 3 章 动态电路的时域分析

前两章主要介绍了电阻电路的分析方法。电阻电路的电路方程是代数方程，任一时刻的响应只与该时刻的激励有关，与激励的历史无关。因此，电阻电路属于无记忆电路。

实际上，纯电阻电路的应用十分有限，具有复杂功能的实际电路往往不可或缺地使用电容元件和电感元件。这两种元件的电压电流关系在时域中表达为微积分形式，称为动态元件。包含动态元件的电路称为动态电路。与电阻电路不同，动态电路在任一时刻的响应与激励的全部历史有关。也就是说，动态电路是有记忆的。当发生换路时，动态电路常常会经历一段时间的过渡过程，才会进入新的稳定状态。因此，动态电路的分析方法与技术特性与电阻电路存在显著不同。本章重点对动态电路进行时域分析。

3.1 电容元件和电感元件

3.1.1 电容元件

1. 电容的模型

在电子、通信、自动控制、电力传输等实际电路系统中，常常能看到电容器的身影。如收音机的调谐电路、计算机中的动态存储器、配电系统中的电力电容器等。电容器虽然种类和规格各异，但就其结构原理来说，都是由间隔着绝缘介质（如云母、绝缘纸、电解质、空气等）的两块金属极板构成的，如图 3.1.1 所示。

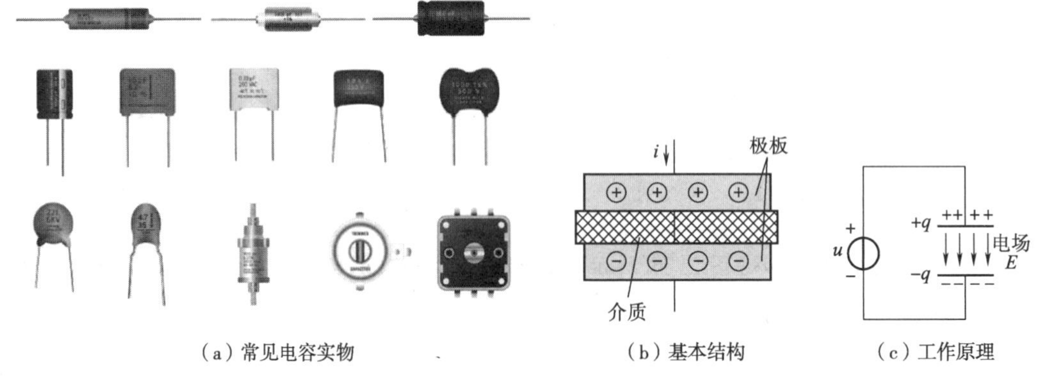

（a）常见电容实物　（b）基本结构　（c）工作原理

图 3.1.1　电容器

在外电源作用下，电容器的两个极板上分别聚集等量的正、负电荷，并在极板间建立起电场，把外电源输入的能量以电场能的形式存储起来。当外电源撤走后，这些电荷在电场力作用下仍然保持聚集，极板间的电场可以继续存在。因此，电容器是一种能够存储电荷的基于电场原理工作的器件。

电路分析中的电容元件是电容器实物的理想化模型，仅关注元件内部存储电场能量这一电磁现象，使用存储电荷量与极板电压间的约束关系来精确定义。即如果在任一时刻，一个二端元件存储的电荷量 q 与其端电压 u 之间的关系可以用 q-u 平面上的一条过原点的曲线来表示，则此二端元件称为电容元件。

根据 q-u 平面曲线的特点，电容元件可以分为线性电容和非线性电容。若某电容在 q-u 平面上的特性曲线是一条通过原点的直线，且不随时间变化，则此电容元件称为线性时不变电容。本书仅研究线性时不变电容，以下简称电容。图 3.1.2 所示为线性电容元件的符号及其库伏特性。

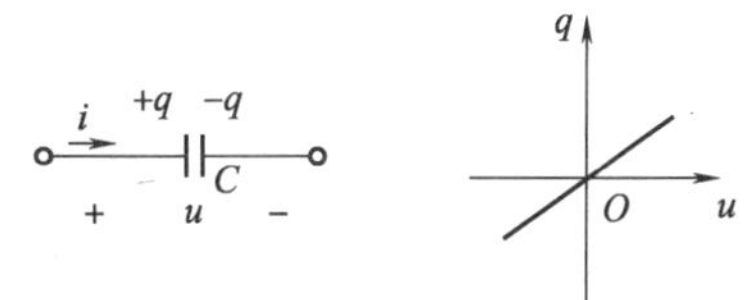

图 3.1.2 线性电容元件的符号及其库伏特性

线性电容元件的库伏特性可用下式表述：

$$q = Cu$$

式中，C 称为电容值，为正实常数，其数值大小与极板间介质的介电常数、极板面积、极板间的距离有关。当 q 的单位为库仑（C），u 的单位为伏特（V）时，C 的单位为法拉（F）。实际电容器的电容量往往比法拉小得多，因此通常采用微法（μF）和皮法（pF）作为电容的单位，它们之间的换算关系为

$$1\ \mathrm{pF} = 10^{-6}\ \mu\mathrm{F} = 10^{-12}\ \mathrm{F}$$

2. 电容元件的伏安关系

在电路分析中，感兴趣的不是电容极板上存储的电荷量，而是流过电容的电流与电容两端电压间的关系。

参考方向如图 3.1.2 所示。根据电流的定义，由库伏特性可得电容电压 u 和电流 i 的关系为

$$i = \frac{\mathrm{d}q}{\mathrm{d}t} = C\frac{\mathrm{d}u}{\mathrm{d}t} \tag{3.1.1}$$

从式（3.1.1）可以看出：（1）电容的电流 i 取决于电压 u 的变化率，而非电压 u 本身；（2）当电容电压 u 为常数（即直流）时，根据导数的性质，电容的电流 i 等于0，即电容具有隔断直流的作用。

式（3.1.1）还可以写成积分形式：

$$u(t) = \frac{1}{C}\int_{-\infty}^{t} i(\xi)\,\mathrm{d}\xi \tag{3.1.2}$$

式（3.1.2）表明，电容在 t 时刻的电压，不是取决于 t 时刻的电流，而是取决于 $-\infty$ 到 t 所有时刻的电流值，也就是说与电流的全部历史有关。因此，电容是一种有记忆的元件。

如果已知电容在 t_0 时刻的电压为 $u(t_0)$，则电容在 t 时刻（$t \geqslant t_0$）的电压可以表示为

$$u(t) = \frac{1}{C}\int_{-\infty}^{t_0} i(\xi)\,\mathrm{d}\xi + \frac{1}{C}\int_{t_0}^{t} i(\xi)\,\mathrm{d}\xi = u(t_0) + \frac{1}{C}\int_{t_0}^{t} i(\xi)\,\mathrm{d}\xi,\quad t \geqslant t_0 \tag{3.1.3}$$

式（3.1.3）说明，如果已知某一初始时刻 t_0 的电容电压 $u(t_0)$，以及从初始时刻开始作用于电容的电流 $i(t)$，$t > t_0$，则可以确定初始时刻以后任一时刻的电容电压。

由于电容电压在式（3.1.2）和式（3.1.3）中呈现积分形式，因此还可以得出电容的另一个重要特性：当电流 $i(t)$ 为有界函数时，电容电压 $u(t)$ 是时间的连续函数，即电容电压具有连续性。作为对比，电容电流不具有连续性。

3. 电容元件的储能

当电压电流取参考关联方向时，电容的瞬时功率为

$$p = ui = Cu\frac{\mathrm{d}u}{\mathrm{d}t}$$

从 $-\infty$ 到 t 时刻，电容吸收的能量为

$$W = \int_{-\infty}^{t} p\mathrm{d}\xi = \int_{-\infty}^{t} Cu(\xi)\frac{\mathrm{d}u(\xi)}{\mathrm{d}\xi}\mathrm{d}\xi = C\int_{-\infty}^{t} u(\xi)\mathrm{d}u(\xi) = \frac{1}{2}Cu^2(t) - \frac{1}{2}Cu^2(-\infty)$$

电容吸收的能量全部以电场能的形式存储在元件的电场中。由于在 $t=-\infty$ 时刻，电容处于不带电状态 $u(-\infty)=0$，因此电容在任意时刻 t 存储的能量只取决于其在 t 时刻的电压 $u(t)$ 和电容值 C，即

$$W = \frac{1}{2}Cu^2(t) \tag{3.1.4}$$

下面简单分析电容充放电过程中的能量吸收与释放问题。假设电容的初始电压为 u_1，在 $t_1 \sim t_2$ 时段内电源对电容充电，使得电容电压从 u_1 升高到 u_2；在 $t_2 \sim t_3$ 时段内电容对外放电，使得电容电压从 u_2 下降到初始的电压 u_1。$t_1 \sim t_2$ 时段电容吸收的能量为

$$W_{\mathrm{c}} = \frac{1}{2}Cu_2^2 - \frac{1}{2}Cu_1^2$$

$t_2 \sim t_3$ 时段内电容释放的能量为

$$W_{\mathrm{d}} = \frac{1}{2}Cu_2^2 - \frac{1}{2}Cu_1^2$$

可见，$W_{\mathrm{c}} = W_{\mathrm{d}}$，即电容在充电过程中吸收的能量全部在放电过程中释放出来。因此，电容本身既不消耗能量，也不能释放多于它吸收或存储的能量，是一种无源元件。

4. 电容的串并联等效

多个电容的串并联，可以等效为一个电容。其等效电路仍然根据第 2 章的等效思想来推导，即根据端口的 VCR 关系进行等效。

（1）电容的并联

下面以两个电容并联为例进行介绍，结论可以直接推广到任意多个电容的并联。

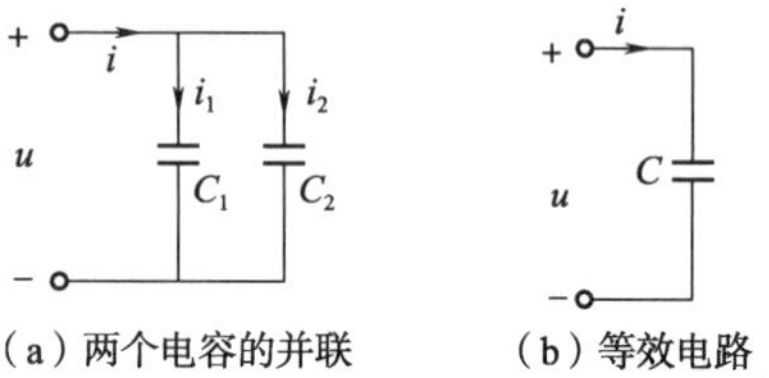

(a) 两个电容的并联　(b) 等效电路

图 3.1.3　两个电容的并联及其等效电路

对于图 3.1.3（a），端口的 VCR 为

$$i = i_1 + i_2 = (C_1 + C_2)\frac{\mathrm{d}u}{\mathrm{d}t}$$

对于图 3.1.3（b），端口的 VCR 为

$$i = C\frac{\mathrm{d}u}{\mathrm{d}t}$$

因此，图 3.1.3（a）、(b）等效的条件为

$$C = C_1 + C_2$$

上述结论可以推广到 n 个电容的并联：n 个并联电容的总电容量 C 等于各个并联电容的电容量 $C_i(i=1,2,\cdots,n)$ 之和，即

$$C=C_1+C_2+\cdots+C_n \tag{3.1.5}$$

（2）电容的串联

采用上述电容并联的方法，可以推导出电容串联的总电容量：n 个电容串联的总电容量 C 的倒数等于各串联电容的电容量 $C_i(i=1,2,\cdots,n)$ 的倒数之和，即

$$\frac{1}{C}=\frac{1}{C_1}+\frac{1}{C_2}+\cdots+\frac{1}{C_n} \tag{3.1.6}$$

5. 实际的电容器

理想电容的介质是完全绝缘的，它与外界只进行能量交换（吸收或释放能量），不消耗能量。然而，实际电容器中的介质无法做到完全绝缘，存在一定程度的漏电现象，因此它总会消耗一部分能量。由于电容器消耗的功率与所加的电压直接相关，因此实际的电容器可以用一个理想电容和一个理想电阻并联的模型来等效，如图 3.1.4 所示。其中的电阻称为漏电阻，电阻值可高达 100 MΩ 量级。

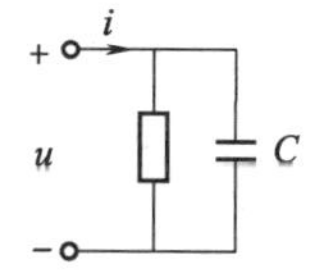

图 3.1.4 实际电容的等效模型

除了介质不理想外，实际电容允许承受的电压是有限的，电压过高，介质就会被击穿，从而丧失电容器的功能。因此，一个实际电容器除了要标明它的电容量外，还要标明其额定工作电压，使用时电容器的电压不能超过其额定工作电压。

除了根据实际需求而制作的电容外，电容效应在一些其他场合也存在。例如，在两根架空输电线之间，以及每一根输电线和地之间，都有分布电容；在晶体三极管的电极之间存在着杂散电容（或寄生电容）。是否考虑这些电容，要根据电路的工作条件和研究需要来确定。一般来说，当电路的工作频率很高时，不能忽略这些电容的作用。

除非特别说明，本书中涉及的电容都为理想电容。

3.1.2 电感元件

1. 电感的模型

实际的电感器通常是由空心线圈构成的，如图 3.1.5（a）所示。根据电磁感应定律，当线圈中有电流流过时，线圈内部及周围会产生磁场，从而具有磁场能量。电感器是一种以磁场形式存储能量的器件。

（a）实物　　（b）磁力线

图 3.1.5 电感实物及其磁力线

如图 3.1.5（b）所示，当电流 i 流过线圈时，产生的磁通 Φ 的方向与 i 的流向满足右手螺旋关系。由于线圈的匝数为 N，磁通 Φ 会与 N 匝线圈交链，得到的磁链 Ψ 为

$$\Psi=N\Phi$$

又由于磁通 Φ 和磁链 Ψ 都是由线圈本身的电流 i 所产生的，因此称它们为自感磁通和自感磁链。

电路中的电感元件是电感器实物的理想化模型，仅关注元件内部存储磁场能量这一电磁现象，并使用自感磁链和线圈电流间的约束关系来精确定义。即如果在任一时刻，一个二端元件的磁链 Ψ 与流过它的电流 i 间的关系可以用 Ψ- i 平面上的一条过原点的曲线来表示，则称此二端元件为电感元件。

根据曲线的特点，电感元件可以分为线性电感和非线性电感。如果 Ψ- i 平面上的曲线是一条过原点的直线，且不随时间变化，则称此电感为线性时不变电感。本书仅讨论线性时不变电感，以下简称电感。图 3.1.6 为线性电感元件的图形符号及其韦安(Ψ-i)特性。

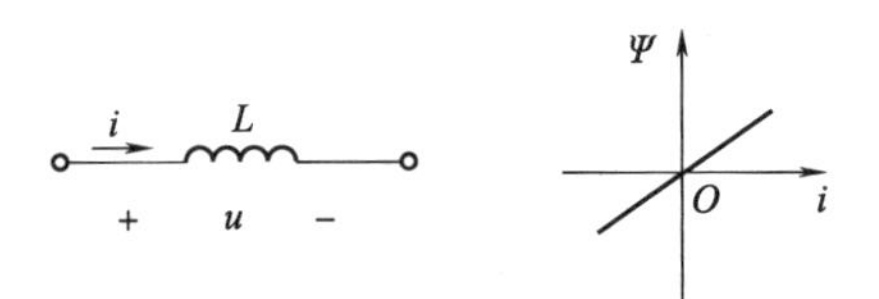

图 3.1.6　线性电感元件的图形符号及其韦安特性

线性电感的韦安特性可以用下式表述：

$$\Psi = Li$$

式中，L 称为电感或自感，为正实常数，大小取决于电感线圈的匝数、尺寸、形状和线圈周围磁介质的磁导率。L 的单位为亨利（H），较小的电感量单位还有毫亨（mH）和微亨（μH），其换算关系为

$$1\ \text{H} = 10^3\ \text{mH} = 10^6\ \mu\text{H}$$

2. 电感元件的电压电流关系

在电路分析中，更关心电感元件的电压电流关系。当流过电感的电流随时间变化时，磁链也会随时间变化，根据电磁感应定律，电感两端产生感应电压。当采用图 3.1.6 所示的参考方向时，可得电感电压 u 与电流 i 的关系如下：

$$u = \frac{\mathrm{d}\Psi}{\mathrm{d}t} = L\frac{\mathrm{d}i}{\mathrm{d}t} \tag{3.1.7}$$

从式（3.1.7）可以看出：（1）电感的电压 u 取决于电流 i 的变化率，而非电流 i 本身；（2）当电流为常数（直流）时，根据导数的性质，电感的电压等于 0，即电感对直流相当于短路。

式（3.1.7）还可以写成积分形式：

$$i(t) = \frac{1}{L}\int_{-\infty}^{t} u(\xi)\,\mathrm{d}\xi \tag{3.1.8}$$

式（3.1.8）表明，电感在 t 时刻的电流不是取决于 t 时刻的电压，而是取决于 $-\infty$ 到 t 所有时刻的电压值，也就是说与电压的全部历史有关。因此，电感是一种有记忆的元件。

如果已知电感在 t_0 时刻的电流为 $i(t_0)$，则电感在 t 时刻（$t \geqslant t_0$）的电流可以表示为

$$i(t) = \frac{1}{L}\int_{-\infty}^{t_0} u(\xi)\,\mathrm{d}\xi + \frac{1}{L}\int_{t_0}^{t} u(\xi)\,\mathrm{d}\xi = i(t_0) + \frac{1}{L}\int_{t_0}^{t} u(\xi)\,\mathrm{d}\xi,\ t \geqslant t_0 \tag{3.1.9}$$

式（3.1.9）说明，如果已知某一初始时刻 t_0 的电感电流 $i(t_0)$，以及从初始时刻开始

作用于电感的电压 $u(t)$，$t>t_0$，则可以确定初始时刻以后任一时刻的电感电流。

由式（3.1.8）和式（3.1.9）还可以得出电感的另一个重要特性：当电压 $u(t)$ 为有界函数时，电感电流 $i(t)$ 是时间的连续函数，即电感电流具有连续性。作为对比，电感电压不具有连续性。

3. **电感元件的储能**

当电压电流取参考关联方向时，电感的瞬时功率为

$$p = ui = Li\frac{\mathrm{d}i}{\mathrm{d}t}$$

从 $-\infty$ 到 t 时刻，电感吸收的能量为

$$W=\int_{-\infty}^{t} p\mathrm{d}\xi=\int_{-\infty}^{t} Li(\xi)\frac{\mathrm{d}i(\xi)}{\mathrm{d}\xi}\mathrm{d}\xi=L\int_{-\infty}^{t} i(\xi)\mathrm{d}i(\xi)=\frac{1}{2}Li^2(t)-\frac{1}{2}Li^2(-\infty)$$

电感吸收的能量全部以磁场能的形式存储在元件的磁场中。由于在 $t=-\infty$ 时刻，电感处于不带电状态 $i(-\infty)=0$，因此电感在任意时刻 t 存储的能量只取决于其在 t 时刻的电流 $i(t)$ 和电感值 L，即

$$W=\frac{1}{2}Li^2(t) \tag{3.1.10}$$

采用类似于电容充电和放电过程的分析方法，可以得出结论：电感在充电过程中吸收的能量全部在放电过程中释放出来，即电感本身既不消耗能量，也不能释放多于它吸收或存储的能量，是一种无源元件。

4. **电感的串并联等效**

（1）电感的并联

下面以两个电感并联为例进行介绍，结论可以推广到任意多个电感的并联。

对于图 3.1.7（a），端口的 VCR 为

$$i=i_1+i_2=\left(\frac{1}{L_1}+\frac{1}{L_2}\right)\int_{-\infty}^{t} u(\xi)\mathrm{d}\xi$$

对于图 3.1.7（b），端口的 VCR 为

$$i=\frac{1}{L}\int_{-\infty}^{t} u(\xi)\mathrm{d}\xi$$

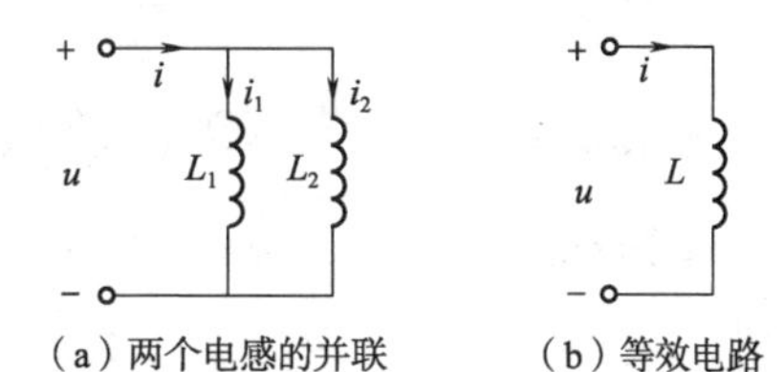

（a）两个电感的并联　（b）等效电路

图 3.1.7　两个电感的并联及其等效电路

因此，图 3.1.7（a）、（b）等效的条件为

$$\frac{1}{L}=\frac{1}{L_1}+\frac{1}{L_2}$$

上述结论可以推广到 n 个电感的并联：n 个电感并联的总电感量 L 的倒数等于各并联电感的电感量 $L_i(i=1,2,\cdots,n)$ 的倒数之和，即

$$\frac{1}{L}=\frac{1}{L_1}+\frac{1}{L_2}+\cdots+\frac{1}{L_n} \tag{3.1.11}$$

（2）电感的串联

采用上述电感并联的等效方法，可以推导出电感串联的总电感量。n 个串联电感的总电感量 L 等于各串联电感的电感量 $L_i(i=1,2,\cdots,n)$ 之和，即

$$L=L_1+L_1+\cdots+L_n \tag{3.1.12}$$

5. 实际的电感器

构成理想电感线圈的导线是理想导线，它不消耗能量。然而，实际电感器的线圈导线难以做到零电阻，在通过电流时会发热，因此它总会消耗一部分能量。由于电感器消耗的功率与流过电感器的电流直接相关，所以实际的电感器可以用一个理想电感和一个理想电阻的串联模型来等效，如图 3.1.8 所示。其中的电阻称为绕组电阻，一般非常小。

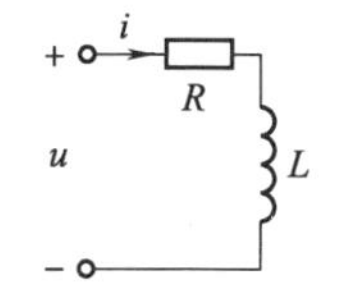

图 3.1.8 实际电感的等效模型

实际电感承受电流的能力是有限的，流过的电流过大，会使线圈过热或者使线圈受到过大的电磁力作用而发生机械形变，甚至烧毁线圈。因此，一个实际的电感器除了要标明它的电感量外，还要标明其额定工作电流。使用时，电感器的电流不能超过其额定工作电流。

此外，为了增加单位电流产生的磁场，可以在线圈中插入高磁导率的铁芯，构成铁芯线圈，使得相同电流产生的磁链增大成百上千倍。但与此同时，线圈的韦安特性将变为非线性曲线。相关的原理可参见本书“磁路基础”相关内容。

除非特别说明，本书中涉及的电感都为理想电感。

工程应用：电荷泵

电荷泵又称开关电容 DC/DC 变换器，具有电源效率高、外围电路简单等特点，能在不需要电感的情形下实现高效的能量传输，非常适合在集成电路中使用。

电荷泵基本原理如图 3.1.9 所示。四个开关分为两组，交替打开与闭合，分别控制电容 C 的充电与放电。在充电周期，S_1、S_3 闭合，S_2、S_4 断开，电源给电容 C 充电，充入的总电荷为 $q_1=CU_{in}$。在放电周期，S_2、S_4 闭合，S_1、S_3 断开，电容 C 对外电路放电，假设电容电压降低到 U_{out} 时放电结束，此时电容还剩余的电荷为 $q_2=CU_{out}$。这一过程传输的总电荷 $\Delta q=q_1-q_2=C(U_{in}-U_{out})$。假设开关切换的频率为 $F_s=\dfrac{1}{t_s}$，则电荷传输产生的平均电流可表示为 $I_{out}=\dfrac{\Delta q}{t_s}=CF_s(U_{in}-U_{out})$。

实际电路中，开关 S_1、S_3、S_2、S_4 常使用 CMOS 模拟开关或功率开关管 MOSFET 来实现。

电荷泵的应用电路很多，下面简要举几个示例。

图 3.1.10 所示为负压型电荷泵的电路模型，它能将正电压转换为负电压。与图 3.1.9 相比，图 3.1.10 只是将输出端 U_{out} 和 GND 进行调换，并添加了输出储能电容 C_2。电容 C_1 又称浮置电容。充电完毕后，电容 C_1 上端与下端的电位差为 U_{in}。放电阶段，S_2、S_4 闭合，S_1、S_3 断开，由于 C_1 的上端接地，其电位等于 0，从而 C_1 下端的电位为 $-U_{in}$。因此，U_{out} 的电位相对 GND 是负的，从而得到了负电压。

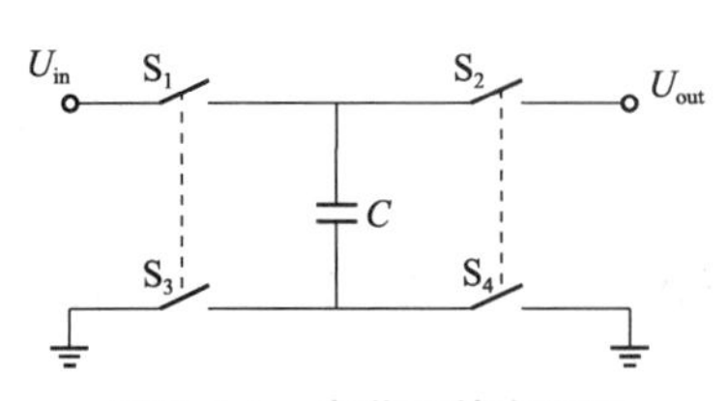

图 3.1.9 电荷泵基本原理

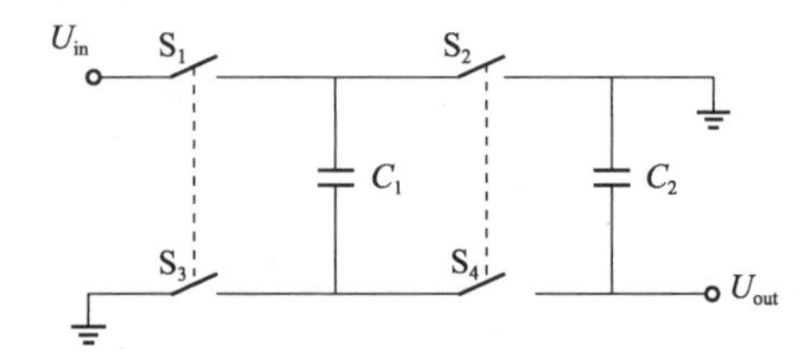

图 3.1.10 负压型电荷泵的电路模型

图 3.1.11 为 2 倍压电荷泵的电路模型。它通过周期性地切换开关，利用存储在电容中的能量，将来自电源的电压提升到更高的电压值输出。四个开关分为两组，在开关控制信号 CLK_1（控制 S_1、S_3）、CLK_2（控制 S_2、S_4）控制下交替通断。高电平闭合，低电平断开。开关动作时序如图 3.1.12 所示。

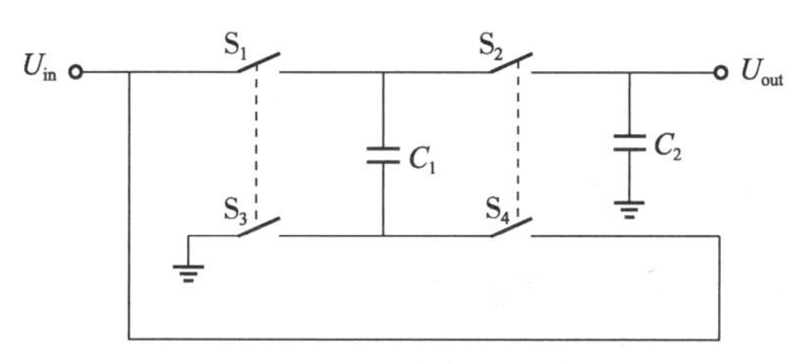

图 3.1.11　2 倍压电荷泵的电路模型

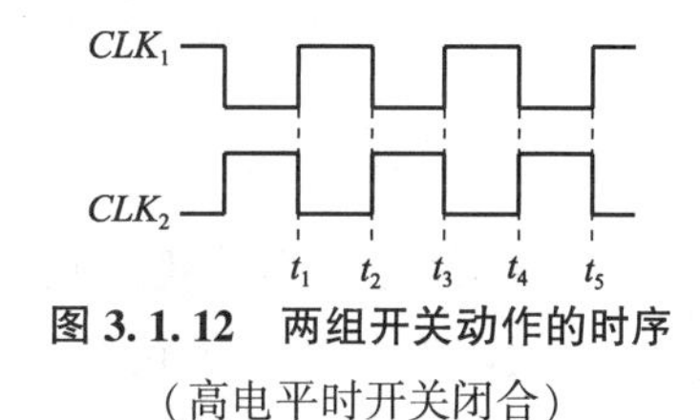

图 3.1.12　两组开关动作的时序
（高电平时开关闭合）

t_1 时刻到来时，开关 S_1、S_3 闭合，S_2、S_4 断开，电源对电容 C_1 充电，最终 C_1 两端电压为 U_{in}，方向上正下负。t_2 时刻到来时，S_2、S_4 闭合，S_1、S_3 断开，此时 C_1 与电源电压构成串联关系，整体电压为 $2U_{in}$。电路一方面对 C_2 充电，一方面对外输出电压（最高为 $2U_{in}$）。t_3 时刻到来时，开关 S_1、S_3 闭合，S_2、S_4 断开，电容 C_2 继续对外供电，电源又对电容 C_1 充电。依此循环，就能在 C_2 两端得到高于电源电压的输出。这便是一类 DC/DC 升压转换器的基本原理，它能将低输入电压转换为较高输出电压，特别适用于需要从电池或其他低电压电源获得较高电压的场合。

在输出端 U_{out} 连接负载的情况下，在 C_1 充电期间，C_2 继续对外放电，使得输出电压下降。为了得到稳定的电压，可以在输出端增加稳压电路。

图 3.1.13 所示为半电压电荷泵的电路模型。充电阶段，S_1、S_3 闭合，S_2、S_4 断开，两个电容 C 串联，充电结束时每个电容的电压为 $\frac{U_{in}}{2}$。放电阶段，S_2、S_4 闭合，S_1、S_3 断开，两个电容并联对外放电，初始输出电压为 $\frac{U_{in}}{2}$，输出电压随负载的耗能而逐渐降低。

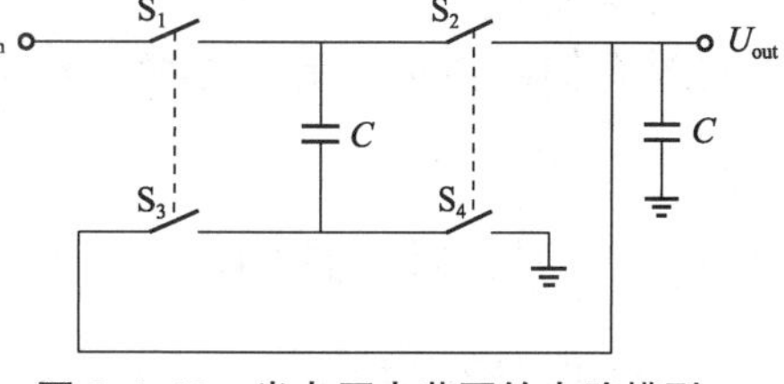

图 3.1.13　半电压电荷泵的电路模型

由上述示例可见，只需对电荷泵中的电容、开关进行简单改变，就可实现不同的电压转换功能。除了上面举的例子，还有很多其他电压转换形式，请读者自行尝试。

3.2　动态电路的初始条件

由于任何原因引起电路结构或电路参数的改变均称为换路。例如电路开关的接通、断开，元件参数的改变，激励源的切换等。换路是电路中经常发生的现象。

在纯电阻电路中，换路可以瞬间完成。例如接通或切断手电筒的开关，手电筒的灯泡将立刻点亮或熄灭。然而，动态电路的换路过程会呈现迥异的特点。当发生换路时，电路原来的工作状态可能发生改变，转变到一个新的稳定状态。这两个工作状态之间的转换需要经历一个中间过程，称为过渡过程，或称暂态过程，这是动态电路的一个重要特征。动态电路的过渡过程在生产和生活中十分常见。比如，当切断计算机显示器的电源时，显示器的电源指示灯并不会马上熄灭，而是缓慢熄灭；当切断大功率电动机的主电路开关时，触点间往往会拉出电弧，严重时甚至损坏设备。因此，对动态电路的过渡过程展开研究是十分必要的。

初始条件是过渡过程分析的重要参数之一，本节重点介绍初始条件的求解。

3.2.1　换路定则

为了便于表述，常常把换路发生的时刻记为讨论问题的时间原点（即 $t=0$），把换路前的一瞬间记为 $t=0^-$，换路刚刚发生后的一瞬间记为 $t=0^+$。

当电容电流为有限值时，电容电压是一个连续函数。在换路的瞬间，电容电压 $u_C(t)$ 满足：

$$u_C(0^+)=u_C(0^-) \tag{3.2.1}$$

同样，当电感电压为有限值时，电感电流是一个连续函数。在换路的瞬间，电感电流 $i_L(t)$ 满足：

$$i_L(0^+)=i_L(0^-) \tag{3.2.2}$$

因此，换路后一瞬间，电容电压、电感电流都等于换路前一瞬间的值，这就是换路定则。

换路定则的实质是动态元件存储的能量不能突变。根据能量和功率的关系：$p=\dfrac{\mathrm{d}W}{\mathrm{d}t}$，如果能量出现突变，意味着电路的功率为无穷大，这在实际电路中是不可能发生的。由于电容存储的能量与电容两端的电压直接相关［见式（3.1.4）］，因此电容电压不能突变；而电感存储的能量与流过电感的电流直接相关［见式（3.1.10）］，因此电感电流不能突变。

3.2.2　初始条件的求解

动态电路的初始条件分为独立初始条件和非独立初始条件。独立初始条件主要指具有独立初始状态的电容的初始电压 $u_C(0^+)$ 和电感的初始电流 $i_L(0^+)$，非独立的初始条件则指电路中其他元件在换路瞬间的电压或电流。由换路定则，独立初始条件 $u_C(0^+)$ 和 $i_L(0^+)$ 可以根据换路发生前一瞬间的值 $u_C(0^-)$ 和 $i_L(0^-)$ 来确定；而电路中的非独立初始条件，则需要依赖 $u_C(0^+)$ 和 $i_L(0^+)$ 才能求得。

确定初始条件的步骤为：

（1）画 $t=0^-$ 时刻电路，求出 $u_C(0^-)$ 和 $i_L(0^-)$。

（2）根据换路定则，得到 $u_C(0^+)$ 和电流 $i_L(0^+)$。

（3）画 $t=0^+$ 时刻电路，求其他非独立的初始条件。一般来说，若 $u_C(0^+)=0$，可将电容视为短路；若 $u_C(0^+)\neq 0$，可将电容置换为直流电压源。若 $i_L(0^+)=0$，可将电感视为开路；若 $i_L(0^+)\neq 0$，可将电感置换为直流电流源。

例 3.2.1　图 3.2.1（a）所示电路已处于稳态，开关在 $t=0$ 时刻打开。试求开关打开

后 i_1、u_2、u_C 的初始值。

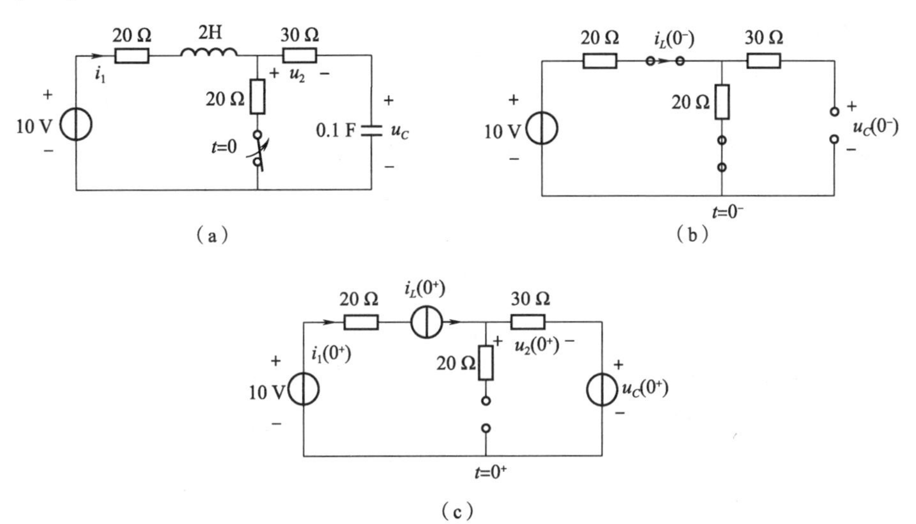

图 3.2.1　例 3.2.1 图

解　(1) 画 $t=0^-$ 时刻电路，如图 3.2.1（b）所示。由于电路处于稳态，电感相当于短路，电容相当于开路。可求得

$$i_L(0^-)=\frac{10}{20+20}\ \text{A}=0.25\ \text{A},\ u_C(0^-)=20\times0.25\ \text{V}=5\ \text{V}$$

(2) 根据换路定则，$i_L(0^+)=0.25\ \text{A}$，$u_C(0^+)=5\ \text{V}$

(3) 画 $t=0^+$ 时刻电路，如图 3.2.1（c）所示。可求得

$$i_1(0^+)=i_L(0^+)=0.25\ \text{A}$$

$$u_2(0^+)=30\times i_1(0^+)=7.5\ \text{V}$$

3.3　一阶动态电路

可以用一阶常微分方程来描述的动态电路称为一阶动态电路，简称一阶电路。只含一个动态元件的电路一定是一阶电路。如果电路中只含有一个动态元件，可以用戴维南定理或诺顿定理把动态元件以外的电阻电路等效为电压源与电阻串联的最简形式，或电流源与电阻并联的最简形式，从而简化动态电路的分析，如图 3.3.1 所示。因此，下面仅讨论最简的 *RC* 电路和 *RL* 电路。

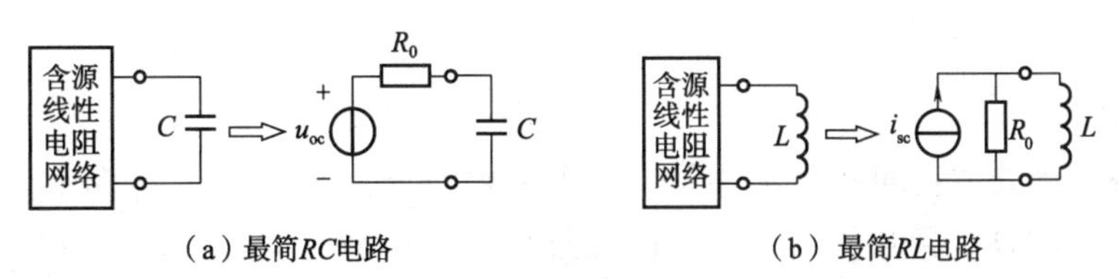

（a）最简RC电路　　（b）最简RL电路

图 3.3.1　一阶电路的等效

动态电路的响应与换路时动态元件是否有初始储能，以及换路后电路中是否有激励有关。既有动态元件的初始储能，又有外施激励情况下引起的电路响应称为电路的全响应。

本节重点研究全响应的求解问题。

3.3.1 一阶动态电路全响应的经典解法

利用经典法求解一阶电路，是指依据两类约束列写电路方程，再对方程进行求解的方法。由于含有动态元件，此时的电路方程为一阶常微分方程。

1. 一阶 *RC* 电路

如图 3.3.2 所示的最简一阶 *RC* 电路，电压源 U_s 为直流电压源，电容的初始值 $u_C(0^-)=U_0$。$t=0$ 时刻开关 S 闭合，下面分析开关闭合后的电容电压 $u_C(t)$、电流 $i(t)$。

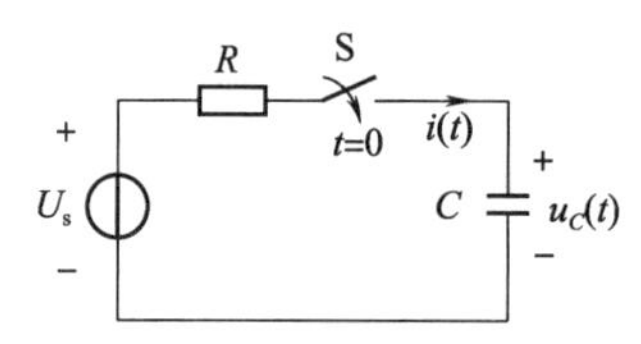

图 3.3.2 最简一阶 *RC* 电路

由于开关闭合后，电路中既包括外施激励 U_s，动态元件的初始状态也不为零，因此求解的是电路的全响应。列出开关闭合后回路的 KVL 方程如下：

$$Ri+u_C=U_s$$

将电容的 VCR 关系式 $i=C\dfrac{\mathrm{d}u_C}{\mathrm{d}t}$ 代入上式，得到

$$RC\frac{\mathrm{d}u_C}{\mathrm{d}t}+u_C=U_s \tag{3.3.1}$$

该式为一个非齐次常微分方程，其完全解可表示为

$$u_C(t)=u_{Ch}+u_{Cp}$$

式中，u_{Ch} 为通解；u_{Cp} 为特解。u_{Ch} 为式（3.3.1）对应的齐次方程

$$RC\frac{\mathrm{d}u_C}{\mathrm{d}t}+u_C=0$$

的通解。根据一阶齐次常微分方程的解法，可知 u_{Ch} 的形式为 $u_{Ch}=K\mathrm{e}^{pt}$，将其代入齐次方程，得到

$$(RCp+1)K\mathrm{e}^{pt}=0$$

特征方程为

$$RCp+1=0$$

特征根为

$$p=-\frac{1}{RC}$$

因此，齐次方程的通解为

$$u_{Ch}=K\mathrm{e}^{-\frac{1}{RC}t},\quad t\geqslant 0 \tag{3.3.2}$$

式中，K 为待定系数。

一阶非齐次微分方程的特解与输入函数具有相同的形式。由于激励源 U_s 为直流，因此假设特解 $u_{Cp}=Q$（Q 为常数）。代入式（3.3.1），可得 $Q=U_s$。因此，特解为

$$u_{Cp}=U_s,\quad t\geqslant 0$$

故方程的完全解为

$$u_C(t)=K\mathrm{e}^{-\frac{1}{RC}t}+U_s,\ t\geqslant 0 \tag{3.3.3}$$

为了确定常数 K 的值，需要知道电容电压 $u_C(t)$ 的初始值。由换路定则，可得

$$u_C(0^+) = u_C(0^-) = U_0$$

代入式（3.3.3），得到

$$K = U_0 - U_s$$

因此，开关闭合后，电容电压为

$$u_C(t) = (U_0 - U_s)\mathrm{e}^{-\frac{1}{RC}t} + U_s,\ t \geqslant 0$$

画出 $u_C(t)$ 波形图如图 3.3.3 所示。

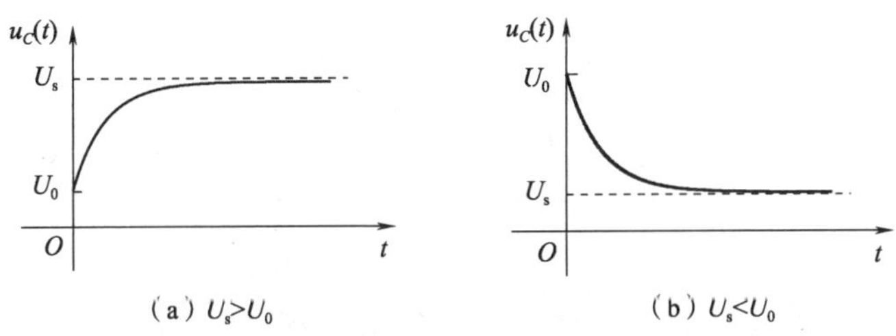

图 3.3.3　$u_C(t)$ 波形图

由图 3.3.3 可见，$u_C(t)$ 的全响应是由其初始值 $[u_C(0^+) = U_0]$ 按指数规律变化到稳态值 $[u_C(\infty) = U_s]$ 的过程，变化快慢取决于 $u_C(t)$ 指数中 RC 乘积的大小。

RC 乘积的大小是由电路的结构和元件的参数决定的，具有时间的量纲，称为 RC 电路的时间常数，用 τ 表示，即

$$\tau = RC \tag{3.3.4}$$

τ 的单位为 s，是反映过渡过程特征的一个重要物理量，它的大小反映了一阶 RC 电路过渡过程的快慢。τ 越大，过渡过程越慢；反之，过渡过程越快。由此，$u_C(t)$ 常用时间常数 τ 表示为

$$u_C(t) = (U_0 - U_s)\mathrm{e}^{-\frac{t}{\tau}} + U_s,\ t \geqslant 0 \tag{3.3.5}$$

根据电容的 VCR，由 $u_C(t)$ 可得到电容电流 $i(t)$，即

$$i(t) = C\frac{\mathrm{d}u_C(t)}{\mathrm{d}t} = \frac{U_s - U_0}{R}\mathrm{e}^{-\frac{1}{RC}t} = \frac{U_s - U_0}{R}\mathrm{e}^{-\frac{t}{\tau}},\ t \geqslant 0 \tag{3.3.6}$$

式中，$\frac{U_s - U_0}{R}$ 为 $i(t)$ 在 $t = 0^+$ 时刻的值，即 $i(0^+) = \frac{U_s - U_0}{R}$，可根据 3.2 节介绍的方法求得。

画出 $i(t)$ 波形图如图 3.3.4 所示。

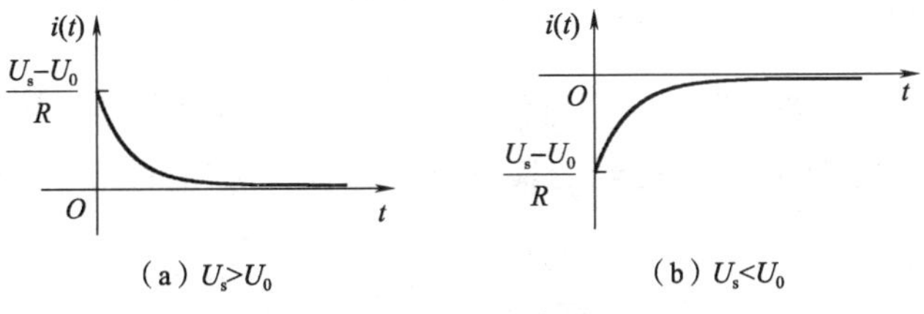

图 3.3.4　$i(t)$ 波形图

由图 3.3.4 可见，直流电源激励下，$i(t)$ 的全响应是由其初始值 $\left[i(0^+) = \frac{U_s - U_0}{R}\right]$ 按

指数规律变化到稳态值 $[i(\infty)=0]$ 的过程，变化快慢也是由时间常数 τ 决定的。

上述规律可以推广到一般情形。在同一个 RC 电路中，所有支路的电压、电流全响应均是从初始值按指数规律变化到新的稳态值，且变化的快慢受到同一个时间常数 τ 的控制。

假设电容电压为定值，下面对时间常数 $\tau=RC$ 展开进一步讨论。

（1）若 R 不变，C 越大，则 τ 越大。这是由于 C 越大，电容存储的能量越多，因此电路的过渡时间越长。

（2）若 C 不变，R 越大，则 τ 越大。这是由于电阻越大，电容充电或放电的电流越小，因此电路的过渡时间也会越长。

式（3.3.5）中，电容电压的全响应 $u_C(t)$ 包括两个分量：其中 U_s 为非齐次方程的特解 u_{Cp}（也称强制分量），$(U_0-U_s)e^{-\frac{t}{\tau}}$ 为齐次方程的通解 u_{Ch}（也称自由分量）。当激励为直流时，特解 u_{Cp} 为常量，不随时间衰减，称其为全响应的稳态分量。而通解 u_{Ch} 则随时间按照指数规律衰减，过渡过程实际上就是由这一分量的变化体现出来的，因此称其为全响应的瞬态分量。下面讨论瞬态分量 u_{Ch} 随时间 t 的变化情况。

$t=0$ 时，$u_{Ch}(0)=(U_0-U_s)e^0=U_0-U_s$。

$t=\tau$ 时，$u_{Ch}(\tau)=(U_0-U_s)e^{-1}=0.368(U_0-U_s)=0.368u_{Ch}(0)$。

$t=2\tau$ 时，$u_{Ch}(2\tau)=(U_0-U_s)e^{-2}=0.135(U_0-U_s)=0.135u_{Ch}(0)$。

……

由此可见，经过一个时间常数 τ 后，u_{Ch} 衰减为其初始值的 36.8%；经过 2τ 后，u_{Ch} 衰减为其初始值的 13.5%。表 3.3.1 列出了 t 从 τ 到 6τ 时刻电容电压的瞬态分量值。

表 3.3.1 电容电压的瞬态分量随时间变化情况（占其初始值的百分比）

t	0	τ	2τ	3τ	4τ	5τ	6τ
$u_{Ch}(t)/u_{Ch}(0)$	1	0.368	0.135	0.050	0.018	0.007	0.002 5

理论上，需要经过无限长的时间，电路的瞬态分量才会衰减到 0。然而，由表 3.3.1 可知，当经过 3τ 后，瞬态分量就衰减为其初始值的 5%；经过 5τ 后，衰减为其初始值的 0.7%。因此，工程上一般认为，经过 $3\tau\sim5\tau$ 的时间后，瞬态分量的衰减基本完成，过渡过程结束，电路进入新的稳态。

2. 一阶 RL 电路

如图 3.3.5 所示，I_s 为直流电流源，开关 S 在 $t=0$ 时刻从 1 切换到 2。假设电感初始电流 $i_L(0^-)=I_0$，试分析流过电感的电流 $i_L(t)$ 及电感两端电压 $u(t)$。

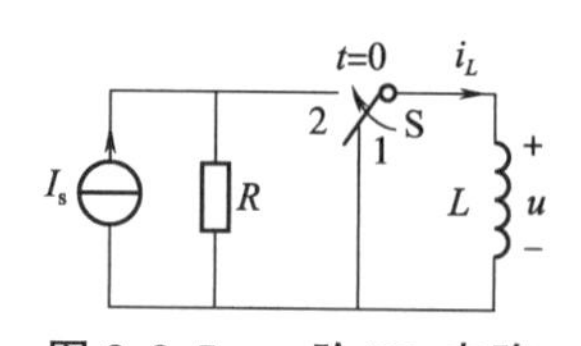

图 3.3.5 一阶 RL 电路

由于开关闭合后，电路中既包括激励源 I_s，动态元件的初始状态也不为 0，因此求解的是电路的全响应。列写开关动作后的 KCL 方程，并代入电感 VCR，得到

$$RL\frac{di_L}{dt}+i_L=I_s$$

该式为一个非齐次常微分方程，其完全解为

$$i_L(t)=i_{Lh}+i_{Lp}$$

i_{Lh}、i_{Lp} 的求解过程与电容部分类似，在此不赘述。$i_L(t)$ 的完全解为

$$i_L(t)=K\mathrm{e}^{-\frac{R}{L}t}+I_s,\ t\geqslant 0 \tag{3.3.7}$$

根据换路定则，有

$$i_L(0^+)=i_L(0^-)=I_0$$

代入式（3.3.7），得到

$$K=I_0-I_s$$

因此，开关动作后，电感电流为

$$i_L(t)=(I_0-I_s)\mathrm{e}^{-\frac{R}{L}t}+I_s,\ t\geqslant 0$$

根据电感的 VCR，可得电感电压为

$$u(t)=L\frac{\mathrm{d}i_L(t)}{\mathrm{d}t}=(RI_s-RI_0)\mathrm{e}^{-\frac{R}{L}t},\ t\geqslant 0$$

画出 $i_L(t)$ 和 $u(t)$ 的波形图，如图 3.3.6 所示。

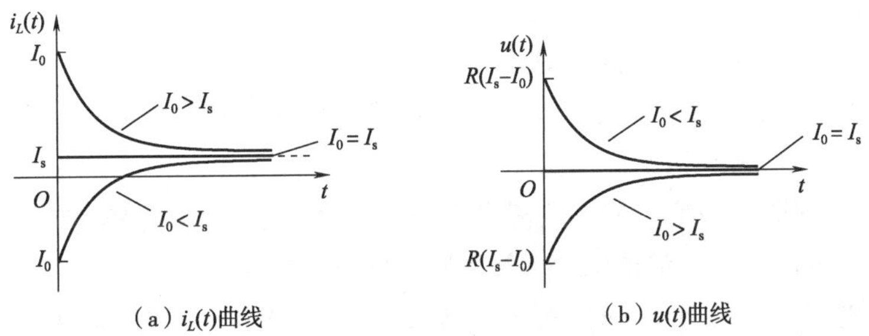

图 3.3.6 $i_L(t)$ 和 $u(t)$ 的波形图（根据 I_0 和 I_s 的大小关系分为三种情形）

由图可见，$i_L(t)$ 和 $u(t)$ 的全响应均是由其初始值［$i_L(0^+)=I_0, u(0^+)=RI_s-RI_0$］沿指数规律变化到稳态值［$i_L(\infty)=I_s, u(\infty)=0$］的过程。变化的快慢取决于表达式指数中的 $\frac{L}{R}$。

$\frac{L}{R}$ 是由电路结构和元件参数决定的，具有时间的量纲（单位为 s），称为一阶 RL 电路的时间常数。如果用电导 G 表示 $\frac{1}{R}$，则一阶 RL 电路的时间常数 τ 可表示为

$$\tau=GL \tag{3.3.8}$$

一阶 RL 电路的时间常数 τ 与一阶 RC 电路的时间常数 τ 具有完全相同的性质，这里不再展开讨论。使用时间常数 τ 表示的电感电流和电感电压全响应为

$$i_L(t)=(I_0-I_s)\mathrm{e}^{-\frac{t}{\tau}}+I_s,\ t\geqslant 0 \tag{3.3.9}$$

$$u(t)=(RI_s-RI_0)\mathrm{e}^{-\frac{t}{\tau}},\ t\geqslant 0 \tag{3.3.10}$$

3.3.2 一阶动态电路全响应的三要素法

由上述一阶电路的全响应不难发现，不管是一阶 RC 电路还是一阶 RL 电路，其全响应均是从初始值按照指数规律变化到新稳态值的过程，且同一电路中所有变量的时间常数相

同。由此可以归纳出一种求解一阶电路全响应的快速方法。

当激励源为直流时，设 $f(t)$ 表示电路中某支路电压或支路电流的全响应，$f(0^+)$、$f(\infty)$ 分别表示 $f(t)$ 的初始值和稳态值，τ 为时间常数，则 $f(t)$ 可表示为

$$f(t)=f(\infty)+Ke^{-\frac{t}{\tau}},\ t\geqslant 0$$

将初始条件 $f(0^+)$ 代入，得到

$$K=f(0^+)-f(\infty)$$

因此，$f(t)$ 可表示为

$$f(t)=f(\infty)+[f(0^+)-f(\infty)]e^{-\frac{t}{\tau}},\ t\geqslant 0 \tag{3.3.11}$$

可以看出，全响应 $f(t)$ 由三个参数控制：时间常数 τ、初始值 $f(0^+)$、稳态值 $f(\infty)$。只要求出这三个参数，就可以直接写出待求量的全响应。工程上，把这种求解一阶电路全响应的方法称为“三要素法”，而把时间常数 τ、初始值 $f(0^+)$、稳态值 $f(\infty)$ 称为三要素。

关于三要素的求解说明如下：

（1）τ 为一阶电路的时间常数。对于一阶 RC 电路，$\tau=R_0C$；对于一阶 RL 电路，$\tau=G_0L$。其中，$R_0(G_0)$ 为换路后从动态元件两端看进去的戴维南等效电阻（电导）。

（2）$f(0^+)$ 为待求量的初始值，参见 3.2 节中介绍的求解方法。

（3）$f(\infty)$ 为待求量的稳态值。直流激励下，当电路达到新的稳态时，电容相当于开路，电感相当于短路，此时待求量的稳态值为常数。

例 3.3.1 电路如图 3.3.7（a）所示，已知 $U_S=100$ V，$R_1=R_2=4\ \Omega$，$L=4$ H，电路原已处于稳态。$t=0$ 瞬间开关断开。（1）求开关断开后电路中的电流 i_L；（2）求电感的电压 u_L。

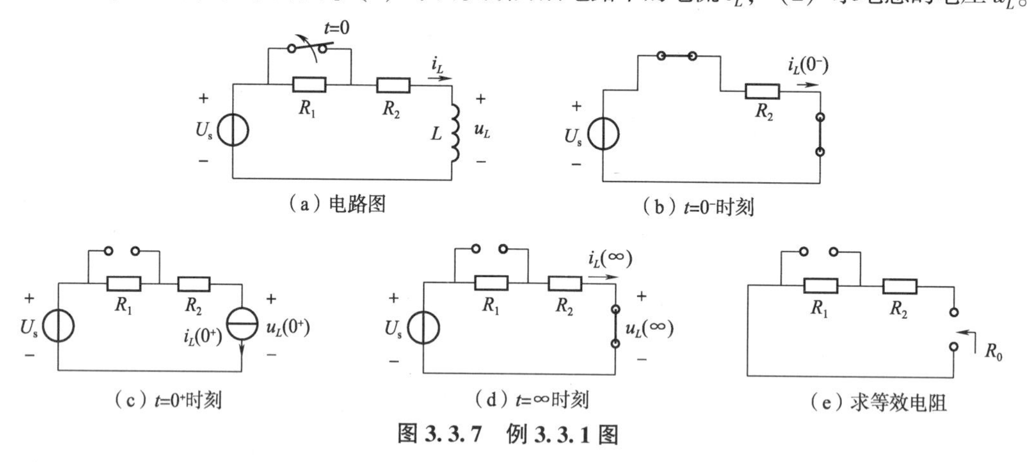

图 3.3.7 例 3.3.1 图

解 用三要素法求解。

（1）求独立初始状态 $i_L(0^+)$。画 $t=0^-$ 时刻电路，如图 3.3.7（b）所示。

$$i_L(0^-)=\frac{U_s}{R_2}=\frac{100}{4}\ \text{A}=25\ \text{A}=i_L(0^+)$$

（2）求非独立初始状态 $u_L(0^+)$。画 $t=0^+$ 时刻电路，如图 3.3.7（c）所示。列 KVL 方程如下：

$$i_L(0^+)(R_1+R_2)+u_L(0^+)=U_s$$

解得

$$u_L(0^+)=-100\ \text{V}$$

(3) 求稳态值 $i_L(\infty)$。画 $t=\infty$ 时刻电路，如图 3.3.7 (d) 所示。

$$i_L(\infty)=\frac{U_s}{R_1+R_2}=\frac{100}{4+4}\ \text{A}=12.5\ \text{A}$$

$$u_L(\infty)=0\ \text{V}$$

(4) 求时间常数 τ。求 L 两端看进去的等效电阻 R_0，如图 3.3.7 (e) 所示。

$$R_0=R_1+R_2=8\ \Omega$$

$$\tau=G_0L=\frac{1}{R_0}L=\frac{4}{8}\ \text{s}=0.5\ \text{s}$$

(5) 直接根据式 (3.3.11) 写出 $i_L(t)$ 和 $u_L(t)$：

$$i_L(t)=[i_L(0^+)-i_L(\infty)]\text{e}^{-\frac{t}{\tau}}+i_L(\infty)=(12.5\text{e}^{-2t}+12.5)\ \text{A},\ t\geqslant 0$$

$$u_L(t)=[u_L(0^+)-u_L(\infty)]\text{e}^{-\frac{t}{\tau}}+u_L(\infty)=-100\text{e}^{-2t}\ \text{V},\ t\geqslant 0$$

例 3.3.2 电路如图 3.3.8 所示，初始时开关接在 a 点，电容初始储能为零。在 $t=0$ 时刻将开关接向 b 点，求电路换路后的 $u_C(t)$。

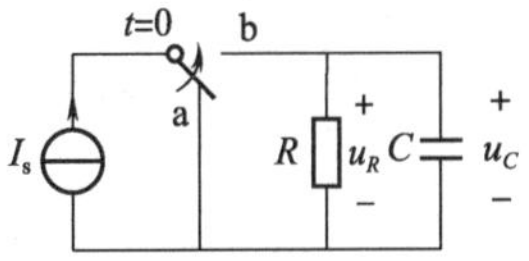

图 3.3.8 例 3.3.2 图

解 用三要素法求解。应画出每个时刻的电路，此处略去。

(1) 求初始值 $u_C(0^+)$：

$$u_C(0^+)=u_C(0^-)=0$$

(2) 求稳态值 $u_C(\infty)$：

$$u_C(\infty)=u_R(\infty)=RI_s$$

(3) 求时间常数 τ：

$$\tau=RC$$

(4) 直接写出电容电压 $u_C(t)$：

$$u_C(t)=RI_s+(0-RI_s)\text{e}^{-\frac{t}{RC}}=RI_s(1-\text{e}^{-\frac{t}{RC}}),\ t\geqslant 0$$

3.3.3 全响应的分解

由前文可知，全响应是由两部分能量共同作用而产生的，一是电路中动态元件的初始储能，二是电路的外施激励。根据线性电路的叠加定理，两部分能量共同作用所得到的全响应可以分解为这两部分能量分别作用得到的响应的叠加。其中，无任何外施激励，仅由动态元件的初始储能引起的响应称为零输入响应；动态元件无初始储能，仅由外施激励引起产生的响应称为零状态响应。因此，全响应可以分解为零输入响应和零状态响应。

1. 零输入响应

式 (3.3.5) 表示的是一阶 RC 电路中电容电压的全响应 $u_C(t)$，如果把该式改写为

$$u_C(t)=U_0\text{e}^{-\frac{t}{\tau}}+U_s(1-\text{e}^{-\frac{t}{\tau}}),\ t\geqslant 0 \tag{3.3.12}$$

可以发现，$u_C(t)$ 的第一项仅与电容电压的初始值 [$u_C(0^+)=U_0$] 有关，与外施激励无关，是由电容的初始储能引起的响应，因此它是一阶 RC 电路中电容电压的零输入响

应，即

$$u_C(t)=U_0\mathrm{e}^{-\frac{t}{\tau}}=u_C(0^+)\mathrm{e}^{-\frac{t}{\tau}},\ t\geqslant 0 \tag{3.3.13}$$

作为验证，下面使用三要素法直接求电压源置零情况下图 3.3.2 所示电路中的电容电压。电路如图 3.3.9 所示，其中 $u_C(0^-)=U_0$。由于电路中无激励源，仅有电容的初始储能，因此电路的响应为零输入响应。

根据三要素法，可得

$$u_C(0^+)=u_C(0^-)=U_0,\ u_C(\infty)=0,\ \tau=RC$$

代入式（3.3.11），得到

$$u_C(t)=U_0\mathrm{e}^{-\frac{t}{\tau}},\ t\geqslant 0$$

可见与直接分解全响应得到的表达式，即式（3.3.13）相同。

画出 $u_C(t)$ 的曲线如图 3.3.10 所示。由图可见，电容电压的零输入响应是从初始状态 $[u_C(0^+)=U_0]$ 开始，按照指数规律衰减到 0 的过程，衰减速度受时间常数 τ 控制。从换路开始经过时间常数 τ，电容电压衰减为初始值的 0.368 倍。可以证明，一阶 RC 电路中所有变量的零输入响应都服从这一规律。

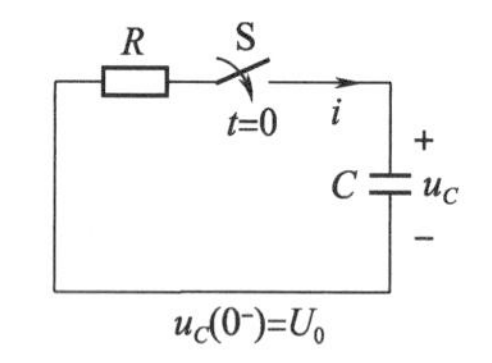

图 3.3.9　一阶 RC 电路的零输入响应

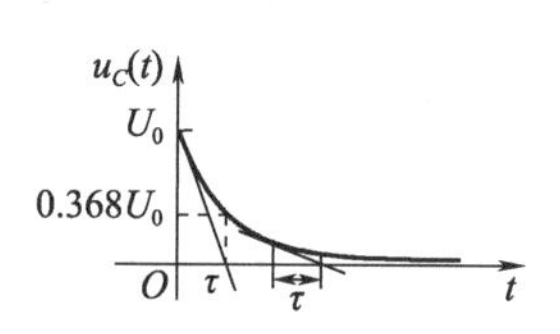

图 3.3.10　电容电压零输入响应的曲线

这一过程的物理解释为：在一阶 RC 电路的零输入响应中，电容依靠初始储能对外放电，电流流经电阻时，能量被电阻消耗，使得电路中的能量逐渐减少，电容电压逐渐降低，直至电容存储的电能完全被电阻消耗完毕，电容电压变为 0，电路进入新的稳态。

类似地，由式（3.3.9）可以得到一阶 RL 电路中电感电流的零输入响应

$$i_L(t)=I_0\mathrm{e}^{-\frac{t}{\tau}}=i_L(0^+)\mathrm{e}^{-\frac{t}{\tau}},\quad t\geqslant 0 \tag{3.3.14}$$

一阶 RL 电路零输入响应的规律与一阶 RC 电路相同，不再展开。

零输入线性：由式（3.3.13）和式（3.3.14）可见，零输入响应 $u_C(t)$、$i_L(t)$ 和各自的初始条件 $u_C(0^+)$、$i_L(0^+)$ 成正比。这一性质称为零输入响应的线性性质，简称零输入线性。表述为：若线性电路的所有初始条件均同比例增大或缩小，则零输入响应也同比例地增大或缩小。这一性质可以推广到二阶或高阶线性电路。

例 3.3.3　图 3.3.11 所示为某汽轮发电机励磁回路的电路模型。其中 R 为励磁绕组的等效电阻，L 为励磁绕组的等效电感。已知 $R=0.16\ \Omega$，$L=0.4\ \mathrm{H}$，电压源电压 $U_s=36\ \mathrm{V}$。电压表的量程为 50 V，内阻 $R_V=5\mathrm{k}\Omega$。开关未打开时，电路已经达到稳定状态。$t=0$ 时刻开关打开，求电流 i 和电压表两端电压 u_V。

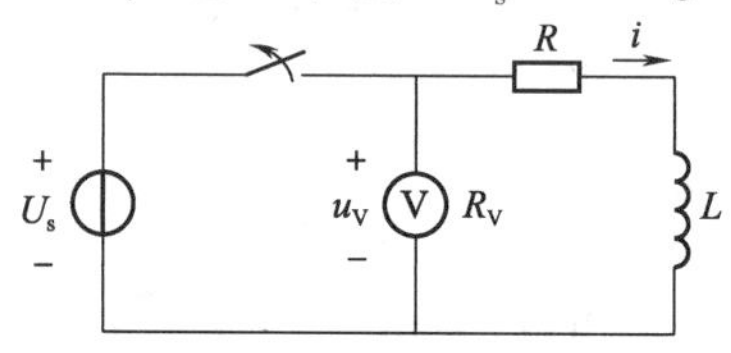

图 3.3.11　例 3.3.3 图

解　开关动作后，电路中只有电感的初始储能，没有外施激励，求解的是电路的零输入响应。

$t=0^-$时刻，电感电流为

$$i(0^-)=\frac{U_s}{R}=\frac{36}{0.16}\ \text{A}=225\ \text{A}$$

时间常数为

$$\tau=G_0L=\frac{L}{R+R_V}=\frac{0.4}{0.16+5\times10^3}\ \text{s}\approx80.0\ \mu\text{s}$$

根据零输入响应的规律，有

$$i(t)=i(0^+)e^{-\frac{t}{\tau}}=225e^{-\frac{t}{80\times10^{-6}}}\ \text{A}=225e^{-12\,500t}\ \text{A},\ t\geqslant0$$

根据 VCR，有

$$u_V(t)=-R_Vi(t)=-5\times10^3\times225e^{-12\,500t}\ \text{V}=-1\,125e^{-12\,500t}\ \text{kV}$$

由 $u_V(t)$ 表达式可知，$u_V(0^+)=-1\,125\ \text{kV}$。可见，当开关打开瞬间，电压表要承受很高的电压，其绝对值远超过电源电压 U_s，可能造成电压表损坏。

一般来说，当具有大量初始储能的电感回路被开关突然切断时，开关触点间会承受因电感电流突然改变而产生的高感应电压，这个电压甚至可以击穿空气，在开关触点间拉出电弧，巨大的磁场能量通过开关释放出来，容易造成开关烧毁。因此，将存储有大量能量的电感从电路中断开时，应该采取必要的灭弧措施（如增加泄放电路），以便于电感的能量释放出来，从而延长开关的寿命。

例 3.3.4　图 3.3.12 中，RL 串联支路为电动机励磁绕组的等效电路，R_1 支路是励磁回路的泄放电路。假设二极管正向电阻为 0，反向电阻为无穷大。已知电源电压 $U_s=240\ \text{V}$，$R=8\ \Omega$，$L=1.8\ \text{H}$。电路原处于稳定状态，$t=0$ 时刻开关断开，试求：(1) 开关断开瞬间，要求励磁绕组 L 上的电压不超过 270 V，需要并联多大的泄放电阻 R_1？(2) 开关断开后，经过多长时间，才能使电流衰减到初始值的 5%？

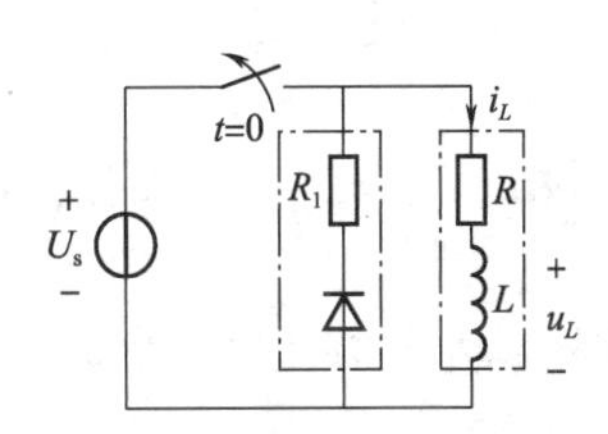

图 3.3.12　励磁回路及泄放电路

解　(1) 开关断开前，通过电感的电流为

$$i_L(0^-)=\frac{U_s}{R}=30\ \text{A},\ i_L(0^+)=i_L(0^-)=30\ \text{A}$$

断开瞬间，绕组的电压为

$$u_L(0^+)=-i_L(0^+)\cdot(R_1+R)=-30(R_1+8)$$

若要 L 两端电压不超过 270 V，则

$$R_1\leqslant1\ \Omega$$

(2) 电路的时间常数为

$$\tau=G_0L=\frac{1}{R_0}L=\frac{1.8}{8+1}\ \text{s}=0.2\ \text{s}$$

零输入响应 $i_L(t)=i_L(0^+)e^{-\frac{t}{\tau}}=30e^{-5t}\ \text{A},t\geqslant0$

若要 $i_L(t_1)=0.05i_L(0^+)=1.5\ \text{A}$

则需时间 $t_1\approx0.6\ \text{s}$。

工程应用：汽车点火电路

点火电路是汽车的关键电路之一。为了启动汽油发动机，需要使用点火电路驱动火花塞在适当的时间把气缸内的混合燃料点燃。火花塞就是利用了例 3.3.3 中电感电流切断瞬间出现高电压的特点来实现点火的。汽车点火电路原理如图 3.3.13 所示。

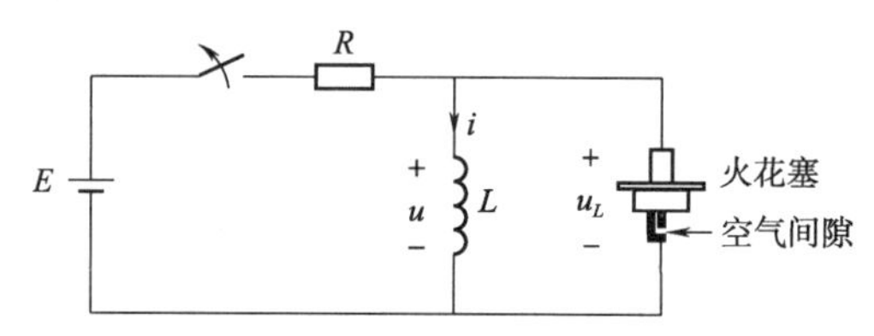

图 3.3.13　汽车点火电路原理

火花塞的基本结构是一个由很小的空气间隙隔开的电极对。当在火花塞的电极之间施加的电压超过一定值（击穿电压）时，电极间的空气会被击穿，产生电火花，从而点燃气缸内的混合燃料。当电极间隔约为 1.0 mm 时，击穿电压约为 8 kV。实际工作中，火花塞电极上的电压一般在 10 kV 以上。

然而，汽车发动机的蓄电池一般只能提供 12 V 电压，如何能够获得 10 kV 的电压呢？这是由电感线圈 L 来实现的。L 又称点火线圈。当点火开关关闭时，蓄电池 E 对电感 L 充电，当电路达到稳定时，电感电流 $i=\dfrac{E}{R}$。电感充电所需要的时间是电路时间常数 τ $\left(\tau=GL,\ \ G=\dfrac{1}{R}\right)$的 5 倍，即 5τ。在稳定状态下，电感电流为常数，因此电感电压 $u=0$ V。当开关打开时，电流急速变化，根据电感电压的表达式，$u=L\dfrac{\mathrm{d}i}{\mathrm{d}t}$，此时会在电感两端感应出一个非常大的电压，使得电极间隙中的空气被击穿，引起火花或电弧。火花一直持续，直到电感中存储的能量被耗尽。

例 3.3.5　在图 3.3.13 所示电路中，假设电阻 $R=4\ \Omega$，$L=6$ mH，$E=12$ V。（1）开关关闭后，电路处于稳定状态时，求电感电流 i，以及此时电感线圈中存储的能量 W；（2）假设空气间隙的电阻为 $R_{\mathrm{L}}=5\ \mathrm{k\Omega}$。$t=0$ 时刻开关打开，求开关打开瞬间火花塞电极之间的电压 $u_L(0^+)$。

解　（1）充电完成后的电感电流为

$$i=\frac{E}{R}=3\ \mathrm{A}$$

电感储能为

$$W=\frac{1}{2}Li^2=\frac{1}{2}\times 6\times 10^{-3}\times 3^2\ \mathrm{J}=27\ \mathrm{mJ}$$

（2）开关打开后，电路的时间常数为

$$\tau=\frac{L}{R_{\mathrm{L}}}=\frac{6\times 10^{-3}}{5\times 10^{3}}\ \mathrm{s}=1.2\times 10^{-6}\ \mathrm{s}$$

由于开关打开前，$i(0^-)=3$ A，因此，电感电流 $i(t)=i(0^+)\mathrm{e}^{-\frac{t}{\tau}}=3\mathrm{e}^{-8.33\times 10^5 t}$ A，电极

电压 $u_L(t)=-i(t)R_L=-15e^{-8.33\times10^5 t}$ kV。

可见，开关断开瞬间，火花塞电极间的电压 $u_L(0^+)=-15$ kV。

2. 零状态响应

对于一阶 *RC* 电路，式（3.3.12）中 $u_C(t)$ 的第二项仅与外施激励有关，与电容的初始状态无关，是由外施激励引起的响应，因此它是电容电压的零状态响应。表示为

$$u_C(t)=U_s(1-e^{-\frac{t}{\tau}}),\ t\geqslant 0 \tag{3.3.15}$$

作为验证，下面用三要素法直接求电容初始电压 $u_C(0^-)=0$ 时图 3.3.2 所示电路的解。如图 3.3.14 所示，其中 $u_C(0^-)=0$。由于动态元件没有初始储能，仅有外施激励，因此电路的响应为零状态响应。

利用三要素法，可得

$$u_C(0^+)=u_C(0^-)=0,\ u_C(\infty)=U_s,\ \tau=RC$$

代入式（3.3.11），得到

$$u_C(t)=U_s(1-e^{-\frac{t}{\tau}}),\ t\geqslant 0$$

与直接分解全响应得到的表达式，即式（3.3.15）相同。

画出 $u_C(t)$ 曲线如图 3.3.15 所示。由图 3.3.15 可见，电容电压的零状态响应是从初始状态 0 开始，按指数规律上升到稳态值（电源电压）的过程，上升速度受时间常数 τ 控制。从零状态经过时间常数 τ，电容电压上升到稳态值的 63.2%。可以证明，一阶 *RC* 电路中所有变量的零状态响应都服从这一规律。

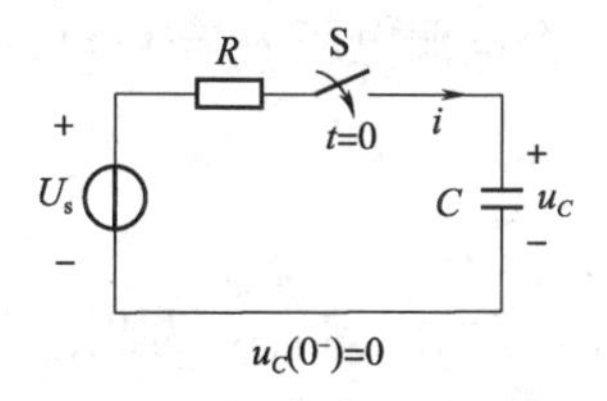

图 3.3.14　一阶 *RC* 电路的零状态响应

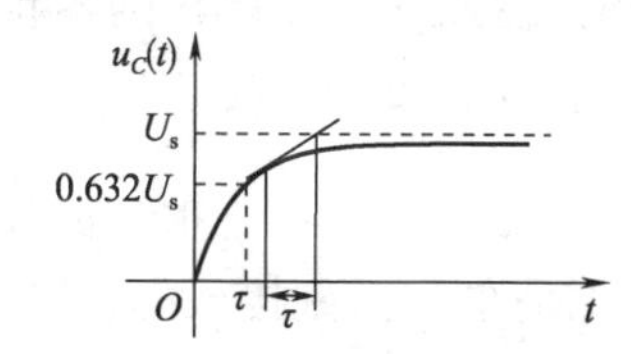

图 3.3.15　电容电压零状态响应的曲线

这一过程的物理解释为：在一阶 *RC* 电路的零状态响应中，电容的初始电压为 0，电源对电容充电，使得电容电压逐渐升高。当电容电压与电源电压相等时，充电过程结束。充电过程中，电阻会消耗一部分能量，可以通过电路中的电流来计算。

类似地，由式（3.3.9）可以得到一阶 *RL* 电路中电感电流的零状态响应为

$$i_L(t)=I_s(1-e^{-\frac{t}{\tau}}),\ t\geqslant 0 \tag{3.3.16}$$

零状态线性：由式（3.3.15）和式（3.3.16）可见，零状态响应 $u_C(t)$、$i_L(t)$ 和各自的激励 U_s、I_s 成正比。这一性质称为零状态响应的线性性质，简称零状态线性。表述为：若线性动态电路中所有激励都同比例增大或缩小，则零状态响应也同比例增大或缩小。这一规律可以推广到任一零状态电路。

3. 线性动态电路的叠加性

在线性动态电路中，全响应=零输入响应+零状态响应，这就是叠加定理在线性动态电路中的具体表现。可以通过分解全响应，得到电路的零输入响应和零状态响应；也可以分别求得零输入响应和零状态响应，将两者叠加求得电路的全响应。

3.3.4 阶跃响应

动态电路中，直流电源的接入和断开可用阶跃信号来表示。单位阶跃信号 $\varepsilon(t)$ 的数学定义如式（3.3.17）所示，波形如图 3.3.16（a）所示。

$$\varepsilon(t)=\begin{cases}0, & t<0\\1, & t\geqslant 0\end{cases} \tag{3.3.17}$$

如图 3.3.16（b）所示，假设电容的初始状态为 0，1 V 的电压源在 $t=0$ 时刻输入电路，则此电压源的函数可用单位阶跃信号 $\varepsilon(t)$ 来表示。

如果电源是在 t_0 时刻接入电路的，可用延时单位阶跃信号 $\varepsilon(t-t_0)$ 表示，

$$\varepsilon(t-t_0)=\begin{cases}0, & t<t_0\\1, & t\geqslant t_0\end{cases}$$

对应的波形如图 3.3.16（c）所示。

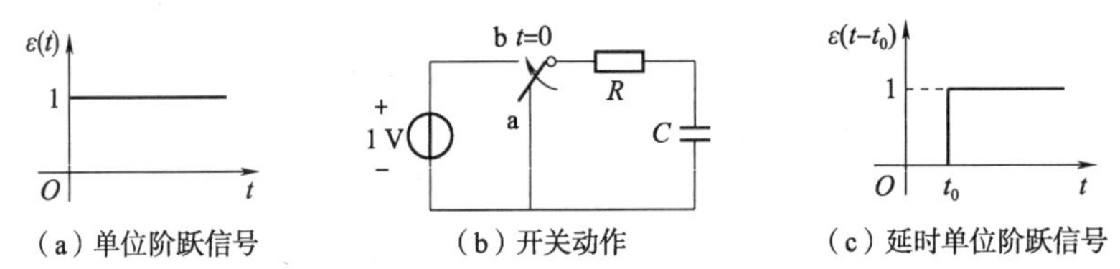

（a）单位阶跃信号　（b）开关动作　（c）延时单位阶跃信号

图 3.3.16　单位阶跃信号与电源接入

当激励为单位阶跃函数 $\varepsilon(t)$ 时，动态电路的零状态响应称为单位阶跃响应。以一阶 *RC* 电路为例，在式（3.3.15）的零状态响应中，只需要令电源电压 $U_s=\varepsilon(t)$，就可以得到电容电压的单位阶跃响应，即

$$u_C(t)=(1-e^{-\frac{t}{\tau}})\varepsilon(t)$$

如果电源是在 t_0 时刻接入的，则电路的响应需要同步延时时间 t_0。为此，只需把上式中的 t 改为 $t-t_0$ 即可，即

$$u_C(t)=(1-e^{-\frac{t-t_0}{\tau}})\varepsilon(t-t_0)$$

如果 $t=0$ 时刻接入的电源不是 $\varepsilon(t)$，而是 $K\varepsilon(t)$（K 为任意常数），则根据零状态线性性质，零状态响应扩大 K 倍，即

$$u_C(t)=K(1-e^{-\frac{t}{\tau}})\varepsilon(t)$$

单位阶跃函数除了可以表示电源的接入外，还可以用于合成某些信号。图 3.3.17 展示了利用阶跃信号合成矩形脉冲的过程。

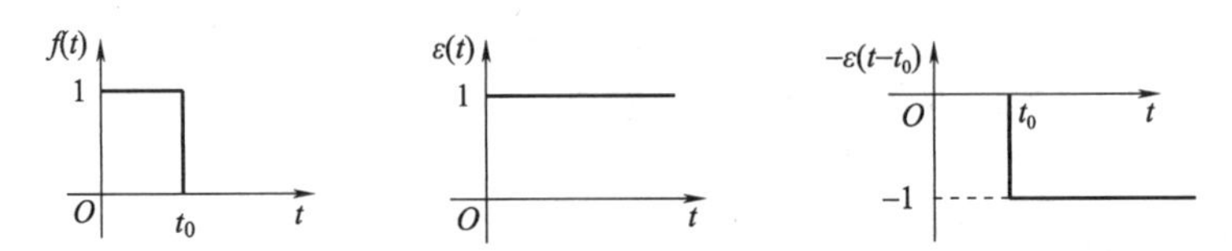

图 3.3.17　用阶跃信号表示矩形脉冲

其中矩形脉冲 $f(t)$ 可以表示为

$$f(t)=\varepsilon(t)-\varepsilon(t-t_0)$$

利用这一方式，可以用阶跃函数表示电源的复杂动作。此外，单位阶跃信号还常用于起始和终止任意一个时间函数，在此不展开叙述。

例 3.3.6　电路如图 3.3.18（a）所示，已知电容的初始状态为0，电源 u_s 为图 3.3.18（b）所示的矩形脉冲，求矩形脉冲作用下的电容电压。

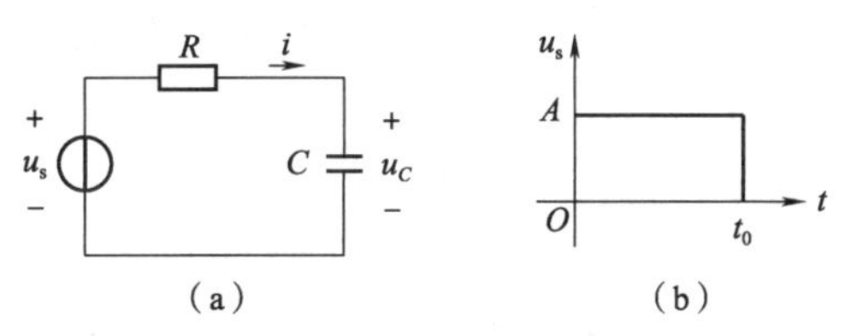

图 3.3.18　例 3.3.6 图

解　电源 u_s 可表示为

$$u_s = A\varepsilon(t) - A\varepsilon(t-t_0)$$

由于电容的初始状态为零，因此此题求解的是零状态响应。根据零状态线性性质，u_s 作用于电路的零状态响应可以看作两部分电源分别作用的叠加。

$A\varepsilon(t)$ 作用下，零状态响应为

$$u'_C(t) = A(1-\mathrm{e}^{-\frac{t}{RC}})\varepsilon(t)$$

$-A\varepsilon(t-t_0)$ 作用下，零状态响应为

$$u''_C(t) = -A(1-\mathrm{e}^{-\frac{t-t_0}{RC}})\varepsilon(t-t_0)$$

因此，电容电压为

$$u_C(t) = u'_C(t) + u''_C(t) = A(1-\mathrm{e}^{-\frac{t}{RC}})\varepsilon(t) - A(1-\mathrm{e}^{-\frac{t-t_0}{RC}})\varepsilon(t-t_0)$$

 3.4　二阶动态电路

能用二阶微分方程描述的电路称为二阶电路。与一阶电路的响应均服从指数规律变化不同，二阶电路的响应分为多种情况，甚至可能出现振荡现象，需要根据具体电路的参数来判断。

二阶电路的求解不能使用三要素法，但可以使用经典的微分方程法，列方程的依据仍然是电路的两类约束。根据戴维南定理与诺顿定理，形如图 3.4.1（a）所示的二阶线性电路可以等效为图 3.4.1（b）所示的最简 *RLC* 串联电路；形如图 3.4.1（c）所示的二阶线性电路可以等效为图 3.4.1（d）所示的最简 *GLC* 并联电路。因此，下面以最简 *RLC* 串联电路为例分析二阶动态电路。*GLC* 并联电路的分析方法和 *RLC* 串联电路完全相同，本书不展开叙述。

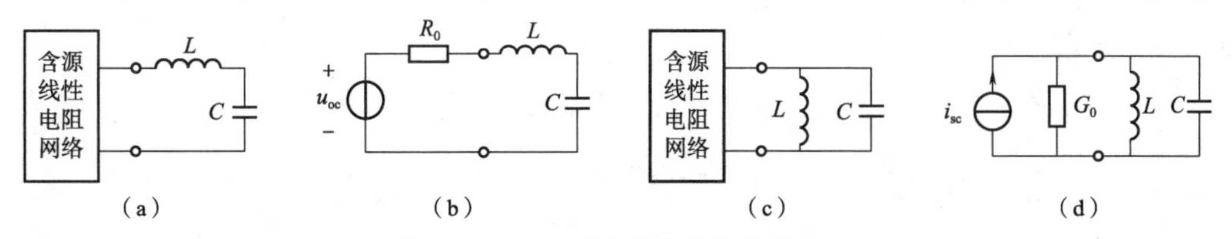

图 3.4.1　二阶动态网络及其等效电路

3.4.1 RLC 串联电路的零输入响应

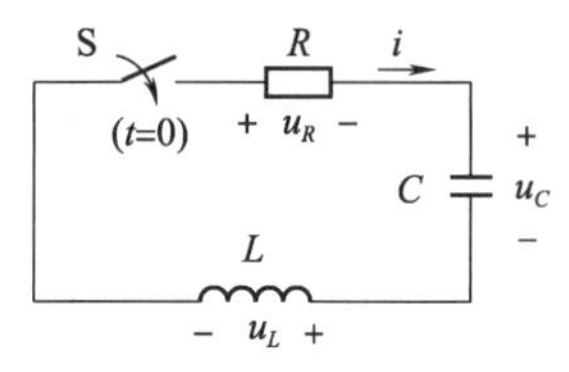

图 3.4.2 RLC 串联电路

如图 3.4.2 所示的二阶电路。开关 S 在 $t=0$ 时刻闭合，电容的初始电压 $u_C(0^-)=U_0$， 试分析开关闭合后的 $u_C(t)$、$i(t)$。

上述电路中无外施激励，仅依靠电容的初始储能产生响应，因此是零输入响应。以电容电压 u_C 为变量，根据 VCR 有

$$i = C\frac{\mathrm{d}u_C}{\mathrm{d}t}$$

$$u_L = L\frac{\mathrm{d}i}{\mathrm{d}t} = LC\frac{\mathrm{d}}{\mathrm{d}t}\frac{\mathrm{d}u_C}{\mathrm{d}t} = LC\frac{\mathrm{d}^2u_C}{\mathrm{d}t^2}$$

根据 KVL，开关 S 闭合后电路方程为 $u_L+u_R+u_C=0$。将 VCR 代入，可得

$$LC\frac{\mathrm{d}^2u_C}{\mathrm{d}t^2} + RC\frac{\mathrm{d}u_C}{\mathrm{d}t} + u_C = 0$$

整理为

$$\frac{\mathrm{d}^2u_C}{\mathrm{d}t^2} + \frac{R}{L}\frac{\mathrm{d}u_C}{\mathrm{d}t} + \frac{1}{LC}u_C = 0 \tag{3.4.1}$$

其中，方程的初始条件为

$$u_C(0^+) = u_C(0^-) = U_0$$

$$\left.\frac{\mathrm{d}u_C}{\mathrm{d}t}\right|_{t=0^+} = \frac{i(0^+)}{C} = \frac{i(0^-)}{C} = 0$$

二阶微分方程对应的特征方程为

$$s^2 + \frac{R}{L}s + \frac{1}{LC} = 0$$

特征根为

$$s_{1,2} = -\frac{R}{2L} \pm \sqrt{\left(\frac{R}{2L}\right)^2 - \frac{1}{LC}}$$

令 $\alpha = \frac{R}{2L}$， $\omega_0 = \frac{1}{\sqrt{LC}}$， 有

$$s_{1,2} = -\alpha \pm \sqrt{\alpha^2 - \omega_0^2}$$

根据 α、ω_0 的不同取值，特征根有四种不同的形式，因而二阶微分方程，即式（3.4.1）的解有四种形式。下面分别讨论。

（1）若 $\alpha > \omega_0$， 即 $R > 2\sqrt{\frac{L}{C}}$， 此时特征根 s 为两个不相等的负实根。代入初始条件，可求得

$$u_C(t) = K_1\mathrm{e}^{s_1t} + K_2\mathrm{e}^{s_2t}$$

$$i(t) = -K'(\mathrm{e}^{s_1t} - \mathrm{e}^{s_2t})$$

式中，$K_1 = \frac{s_2}{s_2-s_1}U_0$； $K_2 = -\frac{s_1}{s_2-s_1}U_0$； $K' = -\frac{s_1s_2}{s_2-s_1}CU_0$。

画出两者的曲线如图 3. 4. 3 所示。

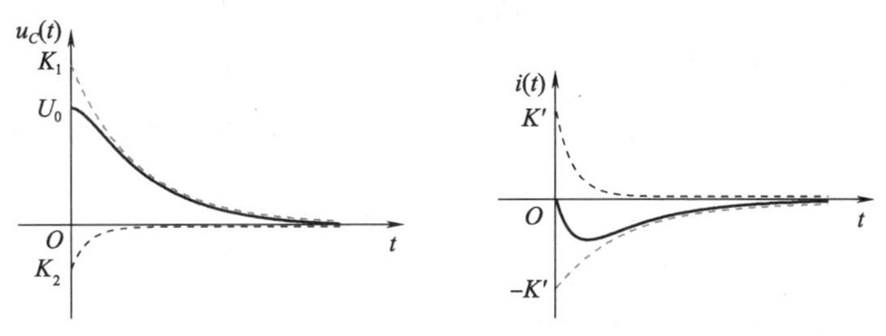

图 3. 4. 3　过阻尼状态下的 $u_C(t)$、$i(t)$ 的曲线（非振荡）

从图 3. 4. 3 中可以看出，$u_C(t)$ 一直在衰减，且始终保持 $u_C(t)\geqslant 0$，表明整个过程中电容一直在放电。此时电路无振荡现象，称满足 $\alpha > \omega_0$ 的电路处于过阻尼状态。

（2）若 $\alpha=\omega_0$，即 $R=2\sqrt{\dfrac{L}{C}}$，此时特征根 s 为两个相等的负实根。代入初始条件，可求得

$$u_C(t)=U_0(1+\alpha t)\mathrm{e}^{-\alpha t},\ t\geqslant 0$$

$$i(t)=-CU_0\alpha^2 t\mathrm{e}^{-\alpha t},\ t\geqslant 0$$

画出两者的曲线如图 3. 4. 4 所示。

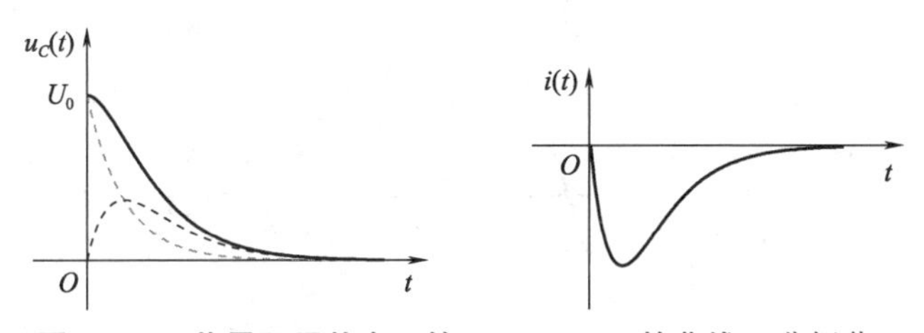

图 3. 4. 4　临界阻尼状态下的 $u_C(t)$、$i(t)$ 的曲线（非振荡）

由图 3. 4. 4 可见，此种情况下电容电压也是非振荡衰减的。由于这种情况是振荡与非振荡的分界线，所以称满足 $\alpha=\omega_0$ 的电路处于临界阻尼状态。

（3）若 $\alpha<\omega_0$，即 $R<2\sqrt{\dfrac{L}{C}}$，此时特征根 s 为一对共轭复根。定义 $\omega_\mathrm{d}=\sqrt{\omega_0^2-\alpha^2}$，则 $s_{1,2}=-\alpha\pm\mathrm{j}\sqrt{\omega_0^2-\alpha^2}=-\alpha\pm\mathrm{j}\omega_\mathrm{d}$。

代入初始条件，可得

$$u_C(t)=\mathrm{e}^{-\alpha t}(K_1\cos\omega_\mathrm{d}t+K_2\sin\omega_\mathrm{d}t)=\mathrm{e}^{-\alpha t}K\cos(\omega_\mathrm{d}t+\theta)$$

$$i(t)=C\frac{\mathrm{d}u_C}{\mathrm{d}t}=-\frac{C\omega_0^2}{\omega_\mathrm{d}}U_0\mathrm{e}^{-\alpha t}\sin\omega_\mathrm{d}t,\ t\geqslant 0$$

式中 $K_1=U_0$；$K_2=\dfrac{\alpha U_0}{\omega_\mathrm{d}}$；$K=\dfrac{\omega_0}{\omega_\mathrm{d}}U_0$；$\theta=-\arctan\dfrac{\alpha}{\omega_\mathrm{d}}$。

画出二者的曲线如图 3. 4. 5 所示。

由图 3. 4. 5 可见，此时的电路出现了衰减振荡。其中参数 α 位于负指数部分，表征了响应的衰减速率，称为电路的衰减系数；ω_d 表征了振荡的速率，称为电路的有阻尼振荡角频率；而 ω_0 则称为电路的无阻尼振荡角频率。由图 3. 4. 5 还可以发现，电容电压 $u_C(t)$ 的

大小和方向都发生了变化，意味着电容与电路中的其他元件发生了能量交换；电感电流 $i(t)$ 的大小和方向也发生了变化，说明是在电容和电感之间发生了能量交换。由于电路中存在电阻，会在振荡过程中不断消耗能量，从而使得电容电压、电感电流的振幅不断衰减，直至能量完全被电阻消耗完毕。称满足 $\alpha < \omega_0$ 且 $\alpha \neq 0$ 的电路处于欠阻尼状态。

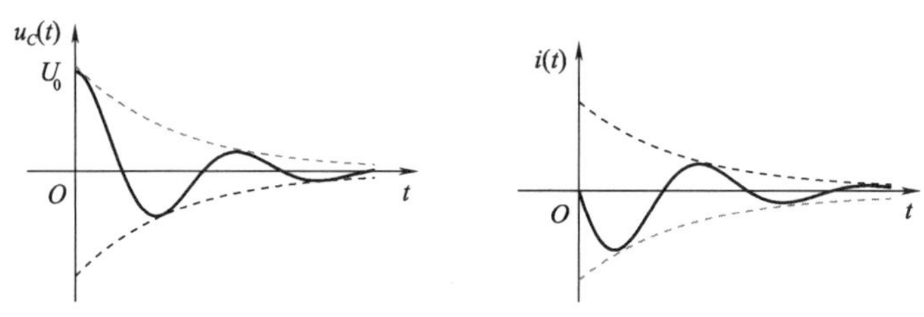

图 3.4.5　欠阻尼状态下的 $u_C(t)$、$i(t)$ 的曲线（衰减振荡）

（4）若 $\alpha = 0$，即 $R = 0$，此时特征根 s 为一对共轭虚根 $s_{1,2} = \pm \mathrm{j}\omega_0$。代入初始条件，可求得

$$u_C(t) = U_0 \cos \omega_0 t,\ t \geqslant 0$$

$$i(t) = -CU_0\omega_0 \sin \omega_0 t,\ t \geqslant 0$$

画出二者的曲线如图 3.4.6 所示。其中 $T = \dfrac{2\pi}{\omega_0}$，$I_m = CU_0\omega_0$。

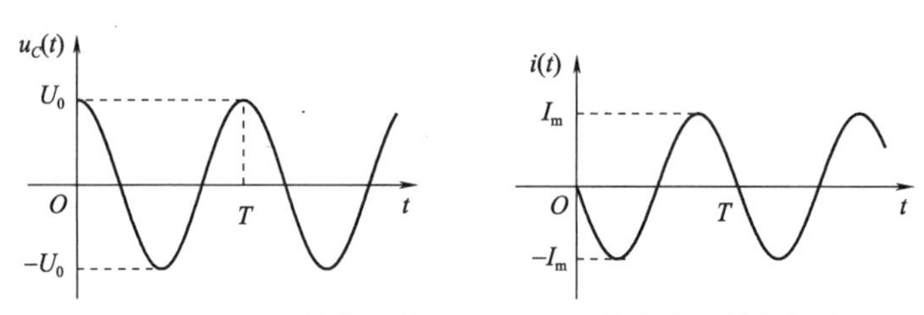

图 3.4.6　无阻尼状态下的 $u_C(t)$、$i(t)$ 的曲线（等幅振荡）

由图 3.4.6 可见，此时电路出现了等幅振荡现象。衰减系数 $\alpha = 0$，说明响应在过渡过程中不会衰减。这是由于 $R = 0$，电路中没有耗能元件，能量在电容和电感之间来回交换的过程中没有任何损失，因此振荡会永远持续下去。称满足 $\alpha = 0$ 的电路处于无阻尼振荡状态。

3.4.2　RLC 串联电路的全响应

考虑既有外施激励又有初始储能的情形，即 RLC 串联电路的全响应。如图 3.4.7 所示，开关 S 在 $t = 0$ 时刻闭合，电容的初始电压 $u_C(0^-) = U_0$，下面分析开关闭合后的 $u_C(t)$、$i(t)$。

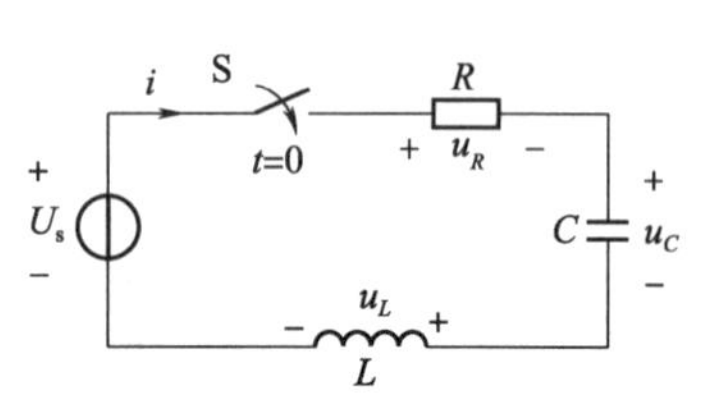

图 3.4.7　有外施激励情形下的 RLC 串联电路

列出电路的 KVL 方程如下：

$$\frac{\mathrm{d}^2 u_C}{\mathrm{d}t^2} + \frac{R}{L}\frac{\mathrm{d}u_C}{\mathrm{d}t} + \frac{1}{LC}u_C = \frac{U_s}{LC}$$

初始条件为

$$u_C(0^+) = u_C(0^-) = U_0$$

$$\left.\frac{\mathrm{d}u_C}{\mathrm{d}t}\right|_{t=0^+} = i(0^+) = i(0^-) = 0$$

此方程为非齐次方程，其解包括通解和特解两部分。

$$u_C = u_{Ch} + u_{Cp} \tag{3.4.2}$$

对于特解 u_{Cp}，由于激励是常数，因此 $u_{Cp} = U_s$ 就是方程的一个特解。通解 u_{Ch} 是齐次方程 $\frac{\mathrm{d}^2 u_C}{\mathrm{d}t^2} + \frac{R}{L}\frac{\mathrm{d}u_C}{\mathrm{d}t} + \frac{1}{LC}u_C = 0$ 的通解，其形式与 3.4.1 节零输入响应的通解完全相同。

与求解零输入响应不同的是，在求解全响应时，需要使用式（3.4.2）来代入初始条件，以此确定待定系数。下面通过一个例子来介绍求解过程。

例 3.4.1 电路如图 3.4.8 所示。已知 $i_L(0^-)=2$ A，$u_C(0^-)=0$ V。开关在 $t=0$ 时刻打开，求 $u(t)$，$t \geqslant 0$。

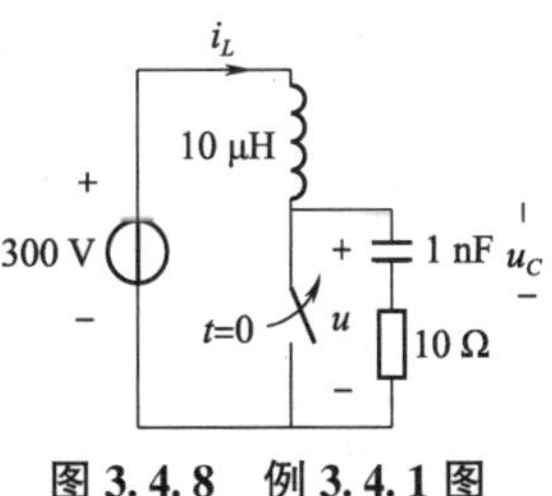

图 3.4.8 例 3.4.1 图

解 根据 KVL、VCR，列出换路后的电路微分方程如下：

$$10^{-14}\frac{\mathrm{d}^2 u_C}{\mathrm{d}t^2} + 10^{-8}\frac{\mathrm{d}u_C}{\mathrm{d}t} + u_C = 300$$

初始条件为

$$u_C(0^+) = 0,\ \left.\frac{\mathrm{d}u_C}{\mathrm{d}t}\right|_{t=0^+} = \frac{i_L(0^+)}{C} = \frac{i_L(0^-)}{C} = 2\times 10^9$$

讨论特征根的类型，由于

$$\omega_0 = \sqrt{\frac{1}{LC}} = \sqrt{\frac{1}{10\times10^{-6}\times1\times10^{-9}}}\ \mathrm{rad/s} = 10^7\ \mathrm{rad/s}$$

$$\alpha = \frac{R}{2L} = \frac{10}{2\times10\times10^{-6}} = 5\times10^5$$

满足条件 $\alpha < \omega_0$，因此特征根为一对共轭复根。通解的形式为

$$u_{Ch}(t) = \mathrm{e}^{-\alpha t}(K_1\cos\omega_{\mathrm{d}}t + K_2\sin\omega_{\mathrm{d}}t)$$

完全解可以表示为

$$u_C(t) = \mathrm{e}^{-\alpha t}(K_1\cos\omega_{\mathrm{d}}t + K_2\sin\omega_{\mathrm{d}}t) + 300$$

式中，$\omega_{\mathrm{d}} = \sqrt{\omega_0^2 - \alpha^2} = \sqrt{10^{14} - (5\times10^5)^2} \approx 10^7$ rad/s

代入初始值，解得

$$K_1 = -300,\quad K_2 = 185$$

因此，可求得解为

$$u_C(t) = 300 + \mathrm{e}^{-5\times10^5 t}(-300\cos 10^7 t + 185\sin 10^7 t)\ \mathrm{V},\ t\geqslant 0$$

$$i_L(t) = C\frac{\mathrm{d}u_C}{\mathrm{d}t} = \mathrm{e}^{-5\times10^5 t}(2\cos 10^7 t + 2.9\sin 10^7 t)\ \mathrm{A},\ t\geqslant 0$$

$$u(t) = u_C(t) + 10 i_L(t) = [300 + \mathrm{e}^{-5\times10^5 t}(-280\cos 10^7 t + 214\sin 10^7 t)]\mathrm{V},\ t\geqslant 0$$

画出 $u(t)$ 的波形如图 3.4.9 所示。

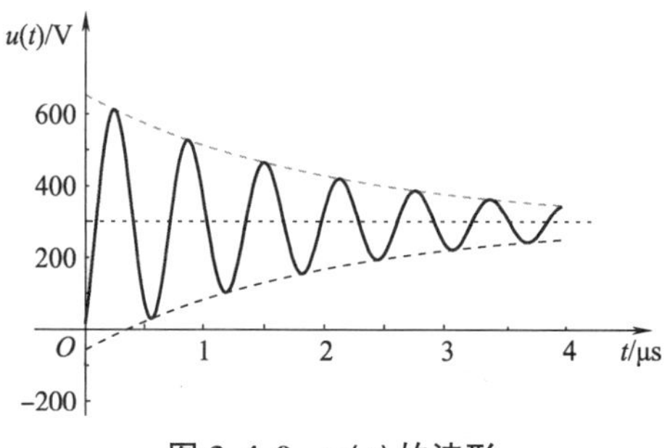

图 3.4.9　$u(t)$ 的波形

工程应用：自动体外除颤仪（AED）

心脏骤停是一种极易危及生命的医疗紧急情况，如果不能在几分钟内获得紧急处理，可能造成患者猝死的严重后果。引起心脏骤停的直接原因是心脏的电信号发生紊乱或出现停止，使得心脏无法按节奏正常跳动，无法正常泵出血液。发生心室颤动时，如果能够及时给心脏施加一个合适强度的电刺激，有助于消除颤动，恢复心脏的正常跳动节奏。自动体外除颤仪（automated external defibrillator，AED）是一种通过电击实现除颤的便携式设备。它可以自动分析患者心律，必要时通过电击的方式释放一剂量的电能给心脏，重置心脏的电系统和心肌。

AED 包括主机和两个电极片，使用时，将电极片贴于病人胸部的合适位置，如图 3.4.10（a）所示。AED 电路的简化模型如图 3.4.10（b）所示。在充电阶段，开关 S 置于 a 点，电池 E 对电容 C 充电，直至达到一剂量的电能。由于电池 E 的输出电压十分有限，为了提高电容 C 的充电电压，常使用直流变换器或变压器进行升压，把充电电压提高到 1 000 V，甚至 5 000 V，以满足电击的需要。当判断需要实施电击时，开关 S 被置于 b 点，电容 C 通过电感 L 和电阻 R 对人体放电。人体组织对电流具有阻碍作用，可以等效为一个电阻 R_L（阻值一般为 20 ~ 200 Ω，典型值为 50 Ω）。因此，放电时的整体电路可以等效为一个 RLC 串联电路，且一般工作在过阻尼状态。可以利用二阶电路的分析方法进行分析设计，确定电路的元件参数及电击放电时间。

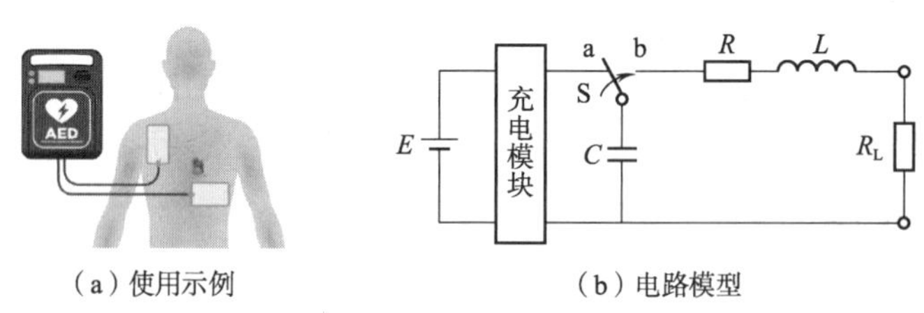

（a）使用示例　　（b）电路模型

图 3.4.10　AED 电路原理

实际的 AED 设备中，除了充、放电外，AED 设备还需自动完成人体阻抗测量、心率测量、数据处理与判决等工作，因此一般还包括微处理器控制模块、传感模块、人机交互模块、数据存储模块等，感兴趣的读者可以进一步查询相关资料。

习　　题

3.1　题图3.1（a）所示电容，$C=0.01$ F，电容电流$i(t)$波形如题图3.1（b）所示，$u(0)=0$。（1）试计算下列时刻的电容电压$u(1)$、$u(2)$、$u(4)$和$u(6)$；（2）绘出电容电压波形；（3）计算$t=1$ s、2 s、4 s、6 s时刻电容的储能。

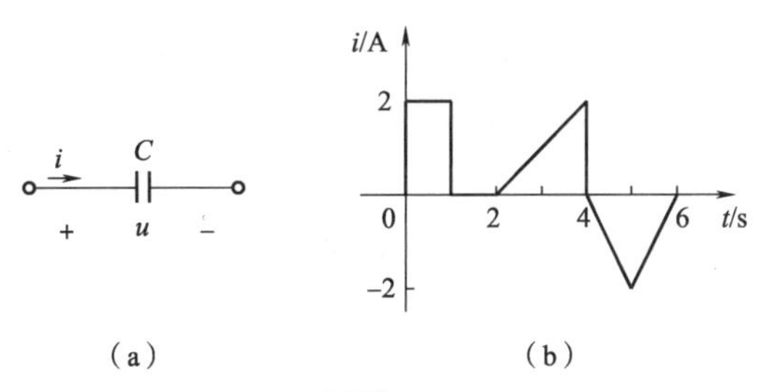

题图3.1

3.2　题图3.2（a）所示电感，$L=0.01$ H，电感电压$u(t)$波形如题图3.2（b）所示，$i(0)=0$。（1）计算下列时刻的电感电流$i(1)$、$i(2)$、$i(4)$和$i(6)$；（2）绘出电感电流波形；（3）计算$t=1$ s、2 s、4 s、6 s时刻电感的储能。

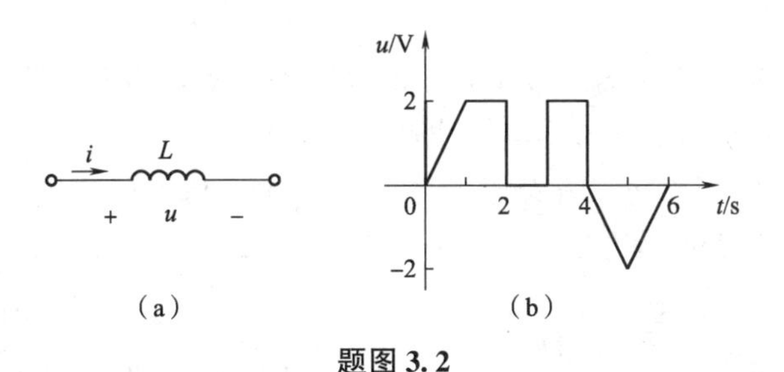

题图3.2

3.3　什么是电路的暂态过程？电路产生暂态过程的原因是什么？

3.4　题图3.3所示电路原处于稳态，$C=100$ μF。$t=0$时，开关S断开，求$u_C(0^+)$及$i_C(0^+)$。

3.5　题图3.4所示电路中电容C初始电压为零，$t=0$时开关S闭合。试求开关S闭合后的一瞬间，电路中各元件的电压和电流的初始值。

3.6　题图3.5所示电路原处于稳态，$t=0$时开关S闭合。求$u_C(0^+)$、$i_C(0^+)$及$u_L(0^+)$、$i_L(0^+)$。

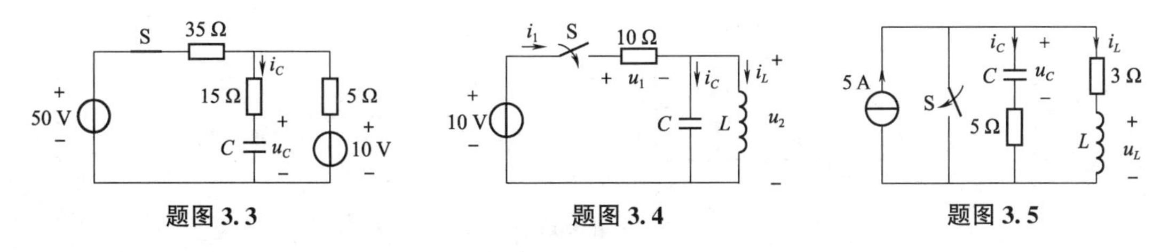

题图3.3　　题图3.4　　题图3.5

3.7　求题图3.6所示各电路的时间常数。

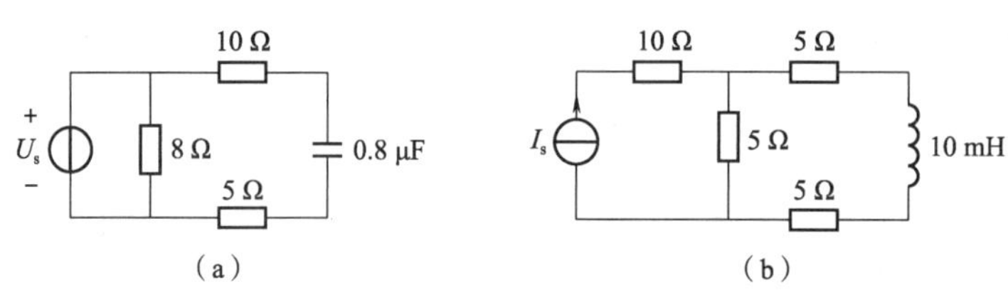

题图 3.6

3.8 题图 3.7 所示电路原处于稳态，开关 S 在 $t=0$ 时刻闭合。已知 $U_s=6$ V，$R_1=10$ kΩ，$R_2=20$ kΩ，$C=1\ 000$ pF。求电路的响应 $u(t)$。

3.9 在实际的电容模型中，极板间的介质很难做到绝对绝缘，总是存在一定程度的漏电现象。可以将实际电容器等效为一个理想电容与一个电阻的并联，如题图 3.8 所示。假设有一个电容的参数为 3 nF，介质电阻为 60 MΩ，在 $t=0$ 时刻电容存储了 300 mJ 的能量。(1) 求 $t\geqslant 0$ 时的电容电压表达式；(2) 计算 $t=200$ ms 时，电容中还剩下的能量。

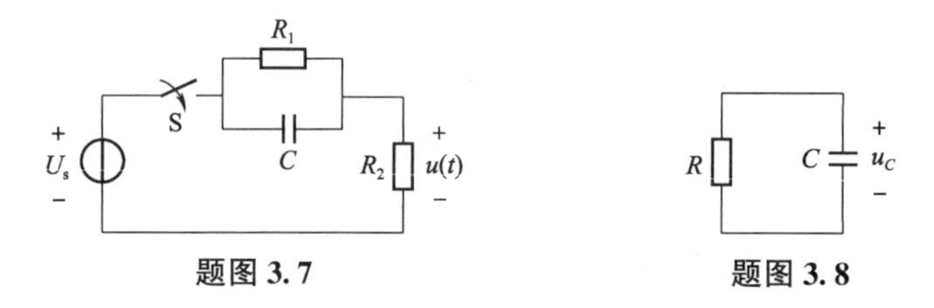

题图 3.7　　　　题图 3.8

3.10 如题图 3.9 所示电路，已知 $R_1=R_3=10$ Ω，$R_2=40$ Ω，$L=0.1$ H，$U_s=180$ V。$t=0$ 时开关 S 闭合，试求出 S 闭合后电感中的电流 $i_L(t)$。

3.11 如题图 3.10 所示电路原处于稳态，$t=0$ 时刻开关 S 闭合。当 U_s 为何值时，能使开关 S 闭合后电路不出现瞬态过程？若 $U_s=50$ V，求 u_C。

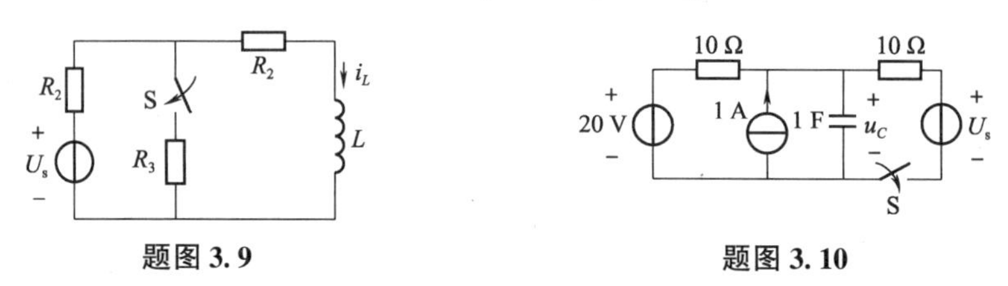

题图 3.9　　　　题图 3.10

3.12 如题图 3.11 (a) 所示电路，已知 $C=2$ μF，$R_2=2$ kΩ，$R_3=6$ kΩ。$t=0$ 时刻开关 S 闭合。已知开关 S 闭合后，电容的放电波形 $u_C(t)$ 如题图 3.11 (b) 所示。求电阻 R_1 及电容电压的初始值 U_0。

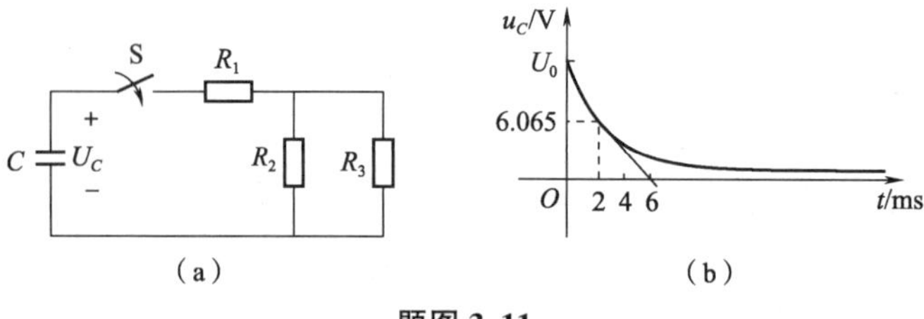

题图 3.11

3.13 电路如题图 3.12 所示，继电器线圈的电阻 $R=250$ Ω，吸合时其电感值 $L=$

25 H。已知电阻 $R_1=230\ \Omega$，电源电压 $U_s=24$ V。若继电器的释放电流为 4 mA，求开关 S 闭合多长时间继电器能够释放？

3.14　电路如题图 3.13（a）所示，其输入电压 $u(t)$ 的波形如题图 3.13（b）所示，试求电流 $i_L(t)$，并画出其波形。

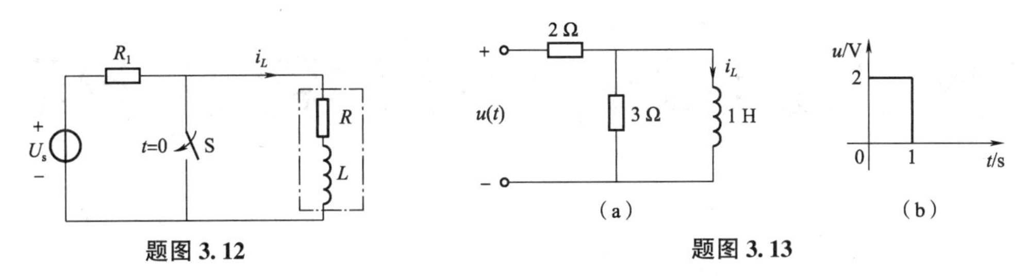

题图 3.12　　题图 3.13

3.15　有 RC 电路如题图 3.14（a）所示，电容 C 原未充电，现输入波形如题图 3.14（b）所示的电压 $u(t)$，试求电容两端电压 $u_C(t)$，要求：（1）用分段形式写出其表达式；（2）用一个式子写出其表达式。

3.16　在题图 3.15 所示的欠阻尼电路中，如果在原来的电容两端并联一个电容 C_2（图中的虚线所示），电路的振荡是变剧烈了还是变和缓了？

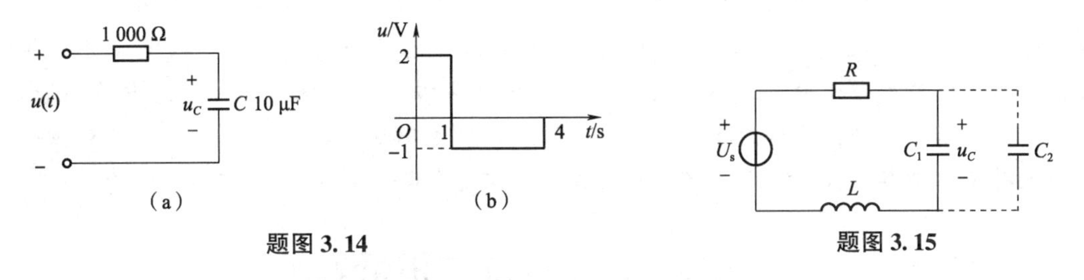

题图 3.14　　题图 3.15

3.17　题图 3.16 所示电路，$u_C(0^-)=1$ V，$i_L(0^-)=1$ A。当 R 分别为 4 Ω、2 Ω、1 Ω、0 Ω 时，求 $u_C(t)$，$i_L(t)$。

3.18　在题图 3.17 所示电路中，已知 $U_{s1}=20$ V，$U_{s2}=20$ V，$R_1=20\ \Omega$，$R_2=10\ \Omega$，$L=0.1$ H，$C=250\ \mu$F。电路原来已处于稳态。$t=0$ 时开关 S 闭合。求流经开关的电流 i。

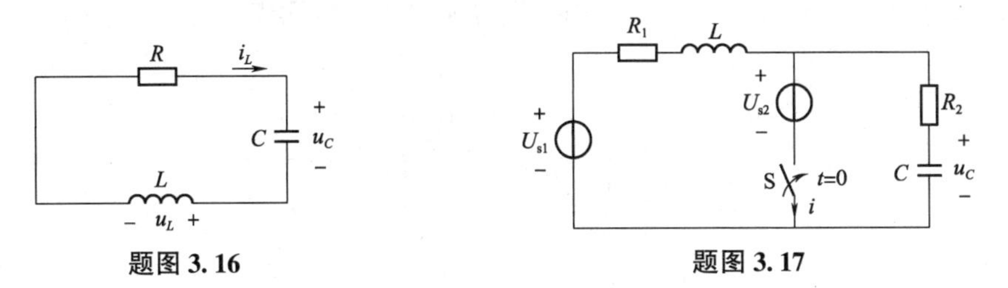

题图 3.16　　题图 3.17

第 4 章 正弦激励下动态电路的稳态分析

正弦信号是一种十分重要的基本信号，具有容易产生、方便传输、易于处理等特点，在电力传输、自动控制、信息通信等领域均有广泛的应用。

在正弦信号激励下，线性动态电路也会有一个过渡过程。当过渡过程结束，动态电路重新处于稳定状态时，称电路进入了正弦稳态。正弦稳态是动态电路的一种重要工作状态。电力系统中的大多数电路在正常工作时均处于正弦稳态，许多电气、电子设备的设计和性能指标也是按照正弦稳态来考虑的。因此，对于正弦稳态电路的研究具有十分重要的意义。

然而，直接对正弦稳态电路进行时域分析是十分烦琐的，涉及大量的三角函数运算和微积分方程求解问题。为了解决这一难题，基于正弦稳态响应的特点，人们设计了相量法，把三角运算和微积分方程转化为复平面上的代数方程，简化了正弦稳态电路的分析。本章首先介绍相量法，并讨论正弦稳态下无源一端口电路阻抗的性质，接着介绍正弦稳态电路的功率及功率因数，最后介绍一种特殊的正弦稳态电路——三相电路的分析方法。

4.1 正弦量及其相量表示

4.1.1 正弦量的三要素

幅度和方向都随时间作周期性变化的信号称为交流信号，如周期性方波、周期性三角波、周期性锯齿波等。图 4.1.1 所示为周期性方波和周期性锯齿波的波形。

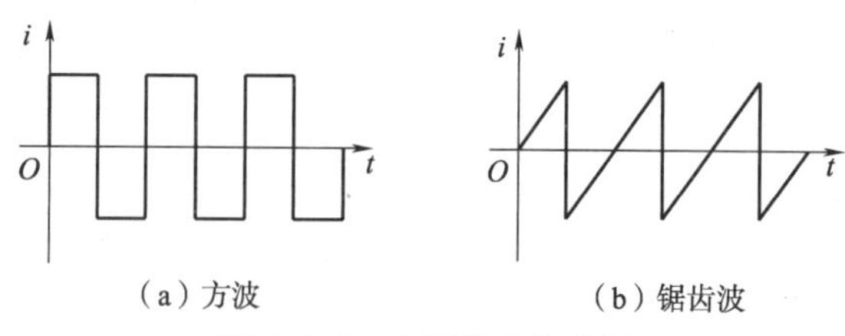

（a）方波　　（b）锯齿波

图 4.1.1　典型的交流信号

如果一个交流信号的变化规律可用正弦或余弦函数来表达，则称这个信号为正弦交流信号，简称正弦信号或正弦量。在电路理论中，常常采用 cos 函数表示正弦量。图 4.1.2 所示为正弦电流的瞬时波形。

图 4.1.2 中的正弦电流可用解析式表示为

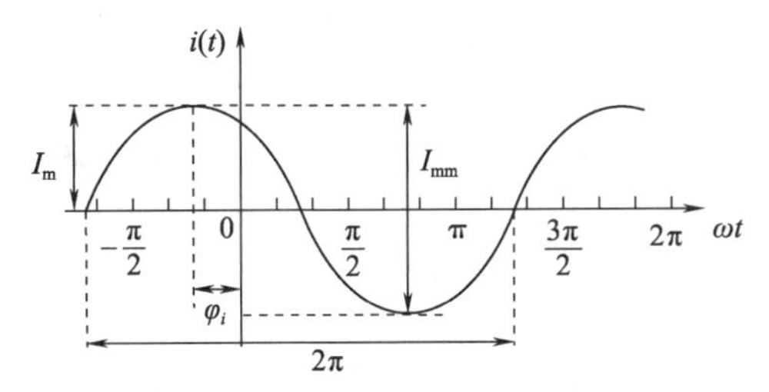

图 4.1.2　正弦电流的瞬时波形

$$i(t) = I_{\mathrm{m}}\cos(\omega t + \varphi_i) \tag{4.1.1}$$

式中，ω 为正弦量的角频率；I_{m} 为正弦量的振幅；φ_i 为正弦量的初相位。

对于一个正弦量而言，一旦角频率、振幅、初相位三个参量被确定，该正弦量就唯一地被确定，因此把这三个量称为正弦量的三要素。下面对正弦量的三要素加以简要叙述。

1. 周期、频率、角频率

把正弦信号波形完成一次重复变化所需要的时间长度定义为该信号的周期，用字母 T 表示，单位为秒（s）。周期 T 越小，说明信号变化得越快。

周期 T 的倒数称为频率，表示单位时间内信号波形完成重复变化的次数。频率越高，周期越短。频率用字母 f 表示，单位为赫兹（Hz）。f 与 T 的关系为

$$f = \frac{1}{T}$$

由于正弦量在每一个周期 T 内完成的角位移为 360°，即 2π 弧度，因此可以定义表示正弦量频率的另一个参量——角频率，表示在单位时间内正弦量的角位移。角频率用 ω 表示，单位为弧度/秒（rad/s）。

$$\omega = \frac{2\pi}{T} = 2\pi f$$

我国的供电系统中，正弦交流电的频率 $f = 50$ Hz，角频率 $\omega = 2\pi f = 314$ rad/s。

2. 振幅、峰-峰值、有效值

1）振幅、峰-峰值

正弦量在振荡过程中达到的最大值，称为正弦量的振幅，也称为峰值或最大值，通常用大写字母加下标 m 来表示，如 U_{m}、I_{m}。在工程上，有时还用到峰-峰值的概念，如 U_{mm}、I_{mm}，正弦量的峰-峰值为其振幅的 2 倍。相关概念如图 4.1.2 所示。

2）有效值

工程上，为了便于衡量和比较周期电流或电压的平均做功能力，常将周期电流或电压在一个周期内产生的平均热效应换算为等效的直流量，这一等效的直流量称为该周期量的有效值，并用相应的大写字母表示。有效值的计算方法如下：

假设有一个电阻 R，周期性电流 $i(t)$ 在一个周期（T）内对其做的功为 $\int_0^T Ri^2\mathrm{d}t$，而直流电流 I 在相同时间 T 内对其做的功为 I^2RT。当 $i(t)$ 和 I 做功相等时，有

$$\int_0^T Ri^2\mathrm{d}t = I^2RT$$

由此可得周期性电流 $i(t)$ 的有效值为

$$I=\sqrt{\frac{1}{T}\int_0^T i^2\mathrm{d}t} \tag{4.1.2}$$

当周期电流是一个正弦量 $i(t)=I_\mathrm{m}\cos(\omega t+\varphi_i)$ 时，依据式（4.1.2），可得

$$I=\sqrt{\frac{1}{T}\int_0^T I_\mathrm{m}^2\cos^2(\omega t+\varphi_i)\mathrm{d}t}=\frac{I_\mathrm{m}}{\sqrt{2}}$$

类似地，可得正弦交流电压的有效值 U 与其振幅 U_m 之间的关系，即

$$U=\frac{U_\mathrm{m}}{\sqrt{2}}$$

也就是说，正弦量的振幅是其有效值的 $\sqrt{2}$ 倍。因此，正弦量 $i(t)=I_\mathrm{m}\cos(\omega t+\varphi_i)$ 、$u(t)=U_\mathrm{m}\cos(\omega t+\varphi_u)$ 也常用有效值表示为

$$i(t)=\sqrt{2}I\cos(\omega t+\varphi_i)$$

$$u(t)=\sqrt{2}U\cos(\omega t+\varphi_u)$$

工程上，交流电气设备铭牌上标出的额定电流、额定电压的数值都是指有效值，大多数交流电压表、交流电流表测量的也是有效值。

3. 相位

1）初相位

正弦量表达式中，随时间变化的角度，如式（4.1.1）中的 $\omega t+\varphi_i$ 称为该正弦量的相位。其中，$t=0$ 时刻的相位称为该正弦量的初相位，如式（4.1.1）中的 φ_i。初相位的单位为弧度（rad）或度（°），通常在主值范围内取值，即要求 $|\varphi_i|\leqslant 180°$。

一个正弦量的初相位的大小和正负与计时起点的选择有关，计时起点不同，同一正弦量的初相位也不同。

2）相位差

为了比较两个正弦量间的相位关系，定义了相位差的概念。顾名思义，相位差指的是两个正弦量在同一个时刻的相位之差。对于频率相同的两个正弦量，相位差就是它们的初相位之差，是一个与时间 t 无关的常数，它表示了两个正弦量在时间轴上的相对位置，并常用“超前”和“滞后”等概念来表述。相位差也要求在主值范围内取值。

假设两个同频正弦量 $u_1=U_{1\mathrm{m}}\cos(\omega t+\varphi_{u1})$ 和 $i_2=I_{2\mathrm{m}}\cos(\omega t+\varphi_{i2})$，则 u_1 和 i_2 的相位差为

$$\varphi_{12}=(\omega t+\varphi_{u1})-(\omega t+\varphi_{i2})=\varphi_{u1}-\varphi_{i2}$$

根据 φ_{12} 的取值，可以把 u_1 与 i_2 的相位关系表述为

若 $\varphi_{12}>0$，则称 u_1 超前 i_2；

若 $\varphi_{12}<0$，则称 u_1 滞后 i_2；

若 $\varphi_{12}=0$，则称 u_1 与 i_2 同相；

若 $\varphi_{12}=\dfrac{\pi}{2}$，则称 u_1 与 i_2 正交；

若 $\varphi_{12}=\pi$，则称 u_1 与 i_2 反相。

图 4.1.3 所示为 u_1 超前 i_2 时的波形。

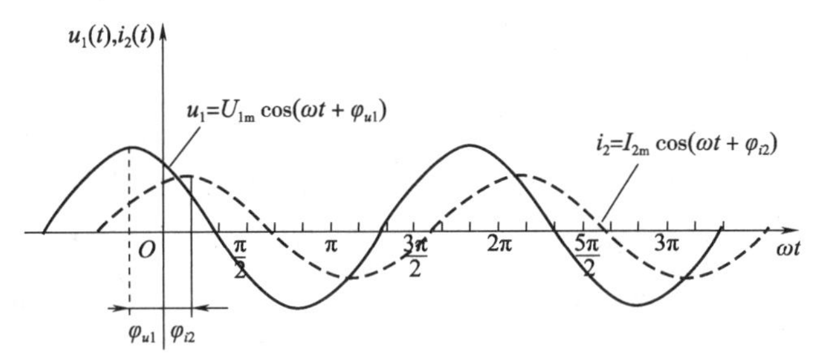

图 4.1.3　u_1 超前 i_2 时的波形

电路分析中，一般要求采用标准形式表达正弦量的解析式，即角频率 ω 和振幅（U_m、I_m）均取正值，初相位 φ 在主值范围内取值。凡非标准形式的正弦量解析式，均需通过三角变换变成标准形式。下面列出了本章常用的几个三角函数转换关系式：

$$-\sin(\omega t)=\sin(\omega t\pm 180°)$$

$$-\cos(\omega t)=\cos(\omega t\pm 180°)$$

$$\sin(\omega t\pm 90°)=\pm\cos\omega t$$

$$\pm\sin(\omega t)=\cos(\omega t\mp 90°)$$

例 4.1.1　写出下列正弦量的三要素。

$$u_1(t)=100\cos(10t+130°)\ \text{V}$$

$$u_2(t)=20\cos(50t-330°)\ \text{V}$$

$$u_3(t)=-10\cos(10\pi t+30°)\ \text{V}$$

解　因 $u_2(t)$ 和 $u_3(t)$ 都不是标准形式的正弦量，先进行三角变换：

$$u_2(t)=20\cos(50t+30°)\ \text{V}$$

$$u_3(t)=10\cos(10\pi t-150°)\ \text{V}$$

这里选用有效值、角频率、初相位作为三要素。

电压 $u_1(t)$ 的三要素为

$$U=\frac{100}{\sqrt{2}}\ \text{V},\quad \omega=10\ \text{rad/s},\quad \varphi=130°$$

电压 $u_2(t)$ 的三要素为

$$U=\frac{20}{\sqrt{2}}\ \text{V},\quad \omega=50\ \text{rad/s},\quad \varphi=30°$$

电压 $u_3(t)$ 的三要素为

$$U=\frac{10}{\sqrt{2}}\ \text{V},\quad \omega=10\pi\ \text{rad/s},\quad \varphi=-150°$$

例 4.1.2　已知 $u_1=U_{1m}\cos(\omega t+\varphi_1)$ 和 $u_2=U_{2m}\cos(\omega t+\varphi_2)$，若 $\varphi_1=30°$，$\varphi_2=-30°$，试求其相位差 φ_{12}。

解　根据已知条件，u_1、u_2 的相位差为

$$\varphi_{12}=(\omega t+\varphi_1)-(\omega t+\varphi_2)=\varphi_1-\varphi_2=30°-(-30°)=60°$$

由于相位差 $\varphi_{12}>0$，所以电压 u_1 超前于 u_2。

4.1.2 正弦量的相量表示

分析正弦信号激励下的线性动态电路时，可以根据两类约束列写 KVL、KCL、VCR 方程，并最终得到一组非齐次常微分方程。方程的完全解包括通解和特解。通解对应电路的瞬态响应，而特解对应电路的稳态响应。非齐次常微分方程的特解也是一个正弦量，其频率和输入函数的频率相同，只是振幅和初相位不同。这源于正弦量的一个重要数学性质：正弦量经过线性运算（包括微分、积分）后的结果仍是同频率的正弦量。也就是说，当正弦信号作用于线性动态电路时，电路中任一支路的电压、电流的特解都是同频率的正弦量。工程上将电路的这一特解状态称为正弦交流电路的稳定状态，简称正弦稳态。

因此，在对线性动态电路进行正弦稳态分析时，可以先不考虑正弦量的频率，只考虑振幅和初相位。在求得支路电压、电流的振幅和初相位后，根据它们和激励源频率相同的性质，即可写出完整的正弦量表达式。然而，即使不考虑正弦量的频率参数，求解复杂电路的正弦稳态响应仍然十分烦琐，因为其中涉及大量的三角运算。为了简化计算，人们设计了相量法，用复数来表示正弦量，从而将三角运算转化为复数运算。下面首先回顾复数的基础知识，再介绍如何将正弦量表示为复数。

1. 复数

1）复数的表示

复数有多种表达形式，包括直角坐标形式、极坐标形式、指数形式等。在直角坐标形式下，一个复数包括实部和虚部两个部分。复数 F 的表达式为

$$F = a + \mathrm{j}b \tag{4.1.3}$$

式中，a 为 F 的实部，b 为 F 的虚部，$\mathrm{j}=\sqrt{-1}$ 为虚数单位。复数 F 表示的是复平面上的一个点，也可以表示从原点至该点的一个向量，如图 4.1.4 所示。

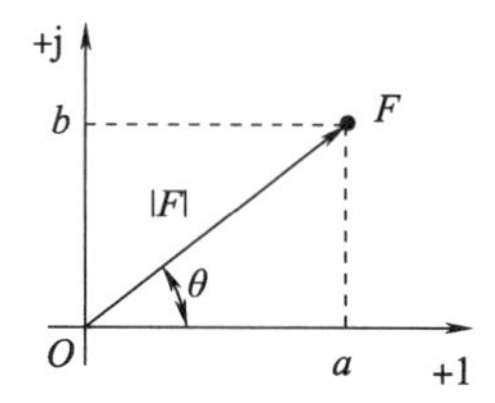

图 4.1.4　复数的表示

根据欧拉公式：

$$\mathrm{e}^{\mathrm{j}\theta} = \cos\theta + \mathrm{j}\sin\theta \tag{4.1.4}$$

复数 F 还可以表示为指数形式或极坐标形式，

$$F = |F|\mathrm{e}^{\mathrm{j}\theta} = |F|\angle\theta \tag{4.1.5}$$

式中，$|F|$ 为复数 F 的模；θ 为复数 F 的辐角。

几个量之间的关系为

$$|F| = \sqrt{a^2 + b^2}$$

$$\theta = \arctan\frac{b}{a}$$

$$a = |F|\cos\theta$$

$$b = |F|\sin\theta$$

2）复数的加减运算

复数的加减运算采用直角坐标形式比较方便。运算规则为：实部与实部相加减，虚部

与虚部相加减。设复数 $F_1=a_1+\mathrm{j}b_1$，复数 $F_2=a_2+\mathrm{j}b_2$，则加减运算表示为

$$F=F_1\pm F_2=(a_1+\mathrm{j}b_1)\pm(a_2+\mathrm{j}b_2)=(a_1\pm a_2)+\mathrm{j}(b_1\pm b_2)$$

复数的加减运算还可以利用向量的平行四边形或三角形运算法则在复平面上进行。图 4.1.5 展示了复数加减运算的平行四边形法则。

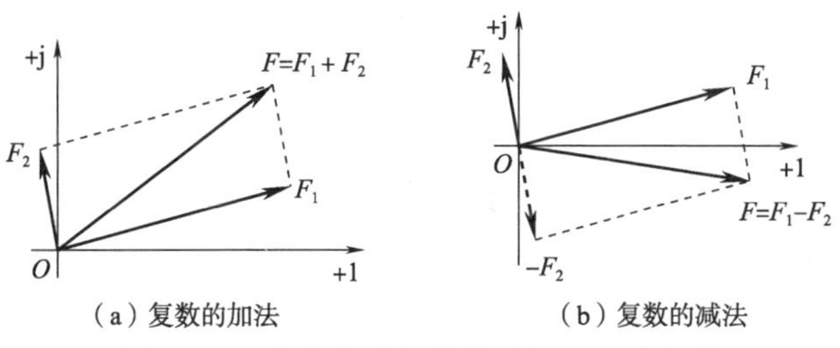

（a）复数的加法　（b）复数的减法

图 4.1.5　复数加减运算的平行四边形法则

3）复数的乘除运算

复数的乘除运算采用极坐标形式比较方便。运算规则为：模与模相乘除，辐角与辐角相加减。设 $F_1=|F_1|\mathrm{e}^{\mathrm{j}\theta_1}=|F_1|\underline{/\theta_1}, F_2=|F_2|\mathrm{e}^{\mathrm{j}\theta_2}=|F_2|\underline{/\theta_2}$，则其积为

$$F=F_1F_2=F_1|F_2|\mathrm{e}^{\mathrm{j}\theta_2}=(|F_2|F_1)\mathrm{e}^{\mathrm{j}\theta_2}=(|F_2||F_1|\mathrm{e}^{\mathrm{j}\theta_1})\mathrm{e}^{\mathrm{j}\theta_2}=(|F_1||F_2|)\mathrm{e}^{\mathrm{j}(\theta_1+\theta_2)}$$
$$=|F_1||F_2|\underline{/\theta_1+\theta_2}$$

其商为

$$F=\frac{F_1}{F_2}=\frac{F_1}{|F_2|\mathrm{e}^{\mathrm{j}\theta_2}}=\frac{|F_1|}{|F_2|}\mathrm{e}^{\mathrm{j}\theta_1}\mathrm{e}^{-\mathrm{j}\theta_2}=\frac{|F_1|}{|F_2|}\mathrm{e}^{\mathrm{j}(\theta_1-\theta_2)}=\frac{|F_1|}{|F_2|}\underline{/\theta_1-\theta_2}$$

图 4.1.6 所示为复平面上的复数乘法和除法运算。

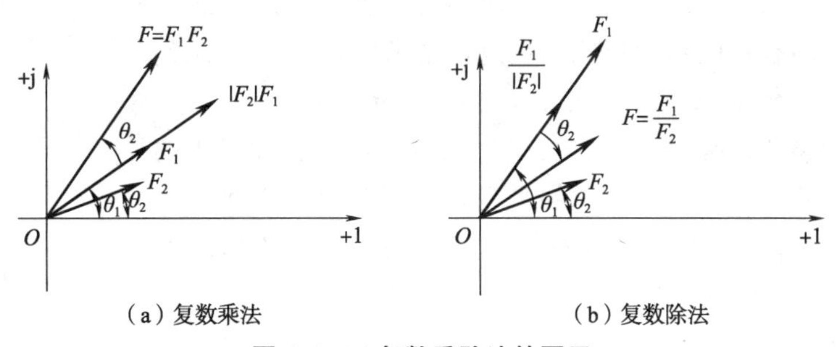

（a）复数乘法　（b）复数除法

图 4.1.6　复数乘除法的图示

从图 4.1.6 可见，复数 F_1 乘以复数 F_2 的过程，相当于先将 F_1 的模伸长 $|F_2|$ 倍（即 $|F_2|F_1$），再将其辐角逆时针旋转角度 θ_2 的过程［即（$|F_2|F_1$）$\cdot\mathrm{e}^{\mathrm{j}\theta_2}$］。类似地，复数 F_1 除以复数 F_2 的过程，相当于先将 F_1 的模缩短 $|F_2|$ 倍 $\left(\text{即}\frac{F_1}{|F_2|}\right)$，再将其辐角顺时针旋转角度 θ_2 的过程 $\left(\text{即}\frac{F_1}{|F_2|\mathrm{e}^{\mathrm{j}\theta_2}}\right)$。

4）旋转因子

$\mathrm{e}^{\mathrm{j}\theta}=1\underline{/\theta}$ 是一个模为 1，辐角为 θ 的复数。由复数乘除运算可知，一个复数乘以 $\mathrm{e}^{\mathrm{j}\theta}$，相当于将该复数在复平面上逆时针旋转角度 θ，而模保持不变；一个复数除以 $\mathrm{e}^{\mathrm{j}\theta}$，等同于

它乘以 $e^{-j\theta}$，相当于将该复数在复平面上顺时针旋转角度 θ，而模保持不变。因此，$e^{j\theta}$ 称为旋转因子。

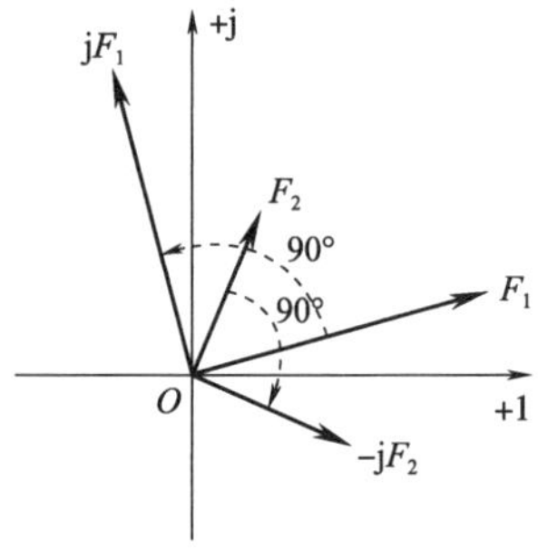

图 4.1.7　90°旋转因子示意

特别地，当 $\theta=90°$ 时，$e^{j\frac{\pi}{2}}=j$，因此 j 被称为 90°旋转因子。一个复数乘以 j，相当于将这个复数在复平面上逆时针旋转 90°。类似地，一个复数除以 j，相当于将这个复数在复平面上顺时针旋转 90°，如图 4.1.7 所示。

2. 正弦量的相量表示

对正弦量进行相量表示的依据是欧拉公式，由式（4.1.4）可见，$\cos\theta$ 为 $e^{j\theta}$ 的实部，即

$$\cos\theta=\mathrm{Re}(e^{j\theta})$$

式中，Re(·) 表示取实部。假设有正弦信号 $u(t)=\sqrt{2}U\cos(\omega t+\varphi_u)$，则利用上式可以表示为

$$u(t)=\mathrm{Re}(\sqrt{2}Ue^{j(\omega t+\varphi_u)})=\mathrm{Re}(\sqrt{2}Ue^{j\varphi_u}e^{j\omega t})=\mathrm{Re}(\sqrt{2}\dot{U}e^{j\omega t}) \tag{4.1.6}$$

式中，复数 $\dot{U}=Ue^{j\varphi_u}$ 为正弦量 $u(t)$ 的相量表示，简称相量，常简写为

$$\dot{U}=U\angle\varphi_u \tag{4.1.7}$$

在电路分析中，正弦量的相量用该物理量的大写字母表示，并在其上加“·”。比如，电压 $u(t)$ 的相量表示为 $\dot{U}$，电流 $i(t)$ 的相量表示为 $\dot{I}$。之所以在大写字母上加“·”，是为了将相量和一般的复数加以区别，强调相量是代表一个正弦时间函数的复数。

在给定频率的情况下，正弦量和相量之间存在一一对应关系：给定正弦量，可以写出其对应的相量；给定相量及相应的频率，可以写出对应的正弦量。需要强调的是，相量和它所表示的正弦量之间只是一一对应，而不是两者相等。正弦量是一个时间函数，而相量只包含了正弦量的有效值和初相位，它只是用来代表对应的正弦量，并不等于该正弦量。

与复数一样，相量也可以在复平面上用有向线段表示出来，称为该相量的相量图。有向线段的长度为相量的模，它和实轴的夹角为相量的辐角。复数加减所用的平行四边形法则、三角形法则同样适用于相量图中相量的加减运算。式（4.1.7）表示的相量 $\dot{U}$ 的相量图如图 4.1.8 所示。

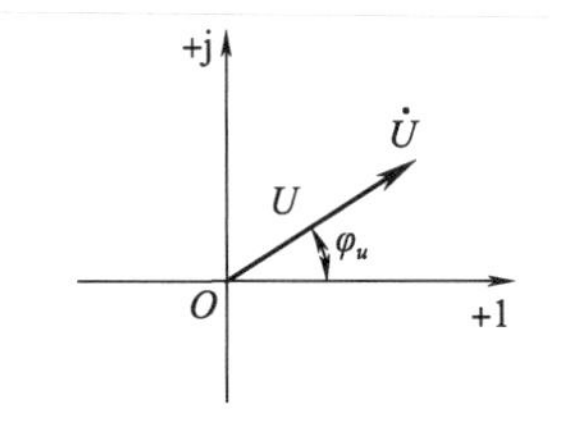

图 4.1.8　相量 $\dot{U}$ 的相量图

本书统一使用正弦量的有效值来表示相量的模，这种相量称为有效值相量。有的教材也使用正弦量的振幅来表示相量的模，这种相量称为振幅相量。振幅相量经常标注下标 m。以正弦量 $u(t)=U_m\cos(\omega t+\varphi_u)=\sqrt{2}U\cos(\omega t+\varphi_u)$ 为例，其振幅相量表示为

$$\dot{U}_m=U_m\angle\varphi_u$$

与式（4.1.7）相对比，可见有效值相量和振幅相量间存在如下关系：$\dot{U}_m=\sqrt{2}\dot{U}$。

例 4.1.3　写出下列正弦电压、电流的相量，并画出对应的相量图。

$$i_1(t)=10\cos(314t+30°)\ \mathrm{A}$$

$$u_2(t)=-20\sin(314t-110°)\ \mathrm{A}$$

解　在进行相量表示前，一定要把正弦函数的表达式写成标准形式。

$i_1(t)$ 已经是标准正弦表达式，相量为 $\dot{I}_1 = \frac{10}{\sqrt{2}}\angle 30^\circ\ \text{A} = 7.07\angle 30^\circ\ \text{A}$。

$u_2(t)$ 不是标准正弦表达式，需要首先转化为标准形式：

$$u_2(t) = -20\sin(314t - 110^\circ)\ \text{A} = 20\cos(314t - 110^\circ + 90^\circ)\ \text{A}$$
$$= 20\cos(314t - 20^\circ)\ \text{A}$$

因此 $u_2(t)$ 的相量为 $\dot{U}_2 = \frac{20}{\sqrt{2}}\angle -20^\circ\ \text{A} = 14.14\angle -20^\circ\ \text{A}$。

画出相量图如图 4.1.9 所示。

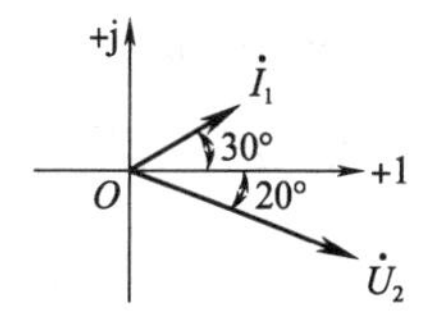

图 4.1.9　例 4.1.3 图

下面使用相量图对式（4.1.6）加以解释。式中，$e^{j\omega t}$ 是一个模为 1，辐角为 ωt 的复数，可以用复平面上的一条单位长度的有向线段来表示。由于辐角 ωt 为时间 t 的函数，因此 $e^{j\omega t}$ 表示的是以角速度 ω 在复平面上绕原点逆时针旋转的单位长度的有向线段，称 $e^{j\omega t}$ 为旋转因子。相量 $\dot{U}$ 乘以 $\sqrt{2}$，再乘以旋转因子 $e^{j\omega t}$，得到的 $\sqrt{2}\dot{U}e^{j\omega t}$ 为一个旋转相量。该旋转相量的长度为 $\sqrt{2}U$ [即 $u(t)$ 的振幅 U_m]，辐角为 $\omega t + \varphi_u$，以角速度 ω 绕复平面上的原点做逆时针旋转，如图 4.1.10（a）所示。从图中可以看出，$u(t)$ 就是旋转相量在实轴上的投影，如图 4.1.10（b）所示。为了便于展示旋转相量在实轴上的投影与 $u(t)$ 间的关系，图 4.1.10（a）中把旋转相量的坐标轴逆时针旋转了 90°。

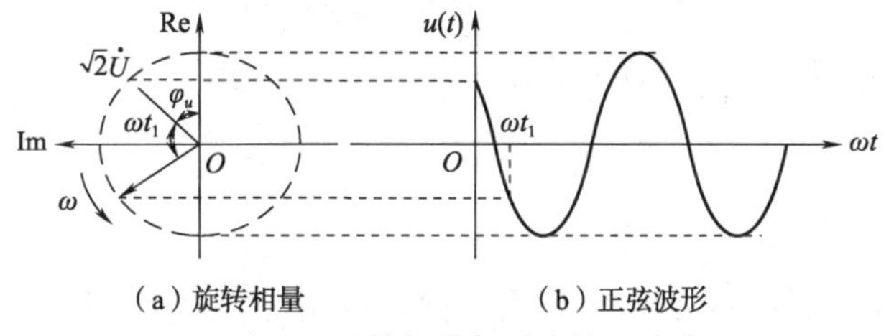

图 4.1.10　旋转相量与对应的正弦波形

3. 相量的性质

性质 1　同频正弦相量的代数和

若干同频率正弦量代数和的相量，等于各正弦量的相量的代数和。具体表述为：若 $f_k(t) = \sqrt{2}A_k\cos(\omega t + \varphi_k)$ 的相量为 $\dot{F}_k = A_k\angle\varphi_k$，$(k = 1,2,\cdots,n)$，则 $f(t) = \sum\limits_{k=1}^{n} f_k(t)$ 的相量为 $\dot{F} = \sum\limits_{k=1}^{n}\dot{F}_k$。

证明：

$$f(t) = \sum_{k=1}^{n} f_k(t) = \sum_{k=1}^{n}\sqrt{2}A_k\cos(\omega t + \varphi_k)$$
$$= \text{Re}\left[\sum_{k=1}^{n}\sqrt{2}A_k e^{j(\omega t + \varphi_k)}\right]$$
$$= \text{Re}\left[\sqrt{2}\left(\sum_{k=1}^{n}A_k e^{j\varphi_k}\right)e^{j\omega t}\right]$$

根据相量的表示规则，$f(t)$ 的相量可以表示为 $\dot{F}=\sum_{k=1}^{n}A_k e^{j\varphi_k}$，即

$$\dot{F}=\sum_{k=1}^{n}\dot{F}_k$$

证毕。

性质 2 正弦量与实数的乘积

若 $f(t)=\sqrt{2}A\cos(\omega t+\varphi)$ 的相量为 $\dot{F}$，α 为一个不为零的实数，则 $\alpha f(t)$ 的相量为 $\alpha\dot{F}$。

证明：与性质 1 类似，此处略。

性质 3 正弦量的微分

若 $f(t)=\sqrt{2}A\cos(\omega t+\varphi)$ 的相量为 $\dot{F}$，则 $\dfrac{df(t)}{dt}$ 的相量为 $j\omega\dot{F}$。

证明：

$$\begin{aligned}\frac{df(t)}{dt}&=\frac{d}{dt}[\sqrt{2}A\cos(\omega t+\varphi)]=-\sqrt{2}\omega A\sin(\omega t+\varphi)\\&=\sqrt{2}\omega A\cos(\omega t+\varphi+90^\circ)=\omega\mathrm{Re}[\sqrt{2}Ae^{j(\omega t+\varphi+90^\circ)}]\\&=\omega\mathrm{Re}[\sqrt{2}Ae^{j90^\circ}e^{j\varphi}e^{j\omega t}]\\&=j\omega\mathrm{Re}[(\sqrt{2}Ae^{j\varphi})e^{j\omega t}]\end{aligned}$$

根据相量的表示规则，$\dfrac{df(t)}{dt}$ 的相量为 $j\omega\dot{F}$。

证毕。

性质 4 正弦量的积分

若 $f(t)=\sqrt{2}A\cos(\omega t+\varphi)$ 的相量为 $\dot{F}$，则 $\int f(t)dt$ 的相量为 $\dfrac{1}{j\omega}\dot{F}$。

证明：

$$\begin{aligned}\int f(t)dt&=\int\sqrt{2}A\cos(\omega t+\varphi)dt=\frac{\sqrt{2}A}{\omega}\sin(\omega t+\varphi)\\&=\frac{\sqrt{2}A}{\omega}\cos(\omega t+\varphi-90^\circ)=\frac{1}{\omega}\mathrm{Re}[\sqrt{2}Ae^{j(\omega t+\varphi-90^\circ)}]\\&=\frac{1}{\omega}\mathrm{Re}[\sqrt{2}Ae^{-j90^\circ}e^{j\varphi}e^{j\omega t}]\\&=-j\frac{1}{\omega}\mathrm{Re}[(\sqrt{2}Ae^{j\varphi})e^{j\omega t}]=\frac{1}{j\omega}\mathrm{Re}[(\sqrt{2}Ae^{j\varphi})e^{j\omega t}]\end{aligned}$$

因此，根据相量的表示规则，$\int f(t)dt$ 的相量为 $\dfrac{1}{j\omega}\dot{F}$。

证毕。

4.2　两类约束的相量形式

分析正弦稳态电路的基本依据仍然是两类约束，只不过在相量法中需要使用的是它们的相量形式。为此，需要把两类约束从时域表达式转换为相量表达式。下面分别加以介绍。

4.2.1　基尔霍夫定律的相量形式

对集总参数电路中的任一节点，基尔霍夫电流定律（KCL）为

$$\sum_k i_k(t) = 0$$

当激励源为单一频率的正弦信号时，处于正弦稳态的线性动态电路各处的电压、电流均为同频率的正弦量。因此，上式中的所有 $i_k(t)$ 均为同频率的正弦量。根据相量的性质1，可得基尔霍夫电流定律（KCL）的相量形式为

$$\sum_k \dot{I}_k = 0 \tag{4.2.1}$$

同理，正弦稳态电路中，任一回路的基尔霍夫电压定律（KVL）的相量形式为

$$\sum_k \dot{U}_k = 0 \tag{4.2.2}$$

需要注意的是，相量形式的基尔霍夫定律表示的是电压或电流的相量之和为零，千万不可误认为它们的有效值或振幅之和为零。

例 4.2.1　正弦稳态电路的一个节点如图 4.2.1 所示。已知电流 $i_1 = 4\sqrt{2}\cos(100t + 45°)$ A，$i_2 = 3\sqrt{2}\cos(100t + 135°)$ A，求电流 i_3。

解　电流 i_1、i_2 的相量分别为

$$\dot{I}_1 = 4\underline{/45°}\ \text{A}$$

$$\dot{I}_2 = 3\underline{/135°}\ \text{A}$$

根据 KCL 的相量形式，有

$$\begin{aligned}\dot{I}_3 = \dot{I}_1 + \dot{I}_2 &= (4\underline{/45°} + 3\underline{/135°})\ \text{A} \\ &= [4(\cos 45° + \text{j}\sin 45°) + 3(\cos 135° + \text{j}\sin 135°)]\ \text{A} \\ &= \left(\frac{\sqrt{2}}{2} + \text{j}\frac{7\sqrt{2}}{2}\right)\ \text{A} = 5\underline{/81.9°}\ \text{A}\end{aligned}$$

因此

$$i_3 = 5\sqrt{2}\cos(100t + 81.9°)\ \text{A}$$

各电流之间的关系如图 4.2.2 所示。

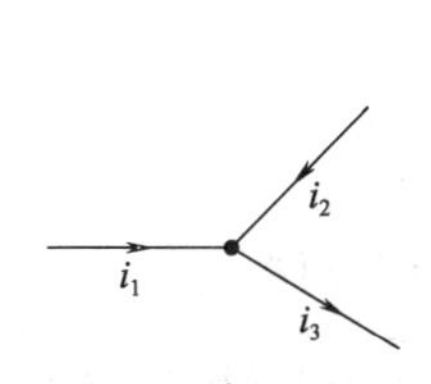

图 4.2.1　例 4.2.1 图

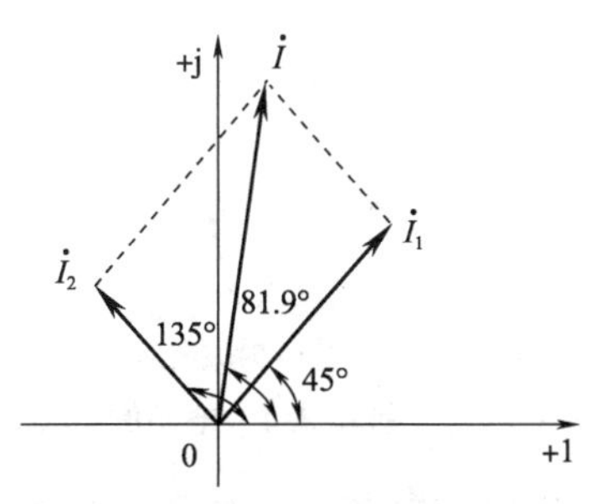

图 4.2.2　例 4.2.1 对应的相量图

4.2.2 元件约束的相量形式

下面以电阻、电容、电感三个基本元件为例，介绍如何由元件的时域模型得到其相量模型。基本思路是利用时域形式下的端口伏安关系，根据相量的基本性质推导相量形式下的端口伏安关系。其他元件的相量模型也可采用相同的思路求得。

1. 电阻元件

假设电阻的电压电流参考方向如图 4.2.3（a）所示，其 VCR 在时域下表达为

$$u = Ri \tag{4.2.3}$$

式中，R 为电阻的阻值，为常数。

假设正弦稳态下，当流过电阻的电流为 $i = \sqrt{2}I\cos(\omega t + \varphi_i)$ 时，电阻的端电压为 $u = \sqrt{2}U\cos(\omega t + \varphi_u)$，则 i、u 的相量表达式为

$$\dot{I} = I\angle\varphi_i,\quad \dot{U} = U\angle\varphi_u$$

根据相量的性质 2，由式（4.2.3）可以得到

$$\dot{U} = R\dot{I} \tag{4.2.4}$$

根据式（4.2.4）可画出电阻的相量模型，如图 4.2.3（b）所示。

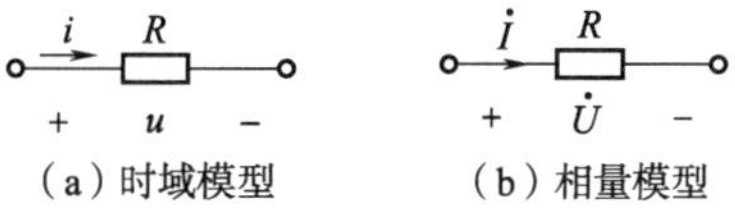

（a）时域模型　　（b）相量模型

图 4.2.3　电阻元件的时域模型与相量模型

将 $\dot{I}$、$\dot{U}$ 代入式（4.2.4），可得

$$U\angle\varphi_u = RI\angle\varphi_i$$

由此可见，对于电阻元件存在如下关系：

$$U = RI \tag{4.2.5}$$

$$\varphi_u = \varphi_i \tag{4.2.6}$$

式（4.2.5）说明，电阻的有效值 U 与 I 之间满足欧姆定律。式（4.2.6）说明，电阻两端的电压与流过电阻的电流同相，这是电阻的一个非常重要的性质。

图 4.2.4（a）为电阻的电压电流瞬时波形示意图，图 4.2.4（b）为电阻的电压电流相量图。

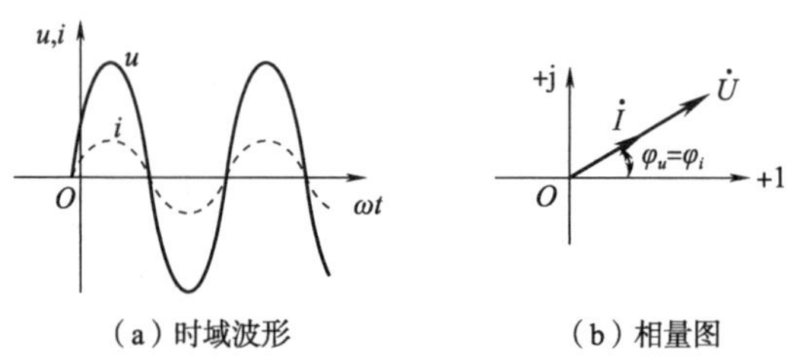

（a）时域波形　　（b）相量图

图 4.2.4　电阻的电压电流瞬时波形与相量图

例 4.2.2　电压电流参考方向如图 4.2.3（a）所示，已知电阻 $R = 10\ \Omega$，电阻两端电

压 $u = 50\sqrt{2}\cos(50t + 10°)$ V，求流过电阻的电流 i。

解　电压 $u = 50\sqrt{2}\cos(50t + 10°)$ V 的相量为 $\dot{U} = 50\angle 10°$ V，可得电流

$$\dot{I} = \frac{\dot{U}}{R} = \frac{50\angle 10°}{10}\ \text{A} = 5\angle 10°\ \text{A}$$

因此　$$i = 5\sqrt{2}\cos(50t + 10°)\ \text{A}$$

2. 电容元件

假设电容的电压电流参考方向如图 4.2.5（a）所示，其 VCR 在时域下表达为

$$u(t) = \frac{1}{C}\int i(t)\,\mathrm{d}t \tag{4.2.7}$$

式中，C 为电容值，为常数。

假设正弦稳态下，当流过电容的电流为 $i = \sqrt{2}I\cos(\omega t + \varphi_i)$ 时，电容的端电压 $u = \sqrt{2}U\cos(\omega t + \varphi_u)$，则 i、u 的相量表达式为

$$\dot{I} = I\angle\varphi_i,\quad \dot{U} = U\angle\varphi_u$$

根据相量的性质4，由式（4.2.7）可以得到

$$\dot{U} = \frac{1}{\mathrm{j}\omega C}\dot{I} = -\mathrm{j}\frac{1}{\omega C}\dot{I} \tag{4.2.8}$$

根据式（4.2.8）可以画出电容的相量模型，如图 4.2.5（b）所示。

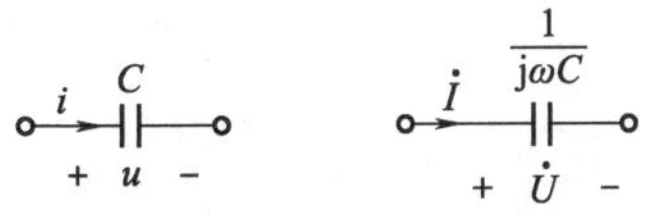

（a）时域模型　　（b）相量模型

图 4.2.5　电容的时域模型与相量模型

将 $\dot{I}$、$\dot{U}$ 代入式（4.2.8），可得

$$U\angle\varphi_u = \frac{1}{\mathrm{j}\omega C}I\angle\varphi_i = \frac{I}{\omega C}\angle\varphi_i - 90°$$

由此可见，对于电容元件存在如下关系：

$$U = \frac{1}{\omega C}I \tag{4.2.9}$$

$$\varphi_u = \varphi_i - 90° \tag{4.2.10}$$

式（4.2.10）说明，电容电压的相位滞后电流 90°，或者说电容电流的相位超前电压 90°，这是电容非常重要的一个性质。

图 4.2.6 为电容的电压电流相量图。图 4.2.7 所示为正弦稳态下电容的电压电流瞬时波形。

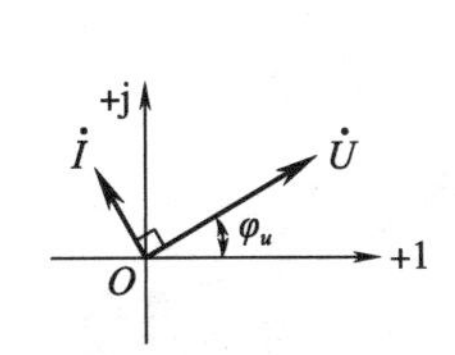

图 4.2.6　电容的电压电流相量图

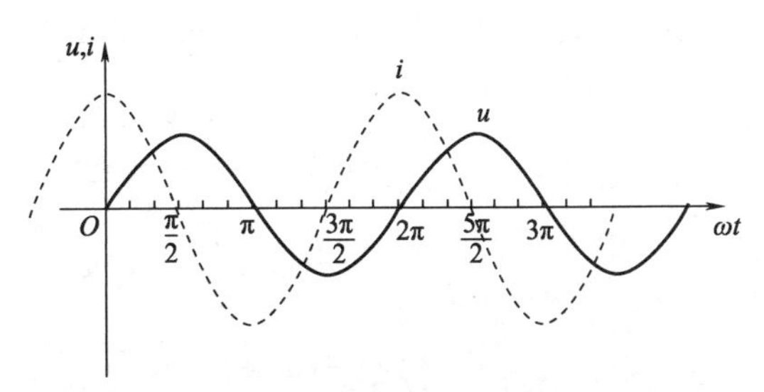

图 4.2.7　正弦稳态下电容的电压电流瞬时波形

式（4.2.8）中，令 $X_C=-\dfrac{1}{\omega C}$，得到

$$\dot{U}=\mathrm{j}X_C\dot{I} \tag{4.2.11}$$

式中，X_C 表示电容对电流的阻碍作用，称为电容的电抗，简称容抗，单位为欧姆（Ω），其值总为负值。$|X_C|$ 的大小不仅与电容参数 C 有关，还与正弦量的角频率 ω 有关，即电容是一种频率敏感元件。角频率 ω 越高，$|X_C|$ 越小；角频率 ω 越低，$|X_C|$ 越大。在极端情况下，当角频率 $\omega=0$（直流）时，$|X_C|\to\infty$，即电容元件在直流电路中相当于开路，此即电容的隔直作用。

式（4.2.8）也可以表示为

$$\dot{I}=\mathrm{j}\omega C\dot{U}=\mathrm{j}B_C\dot{U}$$

式中，$B_C=\omega C$ 称为电容的电纳，简称容纳，单位为西门子（S），其值总为正值。

例 4.2.3 已知电容处于正弦稳态，$C=100\ \mu\mathrm{F}$，电压电流参考方向如图 4.2.5（a）所示。若端电压 $u=10\sqrt{2}\cos(\omega t+30°)$ V，试求 $\omega=100$ rad/s 时，电容电流 i。

解 容抗 $X_C=-\dfrac{1}{\omega C}=-\dfrac{1}{100\times100\times10^{-6}}\ \Omega=-100\ \Omega$

因为 $\dot{U}=10\angle 30°$ V，根据电容 VCR 的相量形式，有

$$\dot{I}=\frac{\dot{U}}{\mathrm{j}X_C}=\frac{10\angle 30°}{-\mathrm{j}100}\ \mathrm{A}=\frac{10\angle 30°}{100\angle -90°}\ \mathrm{A}=0.1\angle 120°\ \mathrm{A}$$

所以

$$i=0.1\sqrt{2}\cos(100t+120°)\ \mathrm{A}$$

3. 电感元件

假设电感的电压电流参考方向如图 4.2.8（a）所示，其 VCR 在时域下表达为

$$u(t)=L\frac{\mathrm{d}i}{\mathrm{d}t} \tag{4.2.12}$$

式中，L 为电感量，为常数。

假设正弦稳态下，当流过电感的电流为 $i=\sqrt{2}I\cos(\omega t+\varphi_i)$ 时，电感的端电压 $u=\sqrt{2}U\cos(\omega t+\varphi_u)$，则 i、u 的相量表达式为

$$\dot{I}=I\angle\varphi_i,\quad \dot{U}=U\angle\varphi_u$$

根据相量的性质 3，由式（4.2.12）可以得到

$$\dot{U}=\mathrm{j}\omega L\dot{I} \tag{4.2.13}$$

根据式（4.2.13）可以画出电感的相量模型，如图 4.2.8（b）所示。

图 4.2.8 电感的时域模型与相量模型

将 $\dot{I}$ 、$\dot{U}$ 代入式（4.2.13），可得

$$U\angle\varphi_u = \mathrm{j}\omega LI\angle\varphi_i = \omega LI\angle\varphi_i + 90^\circ$$

由此可见，对于电感元件存在如下关系：

$$U = \omega LI \tag{4.2.14}$$

$$\varphi_u = \varphi_i + 90^\circ \tag{4.2.15}$$

式（4.2.15）说明，电感电压的相位超前电流 90°，或者说电感电流的相位滞后电压 90°，这是电感非常重要的一个性质。

图 4.2.9 为电感的电压电流相量图。图 4.2.10 所示为正弦稳态下电感的电压电流瞬时波形。

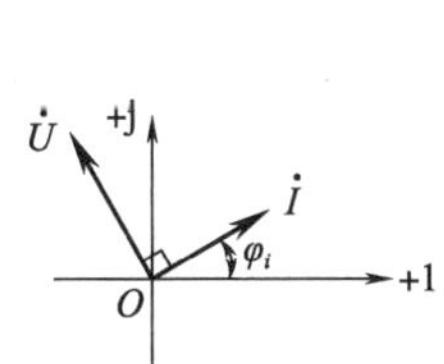

图 4.2.9　电感的电压电流相量图

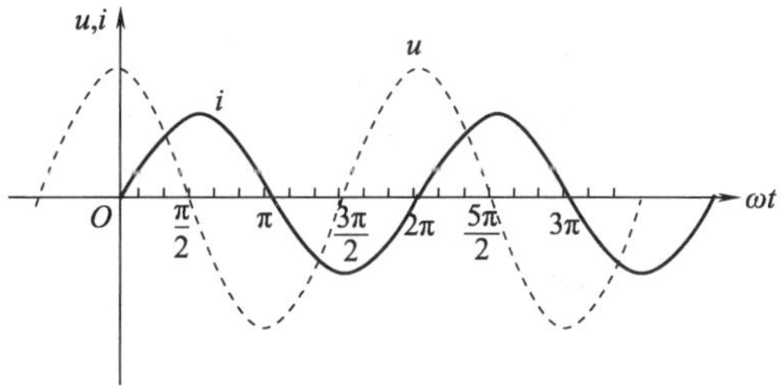

图 4.2.10　正弦稳态下电感的电压电流瞬时波形

式（4.2.13）中，令 $X_L = \omega L$，得到

$$\dot{U} = \mathrm{j}X_L\dot{I} \tag{4.2.16}$$

式中，X_L 表示电感对电流的阻碍作用，称为电感的电抗，简称感抗，单位为欧姆（Ω），其值总为正值。X_L 的大小不仅与电感参数 L 有关，还与正弦量的角频率 ω 有关，即电感是一种频率敏感元件。角频率 ω 越高，感抗 X_L 越大；角频率 ω 越低，感抗 X_L 越小。在极端情况下，当角频率 $\omega=0$（直流）时，$X_L = 0$，即电感元件在直流电路中相当于短路。

式（4.2.13）也可以表示为

$$\dot{I} = \frac{\dot{U}}{\mathrm{j}\omega L} = \mathrm{j}B_L\dot{U}$$

式中，$B_L = -\dfrac{1}{\omega L}$ 称为电感的电纳，简称感纳，单位为西门子（S），其值总为负值。

4.3　无源一端口的阻抗和导纳

4.3.1　阻抗

在第 2 章的直流电阻电路中，将无源一端口电路的电压与电流之比定义为该无源一端口的输入电阻。对于正弦稳态下的无源一端口电路也有类似的定义。

若无源一端口电路 N_0 处于正弦稳态，则其端口电压电流必为同频率的正弦量。假设端口的电压相量为 $\dot{U} = U\angle\varphi_u$，电流相量为 $\dot{I} = I\angle\varphi_i$，如图 4.3.1（a）所示，则把电压相量 $\dot{U}$

与电流相量 $\dot{I}$ 之比定义为该无源一端口的输入阻抗，记为 Z，单位为欧姆（Ω）。等效电路如图 4.3.1（b）所示。

$$Z=\frac{\dot{U}}{\dot{I}}=\frac{U}{I}\angle\varphi_u-\varphi_i \tag{4.3.1}$$

或

$$\dot{U}=Z\dot{I}$$

上式称为欧姆定律的相量形式。由于 $\dot{U}$、$\dot{I}$ 为复数，显然 Z 也为复数，可以表示为直角坐标或极坐标形式，即

$$Z=R+\mathrm{j}X=|Z|\angle\varphi_Z \tag{4.3.2}$$

式中，R 称为阻抗 Z 的等效电阻分量；X 称为阻抗 Z 的等效电抗分量；$|Z|$ 称为阻抗模；φ_Z 称为阻抗角。

需要注意的是，阻抗 Z 虽然也为复数，但是与用来代表正弦量的相量 $\dot{U}$、$\dot{I}$ 不同，Z 不代表任何正弦量。

由式（4.3.1）和式（4.3.2），可以得到

$$|Z|=\sqrt{R^2+X^2}=\frac{U}{I}$$

$$\varphi_Z=\arctan\frac{X}{R}=\varphi_u-\varphi_i \tag{4.3.3}$$

阻抗 Z 也可以在复平面上用直角三角形表示出来，称为阻抗三角形，如图 4.3.2 所示。

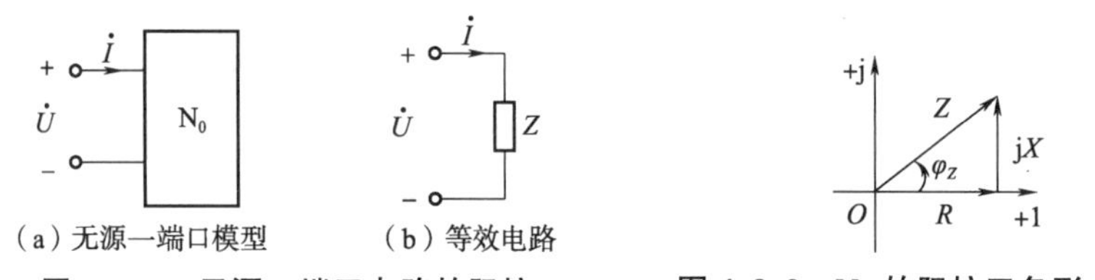

图 4.3.1　无源一端口电路的阻抗　　图 4.3.2　N_0 的阻抗三角形（$X>0$）

由于含有电抗（储能）元件，正弦稳态无源一端口电路的端口电压和电流之间往往存在相位差。当电压超前电流时，称电路呈感性；当电压滞后电流时，称电路呈容性；当电压电流同相时，称电路呈阻性。由式（4.3.3）可知，可以根据电抗分量 X 或阻抗角 φ_Z 的符号来判断电路的性质：

（1）当电抗分量 $X>0$ 时，阻抗角 $\varphi_Z>0$，电压超前电流，电路呈感性。

（2）当电抗分量 $X<0$ 时，阻抗角 $\varphi_Z<0$，电压滞后电流，电路呈容性。

（3）当电抗分量 $X=0$ 时，阻抗角 $\varphi_Z=0$，电压与电流同相，电路呈阻性。

下面分析几种典型无源一端口电路的阻抗。

1. 仅含单个基本元件的无源一端口电路

图 4.3.3（a）所示的无源一端口电路仅含电阻，有

$$Z=\frac{\dot{U}}{\dot{I}}=R,\quad \varphi_Z=0$$

图 4.3.3（b）所示的无源一端口电路仅含电容，有

$$Z=\frac{\dot{U}}{\dot{I}}=\frac{1}{\mathrm{j}\omega C}=\mathrm{j}X_C,\quad \varphi_Z=-90^\circ$$

图 4.3.3（c）所示的无源一端口电路仅含电感，有

$$Z=\frac{\dot{U}}{\dot{I}}=\mathrm{j}\omega L=\mathrm{j}X_L,\quad \varphi_Z=90^\circ$$

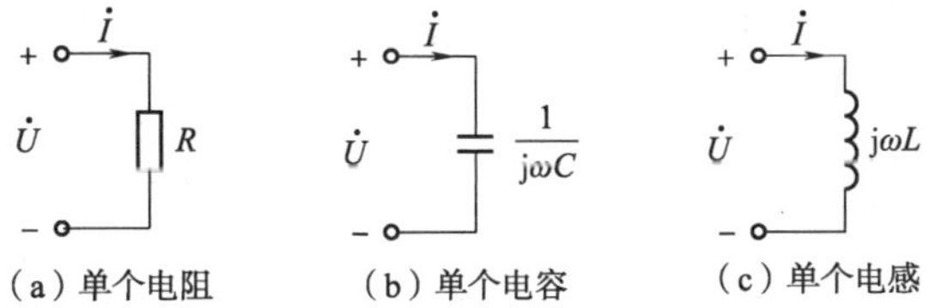

（a）单个电阻　（b）单个电容　（c）单个电感

图 4.3.3　单个元件组成的无源一端口电路

2. *RLC* 串联电路

假设图 4.3.4 所示的 *RLC* 串联电路处于正弦稳态，根据 KVL 的相量形式，有

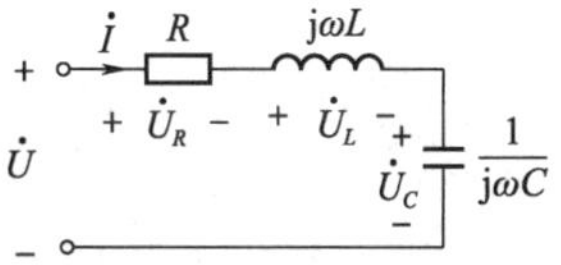

$$\dot{U}=\dot{U}_R+\dot{U}_L+\dot{U}_C=R\dot{I}+\mathrm{j}\omega L\dot{I}+\frac{1}{\mathrm{j}\omega C}\dot{I}$$

图 4.3.4　*RLC* 串联电路

端口的阻抗为

$$Z=R+\mathrm{j}\omega L+\frac{1}{\mathrm{j}\omega C}=R+\mathrm{j}\left(\omega L-\frac{1}{\omega C}\right)$$

可见，即使电路参数不变，当电源的频率不同时，电路也会呈现不同的特性。当 $\omega L>\frac{1}{\omega C}$ 时，电路呈感性；当 $\omega L<\frac{1}{\omega C}$ 时，电路呈容性；当 $\omega L=\frac{1}{\omega C}$ 时，电路呈阻性。

4.3.2　导纳

阻抗的倒数称为导纳，用大写英文字母 Y 来表示，导纳的单位为西门子（S）。对于图 4.3.1 中的 N_0，有

$$Y=\frac{1}{Z}=\frac{\dot{I}}{\dot{U}}=\frac{I}{U}\underline{/\varphi_i-\varphi_u}\tag{4.3.4}$$

导纳也是一个复数，所以它也可以表示为直角坐标或极坐标形式，即

$$Y=G+\mathrm{j}B=|Y|\underline{/\varphi_Y}$$

式中，G 称为等效电导分量；B 称为等效电纳分量；$|Y|$ 称为导纳模；φ_Y 称为导纳角。

与阻抗类似，导纳的各个量间有如下关系：

$$|Y|=\sqrt{G^2+B^2}=\frac{I}{U}$$

$$\varphi_Y = \arctan\frac{B}{G} = \varphi_i - \varphi_u \tag{4.3.5}$$

导纳 Y 也可以在复平面上用直角三角形表示出来，称为导纳三角形，如图 4.3.5 所示。

根据式（4.3.5），可以利用电纳分量 B 或导纳角 φ_Y 的符号来判断电路的容性、感性与阻性：

（1）当电纳分量 $B>0$ 时，导纳角 $\varphi_Y>0$，电压滞后电流，电路呈容性。

（2）当电纳分量 $B<0$ 时，导纳角 $\varphi_Y<0$，电压超前电流，电路呈感性。

（3）当电纳分量 $B=0$ 时，导纳角 $\varphi_Y=0$，电压与电流同相，电路呈阻性。

例 4.3.1 在图 4.3.6 所示的 RLC 并联电路中，$U=120$ V，$f=50$ Hz。

（1）如果电源频率为 50 Hz，试判断该电路呈感性还是容性。

（2）如果电源频率为 500 Hz，试判断该电路呈感性还是容性。

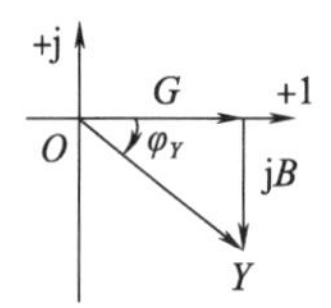

图 4.3.5 N_0 的导纳三角形（$B<0$）

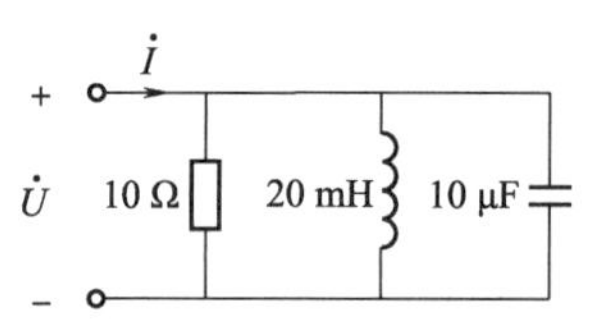

图 4.3.6 例 4.3.1 题图

解 端口的导纳为 $Y=\dfrac{1}{R}+\mathrm{j}\omega C+\dfrac{1}{\mathrm{j}\omega L}$。

（1）在电源频率 $f=50$ Hz 的情况下：

$$\begin{aligned}Y&=\frac{1}{R}+\mathrm{j}\omega C+\frac{1}{\mathrm{j}\omega L}\\&=\left(\frac{1}{10}+\mathrm{j}\times2\times3.14\times50\times10\times10^{-6}+\frac{1}{\mathrm{j}\times2\times3.14\times50\times20\times10^{-3}}\right)\ \mathrm{S}\\&=\left(\frac{1}{10}-\mathrm{j}0.155\ 86\right)\ \mathrm{S}\end{aligned}$$

因电纳分量 $B<0$，所以此时电路呈感性。

（2）在电源频率 $f=500$ Hz 的情况下：

$$\begin{aligned}Y&=\frac{1}{R}+\mathrm{j}\omega C+\frac{1}{\mathrm{j}\omega L}\\&=\left(\frac{1}{10}+\mathrm{j}\times2\times3.14\times500\times10\times10^{-6}+\frac{1}{\mathrm{j}\times2\times3.14\times500\times20\times10^{-3}}\right)\ \mathrm{S}\\&=\left(\frac{1}{10}+\mathrm{j}0.015\ 5\right)\ \mathrm{S}\end{aligned}$$

因电纳分量 $B>0$，所以此时电路呈容性。

4.3.3 阻抗的串联与导纳的并联

阻抗的串并联与第 2 章电阻的串并联处理方法完全一样，这里简单介绍。

一般来说，对于无源元件相互串联的正弦稳态电路，使用阻抗参数来分析比较方便；

对于无源元件相互并联的正弦稳态电路，使用导纳参数来分析比较方便。

1. 阻抗的串联

当 n 个阻抗串联的无源一端口电路处于正弦稳态时，如图 4.3.7 所示，根据 KVL 的相量形式，有

$$\dot{U} = \dot{U}_1 + \dot{U}_2 + \cdots + \dot{U}_n = Z_1\dot{I} + Z_2\dot{I} + \cdots + Z_n\dot{I} = \sum_{k=1}^{n} Z_k\dot{I} = Z\dot{I}$$

由此可知，串联阻抗的等效阻抗等于参与串联的所有阻抗之和，即

$$Z = Z_1 + Z_2 + \cdots + Z_n$$

每个阻抗上的分压为

$$\dot{U}_k = \frac{Z_k}{Z}\dot{U}$$

2. 导纳的并联

当 n 个导纳并联的无源一端口电路处于正弦稳态时，如图 4.3.8 所示，根据 KCL 的相量形式，有

$$\dot{I} = \dot{I}_1 + \dot{I}_2 + \cdots + \dot{I}_n = Y_1\dot{U} + Y_2\dot{U} + \cdots + Y_n\dot{U} = \sum_{k=1}^{n} Y_k\dot{U} = Y\dot{U}$$

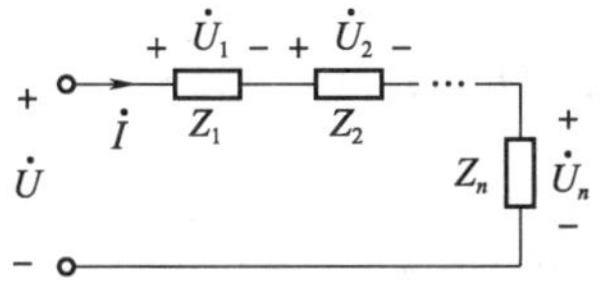

图 4.3.7　阻抗的串联

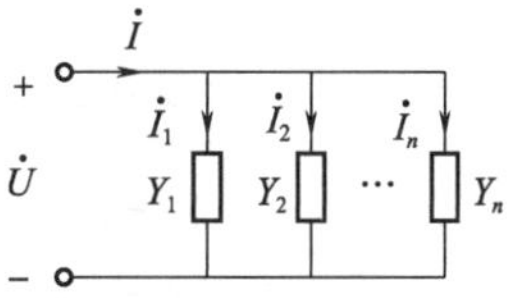

图 4.3.8　导纳的并联

由此可知，并联导纳的等效导纳等于参与并联的所有导纳之和，即

$$Y = Y_1 + Y_2 + \cdots + Y_n$$

相应的分流公式为

$$\dot{I}_k = \frac{Y_k}{Y}\dot{I}$$

特别地，对于两个阻抗并联的情形，如图 4.3.9 所示，等效阻抗 Z 满足

$$\frac{1}{Z} = \frac{1}{Z_1} + \frac{1}{Z_2}$$

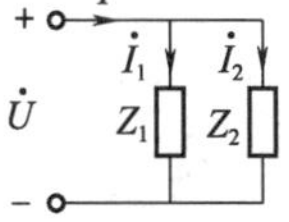

图 4.3.9　两个阻抗的并联

即

$$Z = \frac{Z_1 Z_2}{Z_1 + Z_2}$$

各支路的分流公式为

$$\dot{I}_1 = \frac{Z_2}{Z_1 + Z_2}\dot{I},\quad \dot{I}_2 = \frac{Z_1}{Z_1 + Z_2}\dot{I}$$

例 4.3.2　如图 4.3.10（a）所示正弦稳态电路的相量模型中，已知 $R_1 = 8\ \Omega$，$X_{C_1} = -6\ \Omega$，$R_2 = 3\ \Omega$，$X_{L_2} = 4\ \Omega$，$R_3 = 5\ \Omega$，$X_{L_3} = 10\ \Omega$。试求电路的输入阻抗 Z_{ab}，并画阻抗三角形。

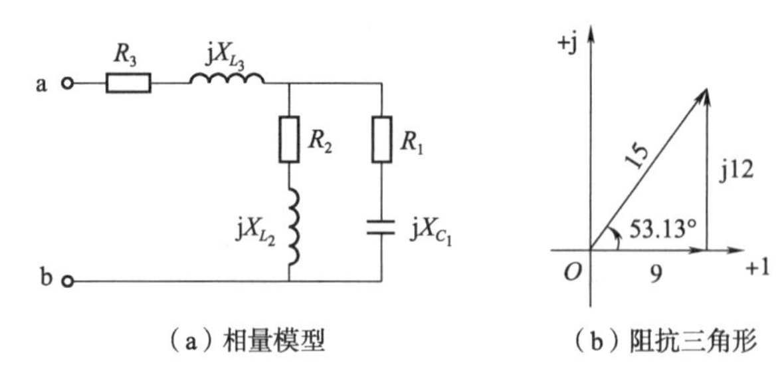

（a）相量模型　　（b）阻抗三角形

图 4.3.10　例 4.3.2 图

解　首先，求出各支路的阻抗

$$Z_1 = R_1 + jX_{C_1} = (8 - j6)\ \Omega$$

$$Z_2 = R_2 + jX_{L_2} = (3 + j4)\ \Omega$$

$$Z_3 = R_3 + jX_{L_3} = (5 + j10)\ \Omega$$

利用阻抗的串并联关系，得到输入阻抗为

$$Z_{ab} = Z_3 + \frac{Z_1 Z_2}{Z_1 + Z_2} = \left[5 + j10 + \frac{(8 - j6)(3 + j4)}{(8 - j6) + (3 + j4)}\right]\ \Omega = (9 + j12)\ \Omega$$

即

$$|Z| = \sqrt{R^2 + X^2} = \sqrt{9^2 + 12^2}\ \Omega = 15\ \Omega$$

$$\varphi = \arctan\frac{12}{9} = 53.13°$$

$$Z = 15\ \angle 53.13°\ \Omega$$

电路的阻抗三角形如图 4.3.10（b）所示。

工程应用 1：交流电桥

第 2 章介绍了直流电桥，这里介绍交流电桥，读者可以和直流电桥比较掌握。交流电桥使用交流电源激励，除了可以测量电阻、电感、电容的参数外，还可以测量电容器的介质损耗、耦合线圈的互感及耦合系数、磁性材料的磁导率及饱和特性、液体的电导等。

交流电桥的原理如图 4.3.11 所示。它有四个桥臂，桥臂上的元件除了电阻外，还可以包括电容或电感。使用时，在对角线 cd 上接入正弦交流电源，在对角线 ab 上接入交流检流计。

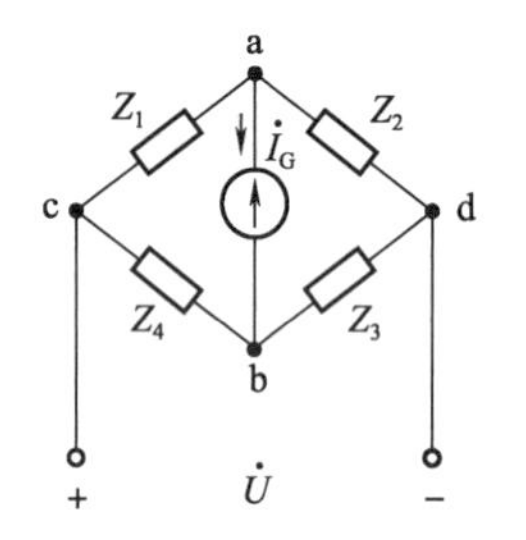

图 4.3.11　交流电桥的原理

当调节电桥参数，使交流检流计中无电流通过时（$\dot{I}_G = 0$），ab 两点的电位相等（$\dot{U}_{ab} = 0$），称电桥达到平衡，即

$$\dot{U}_{ab} = \frac{Z_2}{Z_1 + Z_2}\dot{U} - \frac{Z_3}{Z_3 + Z_4}\dot{U} = 0$$

可得到

$$Z_1 Z_3 = Z_2 Z_4 \tag{4.3.6}$$

式（4.3.6）就是交流电桥的平衡条件。也可以分开写成

$$|Z_1||Z_3| = |Z_2||Z_4| \quad 幅值条件$$

$$\varphi_1+\varphi_3=\varphi_2+\varphi_4 \quad \text{相角条件}$$

可见，与直流电桥不同，交流电桥平衡需要同时满足幅值条件和相角条件。其中的相角条件说明，交流电桥的四个桥臂必须按照一定的原则配以不同性质的阻抗，才可能达到平衡。为了使交流电桥结构简单和便于调节，常常将其中的两个桥臂设计为纯电阻。若相对的两个桥臂 Z_2 和 Z_4 为纯电阻，即 $\varphi_2=\varphi_4=0$，则由相角条件可知：$\varphi_1=-\varphi_3$，即若被测对象 Z_1 为电容，则它的相对桥臂 Z_3 必须为电感。若相邻的两个桥臂 Z_1 和 Z_4 为纯电阻，即 $\varphi_1=\varphi_4=0$，则由相角条件可知：$\varphi_2=\varphi_3$，即若被测对象 Z_2 为电容，则它的相邻桥臂 Z_3 也必须为电容。满足平衡条件的桥臂类型有很多，下面举两个典型的例子。

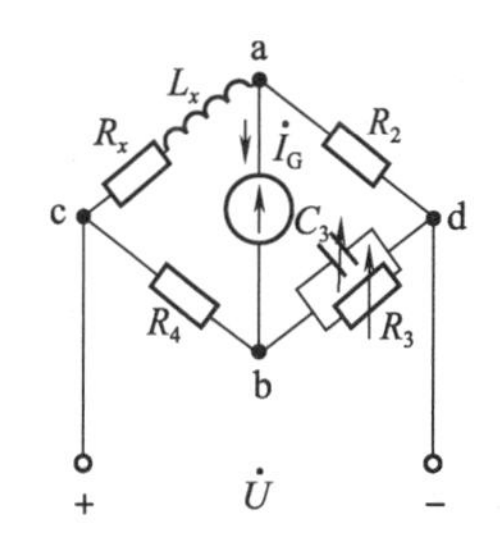

图 4.3.12 麦克斯韦电桥

(1) 麦克斯韦电桥，如图 4.3.12 所示。待测的电感线圈接在桥臂1上。由于实际的电感线圈不是纯电感，还包含导线电阻，这里等效为 L_x 与 R_x 的串联模型。桥臂3上接入可调电容 C_3 和可调电阻 R_3。调节 C_3 和 R_3，当检流计读数为0，电桥平衡时，根据式（4.3.6），有以下关系：

$$R_2R_4=(R_x+\mathrm{j}\omega L_x)\left(\frac{R_3\times\dfrac{1}{\mathrm{j}\omega C_3}}{R_3+\dfrac{1}{\mathrm{j}\omega C_3}}\right)$$

上式的实部和虚部分别相等，得到

$$R_x=\frac{R_2R_4}{R_3},\quad L_x=R_2R_4C_3$$

因此，由电桥平衡时的 R_2、R_3、R_4、C_3，可以得到待测的电感线圈参数。

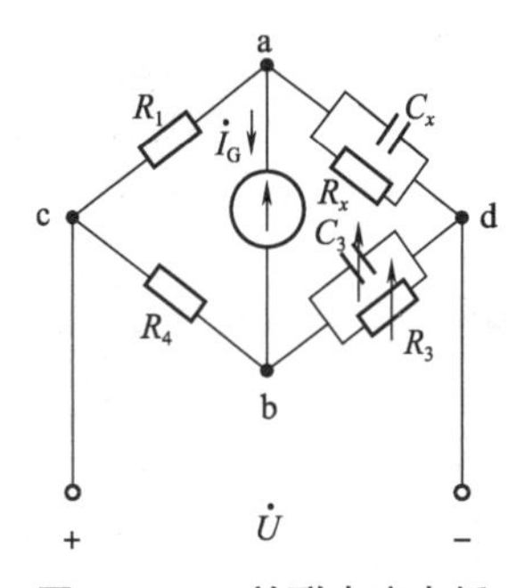

图 4.3.13 并联电容电桥

(2) 并联电容电桥，如图 4.3.13 所示。待测的实际电容器接在桥臂2上。由于实际电容器存在介质损耗，这里等效为 C_x 与 R_x 的并联模型。桥臂3上接入可调电容 C_3 和可调电阻 R_3。调节 C_3 和 R_3，当检流计读数为0，电桥平衡时，根据式（4.3.6），有以下关系：

$$R_1\times\frac{R_3\times\dfrac{1}{\mathrm{j}\omega C_3}}{R_3+\dfrac{1}{\mathrm{j}\omega C_3}}=R_4\times\frac{R_x\times\dfrac{1}{\mathrm{j}\omega C_x}}{R_x+\dfrac{1}{\mathrm{j}\omega C_x}}$$

上式的实部和虚部分别相等，得到

$$C_x=C_3\frac{R_4}{R_1},\quad R_x=R_3\frac{R_1}{R_4}$$

因此，由电桥平衡时的 R_1、R_3、R_4、C_3，可以得到待测的电容器参数。

还有其他类型的电桥，如海氏电桥，感兴趣的读者请自行查阅相关资料。

工程应用 2：移相器

移相器是控制信号相位变化的电路，被广泛应用于雷达系统、微波通信系统和测量系统，用于频率合成、调制解调、相位校准等。在相位校准应用中，它可以对输入信号的相位进行调整，实现来自不同信号源或不同路径信号的同步，确保它们以正确的相位到达接收端，提高系统性能和稳定性。

最简单的移相电路是 RC 电路，如图 4.3.14 所示。

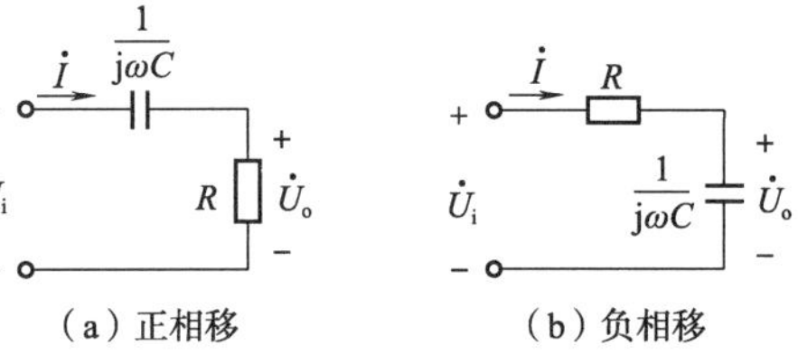

（a）正相移　　（b）负相移

图 4.3.14　RC 移相电路

易知图 4.3.14 所示的网络呈容性，设电流 $\dot{I}$ 的相位超前输入电压 $\dot{U}_i$ 的角度为 θ，则有 $0 < \theta < 90°$。对于图 4.3.14（a），$\dot{U}_o = R\dot{I}$，因此输出 $\dot{U}_o$ 的相位超前输入电压 $\dot{U}_i$（正相移）。对于图 4.3.14（b），$\dot{U}_o = \frac{1}{j\omega C}\dot{I}$。由于 $\frac{1}{j\omega C}$ 使得相位滞后 90°，而电流 $\dot{I}$ 的相位超前输入电压 $\dot{U}_i$ 的角度 θ 小于 90°，因此总体上输出 $\dot{U}_o$ 的相位滞后输入电压 $\dot{U}_i$（负相移）。图 4.3.14 中，超前或滞后的幅度由 R 和 C 的值确定。

例 4.3.3　一个由两级 RC 电路串联形成的移相网络如图 4.3.15 所示，试计算其实现移相的角度。

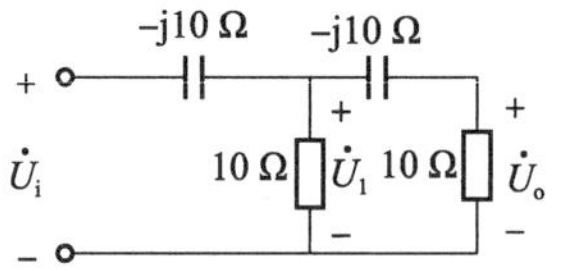

图 4.3.15　例 4.3.3 图

解　计算总阻抗

$$Z_1 = (10 - j10)//10\ \Omega = (6 - j2)\ \Omega$$

$$Z = Z_1 - j10 = (6 - j12)\ \Omega$$

计算各级电路的分压：

$$\dot{U}_1 = \frac{\dot{U}_i}{Z}Z_1 = \frac{6 - j2}{6 - j12}\dot{U}_i = \frac{\sqrt{2}}{3}\underline{/45°}\dot{U}_i$$

$$\dot{U}_o = \frac{10}{10 - j10}\dot{U}_1 = \frac{\sqrt{2}}{2}\underline{/45°} \times \frac{\sqrt{2}}{3}\underline{/45°}\dot{U}_i == \frac{1}{3}\underline{/90°}\dot{U}_i$$

可见，该网络实现了输出超前输入 90°的移相功能。然而，也可以发现，输出信号的幅度衰减为输入信号的 $\frac{1}{3}$。随着串联的 RC 网络的级数越多，移相的角度越大，但造成的衰减也越大。因此，RC 网络不适于做大的移相。为此，可以将 RC 网络与运算放大器结合组成有源移相网络。

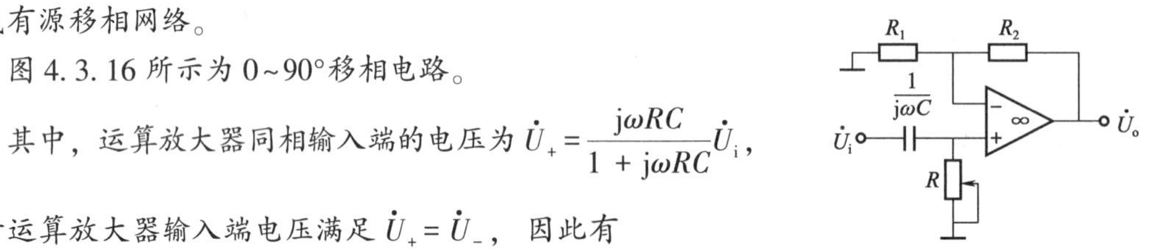

图 4.3.16 所示为 0~90°移相电路。

其中，运算放大器同相输入端的电压为 $\dot{U}_+ = \frac{j\omega RC}{1 + j\omega RC}\dot{U}_i$，由于运算放大器输入端电压满足 $\dot{U}_+ = \dot{U}_-$，因此有

$$\dot{U}_o = \frac{R_1 + R_2}{R_1}\dot{U}_- = \frac{R_1 + R_2}{R_1} \cdot \frac{\omega^2R^2C^2 + j\omega RC}{1 + \omega^2R^2C^2} \cdot \dot{U}_i$$

图 4.3.16　0~90°移相电路

可见，移相角度为 $\varphi = \arctan\frac{1}{\omega RC}$。根据信号频率调节电路的参数，可以在幅度不衰减的情况下，实现 0~90°范围内的移相功能。

4.4　利用相量法分析正弦稳态电路

相量法是分析正弦稳态电路的重要工具。它可以分为两类：相量解析法和相量图法。相量解析法是正弦稳态分析的通用方法，根据相量形式的两类约束来列写电路方程，进行电路等效变换，最终求得电路的完整解。相量图法主要适用于求解有效值或相位差等特殊问题，通过定性地画出相关参量的相量图，再根据图形的特征求解。相量图法一般不用于求解复杂的混联电路。

4.4.1　从时域模型到相量模型

不管是相量解析法还是相量图法，都需要先将电路从时域模型转换为相量模型，才便于后续分析。原则上，要求以电路图的形式画出相量模型。画相量模型的主要规则如下：

(1) 电路的拓扑结构保持不变；

(2) 将所有的正弦电源用相量表示；

(3) 将所有的基本电路元件用它们的阻抗或导纳表示；

(4) 将所有的电路变量写成相量形式。

具体示例请参见4.4.2节。

4.4.2　相量解析法

将电路从时域模型转换为相量模型后，可以利用第1章和第2章中直流电阻电路的分析方法来求解电路，得到待求量的相量表达式，最后再根据相量写出对应的时域表达式。完整过程如图4.4.1所示。

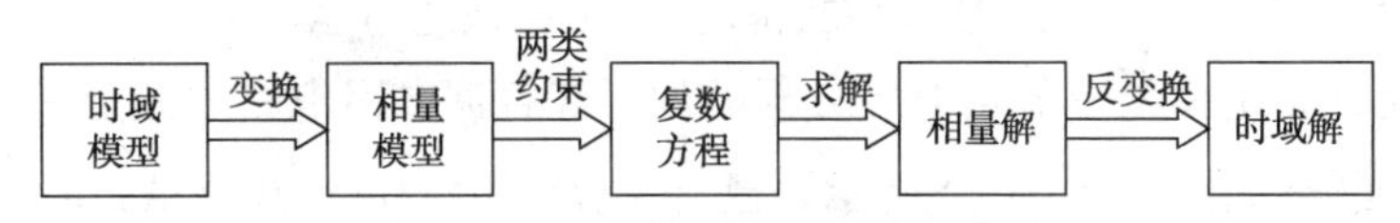

图4.4.1　相量解析法求解电路的步骤

第2章介绍的电路分析方法基本都可以直接用于交流稳态分析，如方程法（网孔法、节点法等）、叠加方法、电路等效法、电路置换法等。下面通过例题来说明。

例4.4.1　如图4.4.2（a）所示电路处于正弦稳态。已知 $u_s(t)=10\sqrt{2}\cos(1\,000t+20°)$ V，试用节点电压法求电流 $i_1(t)$，$i_2(t)$。

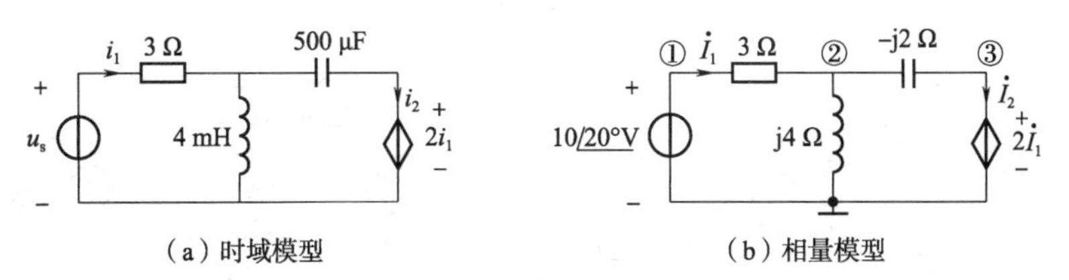

图4.4.2　例4.4.1图

解　(1) 画相量模型，如图4.4.2（b）所示。其中，

电压源的相量为 $\dot{U}_s = 10\angle 20^\circ$ V

电容的阻抗为 $$\frac{1}{j\omega C} = \frac{1}{j\cdot 1\,000\cdot 500\times 10^{-6}}\ \Omega = -j2\ \Omega$$

电感的阻抗为 $$j\omega L = j\cdot 1\,000\cdot 4\times 10^{-3}\ \Omega = j4\ \Omega$$

(2) 对相量模型采用节点法求解。取下部的节点为参考节点，对上部的三个节点编号，假设节点电压分别为 $\dot{U}_{n1}$、$\dot{U}_{n2}$ 和 $\dot{U}_{n3}$。列节点方程如下：

$$\dot{U}_{n1} = 10\angle 20^\circ \text{ V}$$

$$\left(\frac{1}{3}+\frac{1}{j4}+\frac{1}{-j2}\right)\dot{U}_{n2} - \frac{1}{3}\dot{U}_{n1} - \frac{1}{-j2}\dot{U}_{n3} = 0$$

$$\dot{U}_{n3} = 2\dot{I}_1$$

由于存在受控源，因此增补方程：

$$\dot{I}_1 = \frac{\dot{U}_{n1} - \dot{U}_{n2}}{3}$$

解上述方程组，得到

$$\dot{I}_1 = 1.24\angle 49.7^\circ \text{ A}$$

由此可得， $$\dot{I}_2 = \frac{\dot{U}_{n2} - \dot{U}_{n3}}{-j2} = 2.77\angle 76.3^\circ \text{ A}$$

(3) 反变换回时域：

$$i_1(t) = 1.24\sqrt{2}\cos(1\,000t + 49.7^\circ) \text{ A}$$

$$i_2(t) = 2.77\sqrt{2}\cos(1\,000t + 76.3^\circ) \text{ A}$$

由本例可见，相量模型中节点电压方程的列写和直流电阻电路中完全相同。

例 4.4.2 电路如图 4.4.3(a)所示。已知 $i_s(t) = 10\sqrt{2}\cos(10t)$ A，$u_s(t) = -20\sqrt{2}\sin(10t)$ V， 试用等效变换法求电流 $i(t)$。

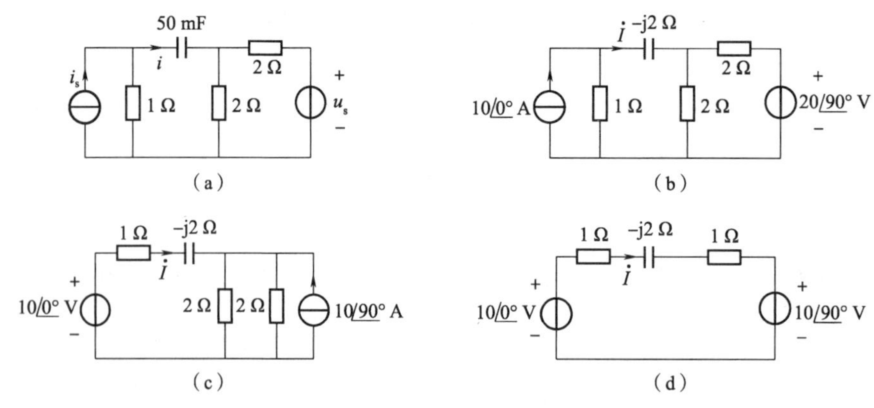

图 4.4.3 例 4.4.2 图

解 (1) 将图 4.4.3 (a) 所示的时域电路转换为相量模型，如图 4.4.3 (b) 所示。

其中

$$\dot{I}_s = 10\angle 0^\circ\ \text{A}$$

$$u_s(t) = -20\sqrt{2}\sin(10t)\ \text{V} = 20\sqrt{2}\cos(10t + 90^\circ)\ \text{V} \Rightarrow \dot{U}_s = 20\angle 90^\circ\ \text{V}$$

$$\frac{1}{\text{j}\omega C} = \frac{1}{\text{j}\cdot 10\cdot 50\times 10^{-3}}\ \Omega = -\text{j}2\ \Omega$$

(2) 根据实际电压源与实际电流源相互等效的规则，图 4.4.3 (b) 可以等效为图 4.4.3 (c)，并可以进一步等效为图 4.4.3 (d)。因此，

$$\dot{I} = \frac{10\angle 0^\circ - 10\angle 90^\circ}{2 - \text{j}2}\ \text{A} = \frac{10 - \text{j}10}{2 - \text{j}2}\ \text{A} = 5\angle 0^\circ\ \text{A}$$

(3) 反变换回时域：

$$i(t) = 5\sqrt{2}\cos(10t)\ \text{A}$$

由本例可见，相量模型中的等效变换和直流电阻电路中完全相同。

例 4.4.3　电路如图 4.4.4 (a) 所示，电源频率为 ω，试求正弦稳态下端口的输入阻抗。

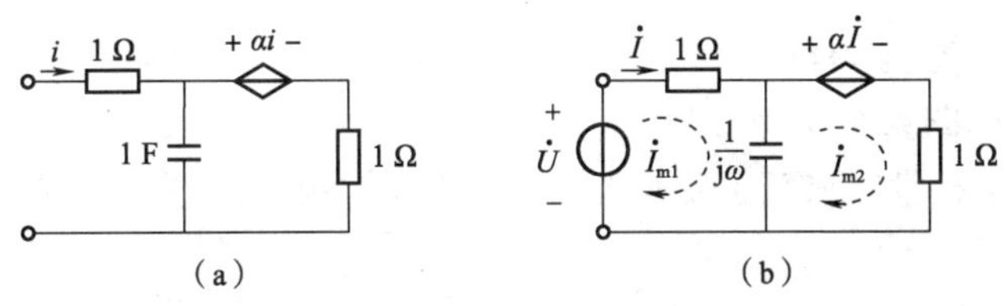

图 4.4.4　例 4.4.3 图

解　画图 4.4.4 (a) 的相量模型。由于电路中含有受控源，这里采用外加电源法求输入阻抗，如图 4.4.4 (b) 所示。

这里使用网孔电流法求解。标出网孔电流如图 4.4.4 (b) 所示，列方程如下：

$$\left(1 + \frac{1}{\text{j}\omega}\right)\dot{I}_{m1} - \frac{1}{\text{j}\omega}\dot{I}_{m2} = \dot{U}$$

$$-\frac{1}{\text{j}\omega}\dot{I}_{m1} + \left(1 + \frac{1}{\text{j}\omega}\right)\dot{I}_{m2} = -\alpha\dot{I}$$

且有

$$\dot{I} = \dot{I}_{m1}$$

解得

$$\dot{I}_{m1} = -\frac{U(\omega - \text{j})}{-\omega + \text{j}(\alpha + 2)}$$

$$\dot{I}_{m2} = \frac{U(\alpha\omega + \text{j})}{-\omega + \text{j}(\alpha + 2)}$$

端口的输入阻抗为

$$Z_i = \frac{\dot{U}}{\dot{I}} = \frac{\dot{U}}{\dot{I}_{m1}} = \frac{-\omega + \text{j}(\alpha + 2)}{\text{j} - \omega} = \frac{\omega^2 + \alpha + 2 - \text{j}\omega(\alpha + 1)}{\omega^2 + 1}$$

实际上，可以对图 4.4.4 (b) 所示电路反复使用实际电压源与实际电流源的等效关

系，将其转化为单回路电路，求解输入阻抗更为简单。请读者自行尝试。

例 4.4.4 电路如图 4.4.5（a）所示，求该一端口网络的戴维南等效电路。

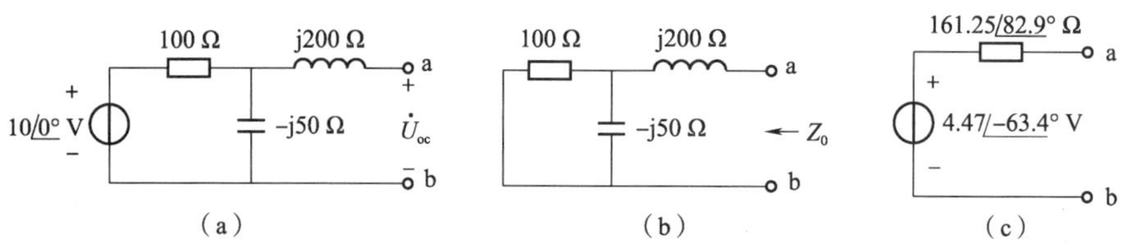

图 4.4.5 例 4.4.4 图

解 求戴维南等效，需要在端口处求开路电压和等效阻抗。

（1）求开路电压：

$$\dot{U}_{oc} = 10\angle 0^\circ \cdot \frac{-j50}{100+(-j50)}\ \text{V} = (2-j4)\ \text{V} = 4.47\angle -63.4^\circ\ \text{V}$$

（2）求等效阻抗。独立源置零后的一端口电路如图 4.4.5（b）所示。

$$Z_0 = [j200 + 100//(-j50)]\ \Omega = \left[j200 + \frac{100(-j50)}{100-j50}\right]\ \Omega = (20+j160)\ \Omega$$

$$= 161.25\angle 82.9^\circ\ \Omega$$

（3）等效电路如图 4.4.5（c）所示。

限于篇幅，关于相量法求解正弦稳态电路的例题讲解到此为止，下面介绍一些工程应用案例。

工程应用 1：电容倍增器

在超低频滤波器电路、长延时电路等应用中，常常需要使用大容量的电容。然而，大容量物理电容的体积大、成本高，有时难以满足实际要求。比如在集成电路设计中，集成大容量的物理电容是非常困难的。此时，可以利用电容倍增器，将小容量的物理电容倍增若干倍（甚至上千倍），以得到满足要求的大容量电容。电容倍增器的方案有基于晶体管的方案、基于运算放大器的方案，以及基于自耦变压器的方案等。这里介绍一个基于运算放大器的电容倍增器电路原理。

图 4.4.6（a）中，根据放大器的“虚短”和“虚断”性质，有

$$\dot{I}_1 = \frac{1}{R_1 + \frac{1}{j\omega C_0}}\dot{U}_i$$

$$\dot{U}_o = \dot{U}_- = \dot{I}_1 \cdot \frac{1}{j\omega C_0} = \frac{1}{j\omega C_0 R_1 + 1}\dot{U}_i$$

根据 KCL，有

$$\dot{I}_i = \dot{I}_1 + \frac{\dot{U}_i - \dot{U}_o}{R_2} = \frac{j\omega C_0\left(1+\frac{R_1}{R_2}\right)}{j\omega C_0 R_1 + 1}\dot{U}_i$$

因此，端口处的等效阻抗为

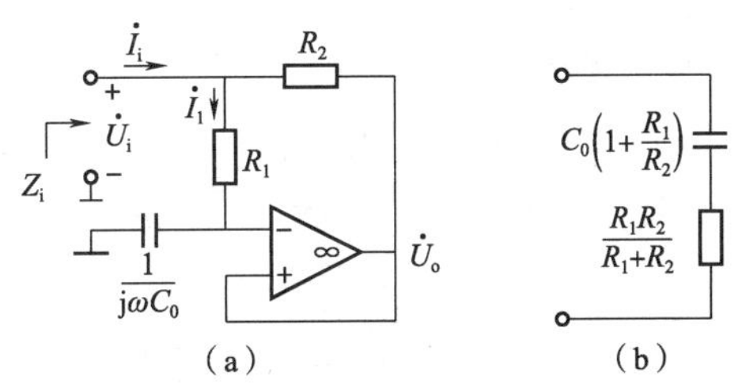

图 4.4.6 电容倍增器及其等效电路

$$Z_i=\frac{\dot{U}_i}{\dot{I}_i}=\frac{j\omega C_0R_1+1}{j\omega C_0\left(1+\frac{R_1}{R_2}\right)}=\frac{1}{j\omega C_0\left(1+\frac{R_1}{R_2}\right)}+\frac{R_1R_2}{R_1+R_2}$$

可见，从端口看进去，原电路可以等效为一个值为 $C_0\left(1+\frac{R_1}{R_2}\right)$ 的电容与一个值为 $\frac{R_1R_2}{R_1+R_2}$ 的电阻的串联，即相当于将原来的电容 C_0 增大了 $1+\frac{R_1}{R_2}$ 倍，如图 4.4.6（b）所示。当 $R_1=1\ \mathrm{M\Omega}$，$R_2=1\ \mathrm{k\Omega}$ 时，该电路相当于将电容 C_0 增大了 1 000 倍。

采用类似的原理，也可以实现电感倍增器。

工程应用 9：回转器

回转器是一个线性非互易的二端口网络，具有十分广泛的用途。它的 Z 参数矩阵为 $\mathbf{Z}=\begin{pmatrix}0 & R\\ -R & 0\end{pmatrix}$（$Z$ 参数为第 2.4 节 R 参数的相量形式），图形符号如图 4.4.7（a）所示。

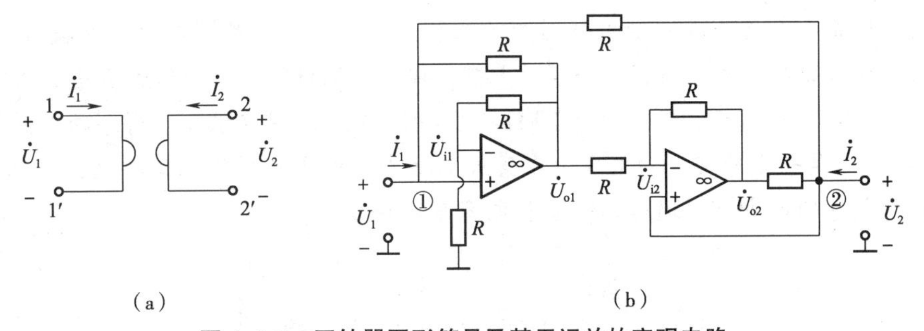

图 4.4.7 回转器图形符号及基于运放的实现电路

回转器可以用晶体管电路或运算放大器实现。图 4.4.7（b）为基于运算放大器构造的回转器电路，下面求取其 Z 参数方程。

根据运放的“虚短”性质，有 $\dot{U}_{i1}=\dot{U}_1$，$\dot{U}_{i2}=\dot{U}_2$。

根据运放的“虚断”性质，有

$$\frac{\dot{U}_{o1}-\dot{U}_{i1}}{R}=\frac{\dot{U}_{i1}}{R}\Rightarrow \dot{U}_{o1}=2\dot{U}_{i1}=2\dot{U}_1$$

$$\frac{\dot{U}_{o1}-\dot{U}_{i2}}{R}=\frac{\dot{U}_{i2}-\dot{U}_{o2}}{R}\Rightarrow \dot{U}_{o2}=2\dot{U}_{i2}-\dot{U}_{o1}=2\dot{U}_2-2\dot{U}_1$$

对节点①和节点②列写 KCL 方程，并代入上述两式，得到

$$\dot{I}_1 = \frac{\dot{U}_1 - \dot{U}_{o1}}{R} + \frac{\dot{U}_1 - \dot{U}_2}{R} = -\frac{1}{R}\dot{U}_2$$

$$\dot{I}_2 = \frac{\dot{U}_2 - \dot{U}_1}{R} + \frac{\dot{U}_2 - \dot{U}_{o2}}{R} = \frac{1}{R}\dot{U}_1$$

将上述两式改写为 Z 参数方程的形式，可以得到

$$\begin{pmatrix} \dot{U}_1 \\ \dot{U}_2 \end{pmatrix} = \begin{pmatrix} 0 & R \\ -R & 0 \end{pmatrix} \begin{pmatrix} \dot{I}_1 \\ \dot{I}_2 \end{pmatrix}$$

可见，图 4.4.7（b）确实是一个回转器电路。

回转器的应用很多，下面介绍一个利用回转器把电容回转成电感的例子。

假设电源频率为 ω，如果在回转器的端口 2 接一个电容 C，如图 4.4.8（a）所示，分析一下端口 1 的输入阻抗。根据回转器的 Z 参数方程，有 $\dot{U}_1 = R\dot{I}_2$，$\dot{U}_2 = -R\dot{I}_1$。

由于在端口 2，有 $\dot{U}_2 = -\frac{1}{\text{j}\omega C}\dot{I}_2$。因此

$$\dot{U}_1 = R\dot{I}_2 = -\text{j}\omega CR\dot{U}_2 = -\text{j}\omega CR \cdot (-R\dot{I}_1) = \text{j}\omega CR^2\dot{I}_1$$

故端口①的输入阻抗为

$$Z = \frac{\dot{U}_1}{\dot{I}_1} = \text{j}\omega R^2 C$$

显然，这是一个值为 R^2C 的电感对应的感抗。也就是说，尽管在端口②接入的是一个电容，但是从端口①看进去却是一个等效电感，即该二端口将电容回转成了一个电感，等效电路如图 4.4.8（b）所示。假设 $R = 1\ \text{k}\Omega$，$C = 1\ \mu\text{F}$，此时在端口①得到的电感值为 $L = R^2C = 1\ \text{H}$。这是一个非常大的电感。在集成电路中，由于电感线圈体积大，不利于集成，因此在需要电感的地方可以通过回转器和电容来获得。

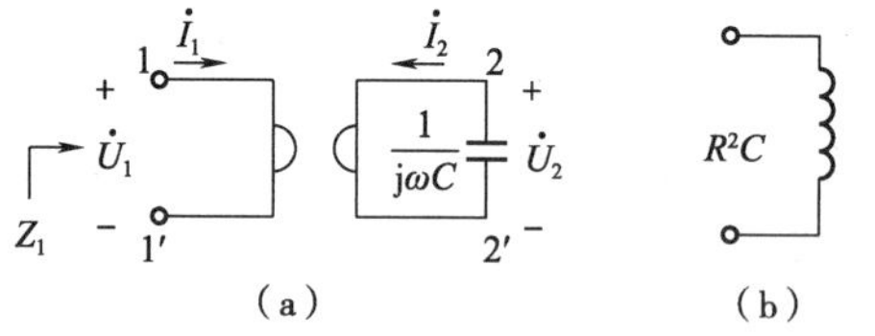

图 4.4.8　将电容回转为电感

回转器还可以用于实现理想变压器、负阻抗变换器等。感兴趣的读者请自行查阅相关资料。

4.4.3　相量图法

相量图法也是分析正弦稳态电路的重要方法，常用于求解有效值或相位差等特殊问题。它通过定性地画出电路中有关电参量的相量图，直观地显示各电参量的相量之间的关

系（尤其是相位关系），从而辅助电路的分析计算。

绘制相量图的依据仍然是两类约束，其难点在于确定各相量的相对位置。通常的做法是：根据电路的连接方式，先选定一个合适的相量作为参考相量，然后根据元件约束（尤其是元件的电压电流间的相位约束）定性地画出与参考相量直接相关的相量，最后再根据拓扑约束（KVL、KCL）画出其他相量。

1. 串联支路的相量图画法

由于串联支路中各元件的电流相等，因此绘制相量图时宜选电流相量为参考相量，再根据各串联元件的电压相量与参考电流相量之间的元件约束画出电压相量，最后再根据KVL约束画出各电压相量和的相量。

例 4.4.5　正弦稳态电路如图 4.4.9（a）所示，已知 $\omega L>\dfrac{1}{\omega C}$，试求端口电压 $u(t)$ 与电阻电压 $u_R(t)$ 的相位关系。

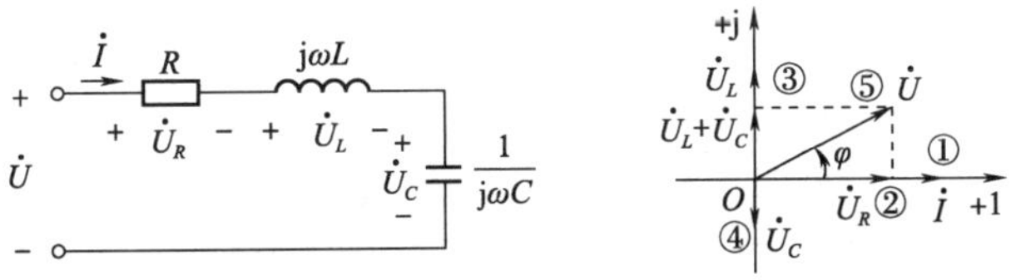

（a）电路相量模型　　（b）相量图

图 4.4.9　*RLC* 串联电路及其相量图

解　该电路为串联电路，选择电路的电流相量 $\dot{I}$ 作为参考相量。为了方便，常常假设参考相量的辐角为0°。

$$\dot{I}=I\angle 0^\circ\ \mathrm{A}$$

根据VCR，有以下关系式：

$$\dot{U}_R=R\dot{I}=RI\angle 0^\circ\ \mathrm{V}$$

$$\dot{U}_\mathrm{L}=\mathrm{j}\omega L\dot{I}=\omega LI\angle 90^\circ\ \mathrm{V}$$

$$\dot{U}_\mathrm{C}=\frac{1}{\mathrm{j}\omega C}\dot{I}=\frac{1}{\omega C}I\angle -90^\circ\ \mathrm{V}$$

（1）在实轴上画出参考相量 $\dot{I}$，如图 4.4.9（b）中的①。

（2）根据元件约束，画各元件的电压相量。对于电阻 R，由于其电压电流同相，因此 $\dot{U}_R$ 与电流方向 $\dot{I}$ 相同，如图 4.4.9（b）中的②；对于电感 L，由于其电压超前电流 90°，所以 $\dot{U}_L$ 相对于 $\dot{I}$ 逆时针旋转 90°，如图 4.4.9（b）中的③；对于电容 C，由于其电压滞后电流 90°，所以 $\dot{U}_C$ 相对于 $\dot{I}$ 顺时针旋转 90°，如图 4.4.9（b）中的④。

（3）根据KVL约束，端口电压相量 $\dot{U}$ 等于三个串联元件的电压相量之和：$\dot{U}=\dot{U}_R+\dot{U}_L+\dot{U}_C$。根据相量求和的规则可以画出 $\dot{U}$，如图 4.4.9（b）中的⑤。

由图 4.4.9（b）可见，端口电压的相位超前电流，超前的角度 φ 可通过图中的关系

求得

$$\varphi = \arctan\frac{U_L - U_C}{U_R} = \arctan\frac{\omega LI - \dfrac{1}{\omega C}I}{IR} = \arctan\frac{\omega L - \dfrac{1}{\omega C}}{R}$$

注意：在相量图绘制过程中，只需定性地绘出各相量，无须精确追求各个相量的长度及相角。

2. 并联支路的相量图画法

并联支路各元件的电压相同，因此绘制相量图时宜选电压相量为参考相量，再根据元件约束确定各并联元件的电流相量与参考相量之间的夹角，最后根据 KCL 约束画出各支路电流相量和的相量。

例 4.4.6 正弦稳态电路如图 4.4.10（a）所示。已知 $\omega L>\dfrac{1}{\omega C}$，试画出电路相量图。

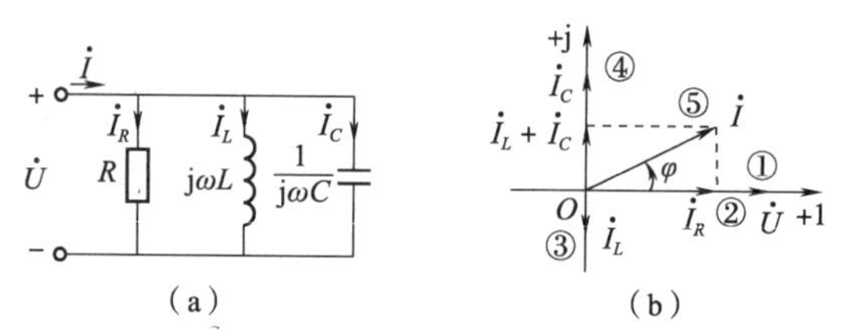

图 4.4.10 *RLC* 并联电路及其相量图

解 该电路为并联电路，选取电压相量 $\dot{U}$ 作为参考相量，假设其辐角为 0°。

$$\dot{U} = U\angle 0° \text{ V}$$

根据 VCR，有以下关系式：

$$\dot{I}_R = \frac{\dot{U}}{Z_R} = \frac{\dot{U}}{R} = \frac{U}{R}\angle 0° \text{ A}$$

$$\dot{I}_L = \frac{\dot{U}}{Z_L} = \frac{\dot{U}}{j\omega L} = \frac{U}{\omega L}\angle -90° \text{ A}$$

$$\dot{I}_C = \frac{\dot{U}}{Z_C} = \frac{\dot{U}}{\dfrac{1}{j\omega C}} = \omega CU\angle 90° \text{ A}$$

（1）在实轴上画出参考相量 $\dot{U}$，如图 4.4.10（b）中的①。

（2）根据元件约束，画各元件的电流相量。对于电阻 R，由于其电压电流同相，因此 $\dot{I}_R$ 与电压方向 $\dot{U}$ 相同，如图 4.4.10（b）中的②；对于电感 L，由于其电流滞后电压 90°，所以 $\dot{I}_L$ 相对于 $\dot{U}$ 顺时针旋转 90°，如图 4.4.10（b）中的③；对于电容 C，由于其电流超前电压 90°，所以 $\dot{I}_C$ 相对于 $\dot{U}$ 逆时针旋转 90°，如图 4.4.10（b）中的④。

（3）根据 KCL 约束，端口电流相量 $\dot{I}$ 等于三个并联元件的电流相量之和：$\dot{I} = \dot{I}_R + \dot{I}_L + \dot{I}_C$。根据相量求和的规则可以画出 $\dot{I}$，如图 4.4.10（b）中的⑤。

由图 4.4.10（b）可见，端口电流的相位超前电压，超前的角度 φ 可根据图中的关系

求得

$$\varphi = \arctan\frac{I_C - I_L}{I_R} = \arctan\frac{\omega CU - \dfrac{U}{\omega L}}{\dfrac{U}{R}} = \arctan\left(\omega CR - \frac{R}{\omega L}\right)$$

例 4.4.7　正弦稳态电路如图 4.4.11（a）所示。电流表 A_1、A_2 的读数均为 10 A，求电流表 A_3 的读数。

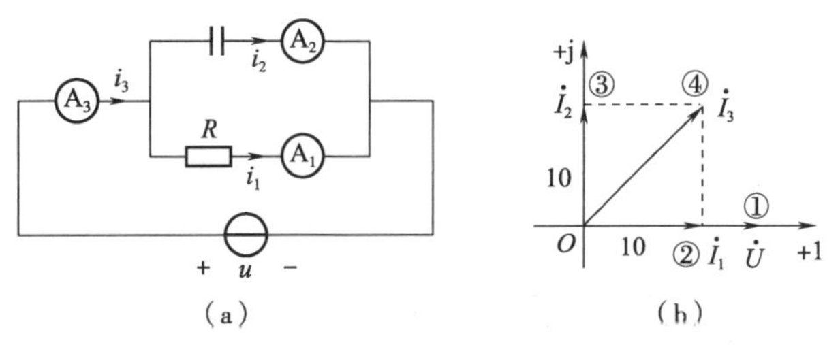

图 4.4.11　例 4.4.7 图

解　选取电压 $\dot{U}$ 作为参考相量，画相量图如图 4.4.11（b）所示。

$$I_3 = \sqrt{I_1^2 + I_2^2} = 10\sqrt{2}\ \text{A}$$

因此，A_3 的读数为 $10\sqrt{2}$ A。

3. 混联电路的相量图画法

如果电路比较复杂，既有串联支路又有并联支路，可以按照先局部、后全局的原则来绘制相量图。下面以实例说明。

例 4.4.8　正弦稳态电路如图 4.4.12（a）所示。已知 $I_1 = I_2 = 10$ A，$U = 100$ V，电压 $\dot{U}$ 和电流 $\dot{I}$ 同相，求 I、R、X_C 和 X_L。

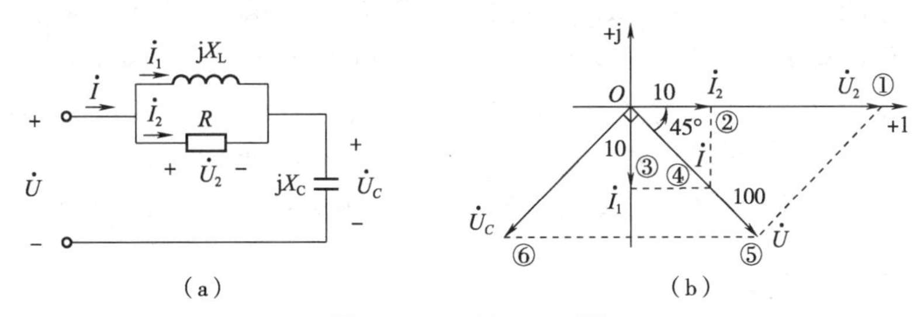

图 4.4.12　例 4.4.8 图

解　（1）以并联电路两端电压 $\dot{U}_2$ 为参考相量，如图 4.4.12（b）中的①。首先画电流 $\dot{I}_1$、$\dot{I}_2$ 相量。流过电阻 R 的电流 $\dot{I}_2$ 与 $\dot{U}_2$ 同相，电感电流 $\dot{I}_1$ 滞后 $\dot{U}_2 90°$。由于 $\dot{I} = \dot{I}_1 + \dot{I}_2$，同时 $I_1 = I_2$，所以电流相量三角形 $\dot{I}_1$、$\dot{I}_2$、$\dot{I}$ 是一个等腰直角三角形，总电流 $\dot{I}$ 滞后 $\dot{I}_2 45°$，如图 4.4.12（b）中的②、③、④所示。

由图 4.4.12（b）可得，总电流 I 为

$$I = \sqrt{I_1^2 + I_2^2} = \sqrt{10^2 + 10^2}\ \text{A} = 10\sqrt{2}\ \text{A}$$

$$\varphi = 45°$$

（2）由于电压 $\dot{U}$ 和电流 $\dot{I}$ 同相，因此可直接画出相量 $\dot{U}$，如图 4.4.12（b）中的⑤所示。

（3）由于电容两端电压 $\dot{U}_C$ 滞后电流 $\dot{I}$ 90°，可以画出 $\dot{U}_C$，如图 4.4.12（b）中的⑥所示。最后根据 KVL 约束 $\dot{U} = \dot{U}_C + \dot{U}_2$，可确定①、⑤、⑥三个相量的长度关系。

由图 4.4.12（b）中 $\dot{U}$、$\dot{U}_C$、$\dot{U}_2$ 的关系，可得

$$U_C = 100\ \text{V},\quad U_2 = \frac{U}{\cos 45°} = 141\ \text{V}$$

于是

$$X_C = -\frac{U_C}{I} = -\frac{100}{10\sqrt{2}}\ \Omega = -7.07\ \Omega$$

$$X_L = \frac{U_2}{I_1} = \frac{141}{10}\ \Omega = 14.1\ \Omega$$

$$R = \frac{U_2}{I_2} = \frac{141}{10}\ \Omega = 14.1\ \Omega$$

4.5 正弦稳态电路的功率和功率因数

功率是电气设备、电子系统、通信系统最重要的物理量之一。和直流电路相同，正弦稳态无源一端口电路中功率的基本定义也是端口电压与电流的乘积。然而，由于正弦电压、电流的大小和方向均随时间变化，得到的功率也是一个随时间变化的量，称为瞬时功率。瞬时功率使用起来不太方便，人们更关心电气设备在一段时间内瞬时功率的平均值，因此定义了平均功率。电气设备的额定功率就是指它的平均功率。不过，平均功率也有缺点，它无法描述电路中的电抗负载与电源进行能量交换的问题。为此，人们又定义了无功功率，并进一步引入视在功率、功率因数等概念，从而得到正弦稳态电路功率的完整描述。

4.5.1 正弦稳态电路的功率

1. 瞬时功率

与第 1 章的功率定义相同，当一端口电路端口的电压电流满足关联参考方向时，如图 4.5.1 所示，电路的瞬时功率等于其瞬时电压与瞬时电流的乘积。

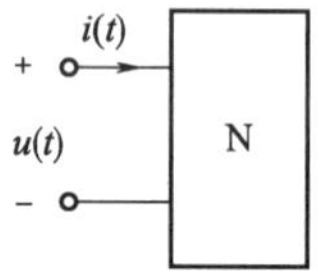

图 4.5.1 一端口网络参考方向

$$p(t) = u(t)i(t)$$

假设端口电压 $u(t) = \sqrt{2}U\cos(\omega t + \varphi_u)$，电流 $i(t) = \sqrt{2}I\cos(\omega t + \varphi_i)$，则该电路的瞬时功率为

$$p(t)=u(t)i(t)=\sqrt{2}U\cos(\omega t+\varphi_u)\cdot\sqrt{2}I\cos(\omega t+\varphi_i)$$
$$=UI\cos(\varphi_u-\varphi_i)+UI\cos(2\omega t+\varphi_u+\varphi_i)$$

令 $\varphi=\varphi_u-\varphi_i$ 表示端口电压电流的相位差。则上式表示为

$$p(t)=UI\cos\varphi+UI\cos(2\omega t+\varphi_u+\varphi_i) \tag{4.5.1}$$

由式（4.5.1）可以看出，瞬时功率包括两个分量：$UI\cos\varphi$ 是不随时间变化的常量，而 $UI\cos(2\omega t+\varphi_u+\varphi_i)$ 是频率为电源频率 2 倍的正弦量。一端口电路的电压、电流、瞬时功率波形图如图 4.5.2 所示。

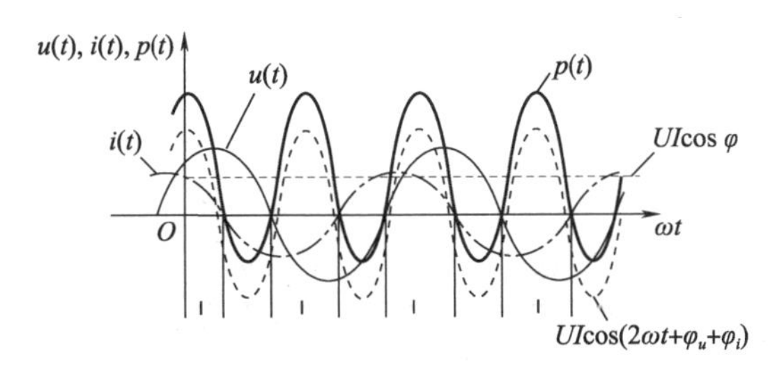

图 4.5.2 一端口电路的电压、电流、瞬时功率波形图

从图 4.5.2 中可以看出，正弦稳态下电路的瞬时功率随时间周期性变化，甚至会出现有时候为正、有时候为负的现象。当电压 $u(t)$ 和电流 $i(t)$ 的实际方向一致时，瞬时功率为正值（图中用“+”号表示），表明电路吸收能量；当电压 $u(t)$ 和电流 $i(t)$ 的实际方向相反时，瞬时功率为负值（图中用“-”号表示），表明电路释放能量。

瞬时功率有时候也是十分有用的。为了保证器件能够安全工作或者工作在一定范围内，器件的最大功率值是受限的。比如，对于音响功率放大器而言，当瞬时功率超过限定值时，功率放大器会产生失真的输出，导致扬声器发出失真的声音。

2. 平均功率

由于瞬时功率的时变特性，很多场合使用起来并不方便。因此，人们定义了平均功率的概念。

平均功率是瞬时功率在一个周期内的平均值，又称有功功率，表示电路真正消耗的功率。平均功率的单位为瓦（W），常用大写字母 P 表示，即

$$P=\frac{1}{T}\int_0^T p(t)\,\mathrm{d}t=\frac{1}{T}\int_0^T[UI\cos\varphi+UI\cos(2\omega t+\varphi_u+\varphi_i)]\,\mathrm{d}t=UI\cos\varphi \tag{4.5.2}$$

式（4.5.2）表明，平均功率不仅与端口电压电流的有效值有关，还与两者的相位差 φ 有关。

（1）对于仅由电阻元件组成的无源一端口电路，由于纯电阻网络的端口电压电流同相，$\varphi=0$，因此平均功率 $P=UI$。

（2）对于仅由电抗元件（电容或电感）组成的无源一端口电路，由于纯电抗网络端口的电压与电流相位差为 $|\varphi|=90°$，因此平均功率 $P=0$，即电抗元件不消耗平均功率。

（3）对于既包含电阻元件，又包含电抗元件的无源一端口电路，一定有 $|\varphi|<\dfrac{\pi}{2}$，这类电路会消耗平均功率，且平均功率都是由电阻消耗的。

总之，电阻性元件在任何时候均消耗平均功率，而电抗性元件消耗的平均功率等于 0。

一般地，对于一个无源一端口电路，假设端口处的等效阻抗 $Z=R+jX=|Z|\cos\varphi_Z+j|Z|\sin\varphi_Z$，则此时端口处电压电流的相位差就是无源一端口的阻抗角，即 $\varphi_Z=\varphi$。其平均功率计算可以通过以下几种方式进行：

$$P=UI\cos\varphi=UI\cos\varphi_Z=I^2R$$

平均功率遵循功率守恒原理。一个完整电路的平均功率之和等于0，即

$$\sum P=0$$

可以使用功率表来测量正弦稳态无源一端口电路吸收的平均功率。功率表是一个四端元件，图形符号如图4.5.3（a）所示。其中1、2端用于测量电流 $\dot{I}$，3、4端用于测量电压 $\dot{U}$。为了简明起见，常用图4.5.3（b）来表示。

功率表测量无源一端口平均功率的接线图如图4.5.4所示。1、2端应该根据电流的参考方向串联到电路中，3、4端应该根据电压的参考方向与端口并联，在这种接法下，测得的读数为 $UI\cos(\varphi_u-\varphi_i)$。

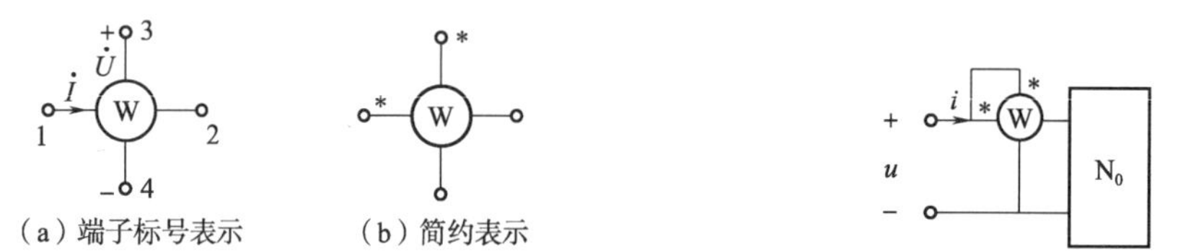

图4.5.3　功率表图形符号

图4.5.4　功率表测量无源一端口平均功率的接线图

3. 无功功率

式（4.5.1）的瞬时功率还可以表达为

$$\begin{aligned}p(t)&=UI\cos\varphi+UI\cos(2\omega t+2\varphi_u-\varphi)\\&=UI\cos\varphi[1+\cos(2\omega t+2\varphi_u)]+UI\sin\varphi\sin(2\omega t+2\varphi_u)\end{aligned}$$

式中，第一项功率始终大于或等于0，是瞬时功率中不可逆的部分，它在一个周期内的平均值就是平均功率；第二项功率表现为一个频率为 2ω、振幅为 $UI\sin\varphi$ 的正弦函数，在一个周期内吸收和释放的能量完全相等，说明能量是在一端口电路与外电路间进行往复交换，是瞬时功率中的可逆部分。为了衡量一端口电路与外电路之间进行能量交换的最大速率，将瞬时功率可逆部分的振幅定义为无功功率，记为 Q，即

$$Q=UI\sin\varphi \tag{4.5.3}$$

无功功率的单位为乏（var）。这里的“无功”是指这部分能量在往复交换的过程中，没有被消耗掉。无功功率虽然没有被消耗掉，却是必不可少的，比如电感建立磁场、电容建立电场的过程，都需要这部分功率。

（1）对于仅由电阻元件组成的无源一端口电路，由于纯电阻网络的端口电压电流同相，$\varphi=0$，因此无功功率 $Q=0$，即电阻没有无功功率。

（2）对于仅由电容组成的无源一端口电路，由于纯电容网络的端口电压滞后电流90°（$\varphi=-90°$），因此无功功率 $Q=-UI$。由于电容元件的无功功率为负，因此通常认为电容元件提供无功功率。

（3）对于仅由电感组成的无源一端口电路，由于纯电感网络的端口电压超前电流90°，

($\varphi = 90°$)，因此无功功率 $Q = UI$。由于电感元件的无功功率为正，因此通常认为电感元件吸收无功功率。

一般地，对图 4.5.1 所示的无源一端口电路，假设其在端口处的等效阻抗 $Z = R + \mathrm{j}X = |Z|\cos\varphi_Z + \mathrm{j}|Z|\sin\varphi_Z$，则其无功功率计算可以通过以下几种方式进行：

$$Q = UI\sin\varphi = UI\sin\varphi_Z = I^2X$$

无功功率也遵循功率守恒原理。一个完整电路的无功功率之和等于 0，即

$$\sum Q = 0$$

4. 视在功率

一端口网络的端口电压有效值与电流有效值的乘积 UI 称为一端口的视在功率，记为 S，即

$$S = UI \tag{4.5.4}$$

视在功率的单位为伏·安（V·A）。

对于无源一端口电路而言，视在功率的含义为：在同时满足电路的有功功率和无功功率需求的条件下，外部电路需要提供的功率容量。工程上也常用视在功率表示设备在额定电压、电流条件下的最大负荷能力或承载能力（即对外输出有功功率的最大能力）。例如，一台发电机的视在功率为 100 000 kV·A，表示该发电机对外输出有功功率的最大能力为 100 000 kW。

根据定义很容易发现，有功功率、无功功率、视在功率三者之间存在如下的关系式：

$$P = S\cos\varphi,\quad Q = S\sin\varphi,\quad S = \sqrt{P^2 + Q^2}$$

很显然，三个量之间构成了一个直角三角形，称为功率三角形，如图 4.5.5 所示。

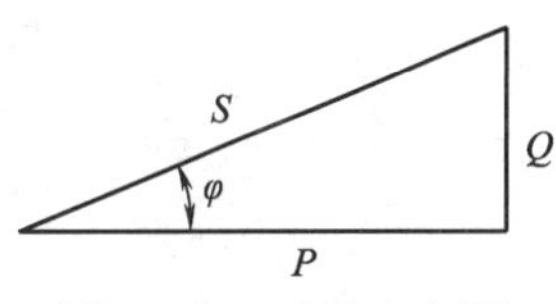

图 4.5.5　功率三角形

视在功率不满足功率守恒原理。此外，需要说明的是，虽然有功功率、无功功率、视在功率分别使用了 W、var、V·A 作为单位，但实际上它们的量纲是相同的，使用不同单位的目的是对三种功率进行区分。

5. 功率因数

正弦稳态无源一端口电路中，将平均功率与视在功率的比值定义为电路的功率因数，记为 λ。在以输送功率为目的的电能传输网络中，功率因数是衡量传输电能效果的重要指标。

$$\lambda = \cos\varphi = \frac{P}{S} \tag{4.5.5}$$

式中，φ 称为功率因数角。

对于无源一端口网络，φ 就是端口处等效阻抗的阻抗角，即 $\varphi = \varphi_Z$。λ 无量纲，取值范围 $\lambda \in [0,1]$。

（1）对于由纯电阻组成的无源一端口网络，$\varphi = 0$，$\lambda = 1$。

（2）对于由纯电抗组成的无源一端口网络，$|\varphi| = \pm\dfrac{\pi}{2}$，$\lambda = 0$。

（3）一般情况下，无源一端口网络的输入阻抗 $Z=R+\mathrm{j}X$，$R\neq 0$，$X\neq 0$，$|\varphi|<\dfrac{\pi}{2}$。当 $X>0$ 时，电路呈感性，$0<\varphi<\dfrac{\pi}{2}$，功率因数角为正，由于此时电流滞后电压，称为滞后的功率因数。当 $X<0$ 时，电路呈容性，$-\dfrac{\pi}{2}<\varphi<0$，功率因数角为负，由于此时电流超前电压，称为超前的功率因数。由于在 $\varphi\in\left[-\dfrac{\pi}{2},\ \dfrac{\pi}{2}\right]$ 始终有 $\cos\varphi\geqslant 0$，因此，在使用功率因数时需要标明是超前还是滞后。

例 4.5.1 正弦稳态电路如图 4.5.6 所示。试求：

（1）两个并联支路的有功功率、无功功率、视在功率；

（2）电源的提供的有功功率、无功功率，计算视在功率和功率因数。

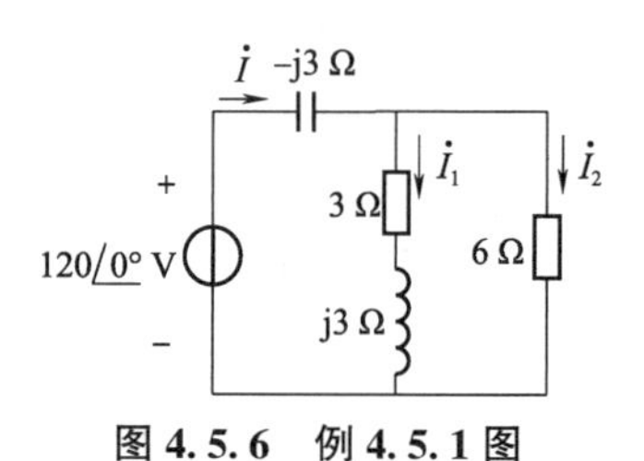

图 4.5.6　例 4.5.1 图

解 要求解功率，需先用相量法求解相应的电压、电流值。

总阻抗

$$Z=[-\mathrm{j}3+(3+\mathrm{j}3)//6]\ \Omega=\left[-\mathrm{j}3+\frac{(3+\mathrm{j}3)\times 6}{3+\mathrm{j}3+6}\right]\ \Omega=(2.4-\mathrm{j}1.8)\ \Omega=3\angle -36.9^\circ\ \Omega$$

各支路电流

$$\dot{I}=\frac{120\angle 0^\circ}{3\angle -36.9^\circ}\ \mathrm{A}=40\angle 36.9^\circ\ \mathrm{A}$$

$$\dot{I}_1=\dot{I}\cdot\frac{6}{3+\mathrm{j}3+6}=40\angle 36.9^\circ\times 0.63\angle -18.4^\circ\ \mathrm{A}=25.2\angle 185^\circ\ \mathrm{A}$$

$$\dot{I}_2=\dot{I}\cdot\frac{3+\mathrm{j}3}{3+\mathrm{j}3+6}=40\angle 36.9^\circ\times 0.45\angle 26.6^\circ\ \mathrm{A}=18\angle 63.5^\circ\ \mathrm{A}$$

（1）各支路的功率：

支路 1：

有功功率：$P_1=I_1^2R_1=25.2^2\times 3\ \mathrm{W}=1\ 905.1\ \mathrm{W}$。

无功功率：$Q_1=I_1^2X=25.2^2\times 3\ \mathrm{var}=1\ 905.1\ \mathrm{var}$。

视在功率：$S_1=\sqrt{P_1^2+Q_1^2}=2\ 694.2\ \mathrm{V\cdot A}$。

支路 2：

有功功率：$P_2=I_2^2R_2=18^2\times 6\ \mathrm{W}=1\ 944\ \mathrm{W}$。

无功功率：$Q_2=0\ \mathrm{var}$。

视在功率：$S_2=P_2=1\ 944\ \mathrm{V\cdot A}$。

（2）电源的功率：

有功功率：$P=UI\cos\varphi=120\times 40\times\cos(0-36.9^\circ)\ \mathrm{W}=3\ 838.5\ \mathrm{W}$。

无功功率：$Q=UI\sin\varphi=120\times 40\times\sin(0-36.9^\circ)\ \mathrm{var}=-2\ 882\ \mathrm{var}$。

视在功率：$S=\sqrt{P^2+Q^2}=4\ 800\ \mathrm{V\cdot A}$。

功率因数：$\lambda = \dfrac{P}{S} = 0.8$（超前）。

6. 复功率*

由例 4.5.1 可知，可以使用相量法来求解电压、电流等参量，但是功率的计算却没有使用相量。能否直接使用相量来计算所有的功率呢？答案是肯定的，此时需要引入复功率的概念。

如图 4.5.1 所示的一端口电路，端口电压相量为 $\dot{U}$，电流相量为 $\dot{I}$，则该电路的复功率 $\widetilde{S}$ 定义为

$$\widetilde{S} = \dot{U}\dot{I}^* = U\angle\varphi_u \cdot I\angle-\varphi_i = S\angle\varphi = P + jQ \tag{4.5.6}$$

式中，$\dot{I}^*$ 为 $\dot{I}$ 的共轭复数；P 为复功率的实部，即电路的有功功率；Q 为复功率的虚部，即电路的无功功率；S 为电路的视在功率，是复功率的模。复功率的单位为伏·安（V·A）。

复功率是人为构造的一个辅助计算功率的复数，没有实际的物理意义。它将正弦稳态电路的三种功率和功率因数用一个公式表示出来，只要计算出了电路的电压相量和电流相量，便可以直接求得所有功率，从而使得相量法成为一套完整的分析正弦稳态电路的工具。需要注意的是，复功率不是相量，也不代表正弦量，它只是形式上与相量一致。

例如，在例 4.5.1 中，对于电压源，可以直接用复功率的定义式：

$$\widetilde{S} = \dot{U}\dot{I}^* = 120\angle 0° \cdot 40\angle -36.9°\ \text{V·A} = 4\,800\angle -36.9°\ \text{V·A} = (3\,838.5 - \text{j}2\,882)\ \text{V·A}$$

从而可知，电压源的有功功率为 3 838.5 W，无功功率为−2 882 var，视在功率为 4 800 V·A。

可以证明，对于完整的电路，复功率是守恒的，即

$$\sum \widetilde{S} = 0$$

4.5.2 功率因数的提高

1. 功率因数对供电系统效率的影响

功率因数是正弦稳态电路的重要技术指标之一。根据前文叙述，负载正常工作所需的功率包括有功功率和无功功率两部分。有功功率被负载消耗掉，而无功功率则在负载和电源之间往复传输。尽管无功功率不直接消耗能量，但在有功功率一定的情况下，如果无功功率过大，功率因数过低，会造成不利影响，下面简要分析。

1）电源的容量不能得到充分利用

交流电源的容量是一定的，比如发电机、变压器等，都有额定容量。根据式（4.5.5）可知，如果功率因数 λ 比较低，在提供相同有功功率 P 的情况下，就需要提高电源的额定容量（即视在功率 S），造成设备容量的浪费。

2）增大供电线路上的电能损耗

电能是通过输电线路传输到负载端的。根据视在功率的定义，输电线路中的电流可以表示为

$$I = \frac{S}{U}$$

可见，当电压 U 一定时，增大视在功率 S 将导致输电线上的电流 I 增大。由于输电线路中存在分布电阻，输电电流的增大会导致输电线路上的功率损耗加大，给供电部门造成损失。

因此，我国现行的相关规范规定，100 kV·A 及以上 10 kV 供电的电力用户，功率因数应达到 0.95 以上；其他电力用户的功率因数应达到 0.85 以上。

例 4.5.2 某供电线路电阻 R_1 为 0.2 Ω。负载为感性负载，当电压 $U=220$ V 时，有功功率 $P=10$ kW，功率因数 $\lambda=0.8$。

（1）求在保证用电器电压 U 为 220 V 时，线路的电压降 U_1。

（2）求线路的功率损耗 P_1。

解 （1）由已知条件可得负载的视在功率：

$$S=\frac{P}{\lambda}=\frac{10\times10^3}{0.8}\ \text{V}\cdot\text{A}=12.5\ \text{kV}\cdot\text{A}$$

线路电流为

$$I_1=\frac{S}{U}=\frac{12.5\times10^3}{220}\ \text{A}=56.8\ \text{A}$$

因此线路电压降为

$$U_1=I_1R_1=56.8\times0.2\ \text{V}=11.36\ \text{V}$$

（2）线路功率损耗：

$$P_1=I_1U_1=56.8\times11.36\ \text{W}=645.25\ \text{W}$$

2. 功率因数提高的方法

在实际用电设备中，大部分负载呈感性，且功率因数较低。例如，异步电动机工作时的功率因数一般在 0.75~0.85，轻载或空载时功率因数甚至可能低于 0.5。提高负载的功率因数有两种方法，一是对用电设备加以改进，提高其功率因数，这种方法技术难度高、周期长、成本高；二是在感性负载上并联电容，提高负载整体的功率因数。实现这种用途的电容称为补偿电容。由于补偿电容与感性负载是并联关系，因此不会改变负载的工作条件。

补偿电容的工作原理是：在同一电源供电下，感性负载上的电压、电流相位差与补偿电容不同，使得它们的无功功率总是处于互补状态，整体上减少了负载与电源之间的无功功率交换规模，也就提高了电路的功率因数。

一个无源一端口感性负载可以等效为如图 4.5.7（a）所示的最简模型。假设端电压为 U，负载消耗的有功功率为 P，如果要求把它的功率因数从 $\cos\varphi_1$ 提高到 $\cos\varphi_2$，该如何确定并联电容的参数值呢？

可以采相量图法来解决这个问题。以电源电压相量 $\dot{U}$ 为参考相量，画出相量图如图 4.5.7（b）所示。

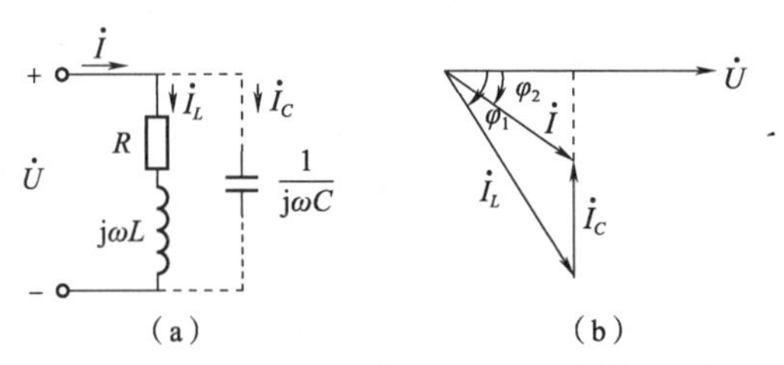

图 4.5.7　补偿电容的接入及对应的相量图

补偿前后，电路消耗的平均功率不变，即

$$P = UI_L\cos\varphi_1 = UI\cos\varphi_2$$

得到

$$I_L = \frac{P}{U\cos\varphi_1},\quad I = \frac{P}{U\cos\varphi_2}$$

由图 4.5.7（b）可知，流过电容的电流

$$I_C = I_L\sin\varphi_1 - I\sin\varphi_2$$

代入 I_L、I，得到

$$I_C = \frac{P}{U\cos\varphi_1}\sin\varphi_1 - \frac{P}{U\cos\varphi_2}\sin\varphi_2 = \frac{P}{U}(\tan\varphi_1 - \tan\varphi_2)$$

由于电容电流可以表达为

$$I_C = \omega CU$$

因此，补偿电容的容量为

$$C = \frac{I_C}{\omega U} = \frac{P}{\omega U^2}(\tan\varphi_1 - \tan\varphi_2) \tag{4.5.7}$$

例 4.5.3　某电动机的功率 $P = 1\ 600$ kW，功率因数 $\cos\varphi_1 = 0.8$（滞后），接在电压 $U = 6.3$ kV 的电源上，电源频率 $f = 50$ Hz。

（1）如把功率因数提高到 $\cos\varphi_2 = 0.95$（滞后），试求并联电容的容量和电容并联前后的线路电流；

（2）如将功率因数从 0.95 再提高到 1，试问并联电容的容量还需增加多少？

解　（1）由 $\cos\varphi_1 = 0.8$（滞后），可得

$$\varphi_1 = 36.9°$$

由 $\cos\varphi_2 = 0.95$（滞后），可得

$$\varphi_2 = 18.2°$$

根据式（4.5.7），补偿电容的容量为

$$C = \frac{P}{\omega U^2}(\tan\varphi_1 - \tan\varphi_2) = \frac{1\ 600\times10^3}{2\times3.14\times50\times6\ 300^2}(\tan 36.9° - \tan 18.2°)\ \text{F} = 54.2\ \mu\text{F}$$

并联电容前，线路电流为

$$I_1 = \frac{P}{U\cos\varphi_1} = \frac{1\ 600\times10^3}{6\ 300\times0.8}\ \text{A} = 317\ \text{A}$$

并联电容后，线路电流为

$$I_2 = \frac{P}{U\cos\varphi_2} = \frac{1\ 600\times10^3}{6\ 300\times0.95}\ \text{A} = 267\ \text{A}$$

（2）将功率因数从 0.95 再提高到 1，尚需增加电容：

$$C = \frac{1\ 600\times10^3}{2\times3.14\times50\times6\ 300^2}(\tan 18.2° - \tan 0°)\ \text{F} = 42.2\ \mu\text{F}$$

此时，线路电流为

$$I=\frac{P}{U\cos\varphi_2}=\frac{1\ 600\times10^3}{6\ 300\times1}\ \text{A}=254\ \text{A}$$

将功率因数从0.8提高到0.95需要增加电容54.2 μF，从0.95提高到1需要再增加电容42.2 μF。可见，当功率因数提高到了一定程度后，再增加电容起到的改善效果并不大，因此单纯通过增加补偿电容来将功率因数提高到1是不经济、不可取的。

4.5.3 正弦稳态最大功率传输定理

在第2章中讨论了直流电阻电路中负载获得最大功率的问题，下面探讨正弦稳态电路中负载获得最大功率的条件。

如图4.5.8（a）所示，含源一端口网络N向负载阻抗Z_L传输功率。根据戴维南定理，含源一端口网络N可以等效为电压源$\dot{U}_{oc}$与阻抗Z_0的串联电路，如图4.5.8（b）所示。

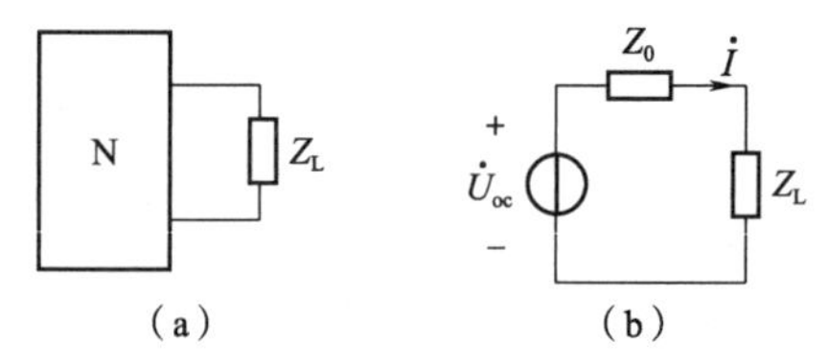

图4.5.8 含源一端口及其等效

设$Z_0=R_0+\text{j}X_0$，$Z_L=R_L+\text{j}X_L$，则流过负载的电流为

$$\dot{I}=\frac{\dot{U}_{oc}}{Z_0+Z_L}=\frac{\dot{U}_{oc}}{(R_0+R_L)+\text{j}(X_0+X_L)}$$

电流的有效值为

$$I=\frac{U_{oc}}{\sqrt{(R_0+R_L)^2+(X_0+X_L)^2}}$$

负载吸收的有功功率为

$$P=I^2R_L=\frac{U_{oc}^2R_L}{(R_L+R_0)^2+(X_L+X_0)^2} \tag{4.5.8}$$

下面分两种情况讨论式（4.5.8）取得最大值的条件。

1. 阻抗Z_L的实部和虚部可以任意改变

由于X_L位于分母，对于任意给定的R_L，只有$X_L=-X_0$时，分母才能最小，因此应该首先满足$X_L=-X_0$。由此，式（4.5.8）可表示为

$$P=\frac{U_{oc}^2R_L}{(R_L+R_0)^2}$$

上式对R_L求导，并令结果为0，有

$$\frac{\text{d}P}{\text{d}R_L}=U_{oc}^2\frac{(R_L+R_0)^2-2(R_L+R_0)R_L}{(R_L+R_0)^4}=0$$

得到

$$R_L = R_0$$

因此，当阻抗 Z_L 的实部和虚部任意可变时，负载获得最大功率的条件为 $R_L = R_0$，$X_L = -X_0$，即负载阻抗为等效电源阻抗的共轭复数，表示为

$$Z_L = Z_0^* \tag{4.5.9}$$

满足式（4.5.9）的匹配条件称为共轭匹配。此时，负载得到的最大功率为

$$P_{max} = \frac{U_{oc}^2}{4R_0}$$

2. 阻抗 Z_L 的模可变，但阻抗角不可变

设负载阻抗为

$$Z_L = |Z_L|\angle\varphi_Z = |Z_L|\cos\varphi_Z + j|Z_L|\sin\varphi_Z$$

此时式（4.5.8）表示为

$$P = I^2|Z_L|\cos\varphi_Z = \frac{U_{oc}^2|Z_L|\cos\varphi_Z}{(|Z_L|\cos\varphi_Z + R_0)^2 + (|Z_L|\sin\varphi_Z + X_0)^2}$$

当 $\frac{dP}{d|Z_L|} = 0$ 时，负载得到最大功率，解得

$$|Z_L| = \sqrt{R_0^2 + X_0^2} \tag{4.5.10}$$

即当负载阻抗的模与等效电源阻抗的模相等时，负载获得最大功率。满足式（4.5.10）的匹配条件称为共模匹配。

工程应用：阻抗匹配

在实际应用中，负载阻抗一般不能改变，因此常常出现负载阻抗和等效电源阻抗不满足最大功率传输条件的现象，称为阻抗不匹配。当发生阻抗不匹配时，负载只能得到非常小的功率，影响电路功能；对于高频电路还会出现明显的反射现象，使信号发生畸变失真等问题。此时，可以在负载和电源之间插入阻抗匹配网络，使新的等效电源阻抗和负载阻抗成为一对共轭复数，从而满足最大功率传输条件，如图 4.5.9 所示。阻抗匹配技术非常重要，是微弱信号处理、功率敏感应用的基础性技术之一。下面举例说明。

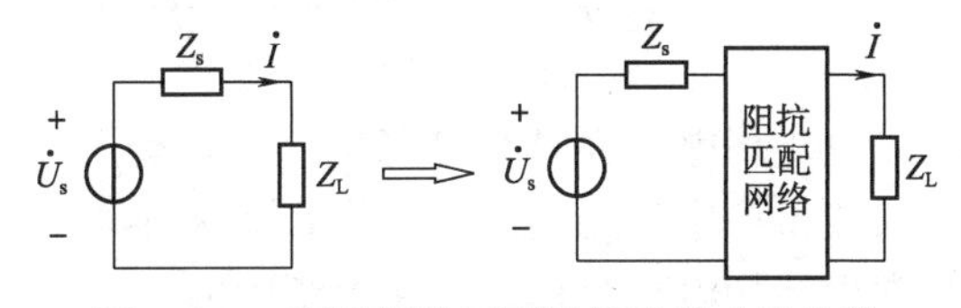

图 4.5.9　利用阻抗匹配网络改善功率传输

例 4.5.4　一个内阻为 64 Ω 的正弦信号源，输出有效值为 5 V，频率为 1.316 kHz 的正弦电压信号。负载是一个阻抗为 8 Ω(R=8 Ω)的扬声器。试计算：（1）如果直接将信号源接到扬声器上，如图 4.5.10（a）所示，扬声器获得的功率。（2）如果在信号源和扬声器间插入如图 4.5.10（b）所示的阻抗匹配网络，计算满足阻抗匹配的电容值 C 和电感值 L，以及此时扬声器获得的功率。

解　（1）直接接负载时：

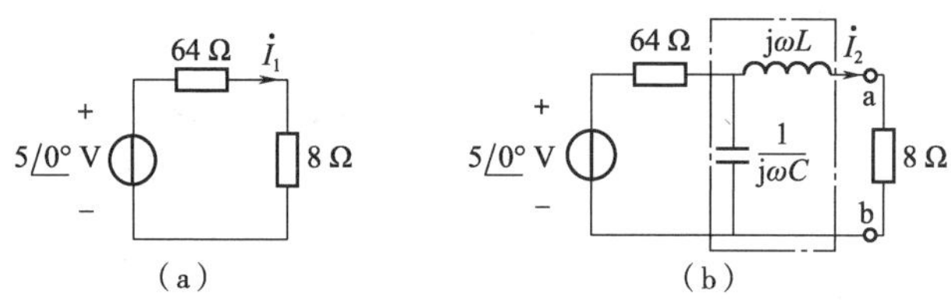

图 4.5.10　例 4.5.4 图

$$\dot{I}_1 = \frac{5\angle 0^\circ}{64+8}\ \text{A} = 0.069\angle 0^\circ\ \text{A}$$

扬声器获得的功率为

$$P = I_1^2 R = 0.069^2 \times 8\ \text{W} = 0.039\ \text{W} = 39\ \text{mW}$$

（2）插入阻抗匹配网络时，从端口 ab 向左看进去的等效阻抗 Z_0 为

$$Z_0 = 64 // \frac{1}{\text{j}\omega C} + \text{j}\omega L$$

根据最大功率传输定理，Z_0 应该等于 8 Ω。将 $Z_0 = 8\ \Omega$ 代入上式，并令等式两端的实部和虚部分别相等，得到

$$C = 5\ \mu\text{F},\quad L = 2.56\ \text{mH}$$

端口 ab 处的开路电压为

$$\dot{U}_{\text{ab}} = 1.77\angle -69.3^\circ\ \text{V}$$

插入匹配网络后，流过扬声器的电流为

$$\dot{I}_2 = \frac{1.77\angle -69.3^\circ}{8+8}\ \text{A} = 0.11\angle -69.3^\circ\ \text{A}$$

扬声器获得的功率为

$$P = I_2^2 R = 0.11^2 \times 8\ \text{W} = 0.097\ \text{W} = 97\ \text{mW}$$

可见，插入阻抗匹配网络后，扬声器获得的功率大幅提升。直观感受上，在未插入阻抗匹配网络前，扬声器可能只能发出比较微弱的声音；插入阻抗匹配网络后，扬声器输出的声音将得到显著增大。

4.6　三 相 电 路

三相制电路在发电、输电、用电方面具有许多优点，目前世界各国的主要电力系统几乎都采用三相制电路。工农业生产中使用的大型机电设备基本都使用三相电源供电，如大型水泵、加工机床等；日常生活用电也是取自三相电源中的一相。

三相电路本质上是一种特殊的正弦稳态电路，可以直接使用本章前面介绍的正弦稳态分析方法进行分析。然而，由于三相电路具有的特殊性（特殊的电源、特殊的负载，以及特殊的连接关系），使得三相电路又不同于一般的多电源正弦稳态电路。针对三相电路的特殊性，人们总结出了一套特殊的分析方法，提高了三相电路的分析效率。

4.6.1　对称三相电源、对称三相负载及其联结

1. 对称三相电源

三相电源是由三相交流发电机产生的。三相交流发电机的基本结构包括定子和转子两

大部分，如图 4.6.1（a）所示。铁芯组成的定子上绕有 A-X、B-Y、C-Z 三个绕组，其中 A、B、C 称为绕组的始端，X、Y、Z 称为绕组的末端。三个绕组的参数相同，空间位置上依次相隔 120°。

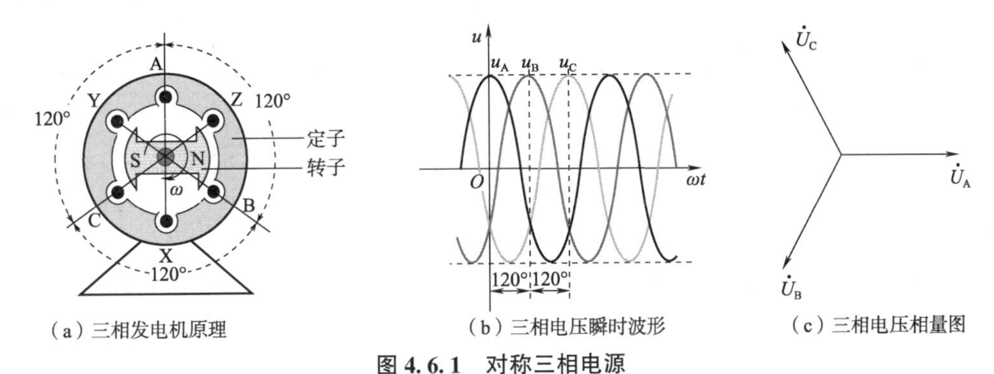

（a）三相发电机原理　（b）三相电压瞬时波形　（c）三相电压相量图

图 4.6.1　对称三相电源

当外力带动磁性转子旋转时，定子上的绕组切割磁力线，根据电磁感应定律，每个绕组上会感应出按照正弦规律变化的感应电动势（电压）。由于三个绕组的位置在空间上依次相隔 120°，它们所感应出的正弦电压波形在时间轴上分别相差 120°，如图 4.6.1（b）所示。

设三个绕组的电压分别为 u_A、u_B、u_C，它们的瞬时值可以表达为

$$\left.\begin{aligned} u_A &= \sqrt{2}U\cos(\omega t) \\ u_B &= \sqrt{2}U\cos(\omega t - 120°) \\ u_C &= \sqrt{2}U\cos(\omega t + 120°) \end{aligned}\right\} \tag{4.6.1}$$

这样的三个频率相等、振幅相等、初相位互差 120°的三个正弦量称为对称三相电压。其相量形式为

$$\begin{aligned} \dot{U}_A &= U\angle 0° \\ \dot{U}_B &= U\angle -120° \\ \dot{U}_C &= U\angle 120° \end{aligned} \tag{4.6.2}$$

画出相量图如图 4.6.1（c）所示。

由式（4.6.1）可得

$$u_A + u_B + u_C = 0$$

它说明在任一瞬间，对称三相电压的瞬时值之和恒为零。由式（4.6.2）可得

$$\dot{U}_A + \dot{U}_B + \dot{U}_C = 0$$

它说明对称三相电源的三个电压相量之中，只有两个是独立的，任何两个相量之和必定与第三个相量大小相等、方向相反。

对称三相电源中，把三个正弦量经过同一相位值（如+90°）的先后次序称为相序。如图 4.6.1（b）所示的对称三相电源，A 相超前 B 相 120°，B 相超前 C 相 120°，称这种相序为正序，记为 A-B-C-A；反之，若 A 相滞后 B 相 120°，B 相滞后 C 相 120°，则称为负序，记为 C-B-A-C。如无特别说明，本书所涉及的对称三相电源均为正序。

2. 对称三相电源的联结

三相供电系统中，三相发电机的三个单相正弦电源必须联结成整体使用。三相电源有星形（Y）和三角形（△）两种联结方式。

1）星形联结

图 4.6.2 所示为三相电源的星形联结方式，也称 Y 联结方式。其中三个电源的末端（即 X、Y、Z 端）连接成一个点，称为中性点，记为 N；从 A、B、C 三个始端向外引出导线，称为相线（俗称火线）。从中性点也可以引出一条导线，称为中性线（俗称零线）。

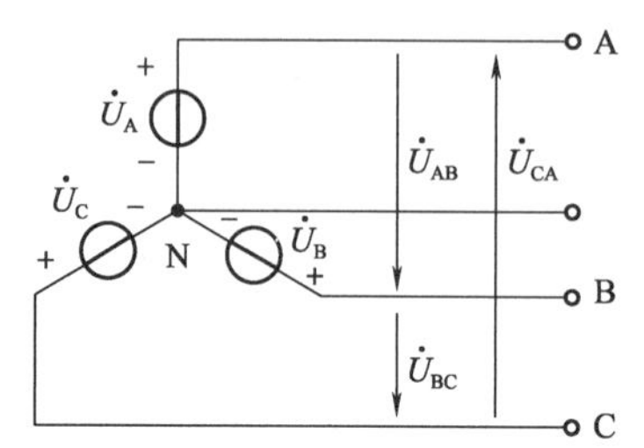

图 4.6.2 三相电源的星形联结

习惯上，把三相电源中每相电源的电压称为相电压，而把相线与相线之间的电压称为线电压。

图 4.6.2 所示的 $\dot{U}_A$、$\dot{U}_B$、$\dot{U}_C$ 分别为 A、B、C 三相的相电压。线电压总是使用图 4.6.2 所示的参考方向（为了方便，这里电压参考方向使用了箭头标注法），把相线 A 与相线 B、相线 B 与相线 C、相线 C 与相线 A 之间的线电压分别记作 $\dot{U}_{AB}$、$\dot{U}_{BC}$、$\dot{U}_{CA}$。根据 KVL，星形联结下三相电源的线电压等于两个对应相电压之差，即

$$\dot{U}_{AB} = \dot{U}_A - \dot{U}_B$$

$$\dot{U}_{BC} = \dot{U}_B - \dot{U}_C$$

$$\dot{U}_{CA} = \dot{U}_C - \dot{U}_A$$

将式（4.6.2）代入上式，得到

$$\dot{U}_{AB} = \dot{U}_A - \dot{U}_B = \sqrt{3}\dot{U}_A \angle 30^\circ$$

$$\dot{U}_{BC} = \dot{U}_B - \dot{U}_C = \sqrt{3}\dot{U}_B \angle 30^\circ$$

$$\dot{U}_{CA} = \dot{U}_C - \dot{U}_A = \sqrt{3}\dot{U}_C \angle 30^\circ$$

可见，在星形联结的对称三相电源中，线电压（统一用 $\dot{U}_l$ 代表）和相电压（统一用 $\dot{U}_p$ 代表）存在如下关系：

（1）在数值上，线电压的大小为相电压的 $\sqrt{3}$ 倍。

（2）在相位上，线电压超前对应的相电压 30°。

简记为

$$\dot{U}_l = \sqrt{3}\dot{U}_p \angle 30^\circ \tag{4.6.3}$$

所谓对应，是指线电压下标的第一个字母与相电压的下标字母相同。画出线电压的相量图如图 4.6.3 所示。

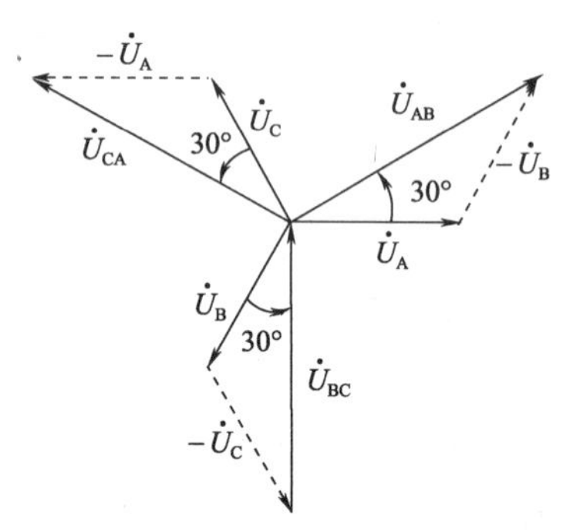

图 4.6.3 Y 联结下对称三相电源的电压相量图

由于三个相电压对称，因此三个线电压也一定对称，有

$$\dot{U}_{AB} + \dot{U}_{BC} + \dot{U}_{CA} = 0$$

星形联结的三相电源的一大特点是可以向外提供线电压和相电压两种数值的电压，使用起来比较灵活。例如，对于我国的供电系统来说，用户除了可以得到 220 V 的相电压（在相线与中性点之间取电压），还可以得到 $\sqrt{3}\times 220\ \mathrm{V}=380\ \mathrm{V}$ 的线电压（在两根相线之间取电压）。

2）三角形联结

图 4.6.4 所示为三相电源的三角形联结方式，也称△联结方式。在这种联结方式下，三相电源的三个绕组按照 A-X-B-Y-C-Z-A 的方式顺次连成一个环形，并从 A、B、C 引出相线。三角形联结无中性点。

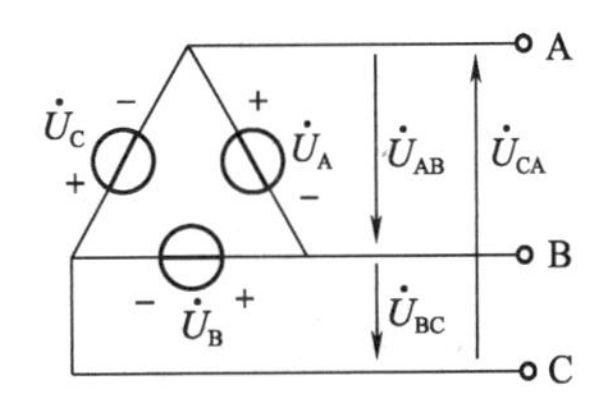

图 4.6.4　三相电源的三角形联结

很容易发现，三角形联结下，线电压 $\dot{U}_l$ 与相电压 $\dot{U}_p$ 相等，即

$$\dot{U}_l=\dot{U}_p \tag{4.6.4}$$

3. 对称三相负载的联结

根据阻抗值是否相等，三相电路的负载分为对称三相负载和不对称三相负载两种，这里主要讨论对称三相负载。与三相电源的联结类似，三相负载的联结也分为星形和三角形两种形式。

在负载侧也有相电压、线电压的概念。相电压指一相负载两端的电压，线电压指负载侧相线与相线之间的电压。在星形联结和三角形联结下，对称三相负载的线电压与相电压之间的关系与对称三相电源相同，请参见式（4.6.3）、式（4.6.4），不再赘述。

三相电路中还有相电流、线电流的概念。在负载侧，相电流指流过一相负载的电流，线电流是指流过一条相线的电流。下面重点讨论线电流与相电流的关系。

1）星形联结

如图 4.6.5（a）所示，三相负载作星形联结，其公共点（中性点）用 N′表示。

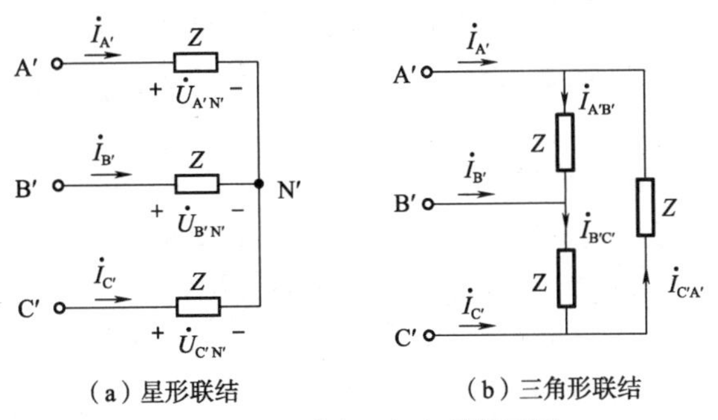

图 4.6.5　对称三相负载的联结

由图 4.6.5（a）可见，星形联结下，对称三相负载的线电流（统一用 $\dot{I}_l$ 代表）和相电流（统一用 $\dot{I}_p$ 代表）相等，即

$$\dot{I}_l=\dot{I}_p \tag{4.6.5}$$

2）三角形联结

如图 4.6.5（b）所示，三相负载作三角形（△）联结。根据 KCL，每个线电流都等于所关联的相电流的代数和，即

$$\dot{I}_{A'} = \dot{I}_{A'B'} - \dot{I}_{C'A'}$$

$$\dot{I}_{B'} = \dot{I}_{B'C'} - \dot{I}_{A'B'}$$

$$\dot{I}_{C'} = \dot{I}_{C'A'} - \dot{I}_{B'C'}$$

三相电源和三相负载对称时，可求得

$$\dot{I}_{A'} = \sqrt{3}\dot{I}_{A'B'} \angle -30°$$

$$\dot{I}_{B'} = \sqrt{3}\dot{I}_{B'C'} \angle -30°$$

$$\dot{I}_{C'} = \sqrt{3}\dot{I}_{C'A'} \angle -30°$$

可见，在三角形联结的对称三相负载中，线电流 $\dot{I}_l$ 和相电流 $\dot{I}_p$ 存在如下关系：

（1）在数值上，线电流的大小为相电流的 $\sqrt{3}$ 倍。

（2）在相位上，线电流滞后对应的相电流 30°。

简记为

$$\dot{I}_l = \sqrt{3}\dot{I}_p \angle -30° \tag{4.6.6}$$

所谓对应，是指线电流的下标字母与相电流下标的第一个字母相同。三角形联结下对称三相负载的线电流与相电流间的关系如图 4.6.6 所示。

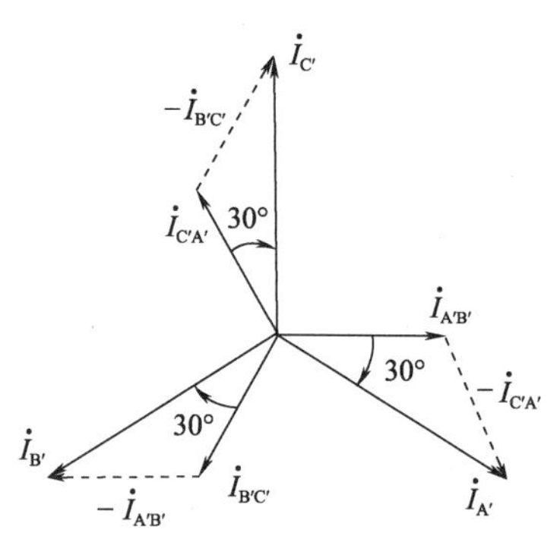

图 4.6.6　三角形联结下对称三相负载的电流相量图

分析电路时，如果需要，可以将对称三角形负载等效变换为对称星形负载，或者将对称星形负载等效变换为对称三角形负载。如果把对称三角形负载的复阻抗表示为 $Z_{\triangle}$，对称星形负载的复阻抗表示为 Z_Y，则等效的条件为 $Z_{\triangle} = 3Z_Y$。

4. 三相电源与三相负载的联结

由于三相电源和三相负载分别都有星形、三角形两种联结方式，因此电源与负载的联结方式有四种组合：星形-星形、星形-三角形、三角形-星形和三角形-三角形。其中，星形-星形联结还分为有中性线和无中性线两种方式。对于有中性线的星形-星形联结，由于多了一条中性线，故称为“三相四线制”，而其他只有三条线的联结方式称为“三相三线制”。本书仅介绍星形-星形联结的三相交流电路。

知识点应用：火线、零线、地线

在日常生活中，人们常常提到火线、零线、地线等概念，这些概念和三相供电系统密切相关。

日常生活中所使用的三孔插座连接的并不是三相电源，而是三相电源中的某一相。三孔插座的接线定义是“左零右火上接地”。具体来说，当面对三孔插座面板的正面时，左边插孔连接的是三相电源的零线（即中性线，N），右边插孔连接的是三相电源某一相的火线（即相线，L），上方插孔连接的是地线（E）。左右插孔间的电压有效值近似等于220 V。地线孔必须确保通过某种方式与大地保持良好连接（实际连接方式视系统而定）。当家用电器连接三孔插座时，电器外壳通过插座与大地相连。一旦电路由于绝缘破损等原因发生漏电现象，电器外壳可能会带电。此时，由于外壳通过地线与大地相连，它对地的电压为0，因此人接触外壳时不会有电流从人体通过，保证了人体安全。

相关概念还有工作接地、保护接地、保护接零等，此处不展开叙述，感兴趣的读者可自行查阅相关资料。

工程应用：**漏电保护器**（断路器）

漏电保护器又称漏电断路器。当回路发生漏电故障时，漏电保护器能够立即断开电路，保护人员、线路及电器的安全。

漏电保护器的电路原理如图4.6.7所示。主要部件是一个磁环，同一相电源的相线（L）和中性线（N）穿过磁环，磁环上绕有一个二次线圈。漏电保护器的工作原理是回路的电流平衡原理（即KCL）。电路没有发生漏电时，相线和中性线上流过的电流相等，即$i_L = i_N$，相线产生的磁通Φ_L和中性线产生的磁通Φ_N大小相等，方向相反，任意时刻磁环中的总磁通均等于零，二次线圈两端不会感应出电压。当发生漏电时，比如图4.6.7所示的人发生了触电事故，电流i_3通过人体流向大地。根据KCL，此时$i_L \neq i_N$，磁通Φ_L与Φ_N的大小不再相等，两者不能相互抵消，磁环中的总磁通不为0。由于回路中的电流为交流，因此磁环中的磁通是变化的，从而在二次线圈两端感应出电压，感应电压经过放大等处理后，控制电磁铁使脱扣器产生跳闸动作，切断电路。

对于防止人身触电的漏电保护器，要求漏电动作电流不大于30 mA，动作时间不超过0.1 s。

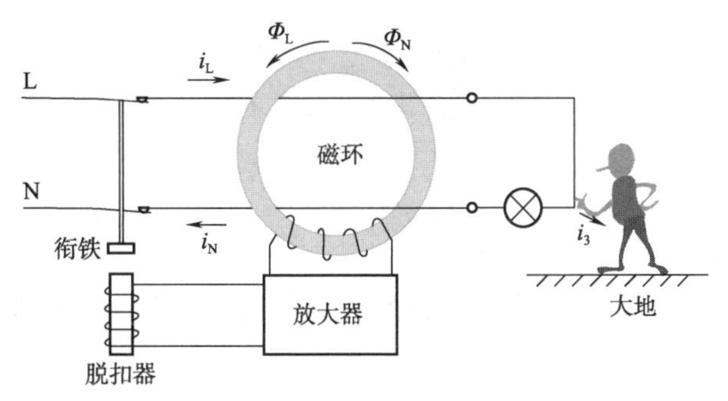

图4.6.7　漏电保护器电路原理

4.6.2　对称三相电路的分析方法

1. 对称三相电路的特点

由对称三相电源、对称三相负载通过对称传输线连接而成的系统称为对称三相电路。

三相四线制的对称三相电路如图 4.6.8 所示。图中，Z_1 为线路阻抗，Z_N 为中性线阻抗，$Z_A = Z_B = Z_C = Z$ 为负载阻抗。

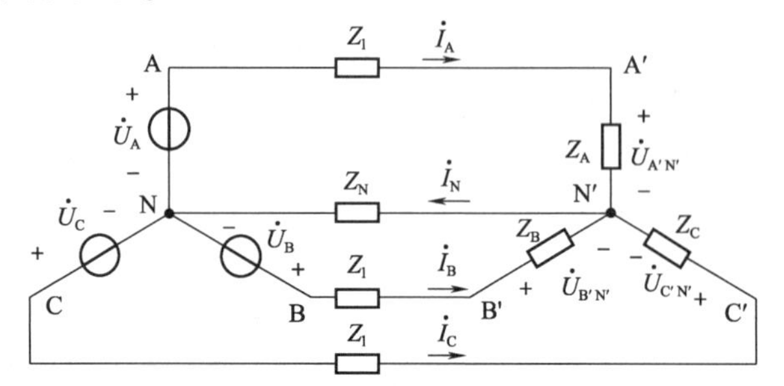

图 4.6.8　三相四线制的对称三相电路（$Z_A = Z_B = Z_C = Z$）

该电路只有 N 和 N′ 两个节点，可以使用节点电压法求中性点电压 $\dot{U}_{N'N}$（即两个中性点间的电压）。选择 N 点为参考节点，对 N′ 列节点电压方程，有

$$\left(\frac{3}{Z + Z_1} + \frac{1}{Z_N}\right)\dot{U}_{N'N} = \frac{1}{Z + Z_1}(\dot{U}_A + \dot{U}_B + \dot{U}_C)$$

整理可得

$$\dot{U}_{N'N} = \frac{\dfrac{1}{Z + Z_1}(\dot{U}_A + \dot{U}_B + \dot{U}_C)}{\dfrac{3}{Z + Z_1} + \dfrac{1}{Z_N}}$$

由于为对称三相电源，有 $\dot{U}_A + \dot{U}_B + \dot{U}_C = 0$。因此得到

$$\dot{U}_{N'N} = 0$$

各相线的线电流为

$$\dot{I}_A = \frac{\dot{U}_A - \dot{U}_{N'N}}{Z + Z_1} = \frac{\dot{U}_A}{Z + Z_1}$$

$$\dot{I}_B = \frac{\dot{U}_B - \dot{U}_{N'N}}{Z + Z_1} = \frac{\dot{U}_B}{Z + Z_1}$$

$$\dot{I}_C = \frac{\dot{U}_C - \dot{U}_{N'N}}{Z + Z_1} = \frac{\dot{U}_C}{Z + Z_1}$$

可见，$\dot{I}_A + \dot{I}_B + \dot{I}_C = 0$，即线电流也是对称的。根据 KCL，中性线电流为

$$\dot{I}_{N'N} = \dot{I}_A + \dot{I}_B + \dot{I}_C = 0$$

此外，各相负载的电压为

$$\dot{U}_{A'N'} = Z\dot{I}_A$$

$$\dot{U}_{B'N'} = Z\dot{I}_B$$

$$\dot{U}_{C'N'} = Z\dot{I}_C$$

可见各相负载的电压是平衡的。

通过以上分析，可得对称星形-星形（Y-Y）电路具有如下特点：

(1) 电源中性点 N 与负载中性点 N′ 的电位相等，中性线上的电流为零，因此中线存在与否对电路不产生影响。也就是说，当电路对称时，三相三线制与三相四线制的星形-星形电路没有什么区别。

(2) 在对称星形-星形电路中，各相的电流、电压仅由该相的电源电压和阻抗决定，与另外两相无关，即对称星形-星形电路中各相电路的工作状态相互独立。

(3) 三相负载的电流、电压对称，且与电源电压同相序。

根据上述分析，可以总结求解对称三相电路的特殊方法：单线图法。下面详细介绍。

2. 对称三相电路的单线图法

所谓单线图法就是只画出对称三相电路中一相（通常为 A 相）的电路，求解该相的电压、电流，再利用对称性直接写出另外两相的电压、电流。画出图 4.6.7 所示电路的单线图如图 4.6.9 所示。需要注意的是，由于中性线两端电位相等，因此画单线图时，中性线上的阻抗必须忽略。

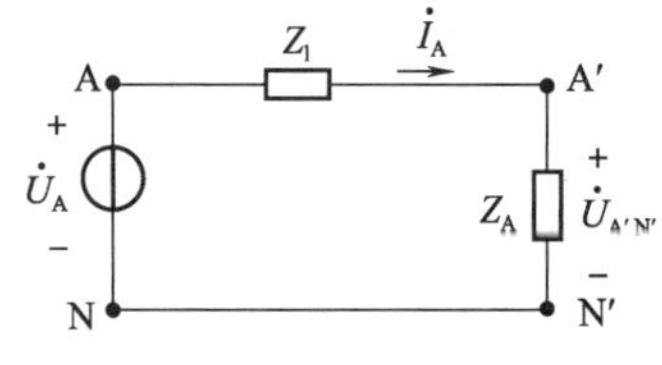

图 4.6.9　用于对称三相电路分析的单线图

对于没有中性线的三相三线制对称星形-星形电路，因两个中性点的电位相等，可以直接在两个中性点之间添加一根“虚拟”中性线，且不会对电路的解产生影响。因此对这类电路也可以画出图 4.6.9 形式的单线图。

对于三角形联结的对称三相负载，可以通过阻抗等效变换把三角形联结等效为星形联结；对于三角形联结的对称三相电源，可以根据线电压和相电压间关系，将三角形联结的三相电源转换成星形联结的三相电源。因此，只要是对称三相正弦电路，都可以使用单线图法来求解。

例 4.6.1　对称三相正弦交流电路如图 4.6.8 所示。已知线路阻抗 $Z_1 = (3 + \mathrm{j}4)\ \Omega$，$Z_A = Z_B = Z_C = (6.4 + \mathrm{j}4.8)\ \Omega$，线电压 $u_{AB} = 380\sqrt{2}\cos(\omega t + 30°)$ V。求负载电流 $\dot{I}_A$、$\dot{I}_B$ 和 $\dot{I}_C$。

解　根据星形联结中相电压与线电压的关系，可得 A 相的电压相量为

$$\dot{U}_A = \frac{\dot{U}_{AB}}{\sqrt{3}} \angle -30° = 220 \angle 0° \text{ V}$$

画出 A 相的单线图如图 4.6.10 所示。

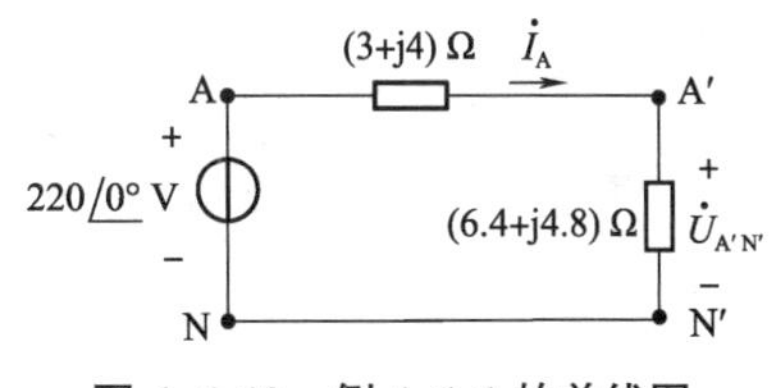

图 4.6.10　例 4.6.1 的单线图

求得 A 相电流为

$$\dot{I}_A = \frac{\dot{U}_A}{Z + Z_1} = \frac{220\angle 0°}{3 + \mathrm{j}4 + 6.4 + \mathrm{j}4.8} \text{ A} = \frac{220\angle 0°}{12.88\angle 43.1°} \text{ A} = 17.1\angle -43.1° \text{ A}$$

根据对称性，可写出其他两相电流：

$$\dot{I}_B = \dot{I}_A \angle -120° = 17.1\angle -163.1° \text{ A}$$

$$\dot{I}_C = \dot{I}_A \angle 120° = 17.1\angle 76.9° \text{ A}$$

例 4.6.2　对称三相交流电路如图 4.6.11 (a) 所示。电源线电压为 380 V（为了简

便，图中只画了电源的端点，这也是工程上的常用画法），负载阻抗 $Z=(15+\mathrm{j}12)\ \Omega$，传输线阻抗 $Z_1=(1+\mathrm{j}2)\ \Omega$。求负载的相电流与相电压。

解 先把三角形联结的对称负载等效为星形联结，如图 4.6.11（b）所示。再画出图 4.6.11（b）所示电路的 A 相单线图，如图 4.6.11（c）所示。

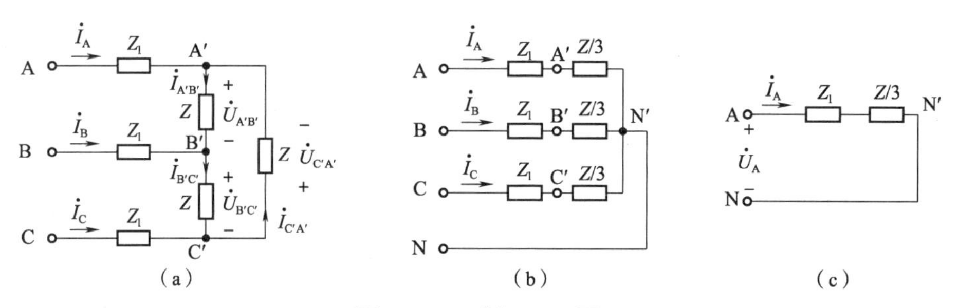

图 4.6.11 例 4.6.2 图

进行单线图分析需要知道电源的相电压。根据星形联结下相电压和线电压的关系，有

$$U_A=\frac{U_{AB}}{\sqrt{3}}=220\ \mathrm{V}$$

题目未给出电源的初相位，可假设为 0°，即

$$\dot{U}_A=220\angle 0^\circ\ \mathrm{V}$$

根据图 4.6.11（c），等效电路中一相的总阻抗为

$$Z=Z_1+\frac{Z}{3}=(6+\mathrm{j}6)\ \Omega=6\sqrt{2}\angle 45^\circ\ \Omega$$

因此，电路的线电流为

$$\dot{I}_A=\frac{\dot{U}_A}{Z}=\frac{220\angle 0^\circ}{6\sqrt{2}\angle 45^\circ}\ \mathrm{A}=25.93\angle -45^\circ\ \mathrm{A}$$

$$\dot{I}_B=\dot{I}_A\angle -120^\circ=25.93\angle -165^\circ\ \mathrm{A}$$

$$\dot{I}_C=\dot{I}_A\angle 120^\circ=25.93\angle 75^\circ\ \mathrm{A}$$

根据三角形联结下线电流与相电流的关系，得到图 4.6.11（a）中负载的相电流为

$$\dot{I}_{A'B'}=\frac{\dot{I}_A}{\sqrt{3}}\angle 30^\circ=14.97\angle -15^\circ\ \mathrm{A}$$

$$\dot{I}_{B'C'}=\dot{I}_{A'B'}\angle -120^\circ=14.97\angle -135^\circ\ \mathrm{A}$$

$$\dot{I}_{C'A'}=\dot{I}_{A'B'}\angle 120^\circ=14.97\angle 105^\circ\ \mathrm{A}$$

图 4.6.11（a）中负载的相电压为

$$\dot{U}_{A'B'}=\dot{I}_{A'B'}Z=287.56\angle 23.66^\circ\ \mathrm{V}$$

$$\dot{U}_{B'C'}=287.56\angle -96.34^\circ\ \mathrm{V}$$

$$\dot{U}_{C'A'}=287.56\angle 143.66^\circ\ \mathrm{V}$$

3. 对称三相电路的功率

三相电路的功率是指三相负载吸收的总功率。与单相电路的功率相同，三相电路的功率也分为有功功率、无功功率、视在功率、复功率等。与前文相同，为了方便，使用 $\dot{U}_p$、$\dot{I}_p$ 统一表示相电压、相电流，用 $\dot{U}_l$、$\dot{I}_l$ 统一表示线电压、线电流。

1）有功功率

对称三相电路中，一相负载所吸收的有功功率可以表示为

$$P_p = U_p I_p \cos\varphi$$

式中，$\cos\varphi$ 为一相负载的功率因数。

由于为对称三相负载，因此三相负载吸收的总有功功率为一相负载的 3 倍，即

$$P = 3P_p = 3U_p I_p \cos\varphi \tag{4.6.7}$$

在实际工程中，由于线电流和线电压比较容易测量，因此经常使用线电压和线电流来表示功率。若负载为星形联结，由于 $U_l = \sqrt{3}U_p$，$I_l = I_p$，则式（4.6.7）可以表示为 $P = \sqrt{3}U_l I_l \cos\varphi$；若负载为三角形联结，由于 $U_l = U_p$，$I_l = \sqrt{3}I_p$，则式（4.6.7）仍然可以表示为 $P = \sqrt{3}U_l I_l \cos\varphi$。也就是说，无论负载为何种接法，只要为对称三相负载，三相功率与线电压和线电流的关系均为

$$P = \sqrt{3}U_l I_l \cos\varphi \tag{4.6.8}$$

2）无功功率

类似地，可以得到对称三相负载的无功功率计算公式，即

$$Q = 3U_p I_p \sin\varphi = \sqrt{3}U_l I_l \sin\varphi \tag{4.6.9}$$

3）视在功率与功率因数

对称三相负载的视在功率为

$$S = \sqrt{P^2 + Q^2} = \sqrt{3}U_l I_l \tag{4.6.10}$$

功率因数为

$$\lambda = \frac{P}{S} = \cos\varphi$$

4）复功率*

对称三相电路的复功率为

$$\tilde{S} = P + jQ = \sqrt{3}U_l I_l \cos\varphi + j\sqrt{3}U_l I_l \sin\varphi$$

需要强调的是，上述功率表达式中，φ 均是指一相负载的阻抗角，即相电压 $\dot{U}_p$ 与相电流 $\dot{I}_p$ 的相位差，而不是线电压 $\dot{U}_l$ 与线电流 $\dot{I}_l$ 的相位差。

例 4.6.3 对称三相电源的线电压为 380 V，负载为一台三相异步电动机（对称三相负载）。测得线电流为 202 A，输入功率为 110 kW，试求电动机的功率因数、无功功率及视在功率。

解 三相异步电动机为对称负载，因此 $P = \sqrt{3}U_l I_l \cos\varphi$，可得功率因数为

$$\cos\varphi = \frac{P}{\sqrt{3}U_l I_l} = \frac{110\times10^3}{\sqrt{3}\times380\times202} = 0.83$$

视在功率为

$$S=\frac{P}{\cos\varphi}=\frac{110\times10^3}{0.83}\ \text{V}\cdot\text{A}=132\ 530\ \text{V}\cdot\text{A}=132.53\ \text{kV}\cdot\text{A}$$

无功功率为

$$Q=S\sin\varphi=132\ 530\sqrt{1-0.83^2}\ \text{var}=73\ 920\ \text{var}=73.92\ \text{kvar}$$

4.6.3 非对称三相电路分析

三相电路的电源、负载、传输线三个部分中，只要有一部分不对称就称为非对称三相电路。在实际的三相电力系统中，电源不对称的情况较少或电源不对称的程度较轻，而负载、传输线发生不对称的现象较常见。如居民生活用电系统的三相负载配置不平衡，对称三相电路的一条相线发生断开，某一相负载发生短路或开路等等。因此，下面讨论的非对称三相电路中，总是假设电源是对称的。

对于非对称三相电路的分析，不能使用前面所介绍的单线图法，只能采用正弦稳态电路的一般分析方法。

1. 非对称三相三线制电路

图 4.6.12（a）所示的非对称三相电路中，电源对称，负载不对称，即 $Z_A\neq Z_B\neq Z_C$。为了简便，将线路阻抗等效到了负载部分。

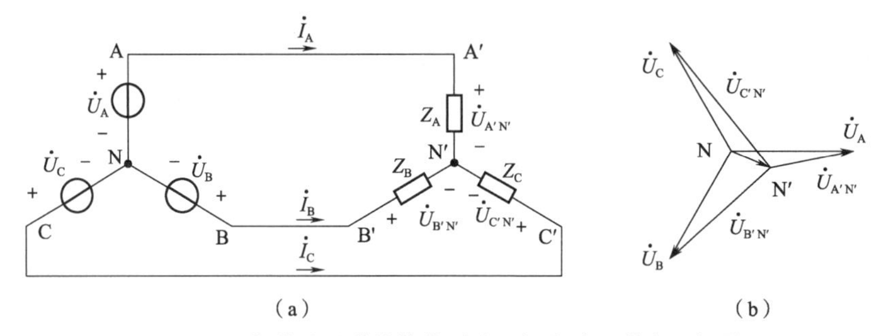

图 4.6.12　负载星形联结的非对称三相电路及其电压相量图

以 N 点为参考节点，对 N′ 点列节点电压方程，有

$$\left(\frac{1}{Z_A}+\frac{1}{Z_B}+\frac{1}{Z_C}\right)\dot{U}_{N'N}=\frac{\dot{U}_A}{Z_A}+\frac{\dot{U}_B}{Z_B}+\frac{\dot{U}_C}{Z_C}$$

得到

$$\dot{U}_{N'N}=\frac{\dfrac{\dot{U}_A}{Z_A}+\dfrac{\dot{U}_B}{Z_B}+\dfrac{\dot{U}_C}{Z_C}}{\dfrac{1}{Z_A}+\dfrac{1}{Z_B}+\dfrac{1}{Z_C}}$$

由于电源是对称的，有 $\dot{U}_A+\dot{U}_B+\dot{U}_C=0$。但因为 $Z_A\neq Z_B\neq Z_C$，因此 $\dot{U}_{N'N}\neq 0$。这表明，当三相负载为非对称时，负载中性点 N′ 的电位不再为 0，它相对于对称三相负载时的零电位发生了偏移，这个现象称为中性点位移。此时，每相负载的相电压为

$$\dot{U}_{A'N'} = \dot{U}_A - \dot{U}_{N'N}$$

$$\dot{U}_{B'N'} = \dot{U}_B - \dot{U}_{N'N}$$

$$\dot{U}_{C'N'} = \dot{U}_C - \dot{U}_{N'N}$$

画出相量图如图 4.6.12（b）所示。

显然，当发生中性点位移时，三相负载得到的电压将变得不相等，某些相的电压变大，而某些相的电压变小。当中性点位移程度较大时，会造成负载端相电压严重不对称，从而可能使得负载因过电压或欠电压而工作不正常。另一方面，当一相负载发生变动时，由于各相的工作状态相互关联，其他相负载的工作条件也会受到影响。

例 4.6.4 图 4.6.13 所示的对称三相电路中。试分析 A 相负载短路和断路两种情况下负载相电压的变化情况。

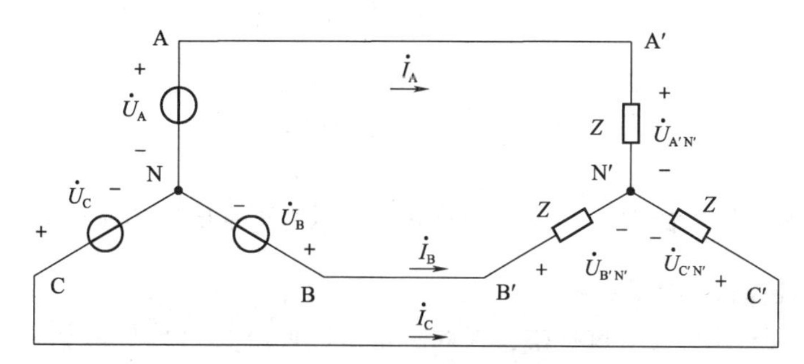

图 4.6.13 三相三线制对称三相电路

解 （1）当 A 相短路时，对应的三相电路如图 4.6.14 所示。

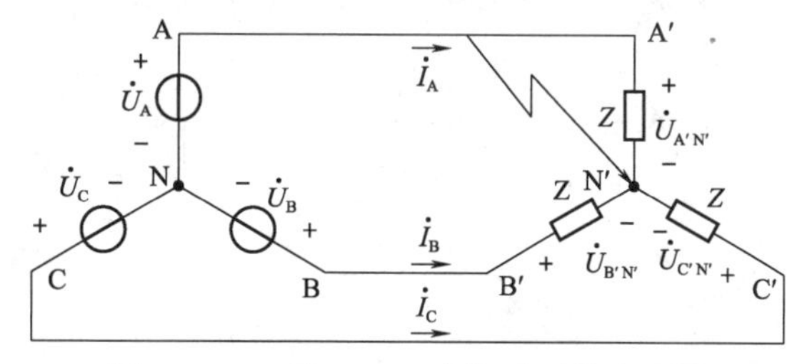

图 4.6.14 例 4.6.4A 相短路时的电路图

设 $\dot{U}_A = U\angle 0°$ V，此时负载中性点 N′ 直接与 A 点相接，因此中性点电压为

$$\dot{U}_{N'N} = \dot{U}_A$$

三相负载的相电压分别为

$$\dot{U}_{A'N'} = \dot{U}_A - \dot{U}_{N'N} = 0$$

$$\dot{U}_{B'N'} = \dot{U}_B - \dot{U}_{N'N} = U\angle -120° - U\angle 0° = \sqrt{3}U\angle -150°$$

$$\dot{U}_{C'N'} = \dot{U}_C - \dot{U}_{N'N} = U\angle 120° - U\angle 0° = \sqrt{3}U\angle 150°$$

可见，当一相短路时，其余两项的电压将增大为正常电压的 $\sqrt{3}$ 倍。

（2）当 A 相开路时，画出三相电路如图 4.6.15 所示。

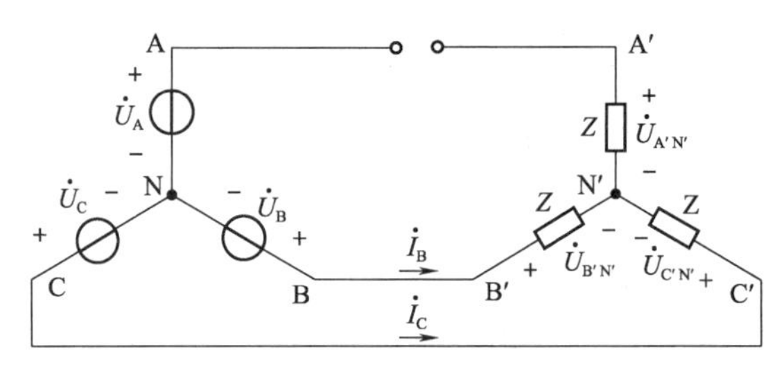

图 4.6.15　例 4.6.4A 相开路时的电路图

由图 4.6.15 可知，此时 A 相负载没有被接入电路，所以其相电压为零。B 相与 C 相负载此时变为串联关系，其两端电压为三相电源的线电压 $\dot{U}_{BC}$，故负载相电压分别为

$$\dot{U}_{B'N'}=\frac{\dot{U}_{BC}}{2Z}Z=\frac{\dot{U}_{BC}}{2}=\frac{\sqrt{3}U}{2}\angle -90°$$

$$\dot{U}_{C'N'}=-\frac{\dot{U}_{BC}}{2Z}Z=-\frac{\dot{U}_{BC}}{2}=\frac{\sqrt{3}U}{2}\angle 90°$$

可见，当一相负载断路时，其余两相负载的电压为正常电压的 $\frac{\sqrt{3}}{2}$ 倍。

2. 非对称三相四线制电路

在三相电路的设计与运行过程中，人们总是试图使三相负载尽可能对称。然而，负载的工作条件发生改变，或者负载发生短路、开路等现象是不可避免的，这些都会导致三相负载不再对称。为了使三相三线制电路在负载不对称时也能正常工作，需要在电源中性点和负载中性点间连接一条中性线，构成非对称三相四线制系统，如图 4.6.16 所示。

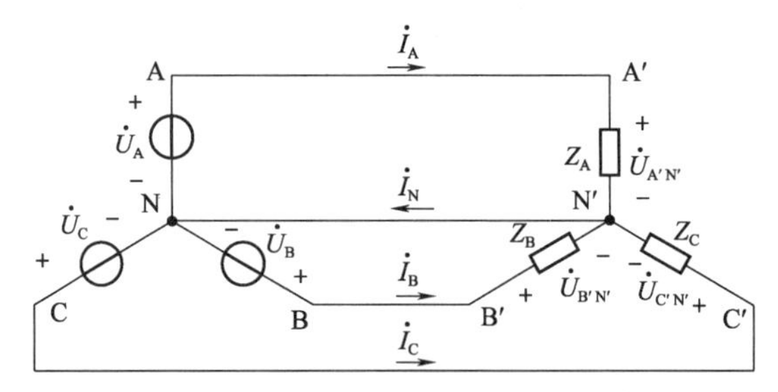

图 4.6.16　非对称三相四线制系统

当中性线上的阻抗 Z_N 很小时（$Z_N\approx 0$），中性线的存在可强迫 $\dot{U}_{N'N}\approx 0$。此时各相负载得到的电压近似等于电源相电压，确保了负载能够正常工作。

对于非对称三相四线制电路，由于中性线的存在，各相电路独立工作，可以为每一相画单线图进行求解。

例 4.6.5　在图 4.6.16 所示电路中，已知三相电源的相电压为 220 V，负载 $Z_A=5\ \Omega$ $Z_B=10\ \Omega$，$Z_C=(10+j10)\ \Omega$。试求负载相电流 $\dot{I}_A$、$\dot{I}_B$、$\dot{I}_C$ 和中性线电流 $\dot{I}_N$。

解　由于图 4.6.16 所示电路中有中性线，因此各相电路互不影响，故可以为各相画出单独的相电路图如图 4.6.17 所示。

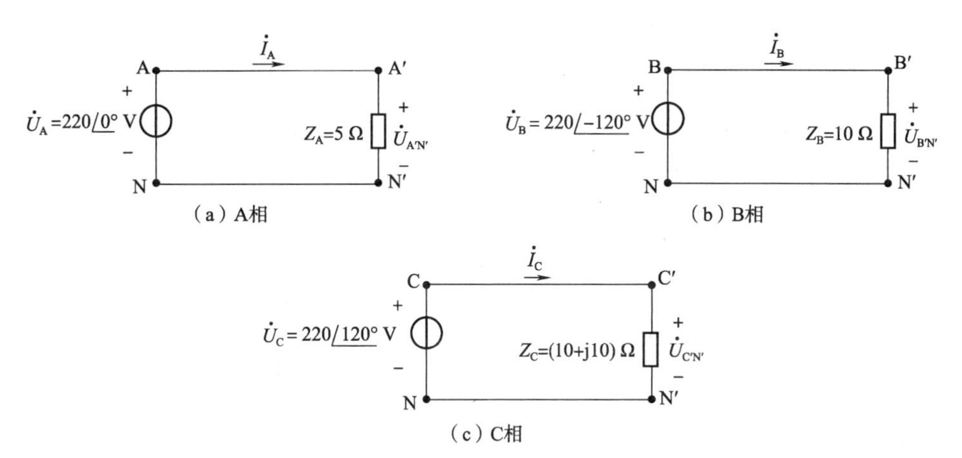

图 4.6.17　由图 4.6.16 电路分解出的单相电路图

由图 4.6.17（a）可得 A 相电流 $\dot{I}_A$ 为

$$\dot{I}_A=\frac{\dot{U}_A}{Z_A}=\frac{220\angle 0°}{5}\ \text{A}=44\angle 0°\ \text{A}$$

由图 4.6.17（b）可得 B 相电流 $\dot{I}_B$ 为

$$\dot{I}_B=\frac{\dot{U}_B}{Z_B}=\frac{220\angle -120°}{10}\ \text{A}=22\angle -120°\ \text{A}$$

由图 4.6.17（c）可得 C 相电流 $\dot{I}_C$ 为

$$\dot{I}_C=\frac{\dot{U}_C}{Z_C}=\frac{220\angle 120°}{10+\text{j}10}\ \text{A}=15.56\angle 75°\ \text{A}$$

最后可得中性线电流 $\dot{I}_N$ 为

$$\dot{I}_N=\dot{I}_A+\dot{I}_B+\dot{I}_C=(44\angle 0°+22\angle -120°+15.56\angle 75°)\ \text{A}=37.25\angle -6.2°\ \text{A}$$

由本例可见，在三相四线制电路中，当负载不对称时，中性线上可能存在很大的电流。因此，中性线上不允许安装熔丝，否则会因熔丝的熔断而使得负载电压不对称，造成负载工作不正常，甚至烧毁负载。另外，中性线的阻抗值应该尽可能小，否则 $\dot{U}_{N'N}$ 将不可忽略，仍会造成中性点位移。

工程应用：相序仪

相序是三相电路的一个重要参数。在使用三相交流电动机时，需要事先知道所连接的三相电源端点的相序，如果相序不正确，电动机的旋转方向会与预期方向相反，可能造成严重的安全事故，在实际应用场合是必须绝对禁止的。

实际上，对称三相电源中每一相的命名是任意的，只要满足正序对应的相位关系，即可分别命名为 A 相、B 相、C 相。因此，可以指定任意一相为 A 相，然后根据相位关系来判断其余两相：比 A 相滞后 120°的相就是 B 相，比 B 相滞后 120°的相就是 C 相。因此，工程上常用相序仪来测定三相电源的相序。图 4.6.18 所示为一个简单的相序测定电路，其中构造了非对称的三相负载：一相负载为电容 C，另外两相负载为白炽灯泡 R，且满足 $R=\frac{1}{\omega C}$。把相序仪接入三相对称电源，指定电容连接的相为 A 相，那么其余两相的名字可以根据两个白炽灯泡的明暗程度来判定。其原理阐述如下。

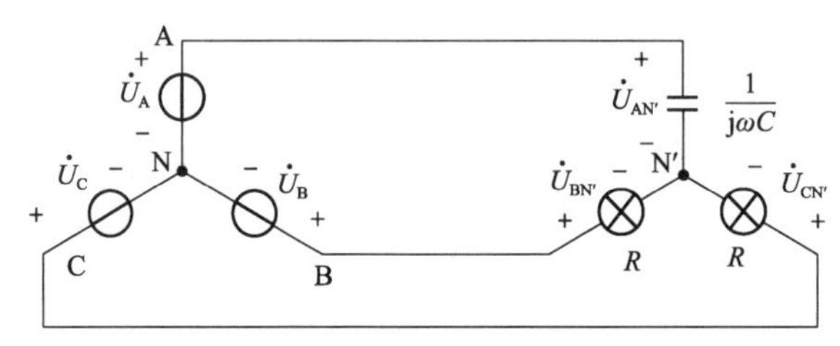

图 4.6.18　相序测定电路

由图 4.6.18，利用节点电压法，可求得中性点电压为

$$\dot{U}_{N'N}=\frac{j\omega C\dot{U}_A+(\dot{U}_B+\dot{U}_C)/R}{j\omega C+2/R}$$

设 $\dot{U}_A=U\angle 0°$ V，加之 $R=\frac{1}{\omega C}$，代入上式可得

$$\dot{U}_{N'N}=(-0.2+j0.6)U=0.63U\angle 108.4°$$

因此，B 相白炽灯的电压为

$$\dot{U}_{BN'}=\dot{U}_B-\dot{U}_{N'N}=1.5U\angle -101.5°$$

C 相白炽灯的电压为

$$\dot{U}_{CN'}=\dot{U}_C-\dot{U}_{N'N}=0.4U\angle 133.4°$$

可见，在如图 4.6.18 所示的连接方式下，B 相的电压有效值远高于 C 相，因此 B 相白炽灯的亮度会明显大于 C 相白炽灯。即当指定电容所在相为 A 相时，较亮的灯泡连接的是 B 相，较暗的灯泡连接的是 C 相。

在工程上，为了防止出现相序错误，常在交流发电机的三相引出线及配电装置的三相母线上涂以黄、绿、红三种颜色，分别表示 A、B、C 三相。更详细的规定请查阅相关资料。

4.6.4　三相功率的测量

三相电路的功率可以使用功率表测量。对于三相四线制系统，一般使用三表法测量；而对于三相三线制系统，一般使用二表法测量。下面简要介绍测量原理。

1. 三相四线制（三表法）

三表法通常用在三相四线制的供电系统中。该方法在每一相电路中分别接入一只功率表，利用三只功率表的读数之和得到整个三相电路的功率，即

$$P=P_A+P_B+P_C$$

三表法的接线方式如图 4.6.19 所示。

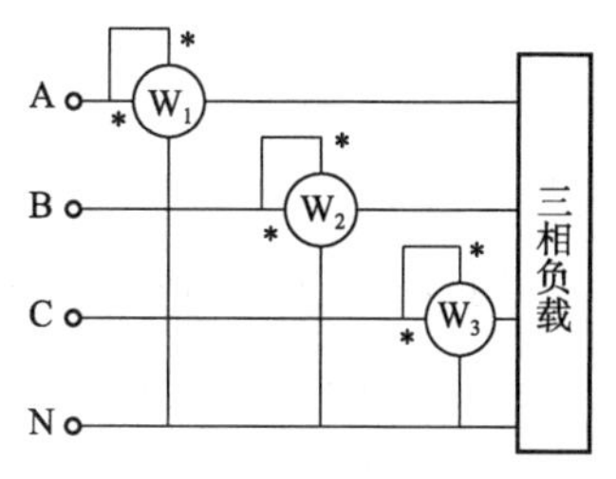

图 4.6.19　三表法的接线方式

在三表法中，三只功率表的读数均有明确的物理意义，即 P_A、P_B 和 P_C 分别表示 A 相、B 相和 C 相负载吸收的平均功率。

三表法既可用于对称三相电路的功率测量，也可以用于非对称三相电路的功率测量。当负载为三相对称负载时，由于每一相负载吸收的功率相等，因此可以只使用一只功率表来测量某一相的功率，将功率表读数乘以 3 便得到整个三相电路的总功率，即

$$P = 3P_A$$

2. 三相三线制（二表法）

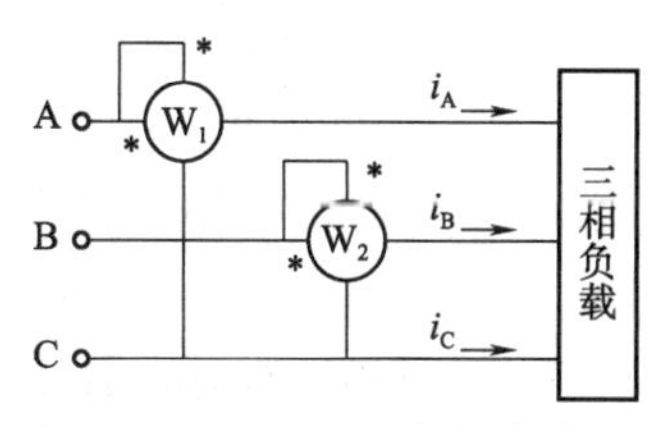

图 4.6.20　二表法的接线方式

在三相三线制电路中，常使用二表法来测量电路的平均功率。二表法的接线方式如图 4.6.20 所示，两只功率表的电流线圈分别串到任意两相（例如图 4.6.20 中的 A 相和 B 相）中，电压线圈的电源端（＊端）接到电流线圈所串的相线上，电压线圈的非电源端（非＊端）则接到三相相线中那条没有串联功率表的相线上。因为表的连接只涉及三相电路中的相线，因而二表法的测量与负载和电源的连接方式无关。

在二表法中，三相负载的总功率等于两只功率表读数之和。下面简要加以证明。

在三相电路中，无论负载为星形联结还是三角形联结，总可以变换为星形联结，因此可写出三相负载的瞬时功率为（假设三相电压为 u_A、u_B、u_C）

$$p = p_A + p_B + p_C = u_A i_A + u_B i_B + u_C i_C$$

对于三相三线制电路，有

$$i_A + i_B + i_C = 0$$

所以

$$\begin{aligned} p &= u_A i_A + u_B i_B + u_C i_C = u_A i_A + u_B i_B + u_C(-i_A - i_B) \\ &= (u_A - u_C) i_A + (u_B - u_C) i_B \\ &= u_{AC} i_A + u_{BC} i_B \end{aligned}$$

于是可得出三相平均功率为

$$\begin{aligned} P &= \frac{1}{T}\int_0^T (u_{AC} i_A + u_{BC} i_B)\,\mathrm{d}t \\ &= \frac{1}{T}\int_0^T u_{AC} i_A \mathrm{d}t + \frac{1}{T}\int_0^T u_{BC} i_B \mathrm{d}t \\ &= U_{AC} I_A \cos\varphi_1 + U_{BC} I_B \cos\varphi_2 \end{aligned}$$

式中，φ_1 为电压相量 $\dot{U}_{AC}$ 与电流相量 $\dot{I}_A$ 之间的相位差；φ_2 为电压相量 $\dot{U}_{BC}$ 与电流相量 $\dot{I}_B$ 之间的相位差。式中的第一项就是图 4.6.20 中功率表 W_1 的读数 P_1，第二项就是功率表 W_2 的读数 P_2，这两只功率表读数的代数和便是三相总功率。

需要说明的是，在二表法测量电路中，每只功率表的读数没有任何物理意义。另外，二表法通常不能用于三相四线制供电系统，因为无法保证这种系统的中性线电流为零。

习　题

4.1　试写出下列正弦量的三要素（有效值、角频率、初相位）。

（1）$u(t)=30\cos(314t+60°)$ V　　（2）$u(t)=-220\cos(50t+240°)$ V

（3）$i(t)=30\sin(314t-60°)$ A　　（4）$i(t)=-220\sin(314t-240°)$ A

4.2　比较下列各组正弦量的相位关系。

（1）$u(t)=30\cos(314t+60°)$ V 和 $i(t)=50\cos(314t-10°)$ A

（2）$u(t)=30\cos(314t-45°)$ V 和 $i(t)=50\cos(314t-75°)$ A

（3）$u(t)=-30\cos(314t+60°)$ V 和 $i(t)=50\cos(314t-30°)$ A

（4）$u(t)=30\cos(314t+60°)$ V 和 $i(t)=50\sin(314t-30°)$ A

（5）$u(t)=30\cos(314t+75°)$ V 和 $i(t)=-50\sin(314t-15°)$ A

4.3　写出下列正弦量对应的有效值相量。

（1）$u(t)=311\cos(314t+60°)$ V　　（2）$u(t)=-311\cos(314t+75°)$ V

（3）$i(t)=50\sin(314t-210°)$ A　　（4）$i(t)=-100\sin(314t-45°)$ A

4.4　计算下列各式。

（1）$10\angle 15°-4\angle 30°+8\angle -60°$　　（2）$\dfrac{(10+\mathrm{j}20)\cdot 4\angle 30°\cdot(6-\mathrm{j}8)}{5+\mathrm{j}4}$

4.5　若 $100\angle 30°+A\angle 60°=60\angle \theta$，试求 A 和 θ。

4.6　已知两个正弦电压分别为 $u_1=30\cos(314t+60°)$ V 和 $u_2=60\sin(314t-10°)$ V。试分别用相量解析法和相量图法求两电压之差。

4.7　已知某电容 $C=10$ μF，在其两端施加有效值为 100 V 的正弦电压，分别计算电压频率为 50 Hz 和 50 kHz 时，电容的电抗 X_C。

4.8　已知某电感 $L=10$ mH，接在有效值为 10 V 的正弦电压源上，试分别求出当电源频率为 50 Hz 和 50 kHz 时，电感线圈的电抗 X_L。

4.9　电路如题图 4.1 所示，已知 $\dot{U}=10\angle 45°$ V，$\dot{I}_1=0.2\angle 135°$ A，$\dot{I}_2=0.3\angle 45°$ A，$\dot{I}_3=0.2\angle -45°$ A，试画出电路相量图，判断元件 1、2、3 的性质并计算其参数。

4.10　电路节点如题图 4.2 所示，其中电流 $i_1=60\cos(314t-40°)$ A，$i_2=60\cos(314t+80°)$ A，$i_3=60\sin(314t-160°)$ A。求电流 i_4，并画出电流相量图。

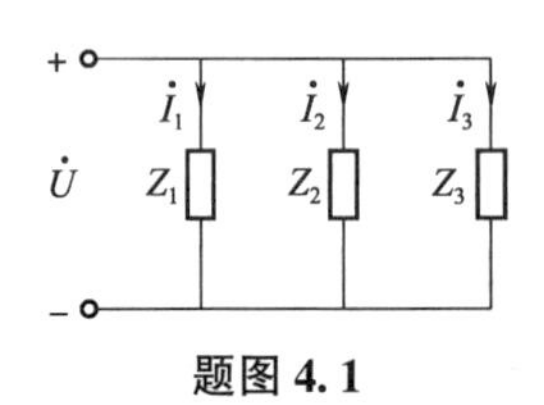

题图 4.1

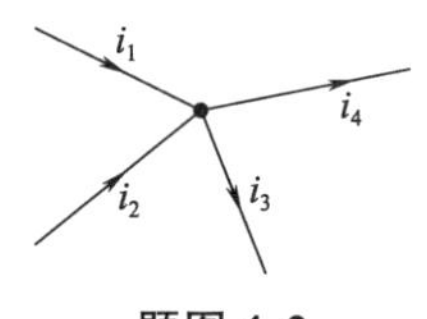

题图 4.2

4.11　电路如题图 4.3 所示，其中电源 $u_1=60\cos(314t-40°)$ V，$u_2=60\sin(314t+80°)$ V，$u_3=60\cos(314t-160°)$ V。求负载电阻两端电压 u_R，并画出电压相量图。

4.12　电路如题图 4.4 所示。其中 $R_1=70\ \Omega$，$R_2=50\ \Omega$，$X_L=70\ \Omega$，$X_C=-50\ \Omega$，试求

电路的等效阻抗。

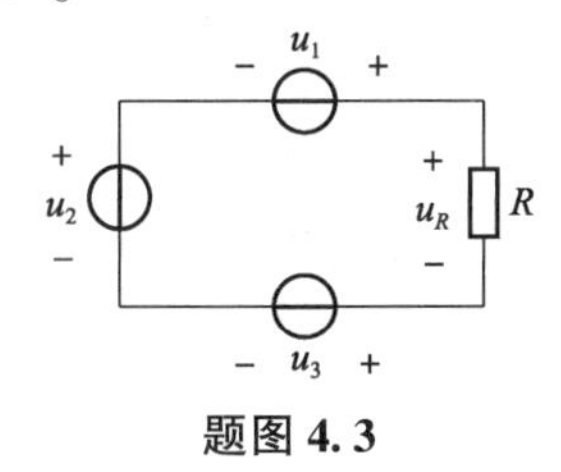

题图 4.3

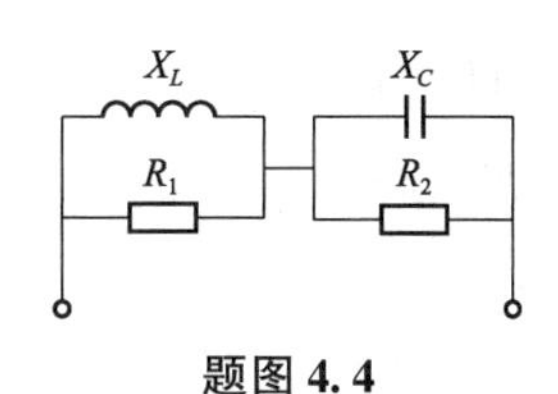

题图 4.4

4.13　电路如题图 4.5 所示。其中 $R=200\ \Omega$，当电源角频率 $\omega=2\times10^3$ rad/s 时，电路等效阻抗 $Z=125\underline{/0^\circ}\ \Omega$。求 C 和 L 的值。

4.14　试推导题图 4.6 所示交流电桥的平衡条件。

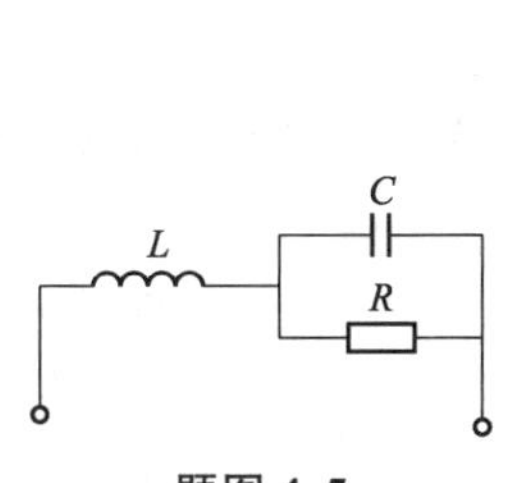

题图 4.5

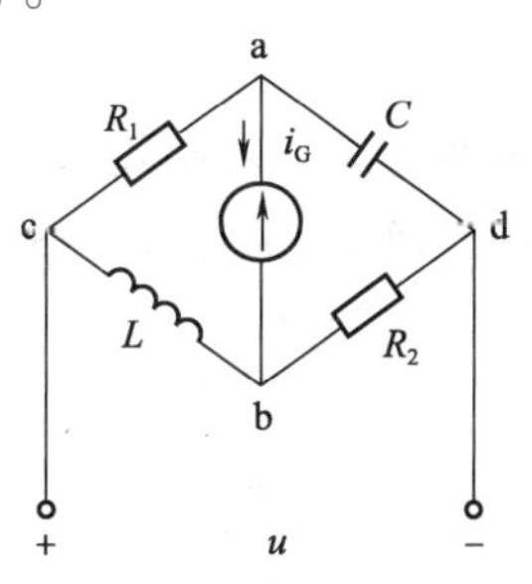

题图 4.6

4.15　已知电源频率 $\omega=2$ rad/s。求题图 4.7 所示电路的输入阻抗 Z_{ab}，并将原电路等效为两个元件串联的相量模型，以及两个元件并联的相量模型。

4.16　电路如题图 4.8 所示。已知 $U=100$ V，$R_2=6.5\ \Omega$，$R=20\ \Omega$，当调节触点 c 使得 $R_{ac}=4\ \Omega$ 时，电压表的读数最小，其值为 30 V。求阻抗 Z。

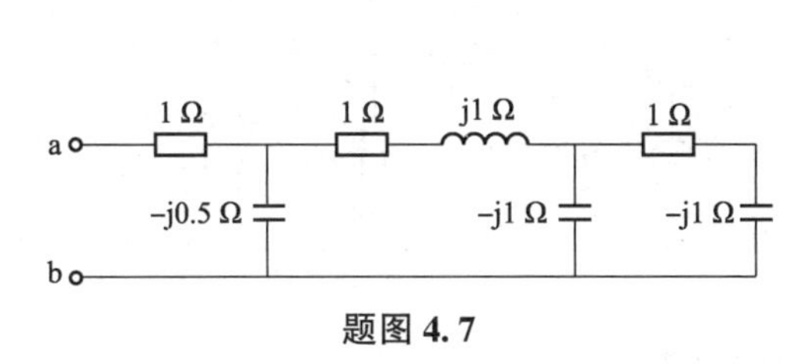

题图 4.7

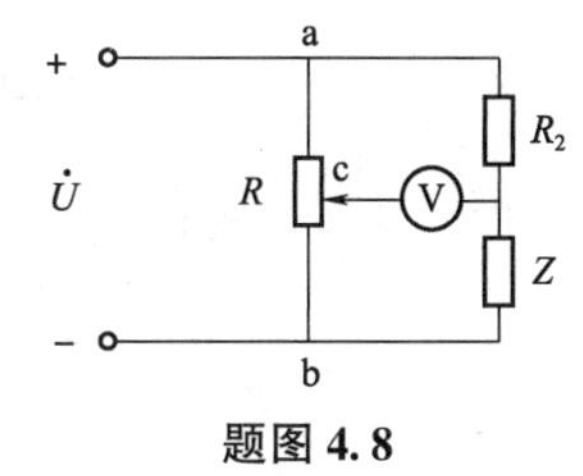

题图 4.8

4.17　电路如题图 4.9 所示，已知 $u=60\sqrt{2}\cos(314t-10^\circ)$ V，$i_1=11\sqrt{2}\cos(314t+80^\circ)$ A，$i_2=11\sqrt{2}\cos(314t-55^\circ)$ A，试求电流 i 及电路参数 R、L 和 C。

4.18　已知 $\dot{U}_{s1}=5\underline{/0^\circ}$ V，$\dot{U}_{s2}=5\underline{/0^\circ}$ V。用网孔电流法求题图 4.10 中的 $\dot{I}_1$、$\dot{I}_2$、$\dot{U}_1$。

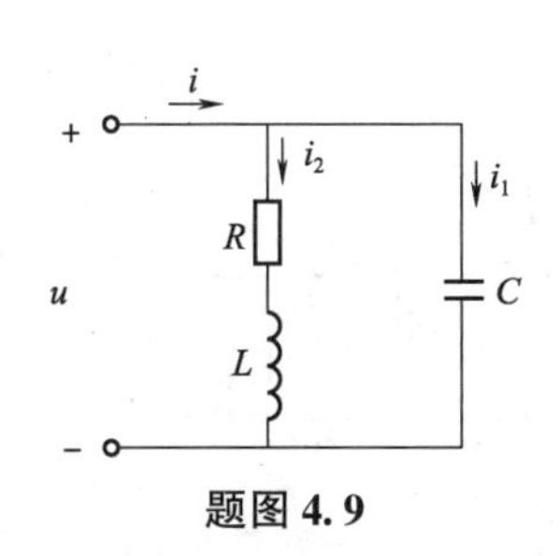

题图 4.9

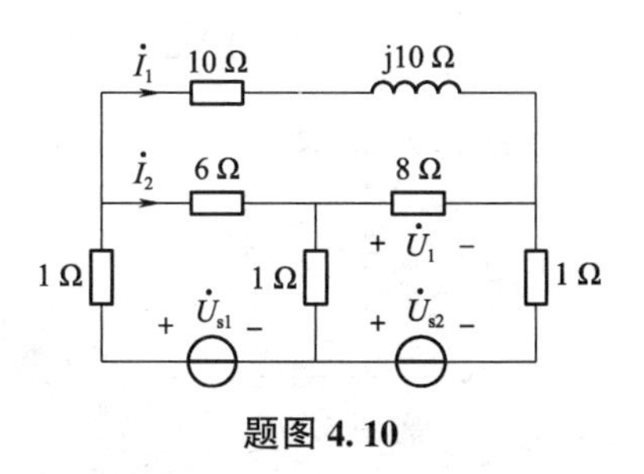

题图 4.10

4.19 已知 $\dot{U}_s = 10\angle 0°$ V，$\dot{I}_s = 10\angle 45°$ A，$\omega L = 1$ kΩ，$\dfrac{1}{\omega C} = 2$ kΩ，$R = 1$ kΩ。用节点电压法求题图 4.11 中的各电流。

4.20 已知 $\dot{U}_s = 36\angle 60°$ V。求题图 4.12 所示电路的戴维南等效电路。

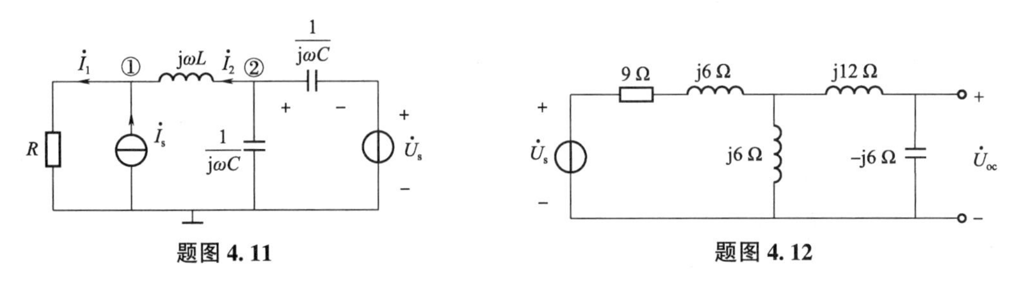

题图 4.11　　　　题图 4.12

4.21 用戴维南定理求题图 4.13 所示电路中的电流 $\dot{I}$。

4.22 电路如题图 4.14 所示，如果希望电阻 R 变化时电路总电流 I 不变，电路中的电感 L 和电容 C 应保持什么关系？画出电流的相量图。

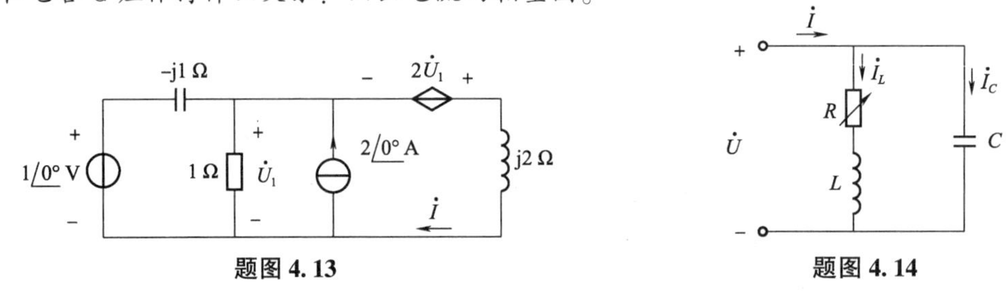

题图 4.13　　　　题图 4.14

4.23 根据相量图确定题图 4.15 所示电路各自的电压 $u(t)$ 和电流 $i(t)$ 的相位关系。

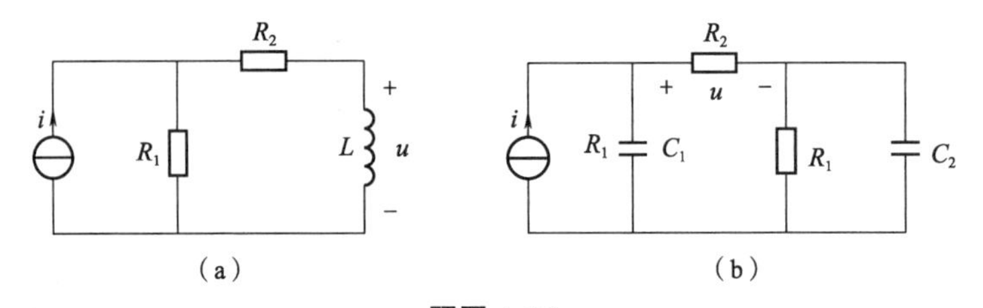

题图 4.15

4.24 题图 4.16 所示正弦稳态电路中，已知 $\omega L > \dfrac{1}{\omega C_2}$，有效值 $I_1 = 4$ A，$I_2 = 3$ A，求总电流 i 的有效值。

4.25 如题图 4.17 所示，已知 $X_C = -10$ Ω，$R = 5$ Ω，$X_L = 5$ Ω，电流表 A_1 的读数为 10 A，电压表 V_1 的读数为 100 V，求 A_0 及 V_0 的读数。

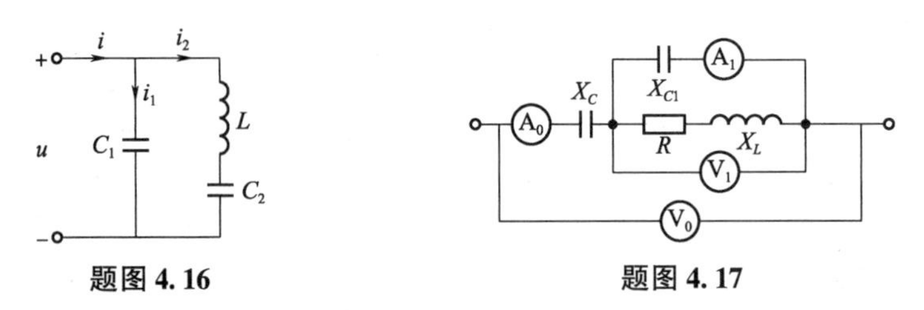

题图 4.16　　　　题图 4.17

4.26　如题图 4.18 所示电路，已知 $I_s = 10$ A，$\omega = 5\,000$ rad/s，$R_1 = R_2 = 10\ \Omega$，$C = 10\ \mu$F。求电源的有功功率、无功功率、视在功率。

4.27　如题图 4.19 所示电路，$\dot{U}_s = 10\angle 0°$ V，$\dot{I}_s = 1\angle 0°$ A。$X_1 = 5\ \Omega$，$X_2 = 10\ \Omega$，$R = 5\ \Omega$，$X_C = -5\ \Omega$。求两个电源各自发出的有功功率和无功功率。

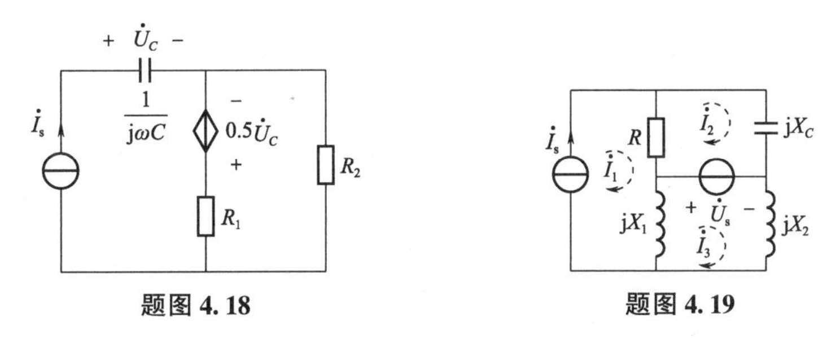

题图 4.18　　题图 4.19

4.28　电路如题图 4.20 所示，$\dot{U}_s = 12\angle 0°$ V，$\dot{I}_s = 4\angle 90°$ A。求获得最大功率时的阻抗 Z_L，并求所得到的功率 P。

4.29　电路如题图 4.21 所示，$\dot{I}_s = 5\angle 30°$ A。(1) 负载 Z_L 为何值时，能够得到最大功率？并求此最大功率。(2) 如果 Z_L 是一个电阻，求此时获得最大功率的条件，并求此最大功率。

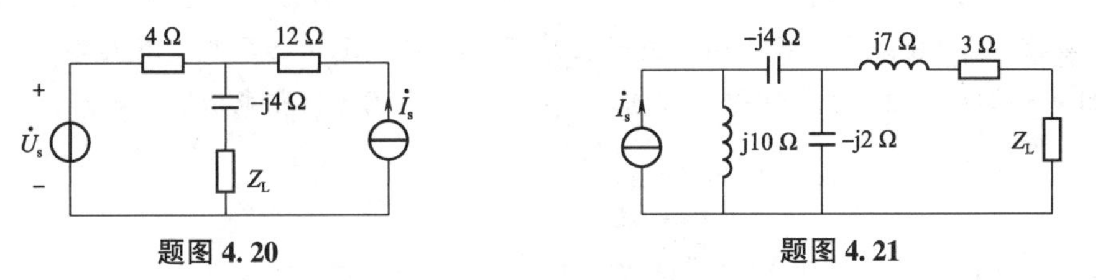

题图 4.20　　题图 4.21

4.30　三个负载并联接在电压有效值为 220 V 的正弦电源上。感性负载 Z_1 吸收功率 $P_1 = 4.4$ kW，$I_1 = 44.7$ A；感性负载 Z_2 吸收功率 $P_2 = 8.8$ kW，$I_2 = 50$ A；容性负载 Z_3 吸收功率 $P_3 = 6.6$ kW，$I_3 = 60$ A。求 (1) 电源输出电流的有效值；(2) 电路总的功率因数。

4.31　某负载的平均功率为 6 W，无功功率为 8 var，负载两端电压 $u(t) = 100\cos(100t)$ V。如果要使电路的功率因数提高到 0.95，问应该并联多大的电容？

4.32　异步电动机接到有效值为 220 V 的交流电源上，电源频率为 50 Hz。电动机的平均功率为 2 kW，功率因数 $\lambda = 0.7$（滞后）。现欲将功率因数提高到 0.9（滞后），问应该并联多大的电容？

4.33　一个感性负载端电压为 220 V，消耗的平均功率为 60 kW，功率因数为 0.5（滞后）。输电线的电阻为 0.1 Ω。若要将负载的功率因数提高到 0.9（滞后），问应该并联多大的电容？并联电容前后输电线的功率损失分别为多大？

4.34　为测定一个电感线圈参数，在线圈两端施加正弦工频电压，测得线圈两端电压 U 为 100 V，电流 I 为 5 A，功率 P 为 400 W。试求：

(1) 该线圈的串联等效电路中的电阻与电感；

(2) 若在线圈两端并联一个电容器，使总电流与外加电压相同，此电容值应为多少？

这时电路的总电流和电容电流各是多少？

4.35　有一对称三相感性负载，每相负载的电阻 $R=10\ \Omega$，感抗 $X=5\ \Omega$。若将此负载连成星形，接于线电压 $U_l=380$ V 的对称三相电源上，试求相电压、相电流、线电流，并画出电压和电流的相量图。

4.36　若将上题的三相负载接成三角形，接于原来的三相电源上，试求负载的相电流和线电流，画出负载电压和电流的相量图，并将此题所得结果与上题结果加以比较，求两种接法的电流之比。

4.37　在三相四线制电路中，有一电阻性三相负载，三相电阻值分别为 $R_A=R_B=10\ \Omega$，$R_C=15\ \Omega$，接于线电压 $U_l=380$ V 的对称三相电源上，线路阻抗、中性线阻抗均为零。试求：(1) 负载相电流及中性线电流；(2) 中性线完好，C 相断路时的负载相电压、相电流及中性线电流；(3) C 相断路，中性线也断开时的负载相电流、相电压。

4.38　若将上题中的三相四线制改为三相三线制，三相负载对称，电阻值均为 5 Ω，其他不变，试分别求 A 相负载断路或短路时，负载上的相电压、线电流和相电流。

4.39　对称三相电源的线电压 $U_l=380$ V，对称三相负载每相的电阻为 32 Ω，感抗为 24 Ω，试求在负载星形联结和三角形联结两种情况下，负载所吸收的有功功率、无功功率和视在功率。

4.40　已知一个电源对称的三相四线制电路，电源线电压 $U_l=380$ V，相线及中性线阻抗忽略不计。三相负载不对称，三相负载的电阻及电抗分别为 $R_A=R_B=8\ \Omega$，$R_C=12\ \Omega$，$X_A=X_B=4\ \Omega$，$X_C=8\ \Omega$。试求三相负载吸收的有功功率、无功功率及视在功率。

4.41　如题图 4.22 所示对称三相电路，线电压为 380 V，相电流 $I_{A'N'}=2$ A。求功率表的读数。

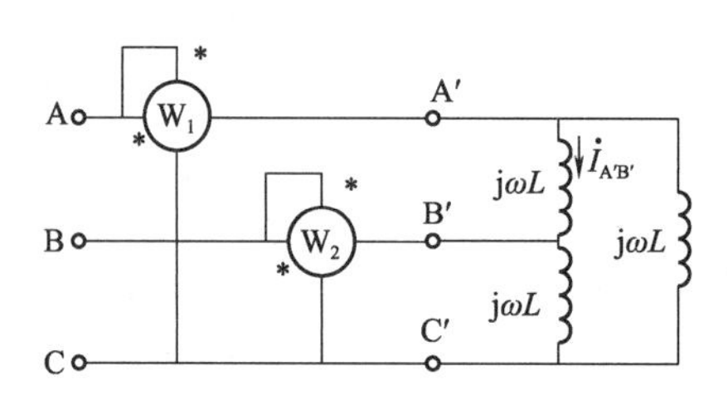

题图 4.22

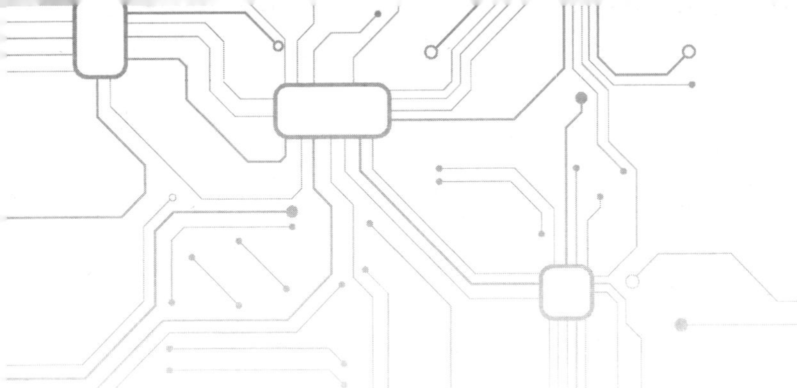

第 5 章 耦合电感与变压器

变压器在电子、通信、控制及电力系统中有着广泛的应用。耦合电感元件是变压器的核心元件。在正弦激励下，含耦合电感元件电路的稳态响应仍然可以采用相量法进行分析。需要注意的是，此时元件两端的电压除了自感电压外，还有互感电压。

本章首先基于互感现象建立耦合电感的元件模型，接着介绍含耦合电感电路的正弦稳态分析方法，最后介绍耦合电感的两类应用模型：空心变压器与理想变压器的分析方法。

5.1 互感现象

5.1.1 耦合电感

根据电磁感应定律，通电线圈的周围和内部会产生磁场。当两个通电线圈的物理位置比较靠近时，其中一个线圈电流产生的磁通会全部或部分穿过另一个线圈。当该线圈电流发生变化时，其产生的穿过另一个线圈的磁通也会发生变化。根据电磁感应定律，这个变化的磁通会在另一个线圈的两端产生感应电动势，或称感应电压，这个现象称为互感现象。载流线圈之间通过彼此的磁场相互联系的物理现象称为磁耦合。发生磁耦合的两个或多个线圈，称为磁耦合线圈，或称耦合线圈。习惯上，把产生影响的线圈称为施感线圈，被影响的线圈称为受感线圈。

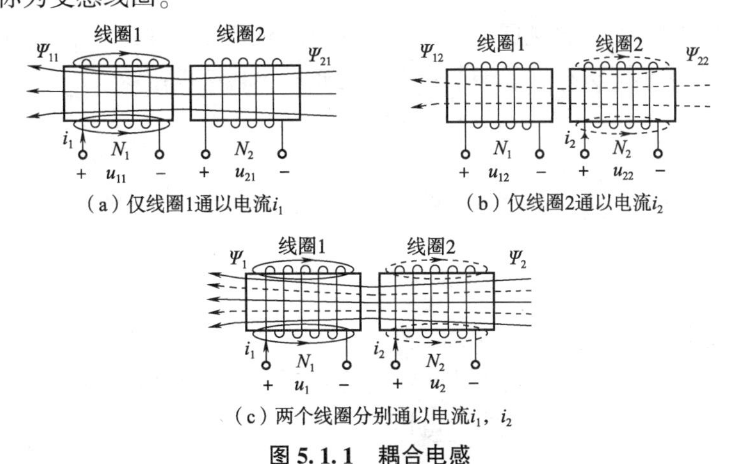

图 5.1.1　耦合电感

图 5.1.1 所示为两个具有磁耦合关系的线圈，匝数分别为 N_1 和 N_2。当线圈 1 中通以电流 i_1 时，如图 5.1.1（a）所示，电流 i_1 会在线圈 1 中产生自感磁通 Φ_{11}。同时，该磁通

中的一部分或全部会穿过线圈 2，成为线圈 2 的一部分磁通，记为 Φ_{21}，称为互感磁通。在线圈紧密缠绕的情况下，Φ_{11} 会穿过线圈 1 的每匝线圈，Φ_{21} 会穿过线圈 2 的每匝线圈。因此，在 i_1 作用下，与两线圈交链的磁链为

$$\Psi_{11} = N_1\Phi_{11} = L_1 i_1$$

$$\Psi_{21} = N_2\Phi_{21} = M_{21} i_1$$

式中，Ψ_{11} 为线圈 1 的电流在自身线圈（线圈 1）产生的磁链，称为自感磁链，Ψ_{21} 为线圈 1 的电流在邻近线圈（线圈 2）产生的磁链，称为互感磁链。L_1 为线圈 1 的自感系数，M_{21} 为线圈 1 对线圈 2 的互感系数。

类似地，当线圈 2 中通以电流 i_2 时，如图 5.1.1（b）所示，在线圈 2 中产生自感磁通 Φ_{22}，在线圈 1 中产生互感磁通 Φ_{12}。在 i_2 作用下，与两线圈交链的磁链为

$$\Psi_{22} = N_2\Phi_{22} = L_2 i_2$$

$$\Psi_{12} = N_1\Phi_{12} = M_{12} i_2$$

式中，Ψ_{22}、L_2 为线圈 2 的自感磁链和自感系数。Ψ_{12}、M_{12} 为线圈 2 的电流对线圈 1 的互感磁链和互感系数。当只有两个线圈相互耦合时，可以证明 $M_{21}=M_{12}$，因此可以略去互感系数的下标，统一记作 M。互感系数与自感系数一样，总是正值，其单位也是亨利（H）。

当两个线圈分别通以电流 i_1、i_2 时，磁耦合现象如图 5.1.1（c）所示。根据右手螺旋定则可以发现，在图示的线圈绕向、相对位置和电流流向下，每个线圈的自感磁通与互感磁通方向一致，总磁通得到增强。此时，两个线圈的磁链表示为

$$\Psi_1 = \Psi_{11} + \Psi_{12} = L_1 i_1 + M i_2$$

$$\Psi_2 = \Psi_{22} + \Psi_{21} = L_2 i_2 + M i_1$$

5.1.2 耦合电感的电流电压关系

在电路分析中关心的是线圈端口的电压电流关系，下面简要推导。

1. 自感电压与互感电压

在图 5.1.1（a）所示的线圈绕向、相对位置和电压电流参考方向下，当电流 i_1 发生变化时，除了引起线圈 1 的自感磁通 Φ_{11} 发生变化外，线圈 2 中的互感磁通 Φ_{21} 也会发生变化。根据法拉第电磁感应定律，线圈 1 的两端会感应出自感电压

$$u_{11} = \frac{\mathrm{d}\Psi_{11}}{\mathrm{d}t} = L_1\frac{\mathrm{d}i_1}{\mathrm{d}t}$$

同时，线圈 2 两端会产生感应电动势，即

$$u_{21} = \frac{\mathrm{d}\Psi_{21}}{\mathrm{d}t} = M\frac{\mathrm{d}i_1}{\mathrm{d}t} \tag{5.1.1}$$

式中，u_{21} 称为线圈 2 的互感电压。

同理，在图 5.1.1（b）所示的线圈绕向、相对位置和电压电流参考方向下，当电流 i_2 发生变化时，线圈 2 的两端会产生自感电压

$$u_{22} = \frac{\mathrm{d}\Psi_{22}}{\mathrm{d}t} = L_2\frac{\mathrm{d}i_2}{\mathrm{d}t}$$

同时，在线圈 1 两端也会产生感应电动势，即

$$u_{12}=\frac{\mathrm{d}\Psi_{12}}{\mathrm{d}t}=M\frac{\mathrm{d}i_2}{\mathrm{d}t} \tag{5.1.2}$$

式中，u_{12} 称为线圈 1 的互感电压。

在图 5.1.1（c）所示的线圈绕向、相对位置和电压电流参考方向下，两个线圈中的自感磁链与互感磁链方向相同，称为自感磁链和互感磁链相互增强。当电流 i_1、i_2 发生变化时，根据电磁感应定律有

$$u_1=\frac{\mathrm{d}\Psi_1}{\mathrm{d}t}=\frac{\mathrm{d}\Psi_{11}}{\mathrm{d}t}+\frac{\mathrm{d}\Psi_{12}}{\mathrm{d}t}=L_1\frac{\mathrm{d}i_1}{\mathrm{d}t}+M\frac{\mathrm{d}i_2}{\mathrm{d}t}$$

$$u_2=\frac{\mathrm{d}\Psi_2}{\mathrm{d}t}=\frac{\mathrm{d}\Psi_{22}}{\mathrm{d}t}+\frac{\mathrm{d}\Psi_{21}}{\mathrm{d}t}=L_2\frac{\mathrm{d}i_2}{\mathrm{d}t}+M\frac{\mathrm{d}i_1}{\mathrm{d}t}$$

可见，此时线圈端电压为自感电压和互感电压之和。

若两个线圈的自感磁链与互感磁链方向相反，则称自感磁链与互感磁链相互削弱，此时耦合电感端口的电压电流关系为

$$u_1=\frac{\mathrm{d}\Psi_1}{\mathrm{d}t}=\frac{\mathrm{d}\Psi_{11}}{\mathrm{d}t}-\frac{\mathrm{d}\Psi_{12}}{\mathrm{d}t}=L_1\frac{\mathrm{d}i_1}{\mathrm{d}t}-M\frac{\mathrm{d}i_2}{\mathrm{d}t}$$

$$u_2=\frac{\mathrm{d}\Psi_2}{\mathrm{d}t}=\frac{\mathrm{d}\Psi_{22}}{\mathrm{d}t}+\frac{\mathrm{d}\Psi_{21}}{\mathrm{d}t}=L_2\frac{\mathrm{d}i_2}{\mathrm{d}t}-M\frac{\mathrm{d}i_1}{\mathrm{d}t}$$

可见，此时线圈端电压为自感电压与互感电压之差。

综上，耦合线圈的端电压包含自感电压与互感电压两部分。端电压为两者的代数和。代数和的符号将在下面讨论。

2. 同名端

一般而言，要判断耦合线圈的磁链是相互增强还是相互削弱，除需明确线圈电流的方向外，还需要知道两线圈的相对位置和导线绕向。在实际中，耦合线圈一般是密封的，难以确认其相对位置及绕向，并且在电路模型中完整地绘制线圈绕向也十分不方便。为了解决上述问题，工程上引入了同名端的概念。

同名端是指分属两个线圈的一对端钮，当两个电流分别从这对端钮同时流入或流出时，若两个电流产生的磁通相互增强，则称这样一对端钮为同名端。同名端常用一对相同的符号（如“·”、“＊”或“△”等）标记。

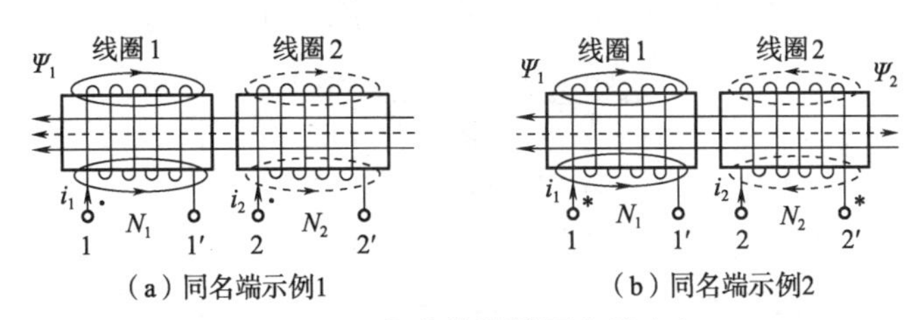

图 5.1.2　耦合线圈的同名端定义

根据上述定义，对于图 5.1.2（a）所示的耦合线圈，当两个电流同时从端钮 1 和端钮 2 流入或流出时，根据右手螺旋定则，此时两个线圈的磁链是相互增强的，因此，端钮 1、端钮 2 是一对同名端，图中用符号“·”标识。对于图 5.1.2（b）所示的耦合线圈，当两个电流同时从端钮 1 和端钮 2 流入或流出时，根据右手螺旋定则，此时两个线圈的磁链是

相互削弱的，因此，端钮 1、端钮 2 不是一对同名端，但是可以发现，端钮 1 和端钮 2′是一对同名端，图中用符号“ * ”标识。

3. **耦合电感元件模型**

一旦定义了同名端的概念，便可使用自感系数、互感系数和同名端三类参数来表示一个耦合线圈。图 5.1.2（a）所示的耦合线圈可以表示为图 5.1.3（a）所示的耦合电感模型。其中，两个线圈分别用电感符号表示，L_1、L_2 为各线圈的自感系数；两个线圈间的互感现象用图中的参数 M 及对应的箭头表示，M 即为互感系数；同名端用端钮 1、端钮 2 旁的小圆点标识。类似地，图 5.1.2（b）的耦合线圈可以表示为图 5.1.3（b）所示的耦合电感模型。

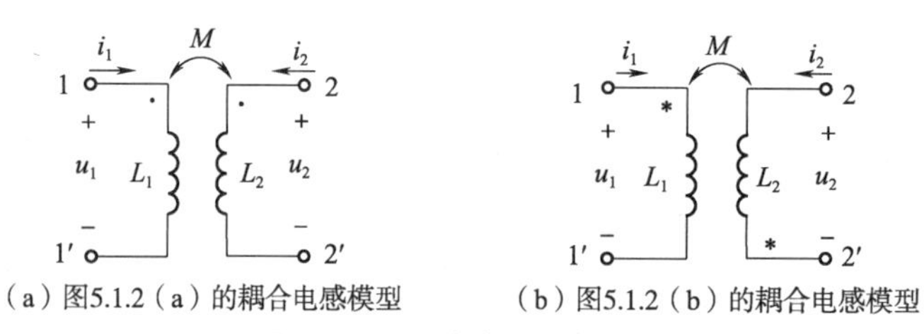

（a）图5.1.2（a）的耦合电感模型　（b）图5.1.2（b）的耦合电感模型

图 5.1.3　耦合电感元件模型

如前所述，在耦合电感中，线圈的端电压为自感电压和互感电压的代数和。代数和的含义叙述如下：对于任一个受感线圈，其自感电压的符号由该线圈的端电压与端电流的参考方向确定，若二者为关联参考方向，则自感电压的符号取“+”，否则取“−”。其互感电压的参考方向则由施感线圈的电流方向与同名端位置决定：若电流由同名端流入，则受感线圈的互感电压由同名端指向非同名端（即同名端为“+”，非同名端为“−”）；反之，则由非同名端指向同名端（即非同名端为“+”，同名端为“−”）。

根据上述规则，对于图 5.1.3（a）所示的耦合电感元件，其端口的伏安关系可以表示为

$$u_1 = L_1 \frac{di_1}{dt} + M \frac{di_2}{dt} \tag{5.1.3}$$

$$u_2 = L_2 \frac{di_2}{dt} + M \frac{di_1}{dt} \tag{5.1.4}$$

类似地，对于图 5.1.3（b）所示的耦合电感元件，其端口的伏安关系可以表示为

$$u_1 = L_1 \frac{di_1}{dt} - M \frac{di_2}{dt} \tag{5.1.5}$$

$$u_2 = L_2 \frac{di_2}{dt} - M \frac{di_1}{dt} \tag{5.1.6}$$

例 5.1.1　图 5.1.4 所示的两个互感线圈，已知同名端和各线圈的电压电流参考方向，试写出每一个互感线圈的电压电流关系。

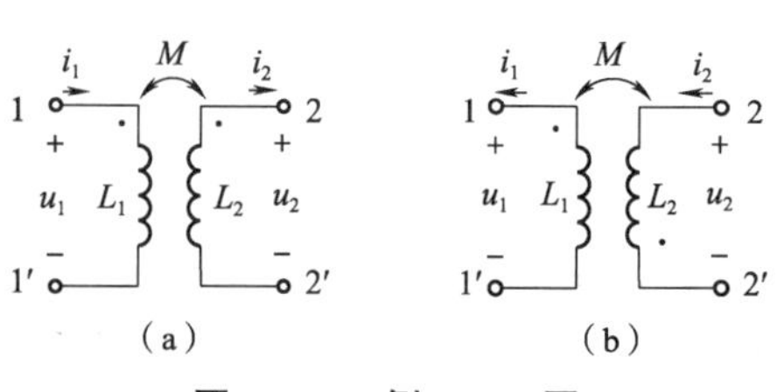

图 5.1.4　例 5.1.1 图

解　（1）在图 5.1.4（a）中，线圈 1 的端电压和端电流为关联参考方向，因此自感电压的符号为“+”。由于线圈 2 的电流 i_2 是由非同名端流入，因

此在线圈 1 中产生的互感电压的方向由非同名端指向同名端，与端电压 u_1 的方向相反，因此互感电压的符号为“-”，即

$$u_1 = L_1 \frac{\mathrm{d}i_1}{\mathrm{d}t} - M\frac{\mathrm{d}i_2}{\mathrm{d}t}$$

线圈 2 的端电压和端电流为非关联参考方向，因此自感电压的符号为“-”。由于线圈 1 的电流 i_1 是由同名端流入，因此在线圈 2 中产生的互感电压的方向由同名端指向非同名端，与端电压 u_2 的方向相同，因此互感电压的符号为“+”，即

$$u_2 = -L_2 \frac{\mathrm{d}i_2}{\mathrm{d}t} + M\frac{\mathrm{d}i_1}{\mathrm{d}t}$$

（2）类似地，图 5.1.4（b）所示两个线圈的电压电流关系为

$$u_1 = -L_1 \frac{\mathrm{d}i_1}{\mathrm{d}t} - M\frac{\mathrm{d}i_2}{\mathrm{d}t}$$

$$u_2 = L_2 \frac{\mathrm{d}i_2}{\mathrm{d}t} + M\frac{\mathrm{d}i_1}{\mathrm{d}t}$$

当耦合电感线圈处于正弦稳态时，线圈的电压电流关系可以表达为相量形式。根据相量的性质，式（5.1.3）和式（5.1.4）对应的相量形式可写为

$$\dot{U}_1 = \mathrm{j}\omega L_1\dot{I}_1 + \mathrm{j}\omega M\dot{I}_2 \tag{5.1.7}$$

$$\dot{U}_2 = \mathrm{j}\omega L_2\dot{I}_2 + \mathrm{j}\omega M\dot{I}_1 \tag{5.1.8}$$

同理，式（5.1.5）和式（5.1.6）对应的相量形式可写为

$$\dot{U}_1 = \mathrm{j}\omega L_1\dot{I}_1 - \mathrm{j}\omega M\dot{I}_2 \tag{5.1.9}$$

$$\dot{U}_2 = \mathrm{j}\omega L_2\dot{I}_2 - \mathrm{j}\omega M\dot{I}_1 \tag{5.1.10}$$

根据式（5.1.7）、式（5.1.8），可以画出图 5.1.3（a）对应的相量模型，如图 5.1.5（a）所示。根据式（5.1.9）、式（5.1.10），可以画出图 5.1.3（b）对应的相量模型，如图 5.1.5（b）所示。

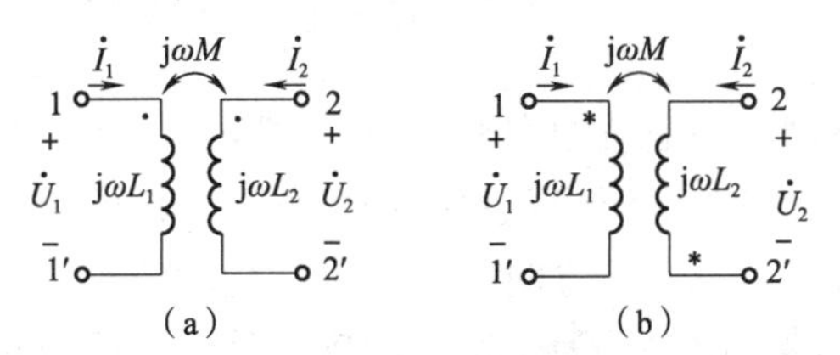

图 5.1.5 耦合电感元件的相量模型

5.1.3 耦合系数

由图 5.1.1 可以发现，线圈电流所产生的磁通，除了一部分与另一个线圈交链外，可能还会有一部分只与自身线圈交链，这部分磁通称为漏磁通。互感系数 M 表示的就是两个线圈的磁通交链的程度。磁通交链得越多，互感系数越大；反之，互感系数越小。

显然，当 $\Psi_{21} = \Psi_{11}$ 且 $\Psi_{12} = \Psi_{22}$ 时，互感系数取得最大值。此时，每一个线圈产生的磁通全部与另一个线圈交链，称两个互感线圈发生全耦合。因此有

$$L_1L_2=\frac{\Psi_{11}}{i_1}\frac{\Psi_{22}}{i_2}=\frac{N_1\Phi_{11}}{i_1}\frac{N_2\Phi_{22}}{i_2}=\frac{N_2\Phi_{11}}{i_1}\frac{N_1\Phi_{22}}{i_2}\geqslant\frac{N_2\Phi_{21}}{i_1}\frac{N_1\Phi_{12}}{i_2}=M\cdot M=M^2$$

由此可见，耦合线圈的最大互感系数不会超过 $\sqrt{L_1L_2}$。M 的值越接近 $\sqrt{L_1L_2}$，耦合程度越强，反之就越弱。为了表述两个线圈的耦合程度，工程上定义了耦合系数 k，即

$$k=\frac{M}{\sqrt{L_1L_2}} \tag{5.1.11}$$

由于 $M\leqslant\sqrt{L_1L_2}$，因此 $0\leqslant k\leqslant1$。耦合系数 k 与线圈的结构、相互位置、空间磁介质有关。

工程应用：同名端的测定

在实际应用中，耦合线圈或绕组常常被包装起来，外面仅露出接线端钮，无法得知线圈的绕向。如果耦合线圈没有标注同名端，可以使用实验法进行测定。电路如图 5.1.6 所示。线圈 1 经过一个开关 S 接到直流电压源 U_s 上，其中串接一个限流电阻 R。线圈 2 的两端接一个直流电压表，电压表端子的极性如图 5.1.6 所示。

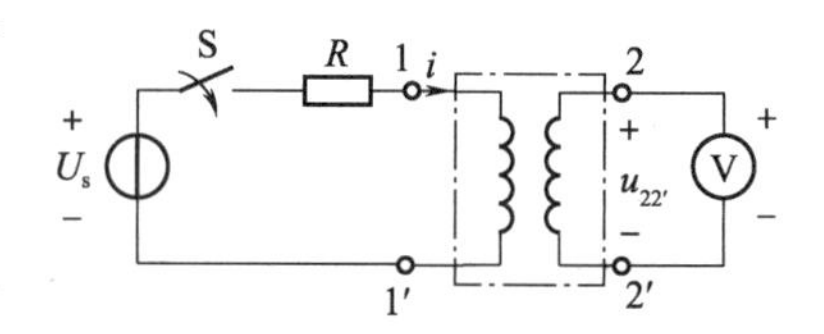

图 5.1.6　同名端的实验测定法

开关 S 闭合的瞬间，电流 i 由 0 逐渐增大，$\frac{di}{dt}>0$。此时，线圈 2 中会产生互感电压，使电压表的指针发生偏转。如果电压表指针发生正偏转，表明 $u_{22'}>0$，此时只能是 $u_{22'}=M\frac{di}{dt}$，亦即互感电压的高电位端在 2 端，因此端钮 1 和端钮 2 是一对同名端；如果电压表指针发生反偏转，表明 $u_{22'}<0$，此时只能是 $u_{22'}=-M\frac{di}{dt}$，表明互感电压的高电位端在 2′端，因此端钮 1 和端钮 2′是一对同名端。

5.2　含耦合电感电路的分析

在正弦稳态下，含有耦合电感元件的电路可以采用相量法进行分析。需要注意的是，由于耦合电感的端电压包含自感电压和互感电压两部分，因此列方程时应倍加留意，防止丢失互感电压分量，或弄错互感电压方向。为了提高含耦合电感电路的分析效率，推荐采用等效方法，先将耦合电感电路等效为普通的电感电路，再进行后续分析。这里介绍两种等效方法：受控源去耦等效和去耦等效。

5.2.1　耦合电感的受控源去耦等效

对于图 5.1.5（a）和图 5.1.5（b）所示的耦合电感元件的相量模型，其伏安关系分别为

$$\left.\begin{aligned}\dot{U}_1&=j\omega L_1\dot{I}_1+j\omega M\dot{I}_2\\\dot{U}_2&=j\omega L_2\dot{I}_2+j\omega M\dot{I}_1\end{aligned}\right\} \tag{5.2.1}$$

$$\left.\begin{aligned}\dot{U}_1 &= \mathrm{j}\omega L_1\dot{I}_1 - \mathrm{j}\omega M\dot{I}_2\\ \dot{U}_2 &= \mathrm{j}\omega L_2\dot{I}_2 - \mathrm{j}\omega M\dot{I}_1\end{aligned}\right\} \tag{5.2.2}$$

方程中，每个线圈的端电压都包括自感电压和互感电压两部分。其中自感电压表示的是线圈自身的自感现象，可用普通电感元件来等效；而表现线圈之间耦合作用的互感电压，则可用电流控制电压源（CCVS）模型来等效。根据式（5.2.1）和式（5.2.2），可画出图 5.1.5 相应的等效电路，如图 5.2.1 所示。

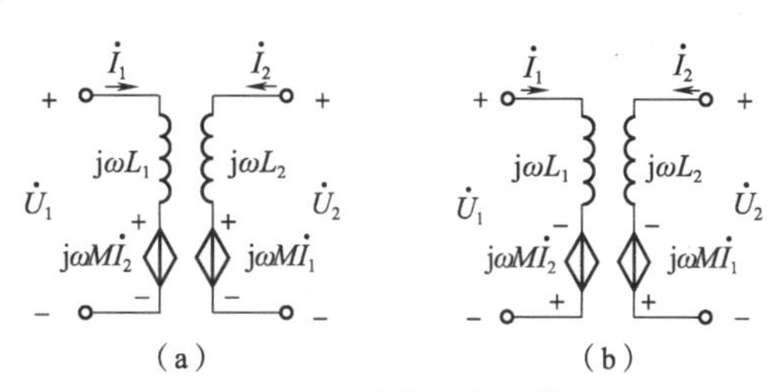

图 5.2.1　受控源去耦等效

在对耦合电感进行受控源去耦等效时，受控电压源的数值很容易确定，分别为 $\mathrm{j}\omega M\dot{I}_2$ 和 $\mathrm{j}\omega M\dot{I}_1$。其极性由施感线圈中的电流方向与同名端位置来确定：若施感线圈的电流由同名端流入，则受感线圈中受控电压源的方向由同名端指向非同名端；反之，则由非同名端指向同名端。

需要注意的是，一旦将互感电压使用受控电源进行等效，则原耦合电感电路中的同名端、互感系数及互感箭头等符号都应该去除，电路变为含普通电感的电路。

5.2.2　耦合电感的去耦等效

对于一些特殊的耦合电感线圈联结方式，如串联、并联、T 形联结，还可以直接使用电感进行等效。本节在相量模型下推导其等效形式，读者可以尝试在时域模型下推导，结论不变。

1. 耦合电感的串联

1）顺接串联

如图 5.2.2（a）所示，耦合电感的两个线圈呈串联形式。由于两个线圈的同名端朝向相同，称这种串联为顺接串联。

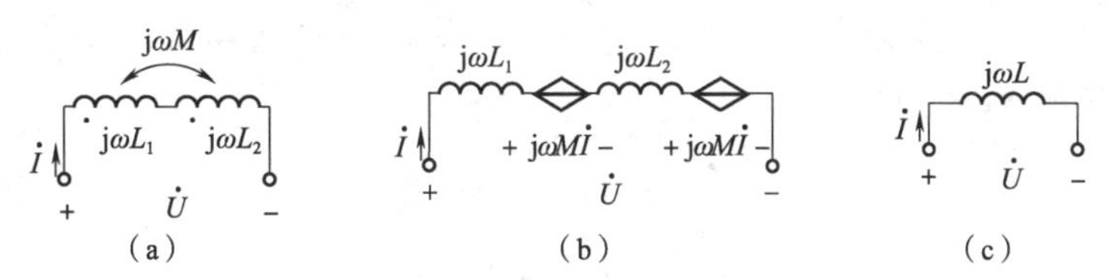

图 5.2.2　耦合电感的顺接串联及其去耦等效

对图 5.2.2（a）所示的耦合电感电路采用受控源去耦等效，所得电路如图 5.2.2（b）所示。端口的 VCR 为

$$\dot{U} = \mathrm{j}\omega L_1\dot{I} + \mathrm{j}\omega M\dot{I} + \mathrm{j}\omega L_2\dot{I} + \mathrm{j}\omega M\dot{I} = \mathrm{j}\omega(L_1 + L_2 + 2M)\dot{I}$$

上式说明，顺接串联的耦合电感可以等效为一个电感，如图 5.2.2（c）所示。其中的等效电感值 L 为

$$L = L_1 + L_2 + 2M \tag{5.2.3}$$

2）反接串联

如图 5. 2. 3（a）所示，耦合电感的两个线圈相互串联，但线圈同名端的朝向相反，称这种串联为反接串联。

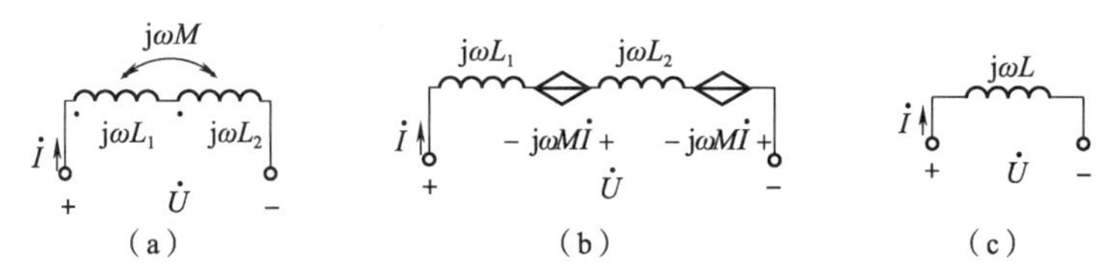

图 5. 2. 3　耦合电感的反接串联及其去耦等效

对图 5. 2. 3（a）所示的耦合电感电路采用受控源去耦等效，所得电路如图 5. 2. 3（b）所示。端口的 VCR 为

$$\dot{U} = \mathrm{j}\omega L_1\dot{I} - \mathrm{j}\omega M\dot{I} + \mathrm{j}\omega L_2\dot{I} - \mathrm{j}\omega M\dot{I} = \mathrm{j}\omega(L_1 + L_2 - 2M)\dot{I}$$

上式说明，反接串联的耦合电感也可以等效为一个电感，如图 5. 2. 3（c）所示。其中的等效电感值 L 为

$$L = L_1 + L_2 - 2M \qquad (5.2.4)$$

2. 耦合电感的并联

1）同侧并联

在图 5. 2. 4（a）中，耦合电感的两个线圈呈并联形式。由于两个线圈的同名端连接在同一个节点上，称这种情形为同侧并联。

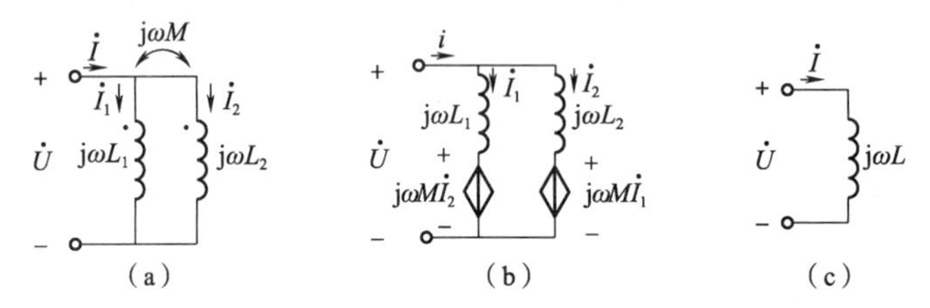

图 5. 2. 4　耦合电感的同侧并联及其去耦等效

对于图 5. 2. 4（a）所示的耦合电感电路采用受控源去耦等效，所得电路如图 5. 2. 4（b）所示。端口的 VCR 为

$$\dot{U} = \mathrm{j}\omega L_1\dot{I}_1 + \mathrm{j}\omega M\dot{I}_2$$

$$\dot{U} = \mathrm{j}\omega L_2\dot{I}_2 + \mathrm{j}\omega M\dot{I}_1$$

根据 $\dot{I} = \dot{I}_1 + \dot{I}_2$，可解得 $\dot{U}$、$\dot{I}$ 的关系为

$$\dot{U} = \mathrm{j}\omega \frac{L_1L_2 - M^2}{L_1 + L_2 - 2M}\dot{I}$$

上式说明，同侧并联的耦合电感可以等效为一个电感，如图 5. 2. 4（c）所示。其中的等效电感值 L 为

$$L = \frac{L_1L_2 - M^2}{L_1 + L_2 - 2M} \qquad (5.2.5)$$

2）异侧并联

在图 5.2.5（a）中，耦合电感的两个线圈呈并联形式。由于两个线圈的异名端连接在同一个节点上，称这种情形为异侧并联。

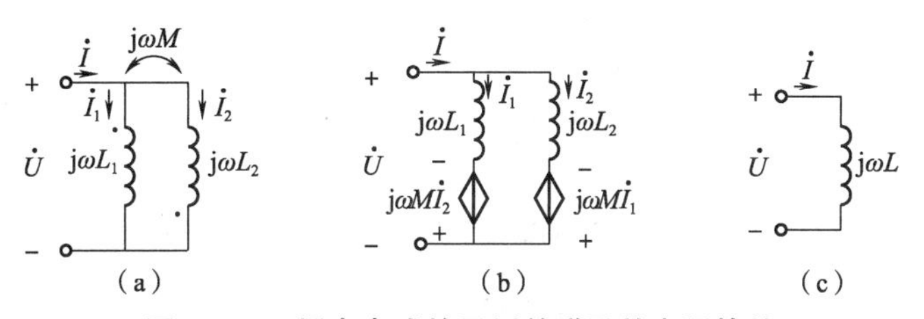

图 5.2.5　耦合电感的异侧并联及其去耦等效

采用与同侧并联相似的推导过程，可以将异侧并联的耦合电感等效为一个电感，如图 5.2.5（c）所示。其中的等效电感值 L 为

$$L=\frac{L_1L_2-M^2}{L_1+L_2+2M} \tag{5.2.6}$$

3. 耦合电感的 T 形联结

1）同名端共端

有时两个具有互感的耦合线圈既不是串联，也不是并联，但它们有一个公共端，如图 5.2.6（a）所示。其中，两个线圈的同名端连接到一起，称为同名端共端的 T 形联结。

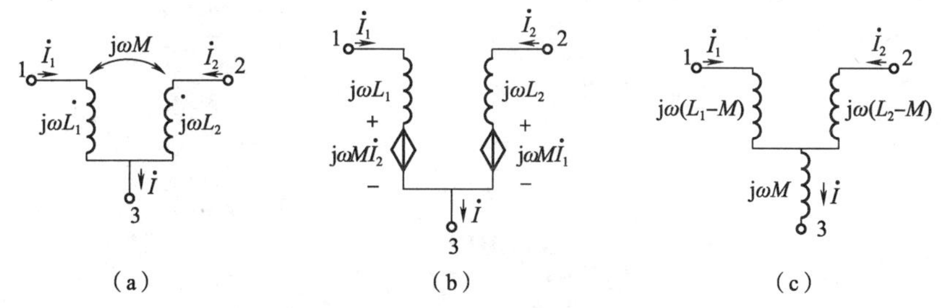

图 5.2.6　同名端共端的 T 形联结及其去耦等效

由图 5.2.6（a）可知，端口 1-3 和端口 2-3 的电压为

$$\dot U_{13}=\mathrm{j}\omega L_1\dot I_1+\mathrm{j}\omega M\dot I_2$$

$$\dot U_{23}=\mathrm{j}\omega L_2\dot I_2+\mathrm{j}\omega M\dot I_1$$

由于 $\dot I=\dot I_1+\dot I_2$，所以上面两式可以写成

$$\dot U_{13}=\mathrm{j}\omega L_1\dot I_1+\mathrm{j}\omega M\dot I_2=\mathrm{j}\omega L_1\dot I_1+\mathrm{j}\omega M(\dot I-\dot I_1)=\mathrm{j}\omega(L_1-M)\dot I_1+\mathrm{j}\omega M\dot I$$

$$\dot U_{23}=\mathrm{j}\omega L_2\dot I_2+\mathrm{j}\omega M\dot I_1=\mathrm{j}\omega L_2\dot I_2+\mathrm{j}\omega M(\dot I-\dot I_2)=\mathrm{j}\omega(L_2-M)\dot I_2+\mathrm{j}\omega M\dot I$$

由此可得去耦等效电路如图 5.2.6（c）所示。

2）异名端共端

若耦合线圈的 T 形联结中，采用的是两个线圈的异名端连接到一起，则称其为异名端共端的 T 形联结，如图 5.2.7（a）所示。采用类似的推导过程，可以得到去耦等效电路如图 5.2.7（c）所示。

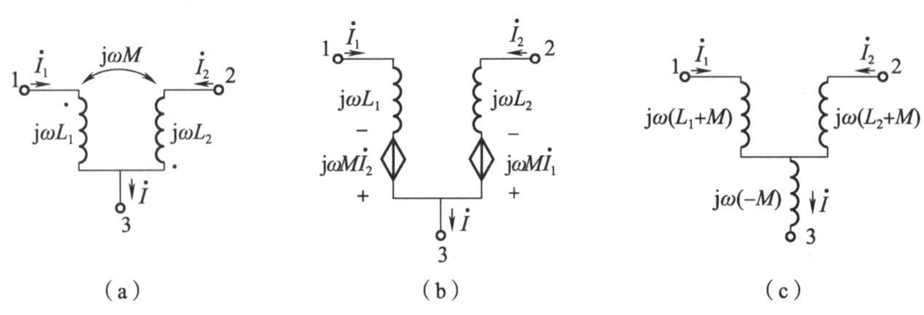

(a)　　　　(b)　　　　(c)

图 5.2.7　异名端共端的 T 形联结及其去耦等效

例 5.2.1　耦合线圈电路如图 5.2.8（a）所示。已知 $L_1=10\ \mathrm{H}$，$L_2=4\ \mathrm{H}$，$M=1\ \mathrm{H}$，求端口 ab 的等效电感 L_{ab}。

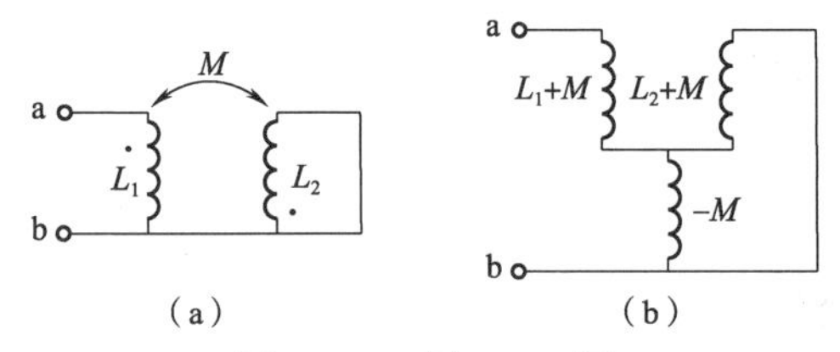

(a)　　　　(b)

图 5.2.8　例 5.2.1 图

解　由图 5.2.8（a）可知，这是一个异名端共端的 T 形联结耦合电路。为求端口 ab 的等效电感 L_{ab}，画出等效电路如图 5.2.8（b）所示。

由图 5.2.8（b）可得

$$
\begin{aligned}
L_{ab} &= L_1 + M + (L_2 + M)//(-M) \\
&= L_1 + M + \frac{-M(L_2+M)}{L_2+M-M} \\
&= L_1 + M - \frac{M(L_2+M)}{L_2} \\
&= \left(10 + 1 - \frac{4+1}{4}\right)\ \mathrm{H} \\
&= 9.75\ \mathrm{H}
\end{aligned}
$$

例 5.2.2　已知图 5.2.9（a）所示电路处于正弦稳态，$u(t) = 4\sqrt{2}\cos 2t\ \mathrm{V}$。求电流 i_1、i_2。

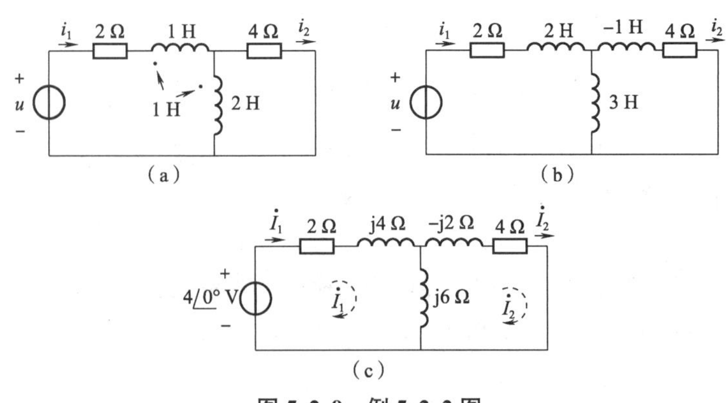

(a)　　　　(b)

(c)

图 5.2.9　例 5.2.2 图

解　(1) 对T形联结的耦合电感去耦等效，如图5.2.9 (b) 所示。

(2) 采用相量法求解，画相量模型如图5.2.9 (c) 所示。这里采用网孔法求解，列方程如下：

$$(2+\mathrm{j}4+\mathrm{j}6)\dot{I}_1-\mathrm{j}6\dot{I}_2=4\angle 0^\circ$$

$$-\mathrm{j}6\dot{I}_1+(\mathrm{j}6-\mathrm{j}2+4)\dot{I}_2=0$$

解得

$$\dot{I}_1=0.47\angle -40.24^\circ\ \mathrm{A}$$

$$\dot{I}_2=0.498\angle 47.6^\circ\ \mathrm{A}$$

(3) 反变换回时域：

$$i_1=0.47\sqrt{2}\cos(2t-40.24^\circ)\ \mathrm{A}$$

$$i_2=0.498\sqrt{2}\cos(2t+4.76^\circ)\ \mathrm{A}$$

5.3　空心变压器

变压器是电工和电子电路中的常用设备，是互感原理的典型应用。它不仅可以在两个或多个互不连接的电路之间传递信息或电能，而且还能实现电压、电流、阻抗的变换。根据线圈芯柱的不同，变压器可以分为空心变压器和铁芯变压器。铁芯变压器的芯柱材料由铁磁材料（如硅钢）制成，其耦合系数很大（可以接近1），属于紧耦合。空心变压器的芯柱由非磁性材料（如塑料等）制成，其耦合系数较小，属于松耦合。本节只介绍空心变压器。

空心变压器的核心是一对耦合线圈，电路模型如图5.3.1所示。

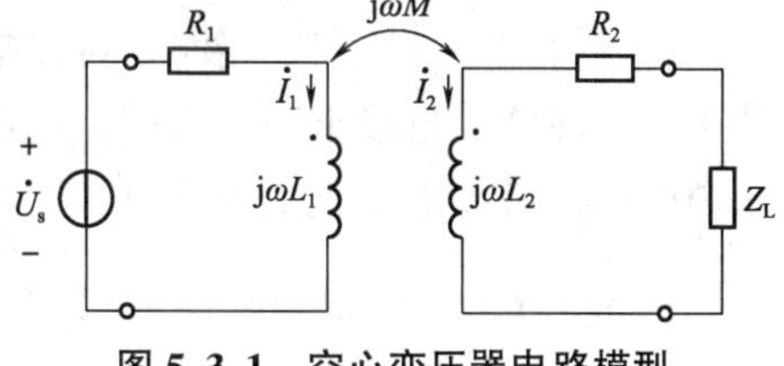

图5.3.1　空心变压器电路模型

其中，一个线圈作为输入，与信号源或电源连接，称为一次回路（或初级回路、原边线圈）；另一个线圈作为输出，与负载连接，称作二次回路（或次级回路、副边线圈）。一次回路和二次回路在电路上是完全隔离的，它们之间的能量传递是通过磁耦合实现的。

在正弦稳态下，一次回路方程为

$$(R_1+\mathrm{j}\omega L_1)\dot{I}_1+\mathrm{j}\omega M\dot{I}_2=\dot{U}_\mathrm{s}$$

二次回路方程为

$$\mathrm{j}\omega M\dot{I}_1+(R_2+\mathrm{j}\omega L_2+Z_\mathrm{L})\dot{I}_2=0$$

令 $Z_{11}=R_1+\mathrm{j}\omega L_1$，$Z_{22}=R_2+\mathrm{j}\omega L_2+Z_\mathrm{L}$，前者称为一次回路阻抗，后者称为二次回路阻抗，则上述方程可写为

$$Z_{11}\dot{I}_1+\mathrm{j}\omega M\dot{I}_2=\dot{U}_\mathrm{s}$$

$$\mathrm{j}\omega M\dot{I}_1+Z_{22}\dot{I}_2=0$$

由此可求得一次回路和二次回路的电流分别为

$$\dot{I}_1=\frac{\dot{U}_s}{Z_{11}+\dfrac{(\omega M)^2}{Z_{22}}}$$

$$\dot{I}_2=\frac{-j\omega M\dot{U}_s}{\left[Z_{11}+\dfrac{(\omega M)^2}{Z_{22}}\right]Z_{22}}=\frac{-j\omega M\dot{I}_1}{Z_{22}}$$

根据上述两式，可以画出空心变压器的等效电路如图 5.3.2 所示。

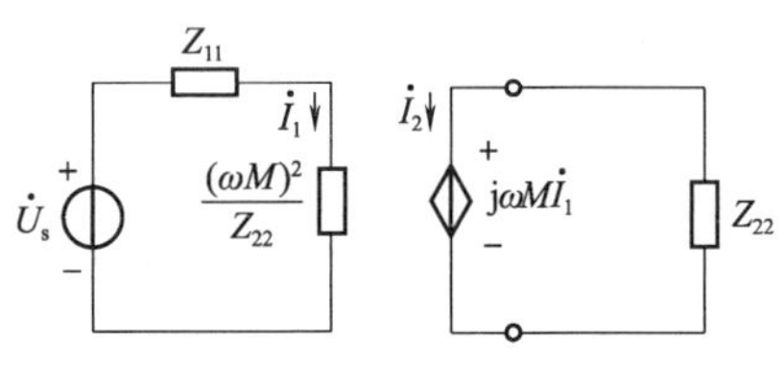

图 5.3.2 空心变压器的等效电路

从一次回路来看，二次回路的阻抗 Z_{22} 被折算为 $\frac{(\omega M)^2}{Z_{22}}$，这也就意味着从电源的角度看，变压器就是一个阻抗，其中包含了一次回路的阻抗 Z_{11} 和从二次回路折算来的等效阻抗 $\frac{(\omega M)^2}{Z_{22}}$。通常，把二次回路折算到一次回路的阻抗称为反映阻抗，即

$$Z_{1r}=\frac{(\omega M)^2}{Z_{22}}$$

从二次回路来看，变压器将一次回路的电压源 $\dot{U}_s$ 映射成一个受控电压源 $j\omega M\dot{I}_1=\frac{j\omega M}{Z_{11}+Z_{1r}}\dot{U}_s$。这就是说，变压器的作用就是将一次回路的电源进行相应的变换后向二次回路供电。

在分析空心变压器电路时，可以根据图 5.3.2 所示的等效电路，将二次回路的阻抗反映到一次回路，直接求得一次回路的电流，再根据一次回路电流计算二次回路中的受控电压源电压，进而求得其余电参量。这种求解方法也称为反映阻抗法。

例 5.3.1 变压器电路如图 5.3.3 所示，已知 $\dot{U}_s=10\underline{/0^\circ}$ V，$R_1=1\ \Omega$，$\omega L_1=3\ \Omega$，$\omega L_2=2\ \Omega$，$\omega M=2\ \Omega$。

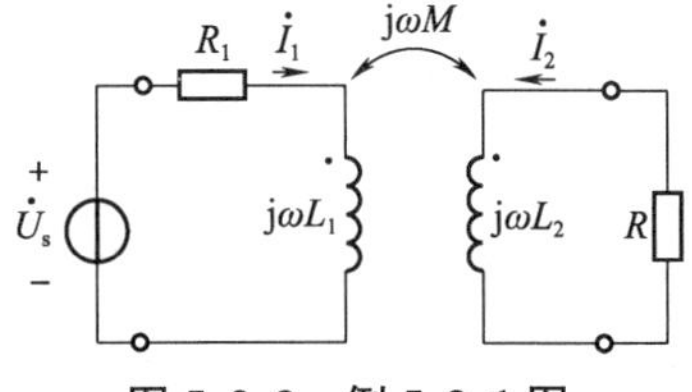

图 5.3.3 例 5.3.1 图

(1) 当负载 $R_2=1\ \Omega$ 时，求电流 $\dot{I}_1$、$\dot{I}_2$。

(2) 当负载 $R_2=100\ \Omega$ 时，求电流 $\dot{I}_1$、$\dot{I}_2$。

解 (1) 负载 $R_2=1\ \Omega$ 时。二次回路反射到一次回路的阻抗为

$$Z_{1r}=\frac{(\omega M)^2}{Z_{22}}=\frac{2^2}{1+j2}\ \Omega=1.78\underline{/-63.43^\circ}\ \Omega$$

一次回路电流为

$$\dot{I}_1=\frac{\dot{U}_s}{Z_{11}+Z_{1r}}=\frac{10\underline{/0^\circ}}{1+j3+1.78\underline{/-63.43^\circ}}\ \text{A}$$

$$=\frac{10\underline{/0^\circ}}{1+j3+0.8-j1.59}\ \text{A}=4.36\underline{/-38^\circ}\ \text{A}$$

二次回路电流为

$$\dot{I}_2=-\frac{\mathrm{j}\omega M}{Z_{22}}\dot{I}_1=-\frac{\mathrm{j}2}{1+\mathrm{j}2}\times 4.36\angle{-38^\circ}\ \mathrm{A}=-3.90\angle{-111^\circ}\ \mathrm{A}=3.90\angle{168.6^\circ}\ \mathrm{A}$$

（2）负载 $R_2=100\ \Omega$ 时，

$$Z_{1\mathrm{r}}=\frac{(\omega M)^2}{Z_{22}}=\frac{2^2}{100+\mathrm{j}2}\ \Omega=0.039\angle{-1.14^\circ}\ \Omega$$

$$\dot{I}_1=\frac{\dot{U}_\mathrm{s}}{Z_{11}+Z_{1\mathrm{r}}}=\frac{10\angle{0^\circ}}{1+\mathrm{j}3+0.039\angle{-1.14^\circ}}\ \mathrm{A}$$

$$=\frac{10\angle{0^\circ}}{1+\mathrm{j}3+0.038-\mathrm{j}0.0007}\ \mathrm{A}=3.15\angle{-70.87^\circ}\ \mathrm{A}$$

$$\dot{I}_2=-\frac{\mathrm{j}\omega M}{Z_{22}}\dot{I}_1=-\frac{\mathrm{j}2}{100+\mathrm{j}2}\times 3.15\angle{-70.87^\circ}\ \mathrm{A}=0.062\angle{162^\circ}\ \mathrm{A}$$

5.4　理想变压器

理想变压器是由实际铁芯变压器抽象得到的理想化模型，是极限情况下的耦合电感。其理想化条件包括：

（1）耦合系数 $k=1$，即 $M=\sqrt{L_1L_2}$；

（2）线圈绕组的电阻为0，线圈无任何功率损耗；

（3）L_1、L_2 趋于无穷大，M 趋于无穷大，且 $\sqrt{\frac{L_1}{L_2}}=n$ 为常数。

1. 理想变压器模型

满足理想化条件（1）、理想化条件（2）的空心变压器模型可表示为图5.4.1所示形式。

这种变压器称为全耦合变压器。其端口VCR为

$$\mathrm{j}\omega L_1\dot{I}_1+\mathrm{j}\omega\sqrt{L_1L_2}\dot{I}_2=\dot{U}_1 \tag{5.4.1}$$

$$\mathrm{j}\omega\sqrt{L_1L_2}\dot{I}_1+\mathrm{j}\omega L_2\dot{I}_2=\dot{U}_2 \tag{5.4.2}$$

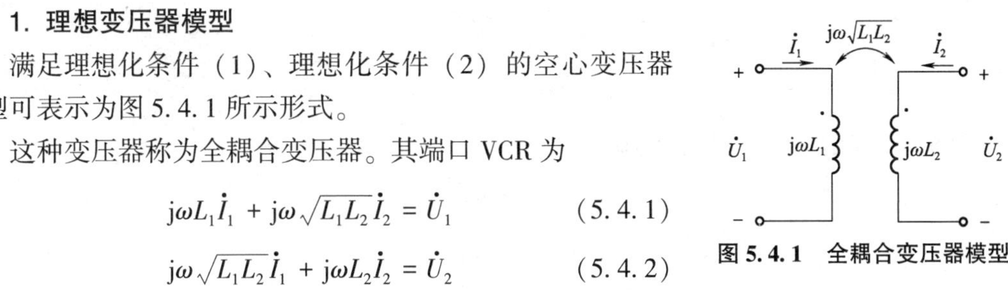

图5.4.1　全耦合变压器模型

由式（5.4.2）可得 $\dot{I}_1$ 的表达式，将其代入式（5.4.1），有

$$\dot{U}_1=\sqrt{\frac{L_1}{L_2}}\dot{U}_2$$

将上式代入式（5.4.2），消去 $\dot{U}_2$，得到 $\dot{I}_1$ 的表达式为

$$\dot{I}_1=\frac{\dot{U}_1}{\mathrm{j}\omega L_1}-\sqrt{\frac{L_2}{L_1}}\dot{I}_2$$

在上述两式中进一步加入理想化条件（3），可得

$$\dot{U}_1=n\dot{U}_2 \tag{5.4.3}$$

$$\dot{I}_1 = -\frac{1}{n}\dot{I}_2 \tag{5.4.4}$$

此即理想变压器的端口伏安关系。此时，图 5.4.1 所示的全耦合变压器模型转变为图 5.4.2 所示的理想变压器模型。理想变压器的图形符号和空心变压器相同，但其参数只有一个，即变比（或匝数比）n。

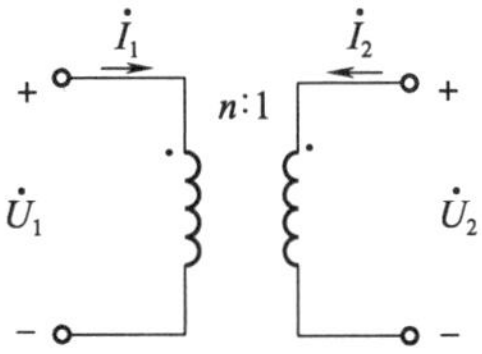

图 5.4.2　理想变压器模型

2. 理想变压器的变压、变流关系

式（5.4.3）、式（5.4.4）给出了图 5.4.1 所示理想变压器模型的变压、变流关系式。从数值上，电压比正比于匝数比，电流比反比于匝数比，这是固定不变的；但变压变流关系式中的符号会受到电压电流参考方向、同名端位置的影响。其基本规则如下：

（1）当两个端电压的高电位与同名端一致时，电压比符号取“+”，否则取“-”；

（2）当两个电流均从同名端流入时，电流比取“-”，否则取“+”。

根据上述规则，图 5.4.3 展示了另外两种情形下的变压、变流关系。

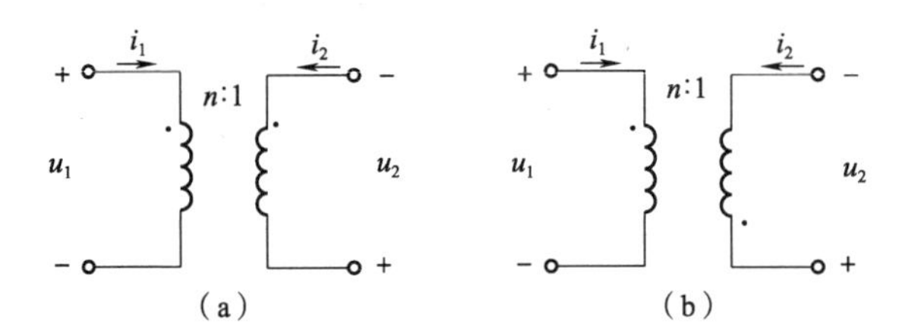

图 5.4.3　理想变压器的变压、变流关系

图 5.4.3（a）中，变压、变流关系式为

$$u_1 = -nu_2$$

$$i_1 = -\frac{1}{n}i_2$$

图 5.4.3（b）中，变压、变流关系式为

$$u_1 = nu_2$$

$$i_1 = \frac{1}{n}i_2$$

3. 理想变压器的变阻抗关系

设理想变压器二次绕组接阻抗为 Z 的负载，如图 5.4.4（a）所示。则从一次侧（即 a、b 端）看进去的等效阻抗 Z_{in} 为

$$Z_{in} = \frac{\dot{U}_1}{\dot{I}_1} = \frac{n\dot{U}_2}{\dfrac{\dot{I}_2}{n}} = n^2 Z \tag{5.4.5}$$

因此，从 a、b 端看进去，图 5.4.4（a）所示电路可以等效为图 5.4.4（b）的形式。这说明了变压器具有阻抗变换作用。理想变压器的阻抗变换只改变阻抗的大小，不改变阻抗的性质。

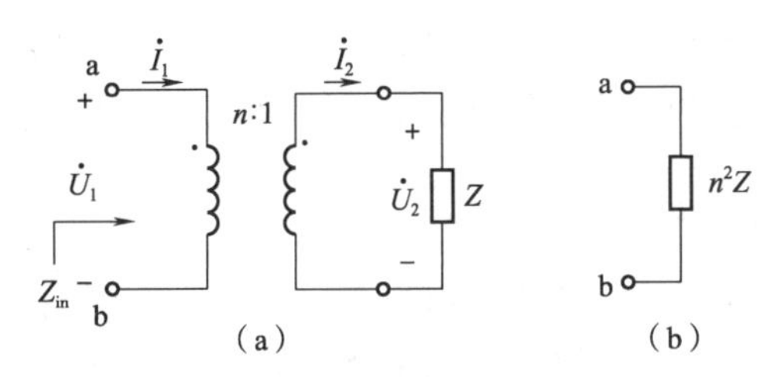

图 5.4.4 理想变压器的变阻抗作用

工程应用：阻抗匹配

理想变压器的变阻抗性质在电子电路中非常有用。在第 4 章已经介绍过，当负载的阻抗与电源阻抗不匹配时，负载将无法得到最大功率。当阻抗不匹配时，除了可以使用第 4 章介绍的匹配网络方案，还可以使用理想变压器的阻抗变换性质实现阻抗匹配。

例 5.4.1 已知某正弦电源电压 $\dot{U}_s = 5\angle 0°$ V，电源内阻 $R_s = 1.8$ kΩ，负载电阻 $R_L = 8$ Ω，如图 5.4.5（a）所示，求此时负载获得的功率。为了使负载能够得到最大功率，在电源与负载之间插入一个理想变压器，如图 5.4.5（b）所示，试求该理想变压器的匝数比，以及此时电源获得的最大功率。

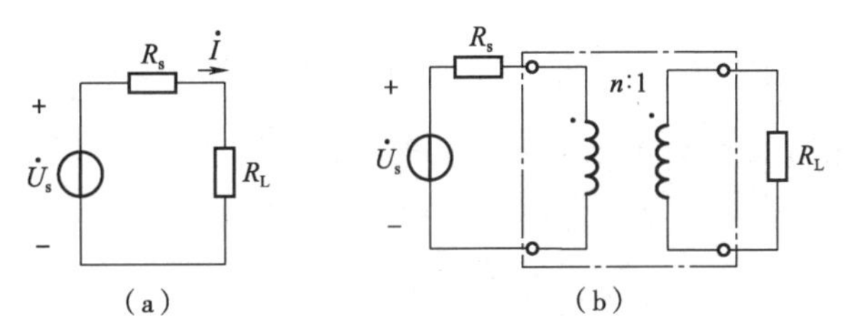

图 5.4.5 例 5.4.1 图

解 （1）未插入理想变压器时，

$$\dot{I} = \frac{\dot{U}_s}{R_s + R_L} = \frac{5\angle 0°}{1\ 800 + 8}\ \text{A} = 0.002\ 8\angle 0°\ \text{A}$$

此时负载吸收的功率为

$$P = I^2 R_L = 0.002\ 8^2 \times 8\ \text{W} = 6.27 \times 10^{-5}\ \text{W} = 62.7\ \mu\text{W}$$

（2）插入理想变压器后，实现阻抗匹配时，理想变压器一次侧的等效阻抗应该等于电源内阻，有

$$R_s = n^2 R_L$$

匝数比为

$$n = \sqrt{\frac{R_s}{R_L}} = \sqrt{\frac{1\ 800}{8}} = 15$$

根据最大功率传输定理，可得此时负载获得的功率为

$$P = \frac{U^2}{4R_s} = \frac{5^2}{4 \times 1\ 800}\ \text{W} = 0.003\ 5\ \text{W} = 3.5\ \text{mW}$$

4. 理想变压器的功率性质

由式（5.4.3）、式（5.4.4）可知，理想变压器的一次绕组、二次绕组间的电压、电

流关系是一种代数关系，因此它是一种无记忆的元件，即理想变压器不能存储能量。

在图 5.4.2 所示的参考方向下，理想变压器的瞬时功率可表示为

$$p = u_1 i_1 + u_2 i_2 = n u_2 \left(-\frac{1}{n}\right) i_2 + u_2 i_2 = 0$$

可见，理想变压器在任一时刻的瞬时功率均为 0，表明理想变压器不耗能。

因此，理想变压器是一种既不储能，也不耗能的元件。

工程应用：电流互感器、隔离变压器

在实际工程应用中，常常需要测量交流电路中的大电流，如大容量电动机、电焊机、工频炉等的电流，此时电流表自身的量程是远远不够的，而且直接测量高压电路也非常不安全。此时可以借助电流互感器来实现测量。

电流互感器实际上是一种升压变压器，其基本结构和接线原理如图 5.4.6 所示。电流互感器包括两个绕组，其一次绕组的匝数 N_1 很少（只有一匝或几匝），二次绕组的匝数 N_2 比较多。一次绕组串联在被测电路中，二次绕组接电流表。

根据变压器的工作原理，一次绕组中的电流 i_1 和二次绕组中的电流 i_2 应该满足变压器的变流关系。只考虑电流的有效值时，有

$$\frac{I_1}{I_2} = \frac{N_2}{N_1}$$

定义 $K_i = \frac{N_2}{N_1}$ 表示电流互感器的变换系数，则有

$$I_2 = \frac{1}{K_i} I_1$$

由于 $N_1 < N_2$，因此 $K_i > 1$，故 $I_2 < I_1$。电流表的读数 I_2 乘以变换系数 K_i，即为被测的大电流 I_1。

测流钳是电流互感器的一种变形，它可以在不断开电路的情况下随时随地测量交流电路中的电流，如图 5.4.7 所示。测流时，压动扳子打开钳口，把被测导线引入测流钳内部空腔，之后钳口在弹簧作用下会自动夹紧。此时被测导线就是电流互感器的一次绕组（N_1），其二次绕组（N_2）与电流表连接，根据电流互感器的工作原理，此时流经电流表的电流是一个很小的电流，根据电流表的读数便可得出被测导线中的电流值。

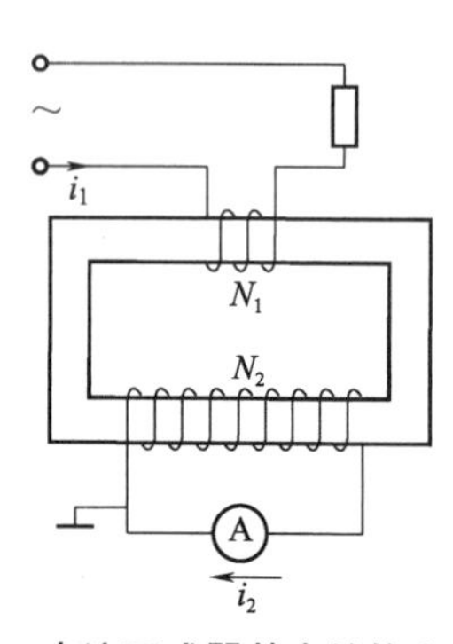

图 5.4.6　电流互感器基本结构和接线原理

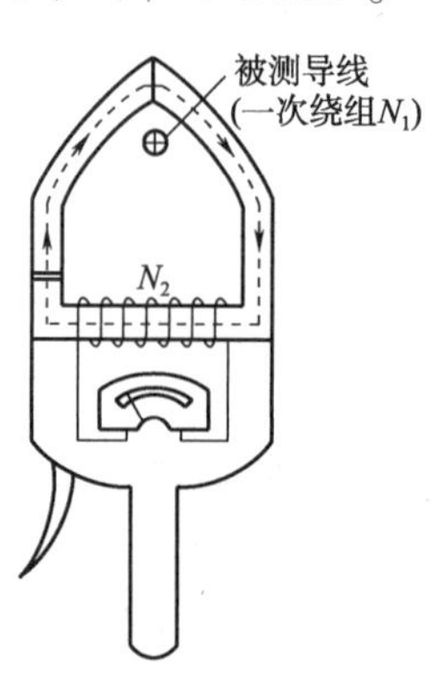

图 5.4.7　测流钳

可见，使用电流互感器可以实现用小电流测量大电流的功能，同时，它还可以将测量仪器（电流表）与高压交流电路隔离开，保证人身和设备的安全。这是变压器除了变压、变流、阻抗匹配之外的另一个作用——电气隔离作用。

工程上，当两个设备之间不存在物理连接时，称这两个设备是电气隔离的。由于变压器的一次回路与二次回路间无电气连接，能量通过磁耦合传输，因此变压器具有电气隔离特性。工程上有一种专门用于隔离的变压器，称为隔离变压器，它在保护人体安全、隔离电网干扰、防雷等方面起着重要作用。比如在保护人体安全方面，隔离变压器的二次回路对地浮空，当人体单端接触二次回路时，由于电流无法通过人体与隔离变压器的另一端形成回路，因此不会发生触电事故。隔离变压器与普通变压器在结构和用法上有不同之处，感兴趣的读者可以查阅相关资料。

习　　题

5.1　两组耦合线圈如题图 5.1 所示，试分别写出这两组耦合线圈电压 u_1 和 u_2 的表达式。

5.2　电路如题图 5.2 所示，已知 $U = 100$ V，试求电流 I。

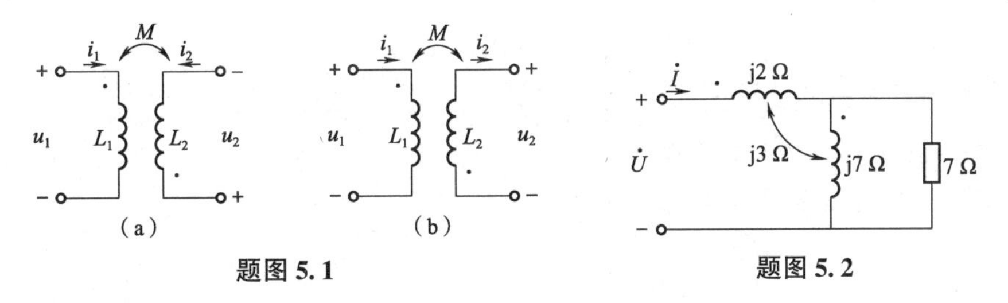

题图 5.1　　　　题图 5.2

5.3　电路如题图 5.3 所示，已知 $L_1 = 6$ H，$L_2 = 5$ H，$M = 2$ H，试求从端口 aa′看进去的等效电感。

5.4　如题图 5.4 所示正弦稳态电路，试求端口的等效阻抗。

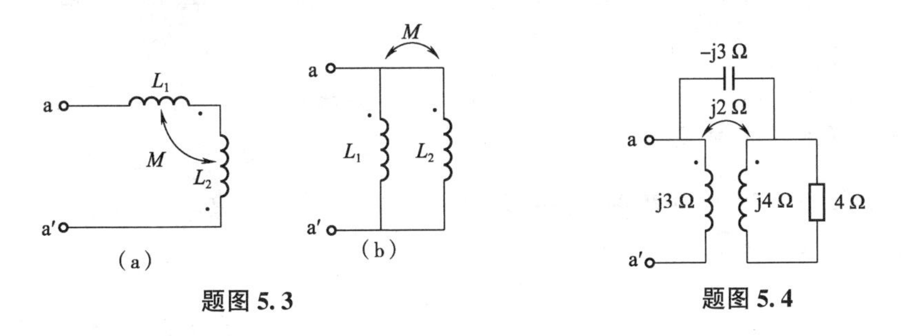

题图 5.3　　　　题图 5.4

5.5　电路如题图 5.5 所示，$u_s(t) = \cos(10^3 t)$ V，试求使电压 u_s 与 i 同相位的电容 C。

5.6　空心变压器如题图 5.6 所示，已知 $R_1 = 30\ \Omega$，$R_2 = 10\ \Omega$，$\omega L_1 = 40\ \Omega$，$\omega L_2 = 60\ \Omega$，$\omega M = 40\ \Omega$，$Z_L = 40\ \Omega$，$\dot{U}_s = 120$ V。求电流 $\dot{I}_1$、$\dot{I}_2$。

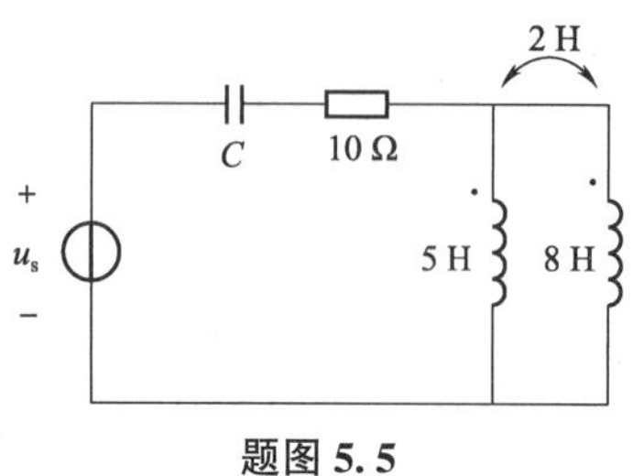

题图 5.5

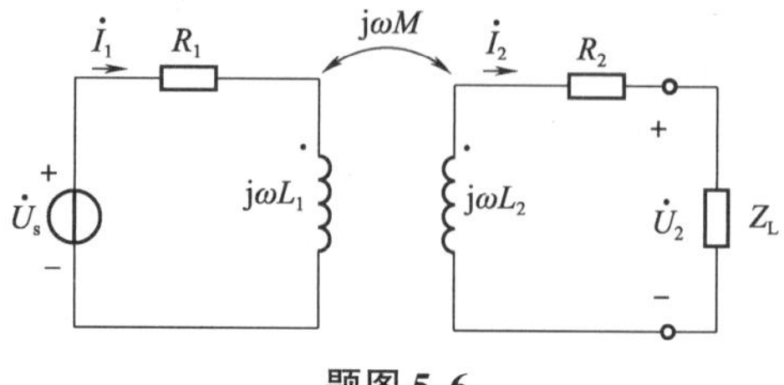

题图 5.6

5.7　电路如题图 5.7 所示，其中 $R_1=200\ \Omega$，$L_1=L_2=2\ \text{H}$，$C_1=C_2=1\ \mu\text{F}$，$M=1\ \text{H}$，试求负载 Z_L 为何值时，其可以获得最大功率。最大功率为多少？

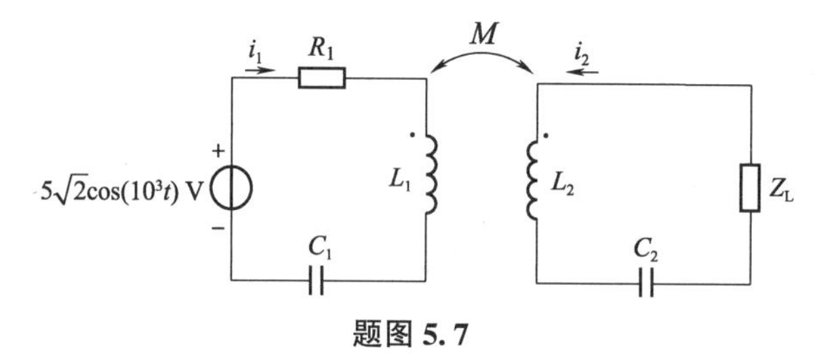

题图 5.7

5.8　如题图 5.8 所示电路，驱动一个 $R_L=10\ \Omega$ 的扬声器。若要使扬声器获得 2 W 的平均功率，互感系数 M 应为多少？

5.9　电路如题图 5.9 所示。

（1）若 $R_L=100\ \Omega$，求二次电压 $\dot{U}_2$。

（2）试问 R_L 为多少时，其能获得最大功率。

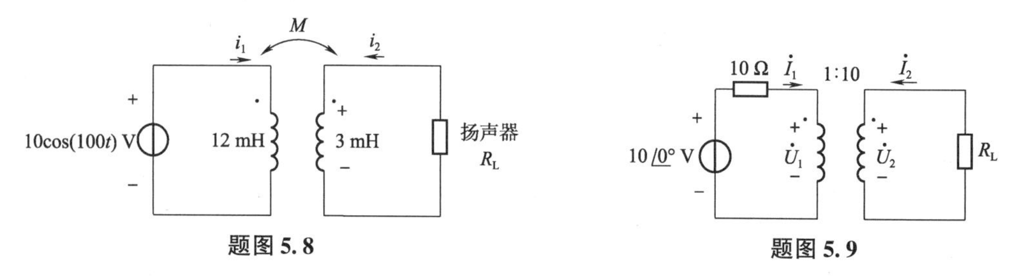

题图 5.8　　题图 5.9

5.10　如题图 5.10 所示电路，驱动一个 $R_L=10\ \Omega$ 的扬声器。试求若要使扬声器获得 2 W 的平均功率，互感系数 M 应为多少。

5.11　如题图 5.11 所示电路。（1）若 $R_L=100\ \Omega$，求二次电压 $\dot{U}_2$。（2）试问 R_L 为多少时，其能获得最大功率。

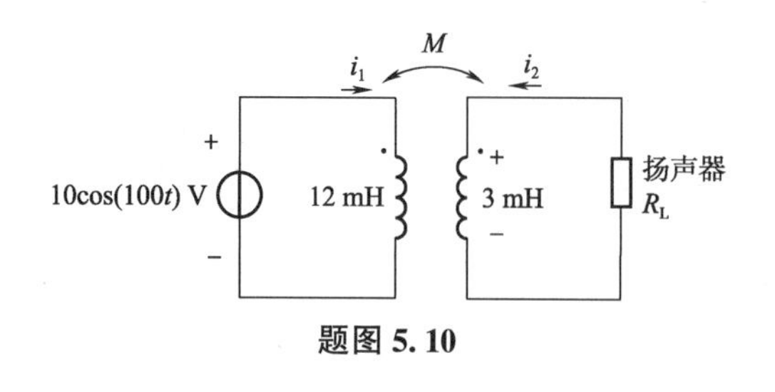

题图 5.10

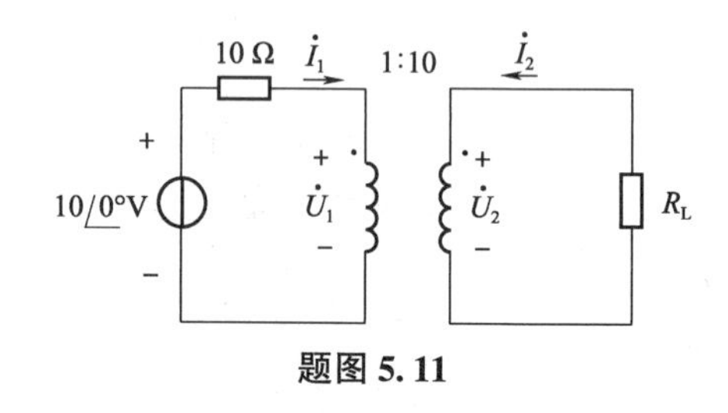

题图 5.11

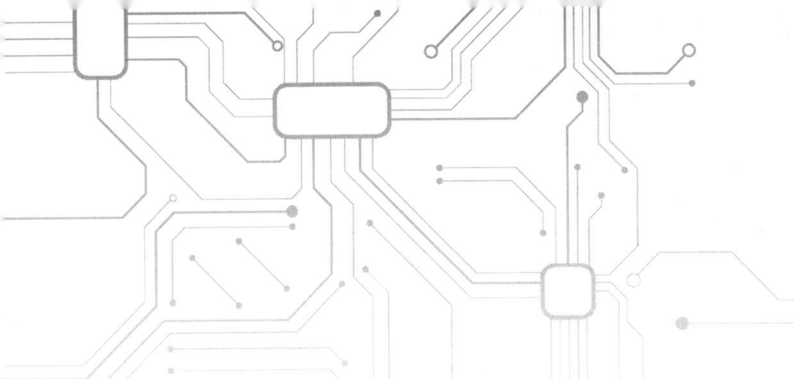

第 6 章 多频正弦稳态电路

第 4 章讲述了单一频率正弦稳态电路的分析及功率的计算，主要采用的分析方法是相量法。读者可能注意到在有效值相量（或振幅相量）中，没有体现出频率 ω 的影响。原因在于单一频率正弦稳态电路的频率是恒定不变的，因而在相量表示中省略了频率。如果频率发生变化或者电路激励中包含多种频率成分，该如何分析此类电路的稳态响应呢?

如果稳态电路的激励中包含多种频率成分，称这种电路为“多频正弦稳态电路”。多频正弦稳态电路主要包括两种情况：其一，电路激励由多种频率成分的正弦波组成，例如，双音频拨号电话机；其二，电路激励为非正弦周期信号，例如，电路激励为方波时，其频率成分除基波外，还包括多种谐波分量，理论上其频率成分为无限多个。针对多频正弦稳态电路，本章采用分解的方法将激励信号分解为多个单一频率正弦信号，然后利用叠加的方法分析其响应及功率问题。

 6.1 频率响应

6.1.1 阻抗的频率响应

第 4 章已经学习了阻抗的概念，将单口网络的端口电压相量与电流相量的比值称为单口网络的阻抗。下面以一个 RC 并联电路为例讨论当频率发生变化时阻抗的变化趋势。

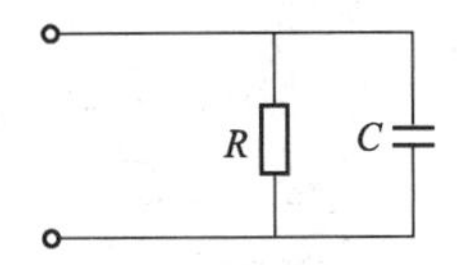

图 6.1.1 RC 并联电路

图 6.1.1 中单口网络的阻抗为

$$Z(\mathrm{j}\omega)=\frac{R\cdot\dfrac{1}{\mathrm{j}\omega C}}{R+\dfrac{1}{\mathrm{j}\omega C}}=\frac{R}{1+\mathrm{j}\omega RC}=|Z(\mathrm{j}\omega)|\angle\varphi_Z(\mathrm{j}\omega) \tag{6.1.1}$$

其中阻抗模和阻抗角分别为

$$|Z(\mathrm{j}\omega)|=\frac{R}{\sqrt{1+(\omega RC)^2}} \tag{6.1.2}$$

$$\varphi_Z(\mathrm{j}\omega)=-\arctan(\omega RC) \tag{6.1.3}$$

由式（6.1.2）和式（6.1.3）可知，阻抗模和阻抗角与频率 ω 相关。令 $R=10\ \mathrm{k\Omega}$，$C=0.01\ \mu\mathrm{F}$，分别画出阻抗模与阻抗角随频率变化的曲线，如图 6.1.2 所示。

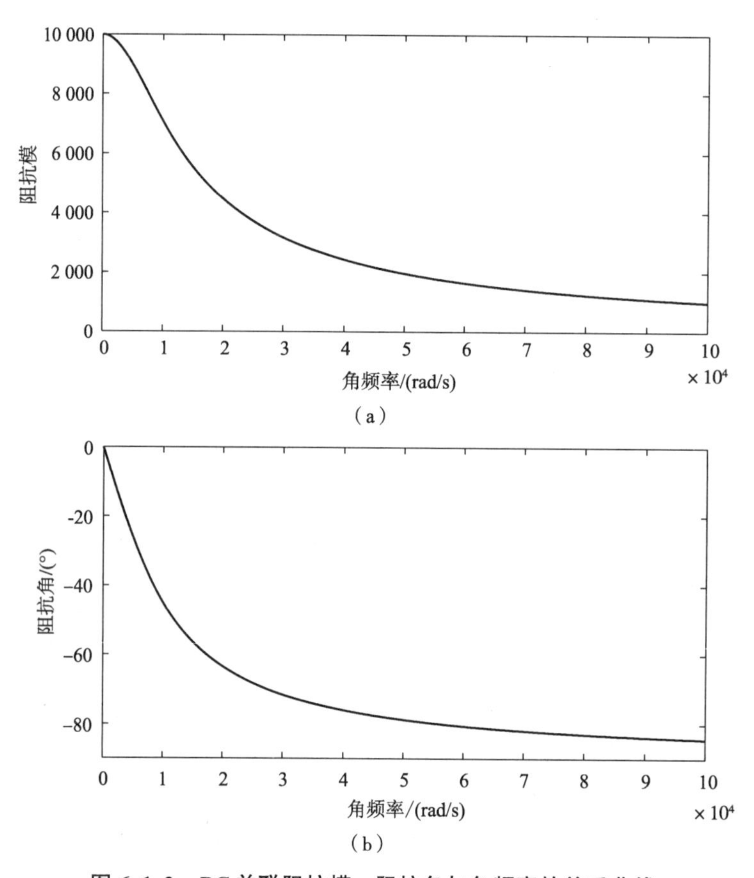

（a）

（b）

图 6.1.2　*RC* 并联阻抗模、阻抗角与角频率的关系曲线

从图 6.1.2 可以看出，阻抗模及阻抗角随着角频率的变化而变化。将阻抗模与角频率的关系称为幅频特性，阻抗角与频率的关系称为相频特性，二者统称为阻抗的频率特性。频率特性决定了单口网络的属性，一旦知道频率特性，则可以清楚单口网络在各个频率下的正弦稳态表现。

从图 6.1.2（a）中可以看出，在 *RC* 并联电路中，阻抗模随着频率的增加逐渐变小，当频率为零时阻抗模的数值最大，为电阻值 R。当频率趋于无穷大时，阻抗模衰减为零。这说明 *RC* 并联电路对高频信号具有衰减作用，而对低频信号的阻碍较小。根据电容阻抗的定义可以知道，电容对高频信号的阻碍较小，对直流信号相当于开路。从物理意义上解释，当高频信号流过 *RC* 并联电路时，高频信号经过电容返回信号源，而低频信号则得到保留。此时，电容起到了“旁路”的作用，因此该电容被称为旁路电容。旁路电容在电子电路中具有重要作用，通常用于滤除信号中的干扰成分。从图 6.1.2（b）中可以看出，阻抗角从零开始逐渐变化到$-90°$，即单口网络电压相量与电流相量之间的相位差发生了变化，这说明 *RC* 并联电路起到了“移相”的作用。

6.1.2　网络函数的频率响应

对于图 6.1.3 所示的更为一般的相量模型，网络函数定义为

$$H(\mathrm{j}\omega)=\frac{\text{响应相量}}{\text{激励相量}}=\frac{\dot{U}_2}{\dot{U}_1}=|H(\mathrm{j}\omega)|\underline{/\varphi(\mathrm{j}\omega)} \tag{6.1.4}$$

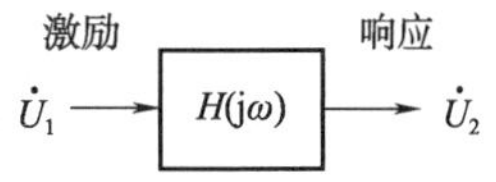

可见，与2.2节线性电阻电路的网络函数为实数不同，正弦稳态下线性动态电路的网络函数是 $\mathrm{j}\omega$ 的函数，是复数，其模和辐角分别表示了响应与激励之间的幅值与相位关系。如果模型的正弦激励已知，即

激励　响应

$\dot{U}_1$ → $H(\mathrm{j}\omega)$ → $\dot{U}_2$

图 6.1.3　相量模型的网络函数

$$u_1(t)=\sqrt{2}U_1\cos(\omega t+\varphi_{u1})$$

则可根据网络函数直接求得模型的响应为

$$u_2(t)=\sqrt{2}U_2\cos(\omega t+\varphi_{u2})$$

式中，$U_2=|H(\mathrm{j}\omega)|U_1$；$\varphi_{u2}=\varphi_{u1}+\varphi(\mathrm{j}\omega)$。

网络函数决定了电路的性质，上一节分析的阻抗可以看作网络函数的一种特例。因此，可以将阻抗的频率响应推广到网络函数，把 $|H(\mathrm{j}\omega)|$ 称为网络函数的幅频特性曲线，$\varphi(\mathrm{j}\omega)$ 称为相频特性曲线，二者都是 $\mathrm{j}\omega$ 的函数。

1. *RC* 低通滤波器

低通滤波器，顾名思义，就是一种使低于截止频率能够通过但是高于截止频率的信号被衰减的电路。理想低通滤波器幅频特性曲线如图6.1.4（a）所示，但是实际低通滤波器幅频特性曲线是渐变的，如图6.1.4（b）所示。

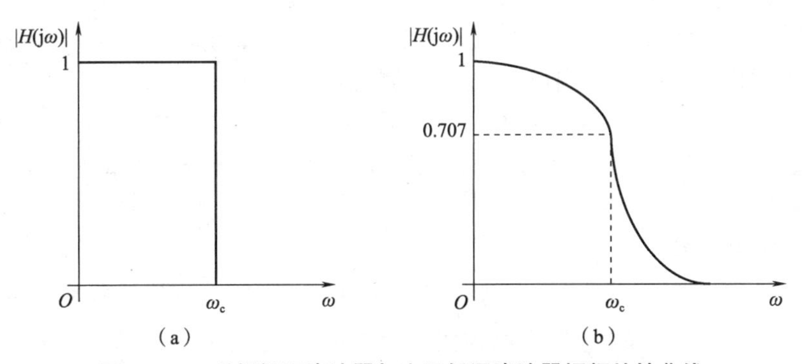

图 6.1.4　理想低通滤波器与实际低通滤波器幅频特性曲线

例 6.1.1　电路如图6.1.5所示，求输入、输出之间的网络函数，并绘制幅频特性曲线和相频特性曲线。

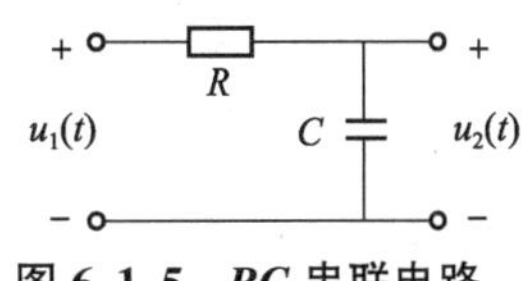

图 6.1.5　*RC* 串联电路

解　利用串联电路分压公式可知：

$$H(\mathrm{j}\omega)=\frac{\dot{U}_2}{\dot{U}_1}=\frac{\dfrac{1}{\mathrm{j}\omega C}}{R+\dfrac{1}{\mathrm{j}\omega C}}=\frac{1}{1+\mathrm{j}\omega RC}$$

$$=\frac{1}{\sqrt{1+\omega^2R^2C^2}}\underline{/-\arctan(\omega RC)}$$

其中网络函数的模和辐角分别为

$$|H(\mathrm{j}\omega)|=\frac{1}{\sqrt{1+(\omega RC)^2}} \tag{6.1.5}$$

$$\varphi(\mathrm{j}\omega)=-\arctan(\omega RC) \tag{6.1.6}$$

根据式（6.1.5）和式（6.1.6）可以绘制出幅频特性曲线和相频特性曲线，如图6.1.6所示。

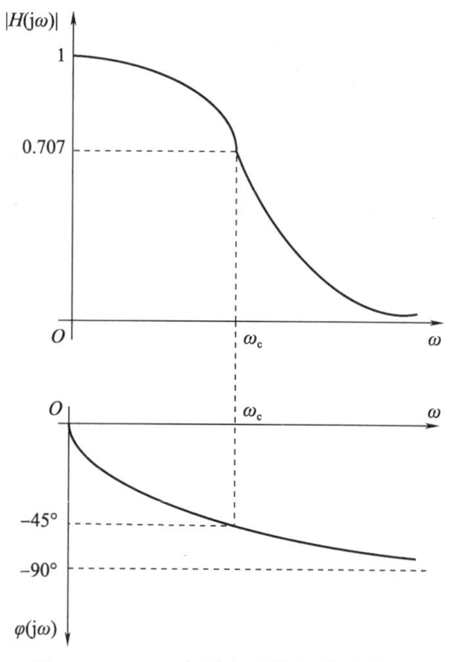

图 6.1.6　*RC* 串联电路的频率特性

从图6.1.6可以看出，当频率为零时，信号的幅值保持不变。当频率趋于无穷大时，幅频特性趋向于零，信号被完全衰减。即该电路有利于低频信号的通过，而对高频信号造成大幅衰减，因此称为低通滤波器。在相频特性方面，随着信号频率的增加，辐角从零逐渐趋向于-90°。$\varphi(\mathrm{j}\omega)$ 一直是负数，说明 $\dot{U}_2$ 总是滞后于 $\dot{U}_1$，因此一阶 *RC* 串联电路也称为滞后网络。

当 $\omega=\frac{1}{RC}$ 时，由式（6.1.5）得到 $|H(\mathrm{j}\omega)|=\frac{1}{\sqrt{2}}=0.707$。令 $\omega_c=\tau=\frac{1}{RC}$，该值在频率响应中具有特殊的意义，称为截止频率。这里的 τ 就是一阶动态电路的时间常数。根据 $H(\mathrm{j}\omega)$ 的定义可知，当电源频率等于截止频率时，输出电压 $u_2(t)$ 的幅度恰好是输入电压 $u_1(t)$ 幅度的0.707倍。由于功率与电压的二次方成正比，因此截止频率也称为半功率点。工程上，将 $[0,\omega_c]$ 称为低通滤波器的通频带。在截止频率点上，*RC* 滞后网络的相移为-45°。

2. *RL* 高通滤波器

与低通滤波器相反，高通滤波器则是衰减低频信号，让高频信号通过电路。高通滤波器具有多种形式，下面以 *RL* 串联电路为例分析高通滤波器的频率特性。

例 6.1.2　电路如图6.1.7所示，求输入、输出之间的网络函数，并绘制幅频特性曲线和相频特性曲线。

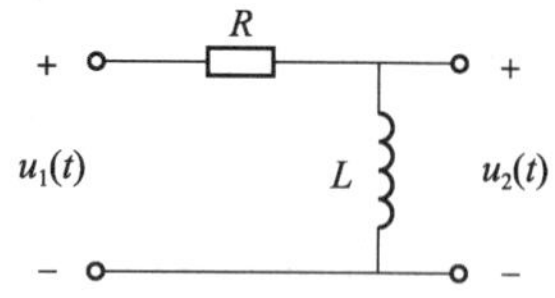

图 6.1.7　*RL* 串联电路

解　根据串联分压公式，易得到网络函数

$$H(\mathrm{j}\omega)=\frac{\dot{U}_2}{\dot{U}_1}=\frac{\mathrm{j}\omega L}{R+\mathrm{j}\omega L}=\frac{1}{1+\dfrac{R}{\mathrm{j}\omega L}}$$

$$|H(j\omega)|=\frac{1}{\sqrt{1+\dfrac{R^2}{\omega^2L^2}}} \tag{6.1.7}$$

$$\varphi(\mathrm{j}\omega)=\arctan\left(\frac{R}{\omega L}\right) \tag{6.1.8}$$

由式（6.1.7）、式（6.1.8）可以绘制 RL 串联电路的幅频特性曲线和相频特性曲线，如图6.1.8所示。

可以看出，当信号频率为零时信号被衰减，输出信号的幅度趋于零；当信号的频率为无穷大时，输出信号的幅度与输入一致。因此，该电路有利于高频信号的通过，而对低频信号造成大幅衰减，称为高通滤波器。从相频特性来看，输入信号和输出信号的相位差一直是正值，即输出信号超前于输入信号，因此该电路也称为一阶超前网络。

当频率  时，输出电压是输入电压的0.707。与低通滤波器类似，该点称为截止频率，也称为半功率点。在截止频率点上，RL 超前网络的相移为45°。

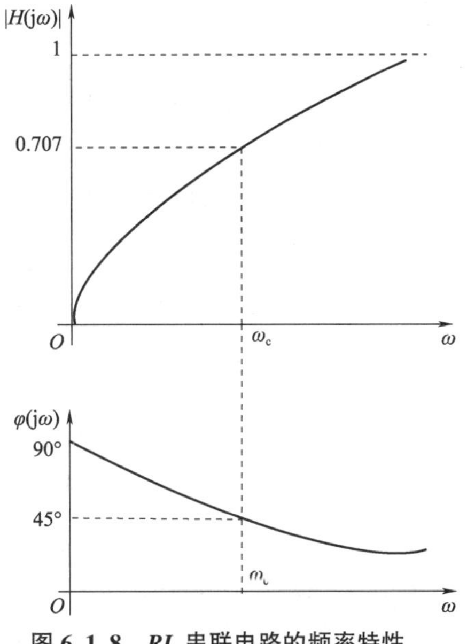

图6.1.8 RL 串联电路的频率特性

6.2 非正弦周期电流电路

前面已经提到，多频正弦电路的激励分为两种情况：多种频率成分的正弦波以及非正弦周期信号。本节讲述非正弦周期信号激励下的稳态分析。非正弦周期信号是按照非正弦规律变化的周期信号，例如方波、锯齿波等，在实际工程应用中非常普遍。对于非正弦周期信号激励下的电路，通常把非正弦周期信号分解成多个正弦信号，然后利用相量法和叠加定理进行分析。

非正弦周期信号在电子电路中具有重要作用。图6.2.1给出了几种典型的非正弦周期信号。图6.2.1（a）为自动控制系统中常用的脉冲信号，图6.2.1（b）是计算机系统中常见的矩形波信号，图6.2.1（c）为电子示波器扫描电压的锯齿波信号，图6.2.1（d）为全波整流信号。这些信号波形都具有两个特点：一是具有周期性，二是它们都是非正弦波。

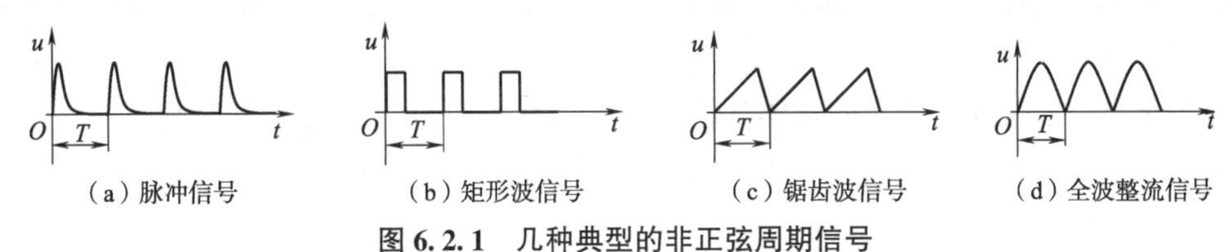

图6.2.1 几种典型的非正弦周期信号

6.2.1 非正弦周期信号的分解

尽管非正弦周期信号的波形千差万别，但在数学上已经证明，满足一定条件的非正弦周期信号可以使用傅里叶级数将其分解为多个正弦信号。给定周期函数 $f(t)$，若其满足狄里赫利条件，即具有有限的极值点和间断点，并且函数在一个周期内绝对可积，即

$$\int_0^T |f(t)|\mathrm{d}t < \infty(\text{有界})$$

则该函数可以表示为一个恒定分量与多个正弦量的和，这些正弦量具有不同频率和不同幅值，但其频率均为被积周期函数频率的整数倍。

因此，如果在电路中有频率为 ω_1 的周期电压信号 $u_s(t)$ 且满足狄里赫利条件，那么依照傅里叶级数理论，$u_s(t)$ 便可分解为

$$\begin{aligned} u_s(t) &= U_0 + U_{1m}\cos(\omega_1 t + \varphi_1) + U_{2m}\cos(2\omega_1 t + \varphi_2) + U_{3m}\cos(3\omega_1 t + \varphi_3) + \cdots \\ &= U_0 + \sum_{n=1}^{\infty} U_{nm}\cos(n\omega_1 t + \varphi_n) \end{aligned}$$

式中，U_0 称为直流分量，其他频率的正弦分量称为谐波。频率与原函数频率相等的谐波称为基波，其频率为 $\omega_1 = \dfrac{2\pi}{T}$，其余则称为谐波。谐波的频率均为基波频率的整倍数，为 $n\omega_1(n=2,3,\cdots)$。U_{nm} 为 n 次谐波分量的幅值，φ_n 为 n 次谐波分量的相位角。谐波还常常被称为二次谐波（频率为 $2\omega_1$）、三次谐波（频率为 $3\omega_1$）、高次谐波（$n>3$）等。

非正弦周期电压信号 $u_s(t)$ 分解为多个正弦周期信号的示意图如图 6.2.2 所示。

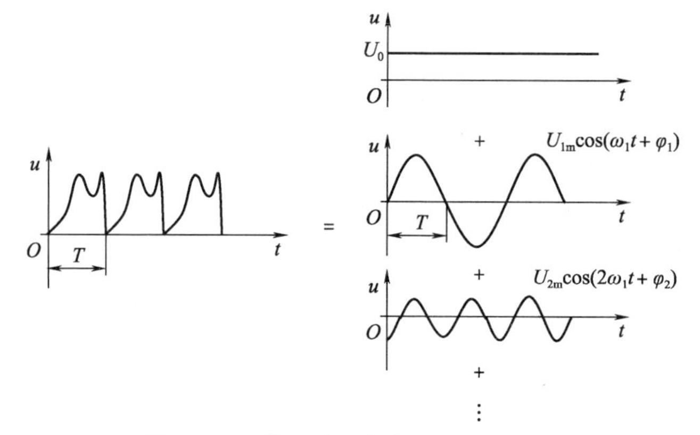

图 6.2.2　非正弦周期电压信号的分解

另外，谐波还可以分为奇次谐波和偶次谐波两类，即把频率为基波频率奇数倍的谐波称为奇次谐波，把频率为基波频率偶数倍的谐波称为偶次谐波，而直流成分则称为零次谐波。

下面介绍非正弦周期信号的具体分解方法。如果函数 $f(t)$ 满足狄里赫利条件，则其傅里叶级数为

$$f(t) = \frac{a_0}{2} + \sum_{n=1}^{\infty}(a_n\cos n\omega_1 t + b_n\sin n\omega_1 t) \tag{6.2.1}$$

或

$$f(t) = \frac{A_0}{2} + \sum_{n=1}^{\infty}A_n\cos(n\omega_1 t + \varphi_n) \tag{6.2.2}$$

式（6.2.1）与式（6.2.2）系数间的关系如下：

$$a_0 = A_0$$
$$a_n = A_n\cos\varphi_n$$
$$b_n = -A_n\sin\varphi_n$$
$$A_n = \sqrt{a_n^2 + b_n^2}$$
$$\varphi_n = -\arctan\frac{b_n}{a_n}$$

当$f(t)$已知时，表达式（6.2.1）中各谐波分量的系数可由下面公式求得：

$$\left.\begin{aligned} a_0 &= \frac{2}{T}\int_0^T f(t)\,\mathrm{d}t = \frac{2}{T}\int_{-\frac{T}{2}}^{\frac{T}{2}} f(t)\,\mathrm{d}t \\ a_n &= \frac{2}{T}\int_0^T f(t)\cos n\omega_1 t\mathrm{d}t = \frac{2}{T}\int_{-\frac{T}{2}}^{\frac{T}{2}} f(t)\cos n\omega_1 t\mathrm{d}t \\ b_n &= \frac{2}{T}\int_0^T f(t)\sin n\omega_1 t\mathrm{d}t = \frac{2}{T}\int_{-\frac{T}{2}}^{\frac{T}{2}} f(t)\sin n\omega_1 t\mathrm{d}t \end{aligned}\right\} \qquad (6.2.3)$$

下面通过实例来介绍一个非正弦周期信号的傅里叶级数分解过程。

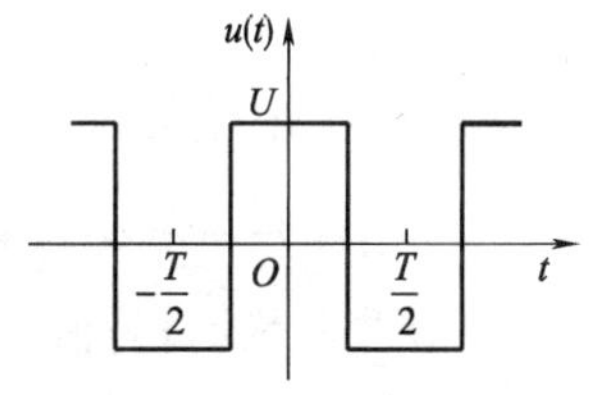

图 6.2.3 例 6.2.1 图

例 6.2.1 图 6.2.3 所示为对称方波电压，其表达式为

$$u(t) = \begin{cases} U, & -\dfrac{T}{4} \leqslant t \leqslant \dfrac{T}{4} \\ -U, & -\dfrac{T}{2} < t < -\dfrac{T}{4}, \dfrac{T}{4} < t < \dfrac{T}{2} \end{cases}$$

求此信号的傅里叶级数展开式。

解 根据傅里叶级数的系数展开公式，可得

$$a_0 = \frac{2}{T}\int_0^T f(t)\,\mathrm{d}t = \frac{2}{T}\left[\int_{-\frac{T}{2}}^{-\frac{T}{4}}(-U)\,\mathrm{d}t + \int_{-\frac{T}{4}}^{\frac{T}{4}} U\mathrm{d}t + \int_{\frac{T}{4}}^{\frac{T}{2}}(-U)\,\mathrm{d}t\right] = 0$$

$$\begin{aligned} a_n &= \frac{2}{T}\int_0^T f(t)\cos n\omega_1 t\mathrm{d}t \\ &= \frac{2}{T}\left[\int_{-\frac{T}{2}}^{-\frac{T}{4}}(-U)\cos n\omega_1 t\mathrm{d}t + \int_{-\frac{T}{4}}^{\frac{T}{4}} U\cos n\omega_1 t\mathrm{d}t + \int_{\frac{T}{4}}^{\frac{T}{2}}(-U)\cos n\omega_1 t\mathrm{d}t\right] \\ &= \frac{U}{n\pi}\left[2\sin\left(n\frac{\pi}{2}\right) - 2\sin\left(n\frac{3\pi}{2}\right)\right] \\ &= \frac{U}{n\pi}\sin\left(\frac{n\pi}{2}\right) \\ &= \begin{cases} (-1)^{\frac{n-1}{2}}\dfrac{4U}{n\pi}, & n\text{ 为奇数} \\ 0, & n\text{ 为偶数} \end{cases} \end{aligned}$$

$$b_n = \frac{2}{T}\int_0^T f(t)\sin n\omega_1 t\mathrm{d}t = \frac{2}{T}\int_{-\frac{T}{2}}^{\frac{T}{2}} f(t)\sin n\omega_1 t\mathrm{d}t = 0$$

由此可得所求信号的傅里叶级数展开式为

$$u(t)=\frac{4U}{\pi}\left(\cos\omega_1 t-\frac{1}{3}\cos 3\omega_1 t+\frac{1}{5}\cos 5\omega_1 t-\cdots\right)$$

由于这是一个无穷级数，因此在实际工程计算中，要根据级数展开后的收敛情况及计算精度要求来确定所要截取的项数。截取的项数越多，级数与原函数的误差越小，计算精度也就越高，当然所付出的代价（计算量）也越大。对例 6.2.1 所示方波展开的傅里叶级数表达式截取不同项数时，其合成波形如图 6.2.4 所示。可见，当截取的谐波项数越多时，合成波形就越接近于原信号的波形。

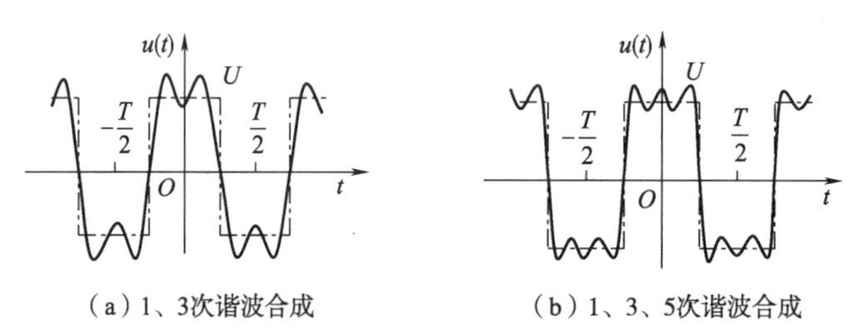

（a）1、3次谐波合成　　（b）1、3、5次谐波合成

图 6.2.4　方波的谐波合成

6.2.2　非正弦周期电流电路的主要参数

1. 电压与电流的有效值

周期信号的瞬时值是一直变化的，因此有必要为周期信号定义一个有效值以描述周期信号的特性。周期信号有效值的定义及物理意义请参见第 4.1 节。对于周期信号 $f(t)$，其有效值可以用下式计算。习惯上使用没有下标的大写字母表示有效值，即

$$F=\sqrt{\frac{1}{T}\int_0^T f^2(t)\,dt}$$

对于非正弦周期信号

$$f(t)=F_0+\sum_{k=1}^{\infty}F_{km}\cos(k\omega t+\varphi_k)$$

将 $f(t)$ 代入有效值定义式，并利用三角函数的正交性，有

$$\frac{1}{T}\int_0^T F_0^2\,dt=F_0^2$$

$$\frac{1}{T}\int_0^T 2F_0F_{km}\cos(k\omega_1 t+\varphi_k)\,dt=0$$

$$\frac{1}{T}\int_0^T 2F_{km}^2\cos^2(k\omega_1 t+\varphi_k)\,dt=\frac{F_{km}^2}{2}=F_k^2$$

……

$$\frac{1}{T}\int_0^T 2F_{km}\cos(k\omega_1 t+\varphi_k)F_{qm}\cos(q\omega_1 t+\varphi_q)\,dt=0\quad(k\neq q)$$

最后得到

$$F=\sqrt{F_0^2+F_1^2+\cdots+F_k^2+\cdots}=\sqrt{F_0^2+\sum_{k=1}^{\infty}F_k^2}$$

于是，非正弦周期电流的有效值为

$$I=\sqrt{I_0^2+I_1^2+\cdots+I_k^2+\cdots}=\sqrt{I_0^2+\sum_{k=1}^{\infty}I_k^2}$$

同理，非正弦周期电压的有效值为

$$U=\sqrt{U_0^2+U_1^2+\cdots+U_k^2+\cdots}=\sqrt{U_0^2+\sum_{k=1}^{\infty}U_k^2}$$

以上两式表明，非正弦周期电流或电压的有效值为其直流分量和各次谐波分量有效值的平方和的平方根。

需要注意的是，在单一频率正弦电路中，正弦量的最大值与有效值之间存在 $\sqrt{2}$ 倍的关系，但在非正弦周期信号中，其最大值与有效值之间并无此种简单关系。

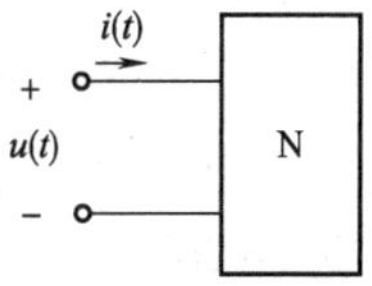

2. 非正弦周期信号的平均功率

对于图 6.2.5 所示的单口网络 N，当电压 $u(t)$ 和电流 $i(t)$ 为关联参考方向时，电路吸收的瞬时功率为

图 6.2.5 单口网络

$$p(t)=u(t)\cdot i(t) \tag{6.2.4}$$

如果输入信号 $u(t)$ 为周期信号，则其平均功率可表示为

$$P=\frac{1}{T}\int_0^T p(t)\,\mathrm{d}t \tag{6.2.5}$$

具体来说，如果单口网络的端口电压 $u(t)$ 和电流 $i(t)$ 均为非正弦周期信号，且傅里叶级数形式分别为

$$u(t)=U_0+\sum_{n=1}^{\infty}U_{nm}\cos(n\omega_1 t+\varphi_{un})$$

$$i(t)=I_0+\sum_{n=1}^{\infty}I_{nm}\cos(n\omega_1 t+\varphi_{in})$$

在图 6.2.5 所示关联参考方向下，根据式（6.2.4）和式（6.2.5），可知单口网络吸收的平均功率为

$$P=\frac{1}{T}\int_0^T p(t)\,\mathrm{d}t=\frac{1}{T}\int_0^T u(t)\cdot i(t)\,\mathrm{d}t$$

对上式进行积分，并利用三角函数的正交性，有

$$\frac{1}{T}\int_0^T U_0 I_0\,\mathrm{d}t=U_0 I_0=P_0$$

$$\frac{1}{T}\int_0^T U_0 I_{nm}\cos(n\omega_1 t+\varphi_{in})\,\mathrm{d}t=0$$

$$\frac{1}{T}\int_0^T I_0 U_{nm}\cos(n\omega_1 t+\varphi_{un})\,\mathrm{d}t=0$$

$$\frac{1}{T}\int_0^T [U_{nm}\cos(n\omega_1 t+\varphi_{un})\cdot I_{qm}\cos(q\omega_1 t+\varphi_{iq})]\,\mathrm{d}t=0,\quad (n\neq q)$$

$$\frac{1}{T}\int_0^T [U_{nm}\cos(n\omega_1 t+\varphi_{un})\cdot I_{nm}\cos(n\omega_1 t+\varphi_{in})]\mathrm{d}t = \frac{U_{nm}I_{nm}}{2}\cos(\varphi_{un}-\varphi_{in})$$
$$= U_n I_n\cos(\varphi_{un}-\varphi_{in})$$
$$= P_n$$

以上公式表明，在非正弦周期信号的谐波中，不同频率的电压与电流乘积的平均功率均为零，只有同频率的电压与电流乘积的平均功率才不为零。因此电路的平均功率等于直流分量和各次谐波分量各自产生的平均功率之和，即

$$P = P_0 + \sum_{n=1}^{\infty} P_n \tag{6.2.6}$$

例 6.2.2 单口网络如图 6.2.5 所示，已知其端口电压 $u(t)$ 和电流 $i(t)$ 均为非正弦周期信号，表达式分别为 $u(t)=[10+100\cos\omega t+40\cos(2\omega t+30^\circ)]$ V，$i(t)=[2+4\cos(\omega t+60^\circ)+2\cos(3\omega t+45^\circ)]$ A。
试求单口网络吸收的平均功率 P。

解 根据式（6.2.6），可得

$$P=\left[10\times 2+\frac{100\times 4}{2}\cos(0^\circ-60^\circ)\right]\ \text{W}=120\ \text{W}$$

6.2.3 非正弦周期电流电路的稳态分析

非正弦周期电流电路的稳态分析方法如下：利用傅里叶级数展开将非正弦周期函数分解为直流分量和一系列正弦谐波分量之和，再使用相量法分析每一个谐波分量作用于线性电路的稳态响应，最后根据线性电路的叠加原理，将所有谐波分量的稳态响应叠加，便得到非正弦周期信号作用下电路的稳态响应。

在具体求解过程中，需要注意以下几点：

（1）当直流分量单独作用时，电容元件应当开路，电感元件应当短路。

（2）各次谐波作用下的稳态响应可以使用相量法求解。但必须注意，对于不同频率的谐波分量，电容元件和电感元件所呈现的容抗和感抗各不相同，应该分别画电路图来求解。

（3）用相量法求得的各次谐波作用下的相量解虽然都用复数表示，但其频率不同，因此不能将相量解直接叠加，必须要把它们还原为瞬时值表达式后才能进行叠加。当然，不同频率的相量也不能画在同一相量图中。

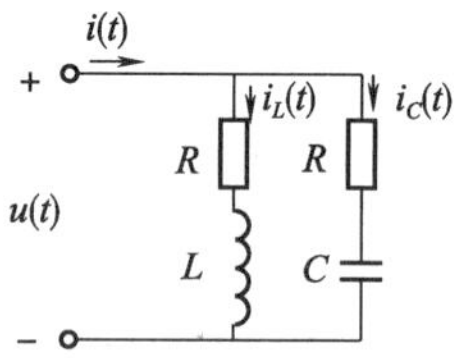

图 6.2.6 例 6.2.3 图

例 6.2.3 线性电路如图 6.2.6 所示。已知端口电压为 $u(t)=(10+100\cos\omega t+40\cos 3\omega t)$ V，电路中的各阻抗值为 $R=\omega L=2\ \Omega$，$-\dfrac{1}{\omega C}=-2\ \Omega$，试求电流 $i(t)$、$i_L(t)$ 和 $i_C(t)$。

解 （1）直流分量单独作用时各电流分量的计算。画出直流分量作用下的等效电路如图 6.2.7 所示。

根据图 6.2.7，可得

$$I_{L0}=5\ \text{A}$$

$$I_{C0}=0$$

于是

$$I_0=I_{L0}=5\ \text{A}$$

（2）谐波 100cos ωt V 分量单独作用时各电流的计算。画出谐波 100cos ωt V 分量单独作用时的等效电路，如图 6.2.8 所示。

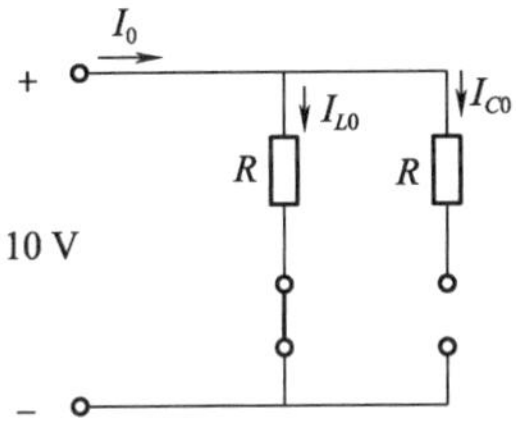

图 6.2.7　直流分量作用下的等效电路 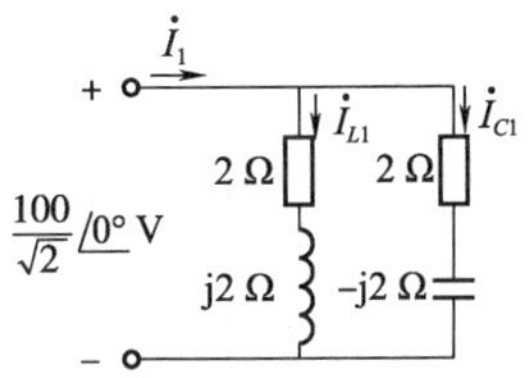　　图 6.2.8　谐波分量 100cos ωt V 单独作用时的等效电路

根据图 6.2.8，可得

$$\dot I_{L1}=\frac{\frac{100}{\sqrt2}\underline{/0°}}{2+\mathrm{j}2}\ \text{A}=25\ \underline{/-45°}\ \text{A}$$

$$\dot I_{C1}=\frac{\frac{100}{\sqrt2}\underline{/0°}}{2-\mathrm{j}2}\ \text{A}=25\ \underline{/45°}\ \text{A}$$

$$\dot I_1=\dot I_{L1}+\dot I_{C1}=\frac{50}{\sqrt2}\underline{/0°}\ \text{A}$$

（3）谐波 40cos $3\omega t$ V 分量单独作用时各电流的计算。画出谐波 40cos $3\omega t$ V 分量单独作用时的等效电路，如图 6.2.9 所示。

根据图 6.2.9，可得

$$\dot I_{L3}=\frac{\frac{40}{\sqrt2}\underline{/0°}}{2+\mathrm{j}6}\ \text{A}=4.5\ \underline{/-71.6°}\ \text{A}$$

$$\dot I_{C3}=\frac{\frac{40}{\sqrt2}\underline{/0°}}{2-\mathrm{j}\frac{2}{3}}\ \text{A}=13.5\ \underline{/18.4°}\ \text{A}$$

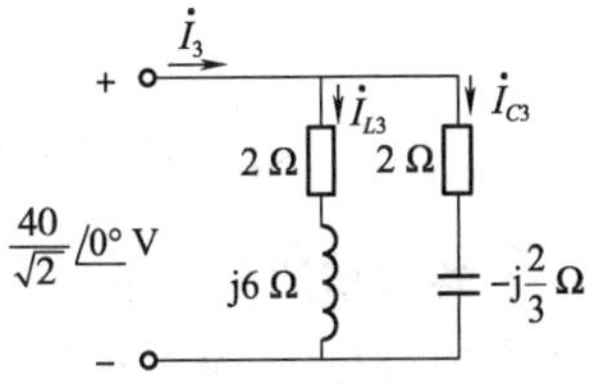

图 6.2.9　谐波分量 40cos $3\omega t$ V 单独作用时的等效电路

（4）总电流的计算。在时域上把上述所有电流谐波分量进行叠加，得到

$$i_L(t)=[5+25\sqrt2\cos(\omega t-45°)+4.5\sqrt2\cos(3\omega t-71.6°)]\ \text{A}$$

$$i_C(t)=[25\sqrt2\cos(\omega t+45°)+13.5\sqrt2\cos(3\omega t+18.4°)]\ \text{A}$$

$$i(t)=[5+50\cos(\omega t)+20\cos(3\omega t+0.81°)]\ \text{A}$$

例 6.2.4　电路如图 6.2.10 所示，已知 $R=20\ \Omega$，$L=1$ mH，$C=1\ 000$ pF，$I_{\mathrm{m}}=157\ \mu\text{A}$，$T=6.28\ \mu\text{s}$，试求 $u(t)$。

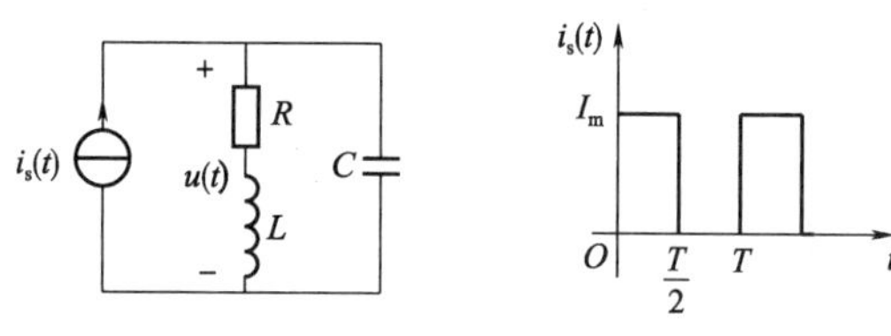

图 6.2.10 例 6.2.4 图

解 （1）基波角频率：

$$\omega = \frac{2\pi}{T} = \frac{2 \times 3.14}{6.28 \times 10^{-6}}\ \text{rad/s} = 10^6\ \text{rad/s}$$

（2）方波信号的傅里叶级数展开式：

$$i_s(t) = \frac{I_m}{2} + \frac{2I_m}{\pi}\left(\sin \omega t + \frac{1}{3}\sin 3\omega t + \frac{1}{5}\sin 5\omega t + \cdots\right)$$

（3）代入已知数据，写出各分量信号的表达式：

①直流分量：

$$I_{s0} = \frac{I_m}{2} = \frac{157}{2}\ \mu\text{A} = 78.5\ \mu\text{A}$$

②基波分量：

$$i_{s1}(t) = \frac{2I_m}{\pi}\sin(\omega t) = 100\ \sin(10^6 t)\ \mu A = 100\cos(10^6 t - 90°)\ \mu\text{A}$$

③三次谐波分量：

$$i_{s3}(t) = \frac{2I_m}{3\pi}\sin(3\omega t) = \frac{100}{3}\sin(3 \times 10^6 t)\ \mu\text{A} = \frac{100}{3}\cos(3 \times 10^6 t - 90°)\ \mu\text{A}$$

④五次谐波：

$$i_{s5}(t) = \frac{2I_m}{5\pi}\sin(5\omega t) = 20\sin(5 \times 10^6 t)\ \mu\text{A} = 20\cos(5 \times 10^6 t - 90°)\ \mu\text{A}$$

（4）各次谐波分量单独作用于电路：

①直流分量 I_{s0} 单独作用时。画出直流分量单独作用时的等效电路如图 6.2.11 所示。由此可得 $u(t)$ 的直流电压分量 U_0 为

$$U_0 = RI_{s0} = 20 \times 78.5 \times 10^{-6}\ \text{V} = 1.57\ \text{mV}$$

②基波 $i_{s1}(t)=100\cos(10^6 t - 90°)\ \mu\text{A}$ 单独作用时。由于 $\omega = 10^6\ \text{rad/s}$，可计算出电路的容抗和感抗为

$$-\frac{1}{\omega C} = -\frac{1}{10^6 \times 1\,000 \times 10^{-12}}\ \Omega = -1\ \text{k}\Omega$$

$$\omega L = 10^6 \times 10^{-3}\ \Omega = 1\ \text{k}\Omega$$

画出基波单独作用时的等效电路如图 6.2.12 所示。

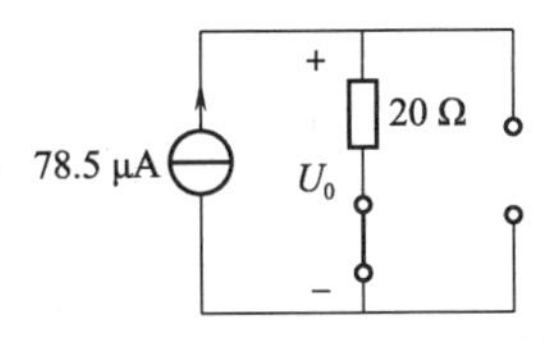

图 6.2.11 直流分量单独作用时的等效电路

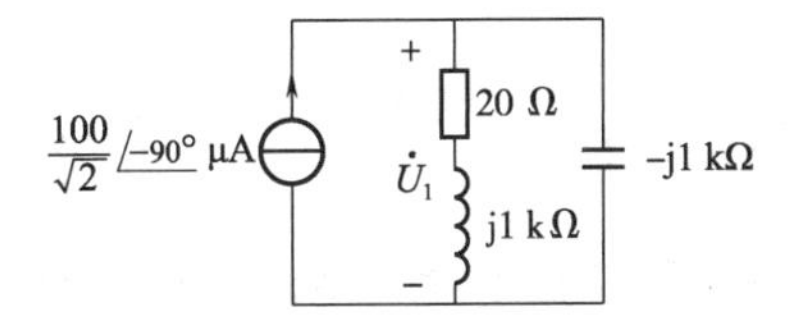

图 6.2.12 基波单独作用时的等效电路

计算电路总阻抗：

$$Z(\mathrm{j}\omega)=\frac{(R+\mathrm{j}X_L)\cdot(\mathrm{j}X_C)}{R+\mathrm{j}(X_L+X_C)}\approx-\frac{X_LX_C}{R}=\frac{L}{RC}=50\ \mathrm{k}\ \Omega$$

所以

$$\dot{U}_1=\dot{I}_{s1}Z(\mathrm{j}\omega)=\frac{100\times10^{-6}\angle{-90^\circ}}{\sqrt{2}}\times50\times10^3\ \mathrm{V}=\frac{5\ 000}{\sqrt{2}}\angle{-90^\circ}\ \mathrm{mV}$$

③三次谐波 $i_{s3}=\frac{100}{3}\cos(3\times10^6t-90^\circ)$ μA 单独作用时，计算出电路的容抗和感抗为

$$-\frac{1}{3\omega C}=-\frac{1}{3\times10^6\times1\ 000\times10^{-12}}\ \Omega=-0.33\ \mathrm{k}\Omega$$

$$3\omega L=3\times10^6\times10^{-3}\ \Omega=3\ \mathrm{k}\Omega$$

画出三次谐波单独作用时的等效电路如图 6.2.13 所示。

阻抗为

$$Z(\mathrm{j}3\omega)=\frac{(R+\mathrm{j}X_{L3})\cdot(\mathrm{j}X_{C3})}{R+\mathrm{j}(X_{L3}+X_{C3})}=374.5\angle{-89.19^\circ}\ \Omega$$

则

$$\dot{U}_3=\dot{I}_{s3}Z(\mathrm{j}3\omega)$$

$$=\frac{100\times10^{-6}\angle{-90^\circ}}{3\sqrt{2}}\times374.5\angle{-89.19^\circ}\ \mathrm{V}=\frac{12.47}{\sqrt{2}}\angle{-179.19^\circ}\ \mathrm{mV}$$

④五次谐波 $i_{s5}(t)=20\cos(5\times10^6t-90^\circ)$ μA 单独作用时，计算出电路的容抗和感抗为

$$-\frac{1}{5\omega C}=-\frac{1}{5\times10^6\times1\ 000\times10^{-12}}\ \Omega=-0.2\ \mathrm{k}\Omega$$

$$5\omega L=5\times10^6\times10^{-3}\ \Omega=5\ \mathrm{k}\Omega$$

画出五次谐波单独作用时的等效电路如图 6.2.14 所示。

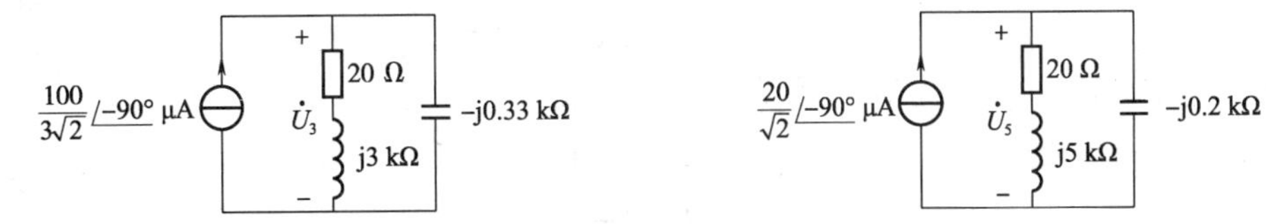

图 6.2.13 三次谐波单独作用时的等效电路

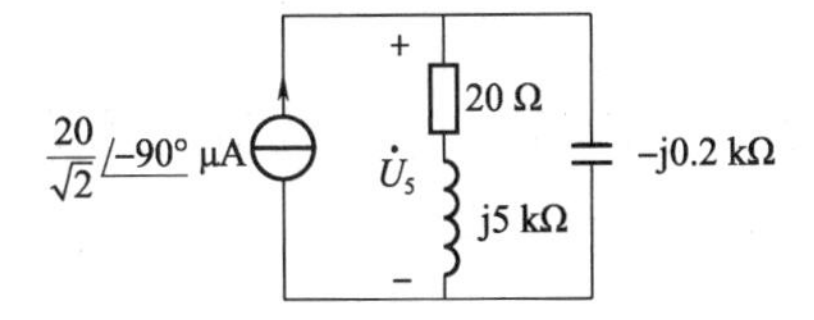

图 6.2.14 五次谐波单独作用时的等效电路

阻抗为

$$Z(\mathrm{j}5\omega)=\frac{(R+\mathrm{j}X_{L5})\cdot(\mathrm{j}X_{C5})}{R+\mathrm{j}(X_{L5}+X_{C5})}=208.3\angle{-89.53^\circ}\ \Omega$$

则

$$\dot{U}_5 = \dot{I}_{s5}Z(\mathrm{j}5\omega) = \frac{20\times10^{-6}\angle{-90^\circ}}{\sqrt{2}}\times 208.3\angle{-89.53^\circ}\ \mathrm{V} = \frac{4.166}{\sqrt{2}}\angle{-179.53^\circ}\ \mathrm{mV}$$

⑤把各次谐波分量计算结果的瞬时值叠加：

$$\begin{aligned} u(t) &= U_0 + u_1(t) + u_3(t) + u_5(t) \\ &= [1.57 + 5\,000\cos(10^6 t - 90^\circ) + 12.47\cos(3\times10^6 t - 179.19^\circ) + \\ &\quad 4.166\cos(5\times10^6 t - 179.53^\circ)]\ \mathrm{mV} \end{aligned}$$

6.3 谐　　振

在某一特定频率的激励信号下，由电阻、电容与电感元件组成的无源一端口电路会产生一种特殊现象——谐振。在谐振状态下，电容和电感的无功功率大小相等、方向相反（电容吸收能量时，电感释放能量；电容释放能量时，电感吸收能量），两者的无功功率形成了一种“自给自足”的供需形式，电路仅从外部索取有功功率。从端口上看，谐振时端口电压与电流具有相同的相位，电路对外呈电阻性。

根据电感和电容的连接方式，谐振电路分为两种：串联谐振和并联谐振。

6.3.1 串联谐振

1. 串联谐振及其谐振条件

RLC 串联谐振电路如图 6.3.1 所示。

由于发生谐振时，端口的电压、电流相位相同，因此对于图 6.3.1 所示的电路，谐振时输入阻抗的电抗分量必定等于零，即在下面的阻抗表达式中，

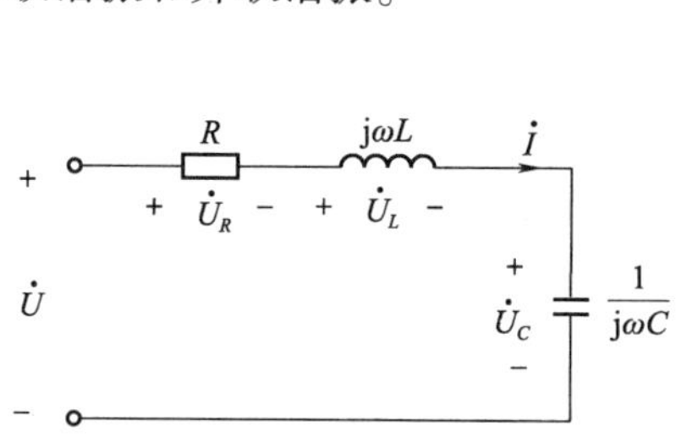

图 6.3.1 *RLC* 串联谐振电路

$$Z(\mathrm{j}\omega) = R + \mathrm{j}\left(\omega L - \frac{1}{\omega C}\right) \tag{6.3.1}$$

发生谐振的条件为

$$\omega L - \frac{1}{\omega C} = 0 \tag{6.3.2}$$

令满足上述条件的角频率为 ω_0，解得

$$\omega_0 = \frac{1}{\sqrt{LC}} \tag{6.3.3}$$

ω_0 称为谐振角频率，对应的谐振频率为

$$f_0 = \frac{\omega_0}{2\pi} = \frac{1}{2\pi\sqrt{LC}} \tag{6.3.4}$$

由式（6.3.3）和式（6.3.4）可知，f_0 或 ω_0 与电阻 R 无关，只与电路中的电抗元件 L 和 C 有关，它反映了 *RLC* 串联谐振电路的一种固有性质。

由式（6.3.3）可得

$$\omega_0 L = \frac{1}{\sqrt{LC}}L = \sqrt{\frac{L}{C}} = \frac{1}{\omega_0 C} = \rho \tag{6.3.5}$$

式中，ρ 称为 *RLC* 串联谐振电路的特性阻抗，单位为 Ω。

特性阻抗的含义是，只要 *RLC* 串联谐振电路中的感抗和容抗均等于这个特性阻抗，那么该电路一定处于谐振状态。

2. 串联谐振的特点

处于谐振状态时，*RLC* 串联谐振电路具有如下特点：

（1）端口电压 $\dot{U}$ 与电流 $\dot{I}$ 相位相同。

（2）电路呈阻性，阻抗模 $|Z|$ 达到最小值，电流 I 达到最大值。

由式（6.3.1）的阻抗表达式，可得阻抗模、阻抗角与角频率 ω 的关系为

$$|Z(\mathrm{j}\omega)| = \sqrt{R^2 + \left(\omega L - \frac{1}{\omega C}\right)^2}$$

$$\varphi_Z(\mathrm{j}\omega) = \arctan\frac{\omega L - \dfrac{1}{\omega C}}{R}$$

画出输入阻抗的幅频特性与相频特性曲线如图 6.3.2 所示。

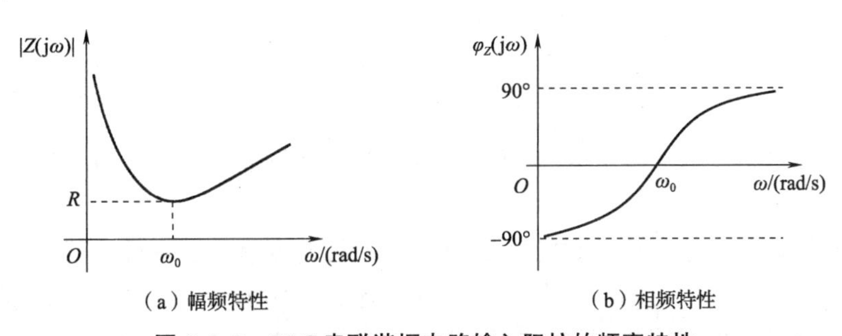

（a）幅频特性　　（b）相频特性

图 6.3.2　*RLC* 串联谐振电路输入阻抗的频率特性

由图 6.3.2 可知，当幅值相同、角频率不同的多个正弦交流电压施加在 *RLC* 串联谐振电路的端口时，电路对输入角频率与电路谐振角频率 ω_0 相等的那个电压呈现的阻抗 $|Z(\mathrm{j}\omega)|$ 最小，因此这个电压在电路中产生的电流最大。若记谐振时的电流为 I_0，则有

$$I_0 = \frac{U}{R}$$

（3）$\dot{U}_L$ 与 $\dot{U}_C$ 大小相等、相位相反，电容和电感的串联整体相当于短路。

$$\dot{U}_L = \mathrm{j}X_L\dot{I}_0 = \mathrm{j}\omega_0 L\frac{\dot{U}}{R} \tag{6.3.6}$$

$$\dot{U}_C = \mathrm{j}X_C\dot{I}_0 = -\mathrm{j}\frac{1}{\omega_0 C}\dot{I}_0 = -\mathrm{j}\omega_0 L\frac{\dot{U}}{R} \tag{6.3.7}$$

$$\dot{U}_L + \dot{U}_C = 0$$

图 6.3.3 所示为 *RLC* 串联谐振电路处于容性、感性和谐振时的电压相量图（以电流相

量 $\dot{I}$ 为参考相量)。

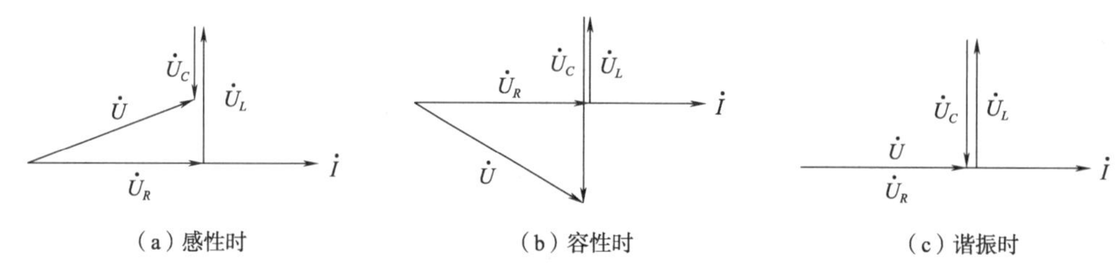

图 6.3.3 RLC 串联谐振电路的相量图

(4) 谐振时，电容、电感两端的电压远大于输入电压，即出现所谓的过电压现象。这个特点将在下面进行阐述。

3. 串联谐振电路的性能指标

1) 品质因数

如果把 RLC 串联谐振电路谐振时电容或电感电压与端口输入电压之比用 Q 表示，即

$$Q = \frac{U_C}{U} = \frac{U_L}{U} = \frac{\omega_0 L I_0}{I_0 R} = \frac{\omega_0 L}{R} \tag{6.3.8}$$

则称 Q 为谐振电路的品质因数，它是一个没有量纲的量。将式 (6.3.3) 代入式 (6.3.8)，可得

$$Q = \frac{\omega_0 L}{R} = \frac{L}{\sqrt{LC}R} = \frac{1}{R}\sqrt{\frac{L}{C}}$$

可见，Q 值只与电路参数 R、L、C 有关。当 L、C 一定时，Q 值与 R 成反比，R 越大，Q 值越小。

由于发生谐振时，电容或电感电压是端口输入电压的 Q 倍，因此串联谐振也被称为电压谐振。在无线电工程中，电压谐振十分有用，这类电路的 Q 值常常在几十至几百之间，意味着通过电压谐振可把接收到的微弱信号的幅度放大几十乃至几百倍。然而，在电力系统中，电压谐振往往是有害的，因为谐振产生的高电压可能会击穿线圈和电容器的绝缘层，造成设备的损坏。

例 6.3.1 对于图 6.3.4 所示的电路，如果电源电压的有效值 $U=25$ V，试求：(1) 电路的品质因数；(2) 电路发生谐振时的电流 I_0 与电容 C 上的电压 U_C；(3) 当电源频率比谐振频率 f_0 高 10% 时，求电流 I 与电容 C 上的电压 U_C。

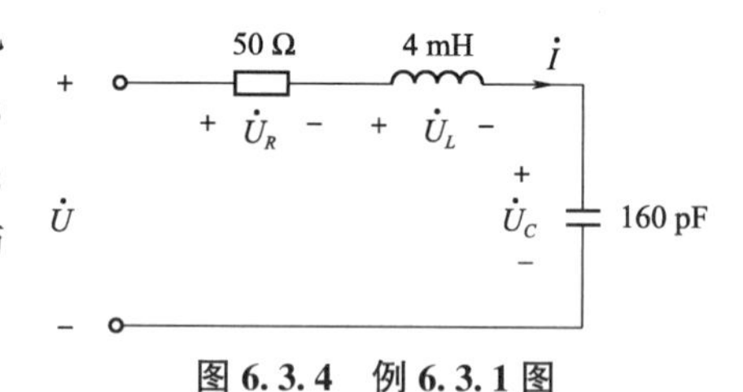

图 6.3.4 例 6.3.1 图

解 (1) 求品质因数：

谐振频率为

$$\omega_0 = \frac{1}{\sqrt{LC}} = \frac{1}{\sqrt{4\times10^{-3}\times160\times10^{-12}}}\ \text{rad/s} = 1.25\times10^6\ \text{rad/s}$$

品质因数为

$$Q = \frac{\omega_0 L}{R} = \frac{1.25\times10^6\times4\times10^{-3}}{50} = 100$$

（2）求谐振时电流和电容电压：

RLC 串联电路谐振时阻抗最小，等于电阻 *R*，所以电路谐振时电流为

$$I_0 = \frac{U}{R} = \frac{25}{50}\ \text{A} = 0.5\ \text{A}$$

电容 *C* 上的电压为

$$U_C = I_0 \frac{1}{\omega_0 C} = 0.5 \times 5\ 000\ \text{V} = 2\ 500\ \text{V}$$

（3）当电源频率在谐振频率上增加 10% 后，电感和电容的电抗分别为

$$X_L = \omega_0 L \times (1 + 10\%) = 5\ 000 \times (1 + 10\%)\ \Omega = 5\ 500\ \Omega$$

$$X_C = -\frac{1}{\omega_0 C \times (1 + 10\%)} = -\frac{5\ 000}{1 + 10\%}\ \Omega = -4\ 545\ \Omega$$

电路阻抗的模为

$$|Z| = \sqrt{50^2 + (5\ 500 - 4\ 545)^2}\ \Omega = 956\ \Omega$$

故电路电流为

$$I = \frac{U}{|Z|} = \frac{25}{956}\ \text{A} = 0.026\ \text{A}$$

电容 *C* 上的电压为

$$U_C = I \frac{1}{\omega_0 C (1 + 10\%)} = 0.026 \times 4\ 545\ \text{V} = 118.2\ \text{V}$$

可见，当电源频率比谐振频率增加 10% 时，电流 I 减小到仅为谐振电流 I_0 的 5.2%，电容两端的电压减小到谐振发生时电容电压的 4.7%。

2）频率响应与通频带

根据图 6.3.2（a）所示的输入阻抗幅频特性，可以画出图 6.3.5 所示的电流幅频特性曲线。

由图 6.3.5 可见，*RLC* 串联谐振电路对某些频率的输入电压产生较大的输出电流，而对其他频率的输入电压则产生较小的输出电流，即电路对不同频率的输入信号具有不同的输出响应，这种性质称为电路的选择性。这个性质在电子工程中非常有用，收音机的调谐电路便是利用这一性质来制作的。

RLC 串联谐振电路的选择性与 *Q* 值有关。图 6.3.6 显示了不同 *Q* 值对 *RLC* 串联谐振电路电流幅频特性的影响。

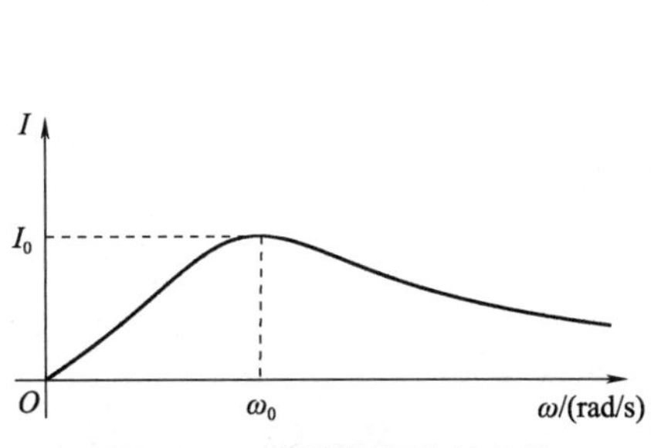

图 6.3.5　电流幅频特性曲线

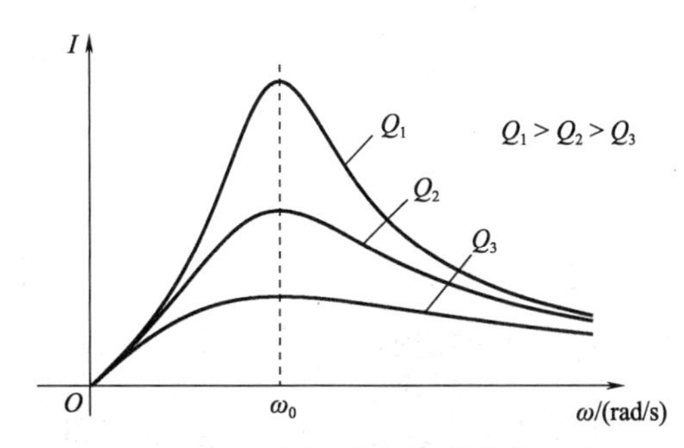

图 6.3.6　*Q* 对电流幅频特性的影响

由图 6.3.6 可见，Q 值越大时，幅频特性曲线越尖锐，越有利于选择某一频率分量，同时增大对其他频率分量的衰减作用，即电路的频率选择性越强。但 Q 值并非越大越好，还需要考虑电路的通频带指标。通频带的基本概念与 6.1 节中一致，这里取电阻的电压作为输出，以转移电压比作为网络函数来推导电路的通频带。

$$H(\mathrm{j}\omega)=\frac{\dot{U}_R(\mathrm{j}\omega)}{\dot{U}(\mathrm{j}\omega)}=\frac{R}{R+\mathrm{j}\omega L+\dfrac{1}{\mathrm{j}\omega C}}=\frac{1}{1+\mathrm{j}\left(\dfrac{\omega L}{R}-\dfrac{1}{\omega RC}\right)}$$

幅频特性为

$$|H(\mathrm{j}\omega)|=\frac{1}{\sqrt{1+\left(\dfrac{\omega L}{R}-\dfrac{1}{\omega RC}\right)^2}}$$

图 6.3.7 所示为 RLC 串联谐振电路的幅频特性曲线。

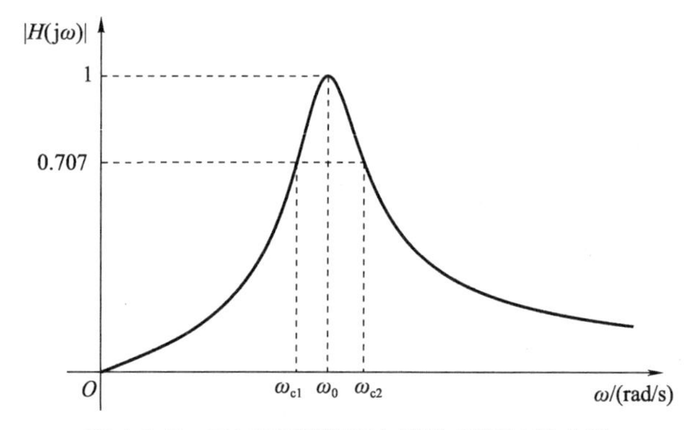

图 6.3.7　*RLC* 串联谐振电路的幅频特性曲线

当发生谐振时，

$$|H(\mathrm{j}\omega_0)|=\frac{1}{\sqrt{1+\left(\dfrac{\omega_0 L}{R}-\dfrac{1}{\omega_0 RC}\right)^2}}=1$$

根据通频带的定义，在截止频率 ω_c 处，$|H(\mathrm{j}\omega_c)|$ 应该衰减为 $|H(\mathrm{j}\omega_0)|$ 的 $\dfrac{1}{\sqrt{2}}$，即

$$|H(\mathrm{j}\omega_c)|=\frac{1}{\sqrt{1+\left(\dfrac{\omega_c L}{R}-\dfrac{1}{\omega_c RC}\right)^2}}=\frac{1}{\sqrt{2}}$$

即

$$\frac{\omega_c L}{R}-\frac{1}{\omega_c RC}=\pm 1$$

舍去了 $\omega_c<0$ 的情形，由上式可解得

$$\omega_{c1}=-\frac{R}{2L}+\sqrt{\left(\frac{R}{2L}\right)^2+\frac{1}{LC}} \tag{6.3.9}$$

$$\omega_{c2}=\frac{R}{2L}+\sqrt{\left(\frac{R}{2L}\right)^2+\frac{1}{LC}} \tag{6.3.10}$$

可见 RLC 串联谐振电路的截止频率有 2 个，分别位于谐振频率 ω_0 的两侧。其中，称 ω_{c1} 为下截止频率（或下半功率点），ω_{c2} 为上截止频率（或上半功率点），由 $[\omega_{c1},\omega_{c2}]$ 所界定的区间便是 RLC 串联谐振电路的通频带。由于该通频带位于频域中段，呈带状，因此 RLC 串联谐振电路具有带通的性质，称为带通滤波器。通频带的宽度为

$$BW=\omega_{c2}-\omega_{c1}=\frac{R}{L} \tag{6.3.11}$$

将式（6.3.8）代入，可得 RLC 串联谐振电路的通频带宽度 BW 与品质因数 Q 之间的关系为

$$Q=\frac{\omega_0}{BW} \tag{6.3.12}$$

式（6.3.12）表明，当 ω_0 固定时，品质因数越高，通频带越窄。

例 6.3.2　RLC 串联谐振电路如图 6.3.1 所示，已知 $R=2\ \Omega$，$L=10\ \text{mH}$，$C=1\ \mu\text{F}$。试求电路的谐振频率、品质因数和通频带。

解　谐振频率

$$\omega_0=\frac{1}{\sqrt{LC}}=\frac{1}{\sqrt{10\times10^{-3}\times1\times10^{-6}}}\ \text{rad/s}=10^4\ \text{rad/s}$$

品质因数

$$Q=\frac{\omega_0 L}{R}=\frac{10^4\times10^{-2}}{2}=50$$

通频带

$$BW=\frac{\omega_0}{Q}=\frac{10^4}{50}\ \text{rad/s}=200\ \text{rad/s}$$

3）谐振时的功率

发生谐振时，电路对外呈阻性，因此电源仅向电路输送有功功率，而不输送无功功率。此时电阻的功率达到最大，即

$$P=UI_0=I_0^2R$$

电容和电感的无功功率大小相等，方向相反，彼此互相补偿。

$$Q_L=\omega_0 LI_0^2$$

$$Q_C=-\frac{1}{\omega_0 C}I_0^2=-\omega_0 LI_0^2$$

$$Q_C+Q_L=0$$

6.3.2　并联谐振

1. 并联谐振电路及其谐振条件

GLC 并联谐振电路如图 6.3.8 所示。

电路的导纳 Y 为

$$Y(\mathrm{j}\omega)=G+\frac{1}{\mathrm{j}\omega L}+\mathrm{j}\omega C$$

显然，图 6.3.8 所示电路发生谐振的条件为 $\mathrm{Im}[Y(\mathrm{j}\omega)]=0$，即

$$\omega C-\frac{1}{\omega L}=0 \tag{6.3.13}$$

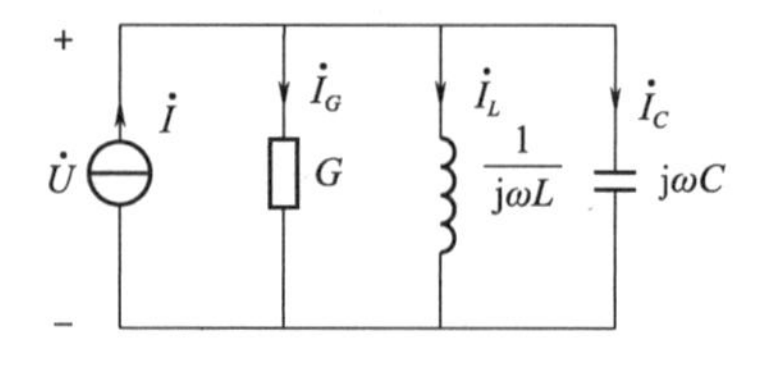

图 6.3.8　*GLC* 并联谐振电路

此时，端口电流与端口电压同相。

由式（6.3.13）可得电路的谐振角频率 ω_0 为

$$\omega_0=\frac{1}{\sqrt{LC}} \tag{6.3.14}$$

谐振频率 f_0 为

$$f_0=\frac{1}{2\pi\sqrt{LC}} \tag{6.3.15}$$

并联谐振电路的特性阻抗仍可表示为

$$\rho=\sqrt{\frac{L}{C}}$$

2. 并联谐振的特点

并联谐振时，电路端电压 $\dot{U}$ 与电流 $\dot{I}$ 同相，整个电路对外呈电导性。此时，电路的导纳 $|Y(\mathrm{j}\omega)|$ 处于最小值，如图 6.3.9 所示。也就是说，并联电路谐振时的阻抗达到最大值。

在输入电流 I 一定的情况下，并联谐振时电路的端电压 U 达到最大值，记为 U_0，即

$$U_0=\frac{I}{G}$$

并联谐振时，电感电流与电容电流大小相等，方向相反，并联整体对外相当于开路。

$$\dot{I}_C=\mathrm{j}\omega_0 C\dot{U}_0=\mathrm{j}\omega_0 C\frac{\dot{I}}{G}$$

$$\dot{I}_L=\frac{\dot{U}_0}{\mathrm{j}\omega_0 L}=-\mathrm{j}\omega_0 C\dot{U}_0=-\mathrm{j}\omega_0 C\frac{\dot{I}}{G}$$

$$\dot{I}_L+\dot{I}_C=0$$

并联谐振电路谐振时的电流相量图如图 6.3.10 所示。

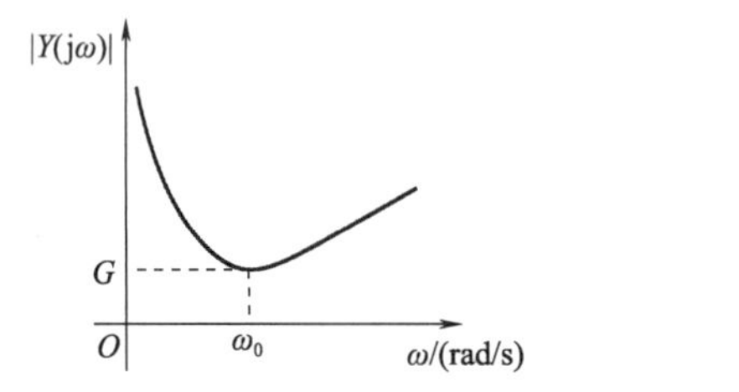

图 6.3.9　并联电路导纳的幅频特性

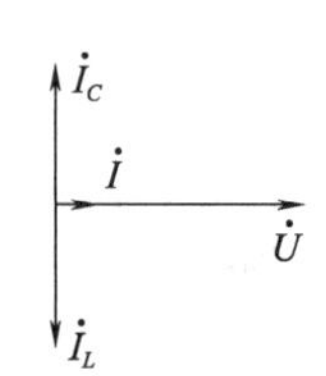

图 6.3.10　并联谐振电路谐振时的电流相量图

并联谐振电路的品质因数 Q 定义为谐振时电容或电感电流与端口电流之比，即

$$Q=\frac{I_C}{I}=\frac{\omega_0 C\,\frac{I}{G}}{I}=\frac{\omega_o C}{G} \tag{6.3.16}$$

可见，并联谐振时，电容、电感的电流均为端口电流的 Q 倍，可能会远高于端口输入电流，即出现所谓的过电流现象，因此并联谐振也称为电流谐振。Q 与电导 G 成反比，G 越大，Q 越小。

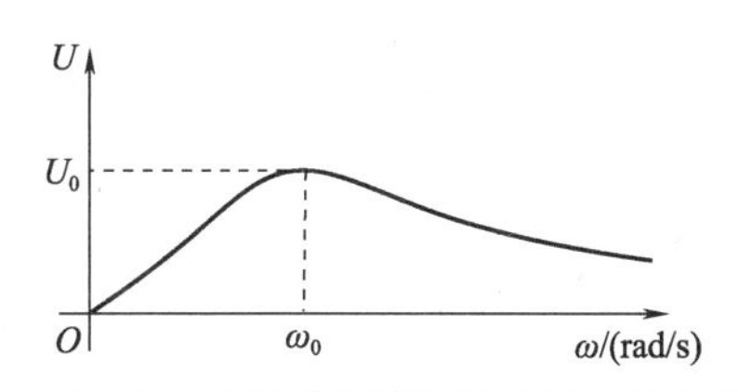

图 6.3.11　并联谐振电路电压的幅频特性

并联谐振电路电压的幅频特性如图 6.3.11 所示。

采用与 RLC 串联谐振电路相同的推导方式，可求得并联谐振电路的通频带表达式为

$$BW=\frac{G}{C}=\frac{\omega_0}{Q} \tag{6.3.17}$$

当 ω_0 一定时，品质因数越大，通频带越窄。

工程应用：按键式电话机的拨号原理

按键式电话机是目前仍在使用的通信终端。当呼叫被叫用户时，主叫用户需要在电话机上按顺序按下被叫电话号码对应的按键。为了让位于电话局的交换机能够自动接收用户拨出的号码并完成呼叫，按键式电话机中设计了一套名为双音多频（DTMF）的拨号方案。

按键式电话机的拨号盘包括 12 个按键，分为 4 行 3 列，如图 6.3.12 所示。

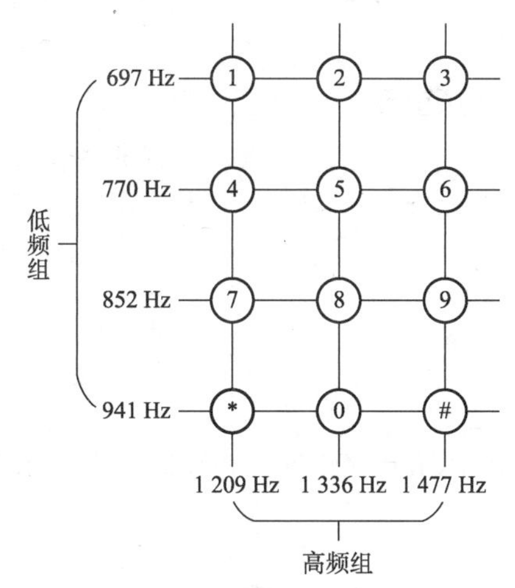

图 6.3.12　按键式电话机的拨号盘及频率排列

为了让交换机能够区分这 12 个按键，DTMF 方案使用 7 个频率的不同组合，设计了 12 种信号。这个 7 个频率分为两组，低频组（697～941 Hz）和高频组（1 209～1 477 Hz）。当按下某个按键时，电话机会产生该按键对应的两个频率的正弦信号 $u_1(t)$、$u_2(t)$，并以 $u_1(t)+u_2(t)$ 的形式向交换机传输信号。例如，如果按下的是按键 8，会产生频率为 852 Hz 与 1 336 Hz 的两个正弦信号之和。

交换机接收到信号后，通过对信号进行检测，可识别出用户所按下的键。图 6.3.13 为拨号检测方案框图。

如图 6.3.13 所示，经过放大后的接收信号，使用低通滤波器（LPF）和高通滤波器（HPF）将收到的信号分离为两个正弦信号 $u'_1(t)$、$u'_2(t)$（接收到的信号会受到噪声、衰减等因素的影响），并适当限幅后，分别使用两组带通滤波器（BP_x）进行滤波。中心频率与正弦信号 $u_1(t)$、$u_2(t)$ 的频率相同那两个带通滤波器将输出比较大的信号幅值，而其他滤波器的输出信号幅值都会非常小。检波器（D_x）通过检测输入的信号幅度是否超过某个门限，便可以告知交换机用户所输入的号码。

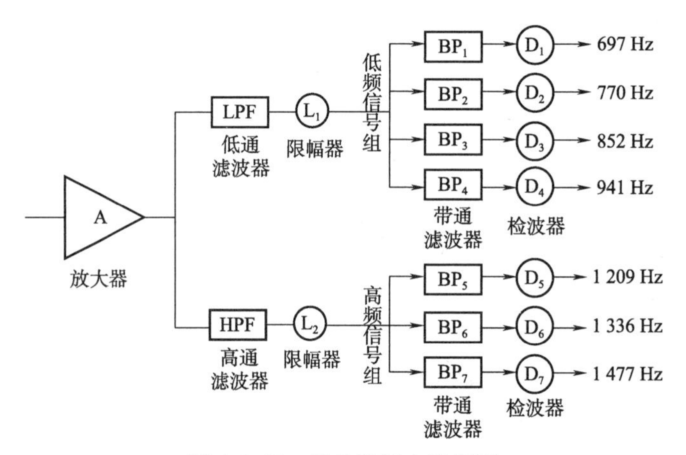

图 6.3.13　拨号检测方案框图

每个带通滤波器（BP_x）仅允许一个频率通过。这些带通滤波器可以采用 6.3 节介绍的 *RLC* 串联电路来实现，其中电阻值 *R* 的典型值为 600 Ω。下面以按键 8 为例，介绍带通滤波器中电容 *C* 和电感 *L* 的参数选择。

由图 6.3.12 和图 6.3.13 可知，按键 8 对应 BP_3 和 BP_6 两个带通滤波器。对于 BP_3，其中心频率为 852 Hz，频率范围为 770~941 Hz，即其谐振角频率为

$$\omega_0 = 2\pi \times 852 \text{ rad/s} = 5\ 353.27 \text{ rad/s}$$

通频带为

$$BW = 2\pi \times (941 - 770) = 1\ 074.42 \text{ rad/s}$$

因此有

$$\frac{R}{L} = BW = 1\ 074.42$$

$$\frac{1}{\sqrt{LC}} = 5\ 353.27$$

代入 $R = 600\ \Omega$，由以上两式可求得

$$L = 0.558 \text{ H}$$

$$C = 62.54 \text{ nF}$$

使用类似的方法，可以求得 BP_6 的 *L*、*C* 参数为

$$L = 356.3 \text{ mH}$$

$$C = 39.83 \text{ nF}$$

习　题

6.1　试求题图 6.1 所示电路的网络函数，确定该电路是低通网络还是高通网络，并绘出频率特性曲线。

6.2　在题图 6.2 所示 *RC* 电路中，$R=10\text{ k}\Omega$，$C=0.01\ \mu\text{F}$，求当频率等于多少时使得输出电压 u_2 超前输入电压 u_1 的相移为 45°？如输入电压振幅为 1 V，求输出电压的振幅。若输入电压的频率为 1 kHz，请问输出电压与输入电压之间的相位差为多少？输出电压振

幅为多少？

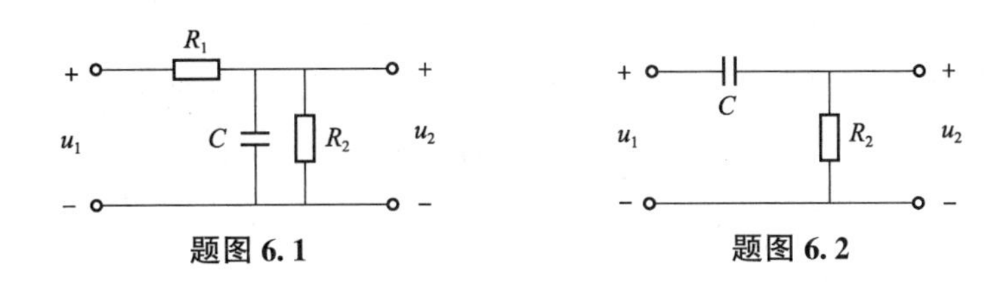

题图 6.1　　　　题图 6.2

6.3　试用相量图说明题图 6.1 和题图 6.2 分别是超前网络还是滞后网络。

6.4　已知 RLC 串联谐振电路的端口电压和电流分别为

$$u(t)=[100\cos(314t)+50\cos(942t-30°)]\ \text{V}$$

$$i(t)=[10\cos(314t)+1.755\cos(942t+\alpha)]\ \text{A}$$

试求：(1) 电路中 R、L、C 的值；(2) 相角 α 的值；

6.5　单口网络的端口电压和电流分别为

$$u(t)=[\cos(t+90°)+\cos(2t-45°)+\cos(3t-60°)]\ \text{V}$$

$$i(t)=[5\cos t+2\cos(2t+45°)]\ \text{A}$$

试求：单口网络消耗的平均功率以及电压和电流的有效值。

6.6　施加于 100 Ω 电阻上的电压为 $u(t)=[100+22.4\cos(\omega t-45°)+4.11\cos(3\omega t-67°)]$ V。

试求：电压的有效值及电阻消耗的平均功率。

6.7　电路如题图 6.3 所示，非正弦周期信号 $u_s(t)=[2+5\cos(2t+90°)]$ V，$i_s(t)=2\cos(1.5t)$ A，求 $u_R(t)$。

6.8　在题图 6.4 所示电路中，$u_s(t)=(50+100\sqrt{2}\cos\omega t+50\sqrt{2}\cos 2\omega t)$ V，$\omega L=10\ \Omega$，$R=20\ \Omega$，$1/\omega C=20\ \Omega$，求电流 $i_s(t)$ 的有效值与电路吸收的平均功率。

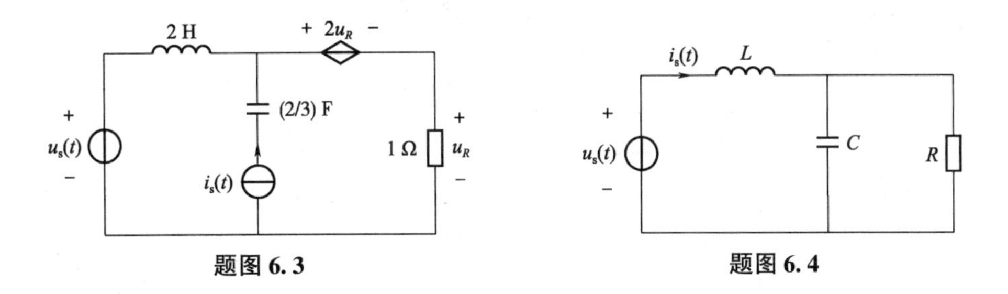

题图 6.3　　　　题图 6.4

6.9　RLC 串联谐振电路的谐振频率为 $\frac{1\,000}{2\pi}$ Hz，通频带为 $\frac{100}{2\pi}$ Hz，谐振时的阻抗为 100 Ω，求 R、L、C。

6.10　RLC 串联谐振电路的谐振频率为 876 Hz，通频带为 750 Hz 到 1 kHz，已知 $L=0.32$ H。

(1) 求 R、C、Q；

(2) 若电源电压有效值为 23.2 V，试求在谐振频率及 750 Hz 到 1 kHz 处电路的平均功率；

（3）试求谐振时电感及电容电压的有效值。

6.11　题图6.5所示电路中，$I=9$ A，$I_1=15$ A，端口电压与电流同相位，试求I_2。

6.12　题图6.6所示电路中电容C可调，当调节$C=50\ \mu\text{F}$时电路发生谐振，此时电压表读数为20 V。已知电流源$i_s(t)=2\sqrt{2}\cos 1\,000t$ A，试求电阻R和电感L。

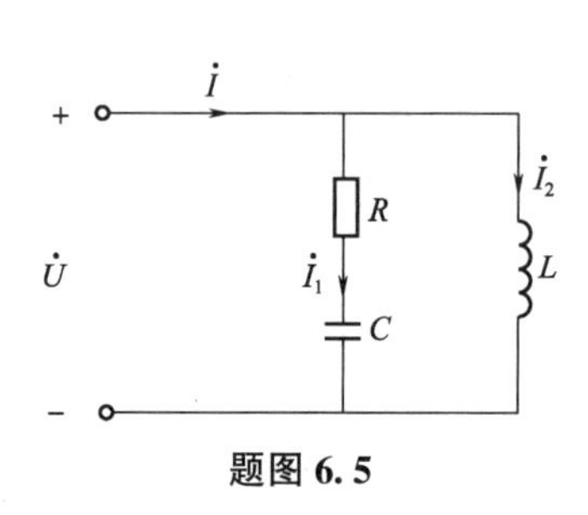

题图6.5

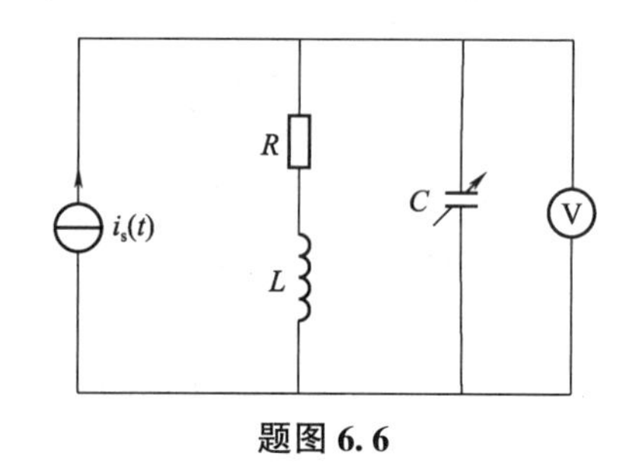

题图6.6

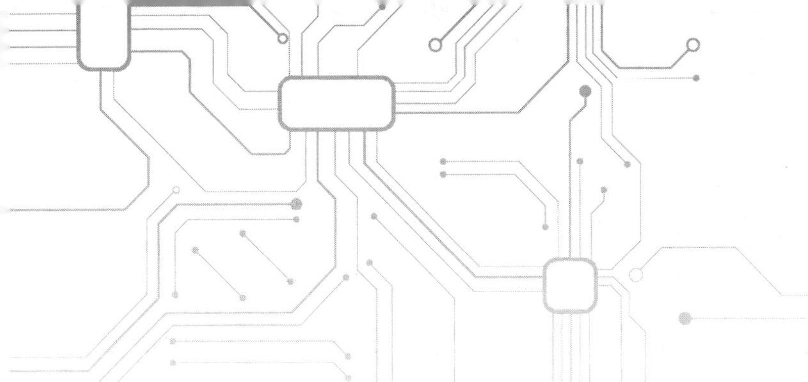

第 7 章 拉氏变换在电路分析中的应用

对于线性动态电路的分析，经典的方法是微分方程法（一阶直流电路也可以使用三要素法）。当微分方程的阶数大于 2 或者输入函数比较复杂时，微分方程的列写和求解会变得非常困难。通过借助拉普拉斯变换（简称拉氏变换），可以把时域中的高阶微分方程求解问题转换为复频域中的线性代数方程求解问题，从而简化电路的分析。无特殊说明时，拉氏变换求解的是电路的全响应。

本章首先介绍拉氏变换的基本概念和性质，接着介绍两类约束在复频域中的形式，最后介绍拉氏变换在线性动态电路分析中的应用。

7.1 拉氏变换基础

电路分析中，如果把电路中动态过程的起始时刻作为计时的原点 $t=0$，那么，只需要研究电路参量在 $t\in[0,\infty)$ 区间的情形即可。但为了计及 $t=0$ 时刻可能存在的冲激，需要把 $t=0^-$ 时刻也包含在积分限内。因此，在电路分析中一般采用 0^- 拉氏变换。

7.1.1 拉氏变换的定义

时间函数 $f(t)$ 的拉氏变换定义为

$$L[f(t)]=\int_{0^-}^{\infty}f(t)\mathrm{e}^{-st}\mathrm{d}t \tag{7.1.1}$$

式中，$s=\alpha+\mathrm{j}\omega$，称为复频率。

由于积分结果只与变量 s 有关，即 $L[f(t)]$ 为复频率的函数，因此可以把上述变换简记为

$$L[f(t)]=F(s)$$

对 $F(s)$ 做拉氏反变换，可以得到 $f(t)$。拉氏反变换定义为

$$f(t)=\frac{1}{2\pi\mathrm{j}}\int_{\alpha-\mathrm{j}\infty}^{\alpha+\mathrm{j}\infty}F(s)\mathrm{e}^{st}\mathrm{d}s \tag{7.1.2}$$

简记为

$$L^{-1}[F(s)]=f(t)$$

$F(s)$ 称为 $f(t)$ 的象函数，$f(t)$ 称为 $F(s)$ 的原函数。在电路分析中，规定使用大写字母 $U(s)$、$I(s)$ 表示电压、电流的象函数，小写字母表示 $u(t)$、$i(t)$ 表示电压、电流的时域函数（原函数）。

例 7.1.1 求单位阶跃函数 $\varepsilon(t)$（见图 7.1.1）的拉氏变换。已知 $\varepsilon(t)=\begin{cases}0, & t<0\\1, & t\geqslant 0\end{cases}$。

解 $$F(s)=L[\varepsilon(t)]=\int_{0^-}^{\infty}\varepsilon(t)\mathrm{e}^{-st}\mathrm{d}t=\int_{0^-}^{\infty}\mathrm{e}^{-st}\mathrm{d}t=-\frac{1}{s}\mathrm{e}^{-st}\Big|_0^{\infty}=\frac{1}{s} \tag{7.1.3}$$

例 7.1.2 求单位冲激函数 $\delta(t)$（见图 7.1.2）的拉氏变换。$\delta(t)$ 的定义为 $\begin{cases}\int_{-\infty}^{\infty}\delta(t)\mathrm{d}t=1\\ \delta(t)=0, t\neq 0\end{cases}$。

解 $$\begin{aligned}F(s)&=L[\delta(t)]=\int_{0^-}^{\infty}\delta(t)\mathrm{e}^{-st}\mathrm{d}t\\&=\mathrm{e}^{-s0}\text{（根据冲激函数的采样性：}\int_{-\infty}^{\infty}\delta(t-t_0)f(t)\mathrm{d}t=f(t_0)\text{）}\\&=1\end{aligned} \tag{7.1.4}$$

例 7.1.3 求指数函数 e^{at}（见图 7.1.3）的拉氏变换。

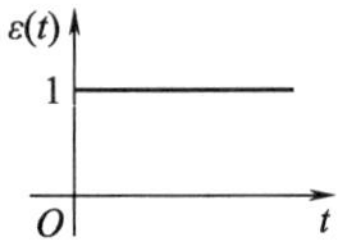

图 7.1.1 单位阶跃函数 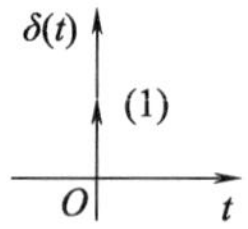　　图 7.1.2 单位冲激函数 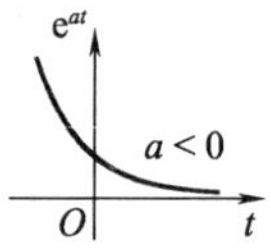　　图 7.1.3 指数函数（$a<0$）

解 $$F(s)=L[\mathrm{e}^{at}]=\int_{0^-}^{\infty}\mathrm{e}^{at}\mathrm{e}^{-st}\mathrm{d}t=-\frac{1}{s-a}\mathrm{e}^{-(s-a)t}\Big|_0^{\infty}=\frac{1}{s-a} \tag{7.1.5}$$

常用时间函数的拉氏变换见表 7.1.1。

表 7.1.1 常用时间函数的拉氏变换

序号	时间函数 $f(t)$	拉氏变换 $F(s)$	序号	时间函数 $f(t)$	拉氏变换 $F(s)$
1	$\delta(t)$	1	9	$1-\mathrm{e}^{-at}$	$\frac{a}{s(s+a)}$
2	$\delta_T(t)=\sum_{n=0}^{\infty}\delta(t-nT)$	$\frac{1}{1-\mathrm{e}^{-Ts}}$	10	$\mathrm{e}^{-at}-\mathrm{e}^{-bt}$	$\frac{b-a}{(s+a)(s+b)}$
3	$1(t)$	$\frac{1}{s}$	11	$\sin\omega t$	$\frac{\omega}{s^2+\omega^2}$
4	t	$\frac{1}{s^2}$	12	$\cos\omega t$	$\frac{s}{s^2+\omega^2}$
5	$\frac{t^2}{2}$	$\frac{1}{s^3}$	13	$\mathrm{e}^{-at}\sin\omega t$	$\frac{\omega}{(s+a)^2+\omega^2}$
6	$\frac{t^n}{n!}$	$\frac{1}{s^{n+1}}$	14	$\mathrm{e}^{-at}\cos\omega t$	$\frac{s+a}{(s+a)^2+\omega^2}$
7	e^{-at}	$\frac{1}{s+a}$	15	$a^{t/T}$	$\frac{1}{s-(1/T)\ln a}$
8	$t\mathrm{e}^{-at}$	$\frac{1}{(s+a)^2}$			

7.1.2 拉氏变换的基本性质

在实际求解中，有时为了方便，往往不是直接按照定义求时间函数的拉氏变换，而是根据前述简单函数的拉氏变换，结合拉氏变换的性质来求得所需的拉氏变换。下面介绍电路分析中常用的拉氏变换基本性质。

1. 线性性质

若 $L[f_1(t)]=F_1(s)$，$L[f_2(t)]=F_2(s)$，则对于任意常数 A_1、A_2，有：

$$L[A_1f_1(t)+A_2f_2(t)]=A_1L[f_1(t)]+A_2L[f_2(t)]=A_1F_1(s)+A_2F_2(s) \quad (7.1.6)$$

根据拉氏变换的线性性质，求时域函数与常数相乘及几个时域函数相加减的象函数时，可以先求各时域函数的象函数，再与常数相乘或相加减。

2. 微分性质

1）时域微分性质

若 $L[f(t)]=F(s)$，则有：

$$L\left[\frac{\mathrm{d}f(t)}{\mathrm{d}t}\right]=sF(s)-f(0^-) \quad (7.1.7)$$

当初始条件为0时，对原函数在时域求导，相当于对应的象函数在复频域乘以 s。

2）频域导数性质

若 $L[f(t)]=F(s)$，则有：

$$L[-tf(t)]=\frac{\mathrm{d}F(s)}{\mathrm{d}s} \quad (7.1.8)$$

3. 积分性质

若 $L[f(t)]=F(s)$，则有：

$$L\left[\int_{0^-}^{t}f(\tau)\mathrm{d}\tau\right]=\frac{1}{s}F(s) \quad (7.1.9)$$

4. 延迟性质

若 $L[f(t)]=F(s)$，则有：

$$L[f(t-t_0)\varepsilon(t-t_0)]=\mathrm{e}^{-st_0}F(s) \quad (7.1.10)$$

更多的拉氏变换的基本性质见表7.1.2。

表7.1.2　拉氏变换的基本性质

序号	基本性质		表达式
1	线性定理	齐次性	$L[af(t)]=aF(s)$
		叠加性	$L[f_1(t)\pm f_2(t)]=F_1(s)\pm F_2(s)$
2	微分定理	一般形式	$L\left[\frac{\mathrm{d}f(t)}{\mathrm{d}t}\right]=sF(s)-f(0)$ $L\left[\frac{\mathrm{d}^2f(t)}{\mathrm{d}t^2}\right]=s^2F(s)-sf(0)-f'(0)$ $\vdots$ $L\left[\frac{\mathrm{d}^nf(t)}{\mathrm{d}t^n}\right]=s^nF(s)-\sum_{k=1}^{n}s^{n-k}f^{(k-1)}(0)$ 其中，$f^{(k-1)}(t)=\frac{\mathrm{d}^{k-1}f(t)}{\mathrm{d}t^{k-1}}$
		初始条件为零时	$L\left[\frac{\mathrm{d}^nf(t)}{\mathrm{d}t^n}\right]=s^nF(s)$

续上表

序号	基本性质		表达式
3	积分定理	一般形式	$L\left[\int f(t)\mathrm{d}t\right]=\frac{F(s)}{s}+\frac{\left[\int f(t)\mathrm{d}t\right]_{t=0}}{s}$ $L\left[\iint f(t)(\mathrm{d}t)^2\right]=\frac{F(s)}{s^2}+\frac{\left[\int f(t)\mathrm{d}t\right]_{t=0}}{s^2}+\frac{\left[\iint f(t)(\mathrm{d}t)^2\right]_{t=0}}{s}$ $\vdots$ $L\left[\overbrace{\int\cdots\int}^{共n个} f(t)(\mathrm{d}t)n\right]=\frac{F(s)}{s^n}+\sum_{k=1}^{n}\frac{1}{s^{n-k+1}}\left[\overbrace{\int\cdots\int}^{共k个} f(t)(\mathrm{d}t)^n\right]_{t=0}$
		初始条件为零时	$L\left[\overbrace{\int\cdots\int}^{共n个} f(t)(\mathrm{d}t)^n\right]=\frac{F(s)}{s^n}$
4	延迟定理（或称 t 域平移定理）		$L[f(t-T)1(t-T)]=\mathrm{e}^{-Ts}F(s)$
5	衰减定理（或称 s 域平移定理）		$L[f(t)\mathrm{e}^{-at}]=F(s+a)$
6	终值定理		$\lim\limits_{t\to\infty}f(t)=\lim\limits_{s\to 0}sF(s)$
7	初值定理		$\lim\limits_{t\to 0}f(t)=\lim\limits_{s\to\infty}sF(s)$
8	卷积定理		$L\left[\int_0^t f_1(t-\tau)f_2(\tau)\mathrm{d}\tau\right]=L\left[\int_0^t f_1(t)f_2(t-\tau)\mathrm{d}\tau\right]=F_1(s)F_2(s)$

下面利用基本性质和基本函数的拉氏变换求表 7.1.1 中几个原函数的象函数。

例 7.1.4 求 $f(t)=\sin(\omega t)$ 的象函数。

解 $$F(s)=L[\sin(\omega t)]=L\left[\frac{1}{2\mathrm{j}}(\mathrm{e}^{\mathrm{j}\omega t}-\mathrm{e}^{-\mathrm{j}\omega t})\right]=\frac{1}{2\mathrm{j}}\left(\frac{1}{s-\mathrm{j}\omega}-\frac{1}{s+\mathrm{j}\omega}\right)=\frac{\omega}{s^2+\omega^2}$$

例 7.1.5 求 $f(t)=\cos(\omega t)$ 的象函数。

解 $$\frac{\mathrm{d}\sin(\omega t)}{\mathrm{d}t}=\omega\cos(\omega t)\Rightarrow\cos(\omega t)=\frac{1}{\omega}\frac{\mathrm{d}\sin(\omega t)}{\mathrm{d}t}$$

$$L[\cos(\omega t)]=L\left[\frac{1}{\omega}\frac{\mathrm{d}}{\mathrm{d}t}(\sin(\omega t))\right]=\frac{s}{\omega}\frac{\omega}{s^2+\omega^2}-0=\frac{s}{s^2+\omega^2}$$

例 7.1.6 求 $f(t)=t\mathrm{e}^{-at}$ 的象函数。

解 $$L[t\mathrm{e}^{at}]=-\frac{\mathrm{d}}{\mathrm{d}s}\left(\frac{1}{s+\alpha}\right)=\frac{1}{(s+\alpha)^2}$$

7.1.3 拉氏反变换

在电路分析中，除了需要利用拉氏变换把时域函数变换到复频域以简化求解外，一般还需要把求得的象函数反变换回原函数，得到时域形式的解。

然而，利用定义式求解拉氏反变换是非常烦琐的。在工程应用中，象函数往往可以表达成两个关于 s 的多项式之比，这时可以采用部分分式展开法求解原函数。

假设电路响应的象函数 $F(s)$ 可以表达为两个系数为实数的关于 s 的多项式之比，形式为

$$F(s)=\frac{N(s)}{D(s)} \tag{7.1.11}$$

则可以利用部分分式展开法将 $F(s)$ 分解为多个简单分式，然后利用查表法配合拉氏变换的基本性质得到各个分式的原函数。

为了对 $F(s)$ 进行部分分式展开，需要先求得满足 $D(s)=0$ 的根，再根据根的情况采用不同的分解方法。假设 $D(s)$ 关于 s 的次数大于 $N(s)$ 的次数，下面分情况讨论。

（1）当 $D(s)=0$ 有 n 个不同的实根 $p_1,p_1,\cdots,p_n$ 时，$F(s)$ 可分解为

$$F(s)=\frac{N(s)}{D(s)}=\frac{k_1}{s-p_1}+\frac{k_2}{s-p_2}+\cdots+\frac{k_n}{s-p_n}$$

其中：

$$k_i=\lim_{s\to p_i}\left[(s-p_i)\cdot\frac{N(s)}{D(s)}\right],\ i=1,2,\cdots,n$$

例 7.1.7　已知象函数 $F(s)=\dfrac{4s+5}{s^2+5s+6}$，求原函数 $f(t)$。

解　$F(s)=\dfrac{4s+5}{s^2+5s+6}=\dfrac{4s+5}{(s+2)(s+3)}=\dfrac{k_1}{s+2}+\dfrac{k_2}{s+3}$

其中：

$$k_1=(s+2)\times\frac{4s+5}{(s+2)(s+3)}\bigg|_{s=-2}=\frac{4s+5}{(s+3)}\bigg|_{s=-2}=-3$$

$$k_2=(s+3)\times\frac{4s+5}{(s+2)(s+3)}\bigg|_{s=-3}=\frac{4s+5}{(s+2)}\bigg|_{s=-3}=7$$

因此象函数为

$$F(s)=\frac{-3}{s+2}+\frac{7}{s+3}$$

查表 7.1.1 后可得原函数为

$$f(t)=L^{-1}\left(\frac{-3}{s+2}+\frac{7}{s+3}\right)=(-3\mathrm{e}^{-2t}+7\mathrm{e}^{-3t})\varepsilon(t)$$

（2）当 $D(s)=0$ 有两个共轭的复根 $p_1=\alpha+\mathrm{j}\omega$，$p_2=\alpha-\mathrm{j}\omega$ 时，$F(s)$ 可分解为

$$F(s)=\frac{k_1}{s-(\alpha+\mathrm{j}\omega)}+\frac{k_2}{s-(\alpha-\mathrm{j}\omega)}=2|k_1|\mathrm{e}^{\alpha t}\cos(\omega t+\theta)$$

其中：

$$k_1=[s-(\alpha+\mathrm{j}\omega)]\cdot F(s)|_{s=\alpha+\mathrm{j}\omega}$$

$$k_2=[s-(\alpha-\mathrm{j}\omega)]\cdot F(s)|_{s=\alpha-\mathrm{j}\omega}$$

k_1、k_2 也是一对共轭复根，θ 为 $k_1=|k_1|\mathrm{e}^{\mathrm{j}\theta}$ 中的相位。

例 7.1.8　有象函数为 $U_C(s)=\dfrac{s^2+6s+5}{s(s^2+4s+5)}$，求原函数 $u_C(t)$。

解　$U_C(s)=\dfrac{s^2+6s+5}{s(s^2+4s+5)}=\dfrac{k_1}{s}+\dfrac{k_2}{s+(2-\mathrm{j}1)}+\dfrac{k_3}{s+(2+\mathrm{j}1)}$

其中：

$$k_1 = sU_C(s)\mid_{s=0} = 1$$

$$k_2 = [s-(-2+\mathrm{j}1)]\cdot U_C(s)\mid_{s=-2+\mathrm{j}1} = [s-(-2+\mathrm{j}1)]\cdot\left.\frac{s^2+6s+5}{s(s^2+4s+5)}\right|_{s=-2+\mathrm{j}1} = -\mathrm{j}1$$

$$k_3 = k_2^* = \mathrm{j}1$$

可得原函数为

$$u_C(t) = 1 + 2\times 1\times \mathrm{e}^{-2t}\times\cos(1\times t - 90^\circ) = [1 + 2\mathrm{e}^{-2t}\cos(t-90^\circ)]\varepsilon(t)\ \mathrm{V}$$

（3）当 $D(s)=0$ 有 m 重实根（$m<n$）时，$F(s)$可分解为

$$F(s) = \frac{N(s)}{D(s)} = \frac{k_{1m}}{s-p_1} + \frac{k_{1m-1}}{(s-p_1)^2} + \cdots + \frac{k_{11}}{(s-p_1)^m} + \frac{k_2}{s-p_2} + \frac{k_3}{s-p_3} + \cdots$$

其中重根 p_1 对应 m 个多项式系数，分别为

$$k_{11} = (s-p_1)^m\cdot\left.\frac{N(s)}{D(s)}\right|_{s=p_1}$$

$$k_{12} = \frac{\mathrm{d}}{\mathrm{d}s}\left[(s-p_1)^m\cdot\frac{N(s)}{D(s)}\right]\Bigg|_{s=p_1}$$

$$k_{13} = \frac{1}{2}\frac{\mathrm{d}^2}{\mathrm{d}s^2}\left[(s-p_1)^m\cdot\frac{N(s)}{D(s)}\right]\Bigg|_{s=p_1}$$

……

$$k_{1m} = \frac{1}{(m-1)!}\frac{\mathrm{d}^{m-1}}{\mathrm{d}s^{m-1}}\left[(s-p_1)^m\cdot\frac{N(s)}{D(s)}\right]\Bigg|_{s=p_1}$$

单根 p_2、p_3…对应的多项式系数 k_2、k_3…，仍根据情形（1）、（2）中介绍的方法求解。

例 7.1.9 已知象函数 $F(s) = \dfrac{4s+5}{s^3+7s^2+16s+12}$，求原函数 $f(t)$。

解 $$F(s) = \frac{4s+5}{s^3+7s^2+16s+12} = \frac{4s+5}{(s+2)^2(s+3)} = \frac{k_{12}}{s+2} + \frac{k_{11}}{(s+2)^2} + \frac{k_2}{s+3}$$

其中：

$$k_{11} = (s+2)^2\times\left.\frac{4s+5}{(s+2)^2(s+3)}\right|_{s=-2} = \left.\frac{4s+5}{(s+3)}\right|_{s=-2} = -3$$

$$k_{12} = \frac{d}{\mathrm{d}s}\left[(s+2)^2\times\frac{4s+5}{(s+2)^2(s+3)}\right]\Bigg|_{s=-2} = \left[\frac{4\times(s+3) - 1\times(4s+5)}{(s+3)^2}\right]\Bigg|_{s=-2}$$

$$= \left[\frac{7}{(s+3)^2}\right]\Bigg|_{s=-2} = 7$$

$$k_2 = (s+3)\times\left.\frac{4s+5}{(s+2)^2(s+3)}\right|_{s=-3} = \left.\frac{4s+5}{(s+2)}\right|_{s=-3} = -7$$

因此

$$F(s) = \frac{7}{s+2} + \frac{-3}{(s+2)^2} + \frac{-7}{s+3}$$

对应的原函数为

$$f(t)=L^{-1}\left[\frac{7}{s+2}+\frac{-3}{(s+2)^{2}}+\frac{-7}{s+3}\right]=(7\mathrm{e}^{-2t}-3t\mathrm{e}^{-2t}-7\mathrm{e}^{-3t})\varepsilon(t)$$

7.2　应用拉氏变换分析线性电路

7.2.1　基本电路元件的复频域模型——运算模型

1. 电阻元件的复频域模型

设时域形式下电阻元件的参考方向如图 7.2.1（a）所示，时域伏安关系式为

$$u_R(t)=R\cdot i_R(t)$$

对该式两边同时进行拉氏变换，即

$$L[u_R(t)]=L[R\cdot i_R(t)]$$

根据拉氏变换的线性性质，可得电阻元件在复频域下的伏安关系式为

$$U_R(s)=R\cdot I_R(s) \tag{7.2.1}$$

根据式（7.2.1），可以画出电阻元件在复频域下的电路模型，如图 7.2.1（b）所示。

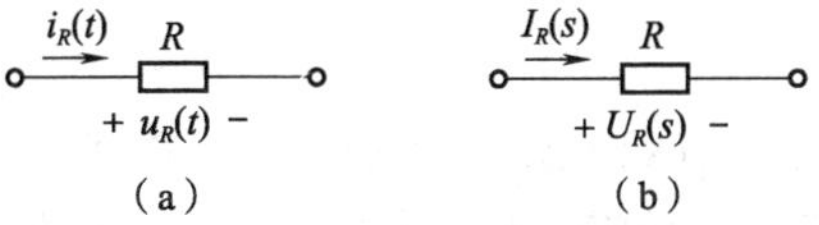

（a）　　（b）

图 7.2.1　电阻元件的运算模型

2. 电容元件的复频域模型

设时域形式下电容元件的参考方向如图 7.2.2（a）所示，时域伏安关系式为

$$u_C(t)=u_C(0^-)+\frac{1}{C}\int_{0^-}^{t}i_C(t)\,\mathrm{d}t$$

对该式两边同时进行拉氏变换，即

$$L[u_C(t)]=L\left[u_C(0^-)+\frac{1}{C}\int_{0-}^{t}i_C'(t)\,\mathrm{d}t\right]$$

根据线性性质和积分性质，可得电容元件在复频域下的伏安关系式为

$$U_C(s)=\frac{1}{sC}\cdot I_C(s)+\frac{u_C(0^-)}{s} \tag{7.2.2}$$

根据式（7.2.2），可以画出电容元件的复频域电路模型如图 7.2.2（b）所示。

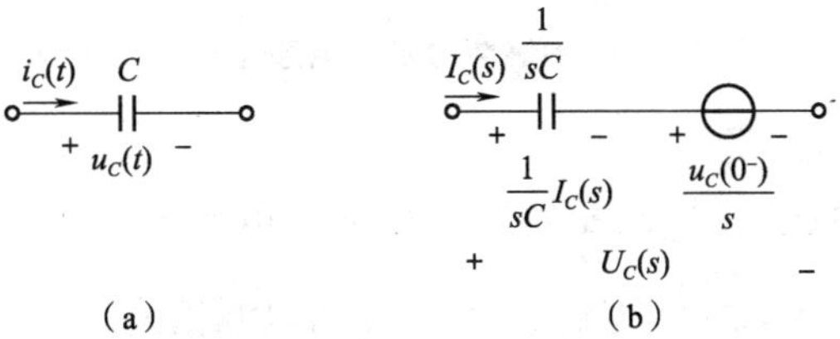

（a）　　（b）

图 7.2.2　电容元件的运算模型

由图 7.2.2 可见，电容元件的初始条件被等效为一个附加电源 $\frac{u_C(0^-)}{s}$，且与电容电流

$I_C(s)$ 为关联参考方向。$\frac{1}{sC}$ 称为电容的运算阻抗。

当电容的初始储能为零时，其复频域模型如图 7.2.3 所示。

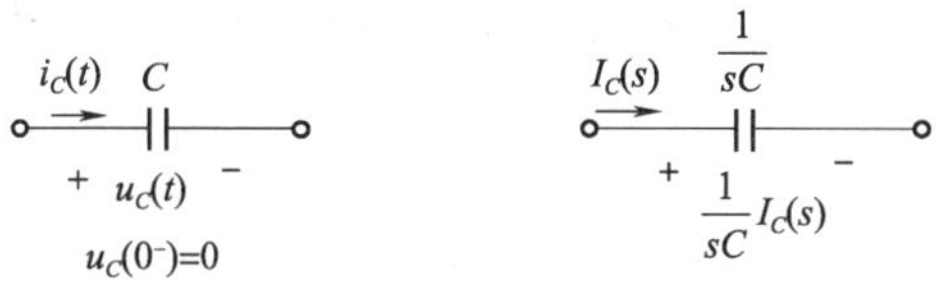

（a）　　（b）

图 7.2.3　初始储能为零的电容元件运算模型

3. 电感元件的复频域模型

设时域形式下电感元件的参考方向如图 7.2.4（a）所示，时域伏安关系式为

$$u_L(t) = L\frac{\mathrm{d}i_L(t)}{\mathrm{d}t}$$

对该式两边同时进行拉氏变换，即

$$L[u_L(t)] = L\left[L\frac{\mathrm{d}i_L(t)}{\mathrm{d}t}\right]$$

根据时域微分性质，可得电感元件在复频域下的伏安关系式为

$$U_L(s) = sL \cdot I_L(s) - Li_L(0_-) \tag{7.2.3}$$

根据式（7.2.3），可以画出电感元件的复频域电路模型如图 7.2.4（b）所示。

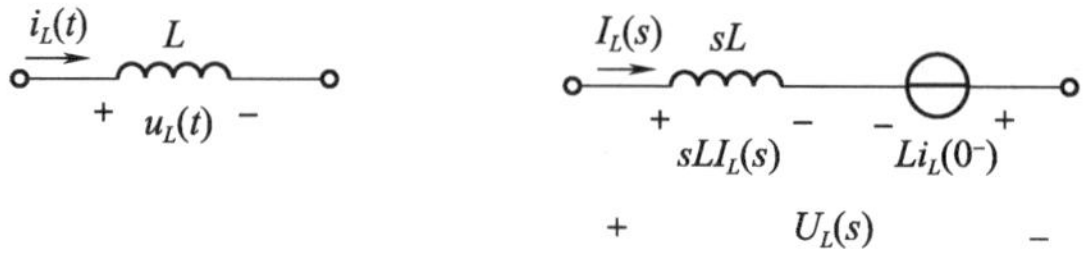

（a）　　（b）

图 7.2.4　电感元件的运算模型

由图 7.2.4 可见，电感元件的初始条件被等效为一个附加电源 $Li_L(0_-)$，且与电感电流 $I_L(s)$ 为非关联参考方向。sL 称为电感的运算阻抗。

当电感的初始储能为零时，其复频域模型如图 7.2.5 所示。

（a）　　（b）

图 7.2.5　初始储能为零的电感元件运算模型

4. 独立电源的复频域模型

直接将独立源的函数进行拉氏变换便可得独立电源的复频域模型。例如，稳恒电源（电压源、电流源）的复频域模型为 $\frac{A}{s}$，其中 A 为电源幅值。

7.2.2　基尔霍夫定律的复频域形式

在时域形式中，基尔霍夫电流定律（KCL）可以描述为：对于集总参数电路中的任一

节点，在任一时刻，流出该节点的电流的代数和为0，即

$$\sum_{k=1}^{K} i_k = 0$$

若已知 $L[i_k(t)] = I_k(s)$，根据拉氏变换的线性性质，得到基尔霍夫电流定律的复频域形式为

$$\sum_{k=1}^{K} I_k(s) = 0$$

类似地，对于基尔霍夫电压定律（KVL），若已知 $L[u_k(t)] = U_k(s)$，其复频域形式为

$$\sum_{k=1}^{K} U_k(s) = 0$$

7.2.3　线性电路的复频域分析方法

为了对电路进行复频域分析，需要首先把待求解的电路由时域模型转换为复频域模型。在转换过程中，所有的元件都用对应的复频域模型来表示，所有的电路变量都要表示为对应的象函数形式。得到电路的复频域模型后，可以应用第1章、第2章介绍的电阻电路的分析方法来求解。主要步骤如下：

（1）根据换路前一瞬间的电路结构，计算 $u_C(0^-)$ 及 $i_L(0^-)$；

（2）绘出电路的运算电路（复频域模型）；

（3）使用电阻电路的分析方法，如方程法、等效法等对运算电路进行分析，计算出待求响应的象函数；

（4）借助部分分式展开法对象函数进行反变换，得出待求的时域响应。

下面举例说明。

例7.2.1　如图7.2.6（a）所示电路原处于稳态，$t=0$ 时刻开关打开。求 $i_1(t)$、$u_C(t)$，$t \geqslant 0$。

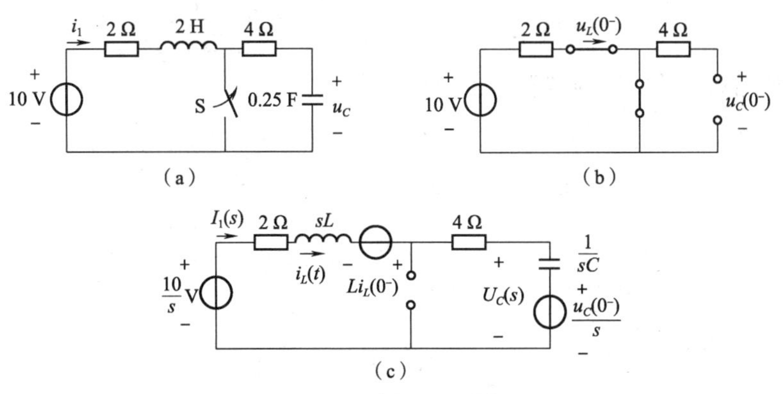

图7.2.6　例7.2.1题图

解　（1）画 $t=0^-$ 时刻电路，如图7.2.6（b）所示，计算初始状态。

$$i_1(0^-) = \frac{10}{2}\text{ A} = 5\text{ A},\ u_C(0^-) = 0\text{ V}$$

（2）画 $t>0$ 时刻的运算模型，如图7.2.6（c）所示。

其中，$sL=2s$，$Li_L(0^-)=10\ \text{V}$，$\dfrac{1}{sC}=\dfrac{4}{s}$，$\dfrac{u_C(0^-)}{s}=0$

（3）求象函数。列 KVL 方程如下：

$$2\cdot I_1(s)+2s\cdot I_1(s)-10+4\cdot I_1(s)+\frac{4}{s}\cdot I_1(s)=\frac{10}{s}$$

$$I_1(s)=\frac{\dfrac{10}{s}+10}{6+2s+\dfrac{4}{s}}=\frac{10+10s}{2s^2+6s+4}=\frac{5+5s}{s^2+3s+2}=\frac{5}{s+2}$$

$$U_C(s)=I_1(s)\cdot\frac{4}{s}+\frac{u_C(0^-)}{s}=\frac{5}{s+2}\cdot\frac{4}{s}=\frac{10}{s}+\frac{-10}{s+2}$$

（4）反变换回时域：

$$i_1(t)=5\mathrm{e}^{-2t}\varepsilon(t)\ \text{A}$$

$$u_C(t)=(10-10\mathrm{e}^{-2t})\varepsilon(t)\ \text{V}$$

例 7.2.2 电路如图 7.2.7（a）所示，$u_s=0.1\mathrm{e}^{-5t}$ V。求 $i(t)$ 的零状态响应。

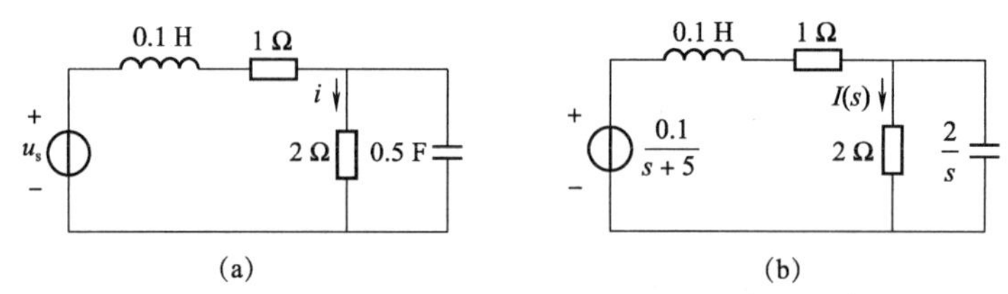

图 7.2.7　例 7.2.2 图

解　零状态响应对应电路初始状态为 0，因此不需要求解初始状态。

（1）画出运算模型如图 7.2.7（b）所示。

$$U(s)=L[0.1\mathrm{e}^{-5t}]=\frac{0.1}{s+5},\ sL=0.1s,\ \frac{1}{sC}=\frac{2}{s}$$

（2）求象函数。从电源两端看进去的复阻抗为

$$Z(s)=0.1s+1+2//\frac{2}{s}=0.1s+1+\frac{2\times\dfrac{2}{s}}{2+\dfrac{2}{s}}$$

$$I(s)=\frac{\dfrac{0.1}{s+5}}{Z(s)}\times\frac{\dfrac{2}{s}}{2+\dfrac{2}{s}}=\frac{1}{(s+5)(s^2+11s+30)}$$

$$=\frac{1}{(s+6)(s+5)^2}=\frac{k_1}{(s+6)}+\frac{k_2}{(s+5)}+\frac{k_3}{(s+5)^2}$$

其中：　$k_1=\left.\dfrac{1}{(s+5)^2}\right|_{s=-6}=1$

$$k_2 = \frac{d}{ds}\left[\frac{1}{s+6}\right]\bigg|_{s=-5} = \left[-\frac{1}{(s+6)^2}\right]\bigg|_{s=-5} = -1$$

$$k_3 = \frac{1}{(s+6)}\bigg|_{s=-5} = 1$$

所以有

$$I(s) = \frac{1}{(s+6)} - \frac{1}{(s+5)} + \frac{1}{(s+5)^2}$$

（3）拉氏反变换得到原函数为

$$i(t) = (e^{-6t} - e^{-5t} + te^{-5t})\varepsilon(t)\ \text{A}$$

例 7.2.3　电路如图 7.2.8（a）所示。已知 $R_1 = R_2 = 1\,\Omega$，$L = 2\,\text{H}$，$C = 3\,\text{F}$，$g = 5\,\text{S}$，$u_1(0^-) = -2\ \text{V}$，$i(0^-) = 1\ \text{A}$，$u_s(t) = \cos(t)\varepsilon(t)\ \text{V}$。求 $u_2(t)$ 的零输入响应。

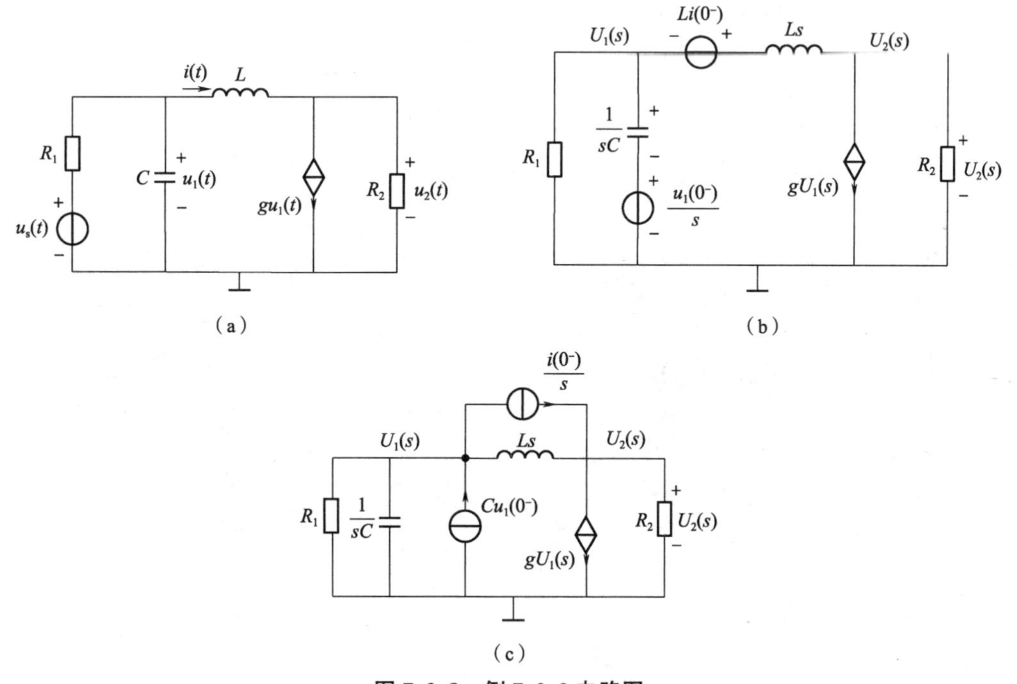

图 7.2.8　例 7.2.3 电路图

解　由于初始状态已知，故无须求解 $t=0^-$时刻的电路。又因题设只求解零输入响应，故应使独立源 $u_s(t)=0$。

（1）画出运算电路模型，如图 7.2.8（b）所示。

（2）求象函数。这里选用节点法求解。为便于使用节点法求解，将图 7.2.8（b）中各实际电压源等效为实际电流源，等效后的电路模型如图 7.2.8（c）所示。列出两个独立节点的节点电压方程为

$$\left(\frac{1}{R_1} + sC + \frac{1}{Ls}\right)U_1(s) - \frac{1}{Ls}U_2(s) = Cu_1(0^-) - \frac{1}{s}i(0^-)$$

$$-\frac{1}{Ls}U_1(s) + \left(\frac{1}{R_2} + \frac{1}{Ls}\right)U_2(s) = -gU_1(s) + \frac{1}{s}i(0^-)$$

将已知数据代入，解得

$$U_2(s)=\frac{2s-\frac{1}{4}}{s^2+s+\frac{5}{8}}=\frac{2\left(s+\frac{1}{2}\right)}{\left(s+\frac{1}{2}\right)^2+\left(\sqrt{\frac{3}{8}}\right)^2}-\frac{\frac{5}{4}\sqrt{\frac{8}{3}}\times\sqrt{\frac{3}{8}}}{\left(s+\frac{1}{2}\right)^2+\left(\sqrt{\frac{3}{8}}\right)^2}$$

(3) 拉氏反变换得到原函数：

$$u_2(t)=L^{-1}[U_2(s)]=\left(2e^{-\frac{1}{2}t}\cos\sqrt{\frac{3}{8}}t-\frac{5}{4}\sqrt{\frac{8}{3}}e^{-\frac{1}{2}t}\sin\sqrt{\frac{3}{8}}t\right)\varepsilon(t)\ \mathrm{V}$$

习　　题

7.1　求下列原函数的拉氏变换。

(1) $t\varepsilon(t)-\varepsilon(t)$

(2) $1-e^{-at}$

(3) $t+2+3\delta(t)$

(4) $e^{-at}+at-1$

(5) $t\cos(at)$

(6) $e^{-at}(1-at)$

7.2　求下列象函数的拉氏反变换。

(1) $\dfrac{12(s+1)(s+3)}{s(s+2)(s+4)(s+5)}$

(2) $\dfrac{s^2}{(s+1)(s+2)}$

(3) $\dfrac{8s^2+8s+1}{4s^2+6s+2}$

(4) $\dfrac{4s^2+7s+1}{s(s+1)^2}$

(5) $\dfrac{3s^2+7s+5}{(s+1)(s^2+2s+2)}$

(6) $\dfrac{s^3+7s^2+14s+8}{(s+3)(s+4)(s+5)(s+6)}$

7.3　RC 串联电路如题图 7.1 所示。$t=0$ 时与 10 V 电压源接通，已知 $R=2\ \mathrm{M\Omega}$，$C=1\ \mu\mathrm{F}$，试用拉氏变换法求电流 $i(t)$ 和电容电压 $u_C(t)$，$t\geq 0$。已知 $u_C(0^-)=0$。

7.4　RL 并联电路如题图 7.2 所示，已知 $i_L(0^-)=\rho$，试用拉氏变换法求 $u(t)$，$t\geq 0$。

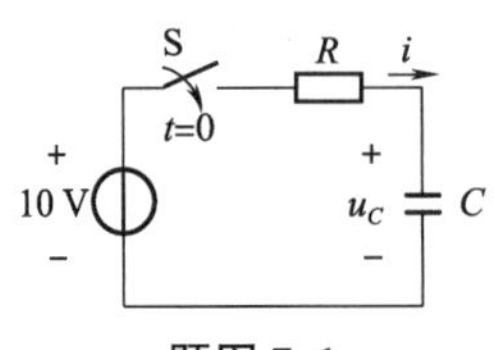

题图 7.1

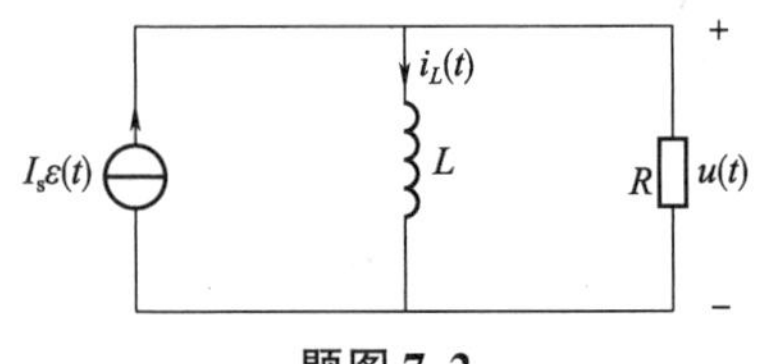

题图 7.2

7.5　$t \geqslant 0$ 时的电路如题图 7.3 所示，已知 $i_L(0^-) = -2$ A，$u_C(0^-) = 2$ V。试求：$u_C(t)$，$t \geqslant 0$。

7.6　题图 7.4 所示电路原处于稳态，$t = 0$ 时开关打开，求 $i_L(t)$，$t \geqslant 0$。

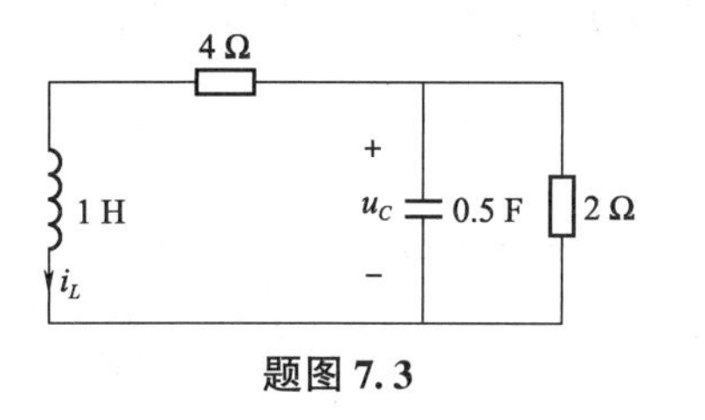

题图 7.3

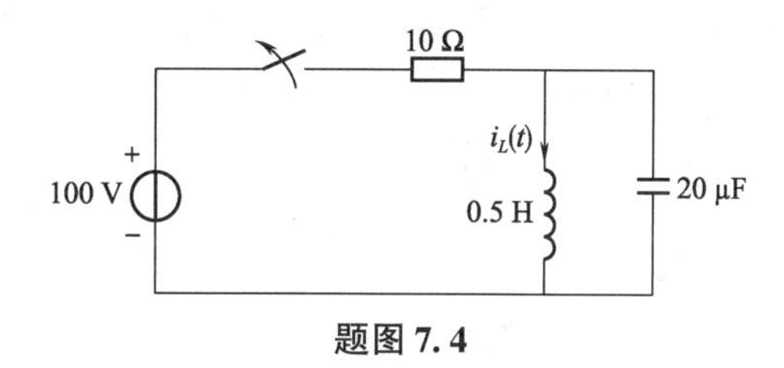

题图 7.4

7.7　题图 7.5 所示电路原处于稳态，$t = 0$ 时开关闭合，试用网孔电流法求解电流 $i_2(t)$。

7.8　电路如题图 7.6 所示，已知 $i_L(0^-) = 2$ A。试分别求出在下列 $u_s(t)$ 时的电压 $u_2(t)$，$t \geqslant 0$。(1) $12\varepsilon(t)$ V；(2) $12\cos t\varepsilon(t)$ V；(3) $12e^{-t}\varepsilon(t)$ V。

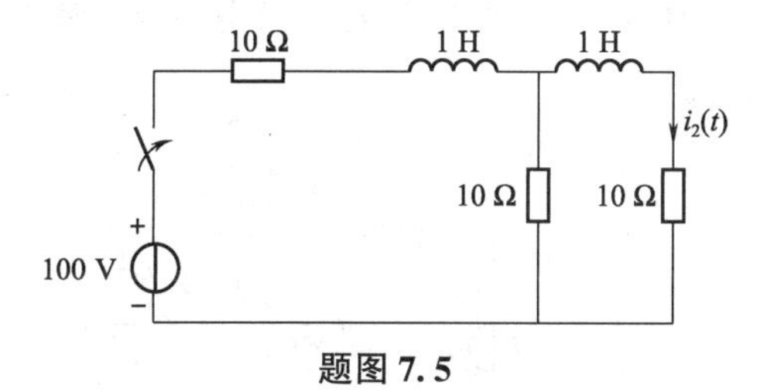

题图 7.5

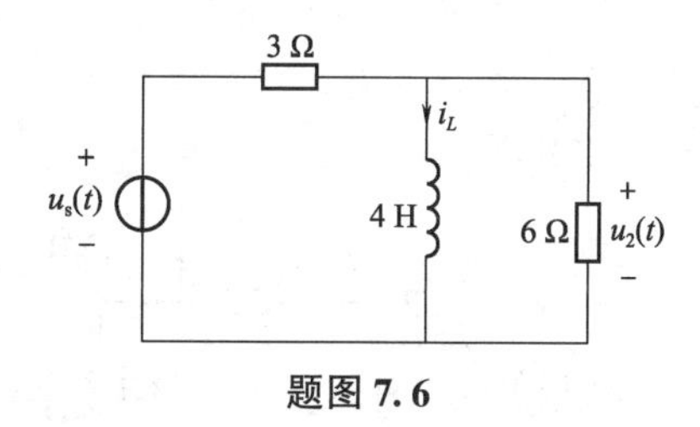

题图 7.6

7.9　电路如题图 7.7 所示，已知 $u_s(t) = e^{-t}\cos(2t)\varepsilon(t)$ V，$u(0^-) = 10$ V，求 $u(t)$，$t \geqslant 0$。

7.10　电路如题图 7.8 所示，开关动作前电路处于稳定状态。试求 $i(t)$，$t \geqslant 0$。

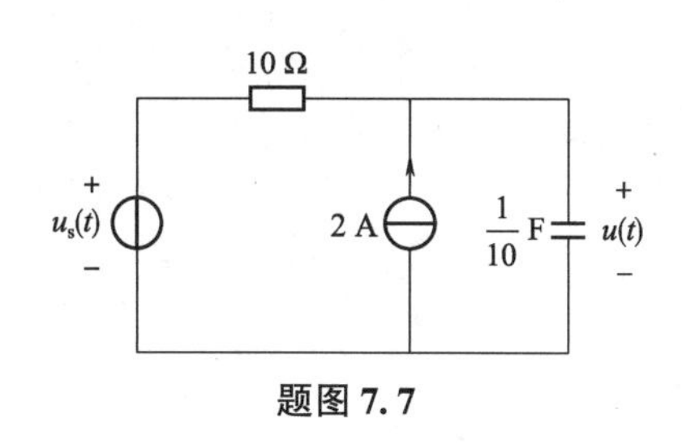

题图 7.7

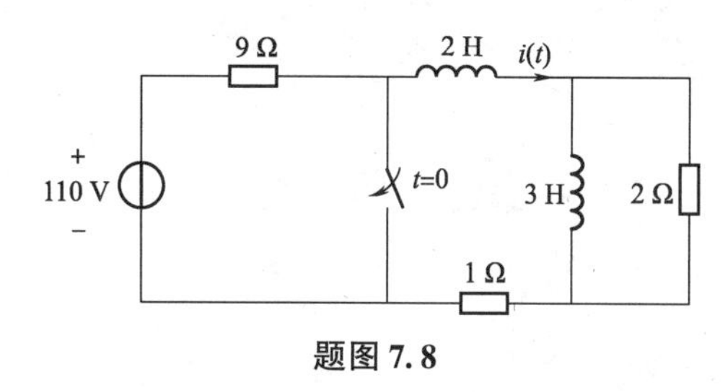

题图 7.8

7.11　题图 7.9 所示电路在换路前已处于稳态，求 $t > 0$ 时的 $u_C(t)$。

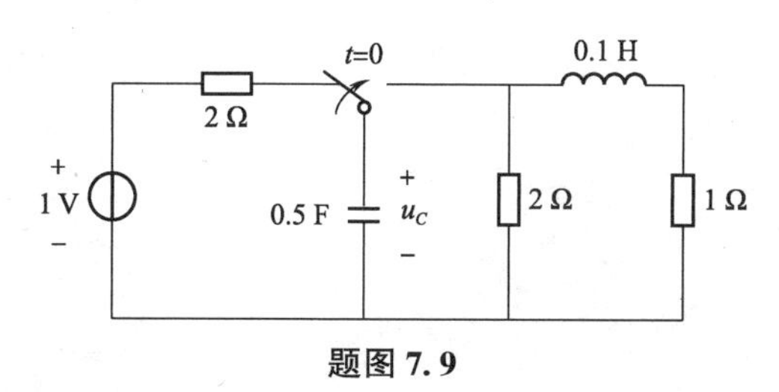

题图 7.9

7.12 电路如题图 7.10 所示，$i_s = 2\sin(1\,000t)$ A，$R_1 = R_2 = 20\ \Omega$，$C = 1\,000\ \mu F$，$t = 0$ 时合上开关 S，试求 $u_C(t)$。

7.13 题图 7.11 所示电路中 $L_1 = 1$ H，$L_2 = 4$ H，$M = 2$ H，$R_1 = R_2 = 1\ \Omega$，直流电源 $U_s = 1$ V，耦合电感中原无磁场能量。$t = 0$ 时，合上开关 S，试求 i_1、i_2。

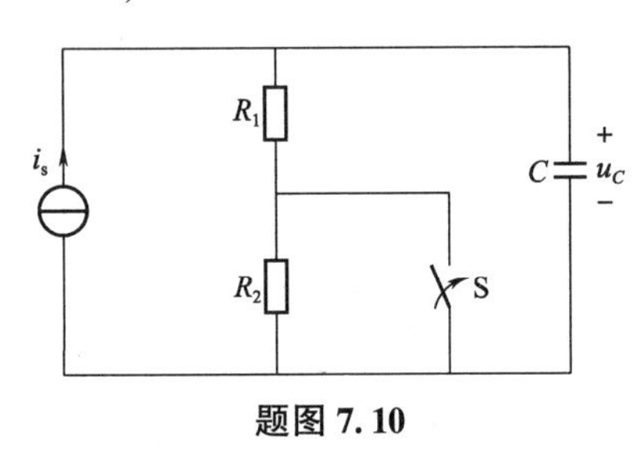

题图 7.10

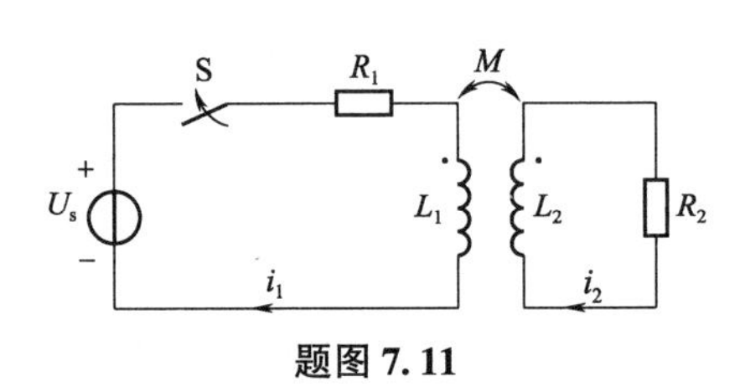

题图 7.11

7.14 题图 7.12 所示电路原处于稳定状态，$t = 0$ 时闭合开关 S。求当 $t > 0$ 时的电流 $i_2(t)$。

7.15 题图 7.13 所示电路中 U_s 为恒定值，$u_{C_2}(0^-) = 0$，电路原处于稳态。$t = 0$ 时，开关 S 闭合。求开关闭合后，电容电压 u_{C_1}、u_{C_2} 及电流 i_{C_1}、i_{C_2}。

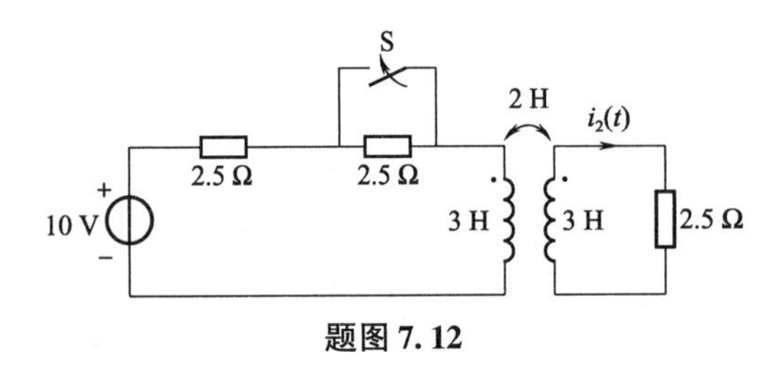

题图 7.12

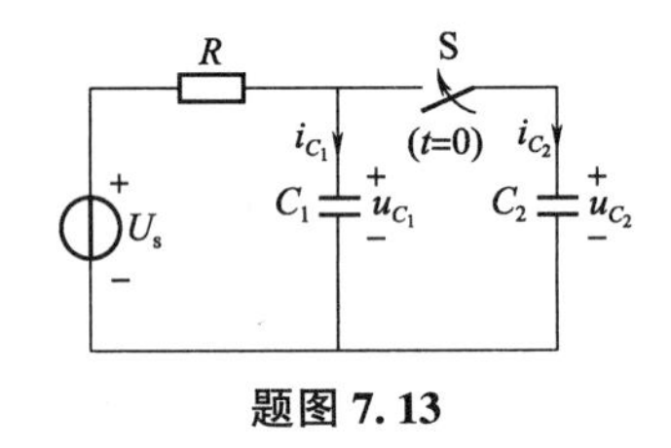

题图 7.13

附录A 磁路基础

在常见的电工设备中，不仅大量应用了电路的理论，还应用了磁场的相关理论。比如，在电动机中，利用了载流导线在磁场中受力的原理来产生机械转动；在三相发电机中，利用了导体在磁场中运动产生感应电动势的原理来获得三相电源；在电磁铁中，利用了磁场的磁力来产生机械动作。理解这类设备的工作原理，分析它们的性能，需要知道设备中磁通与励磁电流的关系。然而，直接根据电磁场理论来寻找答案是十分困难的。在电工理论中，通过构造一类特殊的磁场——磁路，把分析磁通与励磁电流关系的问题，简化为形式上与电路分析相似的问题，使得上述困难迎刃而解。

下面首先介绍磁路的基本概念，接着介绍直流磁路的分析方法和交流磁路的特点，最后介绍铁芯线圈的电路模型。

 A.1 磁路概述

根据电磁场理论，磁场是由电流产生的，磁场在空间中的分布与空间中磁介质的性质密切相关。工程上，常把载流线圈绕在磁性材料制成的闭合（或近似闭合）铁芯上，由于铁芯的磁导率远高于周围空气的磁导率，载流线圈所产生的磁通将大部分集中在铁芯内部，使得铁芯内部的磁场比周围空气中强得多。这种利用铁磁材料构成的具有某种形状、大小的磁通回路，即为磁路。构造磁路的目的是在特定的空间中利用较小的电流获得较强的磁场。

在磁路中，绝大部分磁通集中于铁芯内部，称为主磁通。此外，由于空气的磁导率不为0，还有一小部分磁通会散布在周围的空气中，形成漏磁通，如图A.1.1所示。在磁路的研究中，主要考虑主磁通。

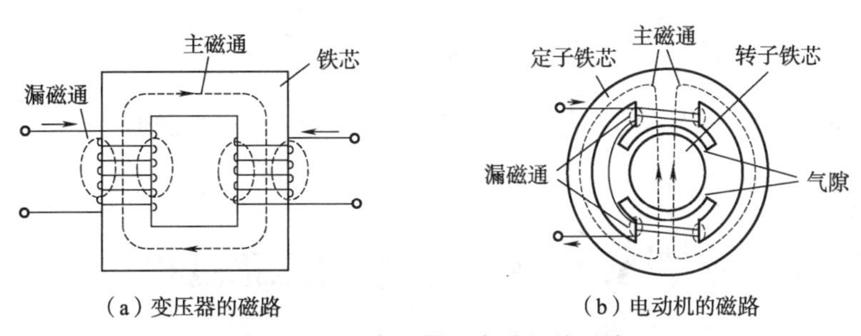

（a）变压器的磁路　（b）电动机的磁路

图A.1.1　变压器和电动机的磁路

磁路是局限于一定路径内的特殊磁场，因此仍然可以用磁场的物理量进行描述。下面

进行简单回顾。

表征磁场的一个基本物理量是磁感应强度 $\boldsymbol{B}$。$\boldsymbol{B}$ 是一个矢量，单位为特斯拉（T）。$\boldsymbol{B}$ 的方向与励磁电流的流向满足右手螺旋定则。穿过某一截面 $\boldsymbol{S}$ 的磁感应强度 $\boldsymbol{B}$ 的通量称为穿过该面的磁通，用符号 Φ 表示。磁通是一个标量，单位为韦伯（Wb）。

$$\Phi = \int_S \boldsymbol{B} \mathrm{d}\boldsymbol{S}$$

如果在平面 $\boldsymbol{S}$ 上，磁感应强度 $\boldsymbol{B}$ 均匀，且其方向与 $\boldsymbol{S}$ 平面垂直，则可以用下式计算穿过平面 $\boldsymbol{S}$ 的磁通，

$$\Phi = \boldsymbol{BS}$$

磁场有一个基本性质，即磁感应强度 $\boldsymbol{B}$ 对于任意闭合面的面积分等于 0，这就是磁通的连续性原理，即

$$\Phi = \oint \boldsymbol{B} \cdot \mathrm{d}\boldsymbol{S} = 0$$

该性质表明，在磁场中任取一个闭合面，若在其某些部分面上有磁通穿入，则在此闭合面的其余部分面上，必有与穿入的磁通等量的磁通穿出，即磁力线是无头无尾的闭合曲线。

为了研究磁场中磁介质的作用，人们引入了磁场强度 $\boldsymbol{H}$，用它来描述磁场和电流间的关系。$\boldsymbol{H}$ 是一个矢量，单位为 A/m。磁场强度和磁感应强度之间存在如下的关系：

$$\boldsymbol{B} = \mu \boldsymbol{H} \tag{A.1.1}$$

式中，μ 为磁介质的磁导率，是用来衡量材料导磁能力的物理量，单位为 H/m。

真空中的磁导率为

$$\mu_0 = 4\pi \times 10^{-7}\ \mathrm{H/m}$$

铁磁材料的磁导率 μ 要比真空中的磁导率 μ_0 大得多，通常是 μ_0 的几千倍。为了方便，常用相对磁导率 μ_r 来表示某材料的磁导率，定义为

$$\mu_r = \frac{\mu}{\mu_0}$$

需要注意的是，从形式上看，式（A.1.1）表明 $\boldsymbol{B}$ 和 $\boldsymbol{H}$ 为线性关系。但实际上，由于铁磁材料的磁导率 μ 不是常数，因此 $\boldsymbol{B}$ 和 $\boldsymbol{H}$ 间的关系是非线性关系。

磁场强度 $\boldsymbol{H}$ 与产生磁场的电流之间存在如下关系：磁场强度 $\boldsymbol{H}$ 沿任一闭合环路的线积分，等于穿过此闭合环路所限定的面上的电流的代数和，此即安培环路定理，即

$$\oint_l \boldsymbol{H} \cdot \mathrm{d}\boldsymbol{l} = \sum Ni$$

其中电流的方向与环路的绕行方向符合右手螺旋定则。Ni 也称为磁通势（磁势），用 F_m 表示，单位为安培。

A.2 铁磁材料的磁化过程

工程上把各类材料按照其磁性区分为铁磁材料和非铁磁材料两大类。铁磁材料包括铁族元素（如铁、钴、镍）及其合金，除此之外的都是非铁磁材料。非铁磁材料的磁导率与

真空的磁导率相差很小，在工程上可以认为它们等于真空的磁导率。下面只讨论铁磁材料。

铁磁材料是人们最早发现、使用历史最悠久的高导磁材料。铁磁材料置于磁场中会被磁化，其磁化特性可以用 B-H 曲线表示，称为磁化曲线，通常通过实验的方法获得。

A.2.1 起始磁化曲线

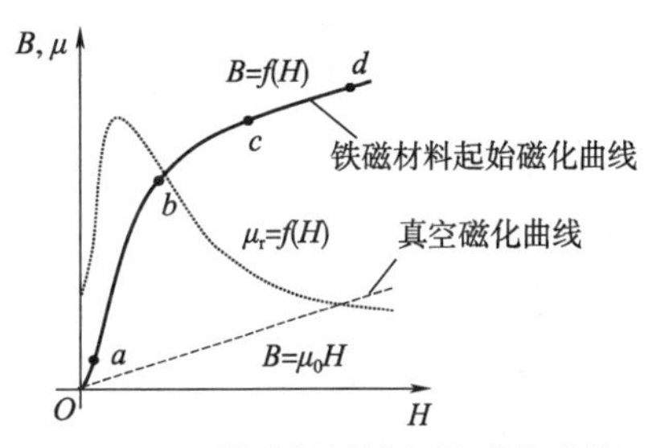

图 A.2.1 铁磁材料的起始磁化曲线

对于原处于磁中性的铁磁材料，在方向不变、强度单独增大的磁场作用下测得的磁化曲线称为起始磁化曲线，如图 A.2.1 所示。起始磁化曲线可分为四段。在 Oa 段，B 值与 H 值成正比，B 增加缓慢，这个区间的 μ 值较小；在 ab 段，随着外磁场 H 值增强，B 值以较大的斜率上升，这个区间的 μ 值较大；在 bc 段，开始出现磁饱和，随着外磁场 H 的增加，B 值增加趋缓，这个区间的 μ 值较小；在 cd 段，材料进入磁饱和，继续增大 H，B 值几乎不再增加，这个区间的 μ 值趋近于 μ_0。从起始磁化曲线可以看出，铁磁材料的磁导率 μ 不是常数。

A.2.2 磁滞回线

当铁磁物质被磁化达到磁饱和后，若逐渐减小外磁场强度 H，铁磁材料中的 B 并不沿原来起始磁化曲线逆向减小，而是沿着另一条曲线减小，并且有一段滞后。由于这个滞后的作用，当 H 重新减小到 0 时，B 并不等于零，而是保持一定的值（$B=B_r$），只有当 H 反向增大到一定程度时（$H=-H_C$），B 才降到 0。这里的 B_r 称为剩磁，而使剩磁为零所需的磁场强度 H_C 称为矫顽力。矫顽力的大小反映了铁磁材料保存剩磁的能力。在铁磁材料中，磁感应强度 B 的变化始终落后于磁场强度 H 的这种现象称为磁滞现象。

当 H 从某一最大值 H_m 单调减小到 $-H_m$，再从 $-H_m$ 单调增加到 H_m，如此反复多次，最终铁磁材料的磁化曲线将形成一条关于原点对称的闭合曲线，称为磁滞回线，如图 A.2.2 所示。增大 H_m，磁滞回线包围的面积会随之增大。当 H_m 大到使铁磁材料达到磁饱和时，磁滞回线包围的面积达到极限，这个面积最大的磁滞回线称为饱和磁滞回线。对于一种铁磁材料，可以在一系列不同的 H_m 值下，得到一系列的磁滞回线，构成磁滞回线族，如图 A.2.3 所示。

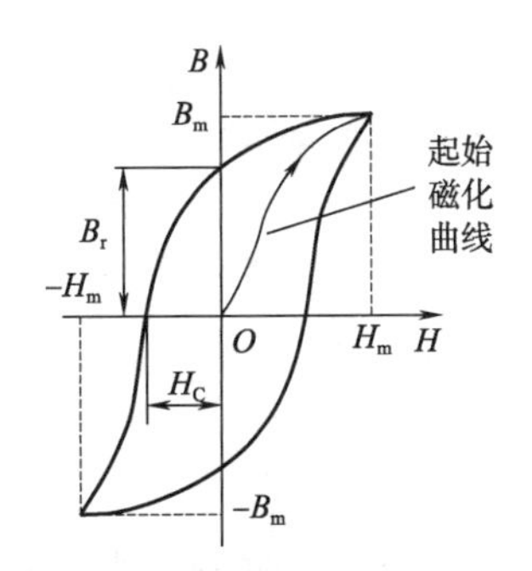

图 A.2.2 铁磁材料的磁滞回线

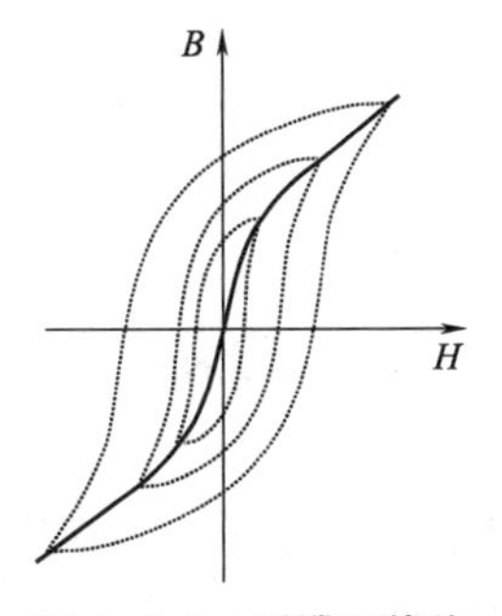

图 A.2.3 磁滞回线族

不同铁磁材料对应的磁滞回线的形状不同，表明它们具有不同的剩磁和矫顽力。根据磁滞的大小，铁磁材料可以分为软磁材料、硬磁材料。软磁材料的磁滞回线横向较窄，剩磁小，常用作电机、变压器、继电器等的铁芯。硬磁材料的磁滞回线横向较宽，多用于永磁电机、计算机存储器等器件中的永磁铁。

A. 2. 3　基本磁化曲线

对于某一铁磁材料，连接图 A. 2. 3 中各磁滞回线的顶点，可以得到一条曲线，称为该铁磁材料的基本磁化曲线，如图 A. 2. 4 所示。工程上给出的磁化曲线都是基本磁化曲线。

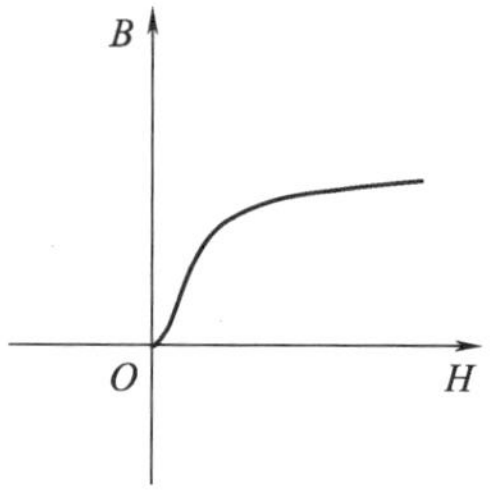

图 A. 2. 4　基本磁化曲线

表 A. 2. 1、表 A. 2. 2 给出了表格形式的铸铁和 D21 硅钢片的基本磁化曲线数据。

表 A. 2. 1　铸铁材料磁化数据表（H 的单位为 A/m）

B/T	0	0. 01	0. 02	0. 03	0. 04	0. 05	0. 06	0. 07	0. 08	0. 09
0. 5	2 200	2 260	2 350	2 400	2 470	2 550	2 620	2 700	2 780	2 860
0. 6	2 940	3 030	3 130	3 220	3 320	3 420	3 520	3 620	3 720	3 820
0. 7	3 920	4 050	4 180	4 320	4 460	4 600	4 750	4 910	5 070	5 230
0. 8	5 400	5 570	5 750	5 930	6 160	6 300	6 500	6 710	6 930	7 140
0. 9	7 360	7 500	7 780	8 000	8 300	8 600	8 900	9 200	9 500	9 800
1. 0	10 100	10 500	10 800	11 200	11 600	12 000	12 400	12 800	13 200	13 600
1. 1	14 000	14 400	14 900	15 400	15 900	16 500	17 000	17 500	18 100	18 600

表 A. 2. 2　D21 硅钢片磁化数据表（H 的单位为 A/m）

B/T	0	0. 01	0. 02	0. 03	0. 04	0. 05	0. 06	0. 07	0. 08	0. 09
0. 8	340	348	356	364	372	380	389	398	407	416
0. 9	425	435	445	455	465	475	488	500	512	524
1. 0	536	549	562	575	588	602	616	630	645	660
1. 1	675	691	708	726	745	765	786	808	831	855
1. 2	880	906	933	961	990	1 020	1 050	1 090	1 120	1 160
1. 3	1 200	1 250	1 300	1 350	1 400	1 450	1 500	1 560	1 620	1 680
1. 4	1 740	1 820	1 890	1 980	2 060	2 160	2 260	2 380	2 500	2 640

A. 3　磁路的基本定律

磁路基本定律是磁通连续性原理和安培环路定理在一定的假设条件导出的，并将其写成与电路定律相似的形式，从而可以借用电路的一些概念和分析方法来分析磁路问题。假设条件包括：

（1）漏磁通很小，可忽略，只考虑主磁通。

（2）完整的磁通回路可以根据截面积、磁介质的不同而划分为多个磁路段，每一个磁路段内的磁场是均匀分布的，即 $\boldsymbol{B}$ 和 $\boldsymbol{H}$ 的大小在该磁路段内分别处处相等，方向和磁力线方向相同。

（3）在每一个磁路段，使用平行于磁路段的中心线的长度表示该磁路段的长度。

（4）可以使用构成磁路的铁磁材料的基本磁化曲线来表征该磁路中铁磁材料的磁化特性。

A. 3. 1　磁路的基尔霍夫第一定律

磁路的基尔霍夫第一定律是磁通连续性原理在磁路中的表达。定律表述为：穿过磁路不同截面结合处的磁通的代数和等于零，即

$$\sum \Phi = 0 \quad 或 \quad \sum BS = 0 \tag{A.3.1}$$

该定律从形式上类似于电路中的 KCL。磁路的不同截面结合处类似于电路中不同支路的交点（节点），磁通 Φ 类似于电路中的电流 i。使用时，需要先规定磁通的参考方向，比如规定穿入结合处截面的磁通为“+”，则穿出结合处截面的磁通为“-”。

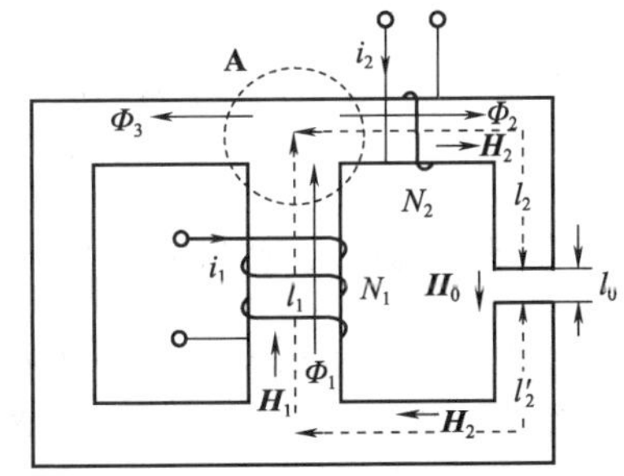

图 A. 3. 1　分支磁路的截面结合处与磁通回路

例 A. 3. 1　图 A. 3. 1 所示磁路中，各磁路段的铁芯材料相同，中部磁柱的截面积与其他部分不同。虚线圆圈 A 标示的区域为一个不同截面的结合处，磁通 Φ_1 穿入结合处截面，磁通 Φ_2、Φ_3 穿出结合处截面。若规定穿入截面的磁通为“+”，则根据磁路的基尔霍夫第一定律，对该闭合界面可以列写方程如下：

$$\Phi_1 - \Phi_2 - \Phi_3 = 0$$

A. 3. 2　磁路的基尔霍夫第二定律

磁路的基尔霍夫第二定律是安培环路定理在磁路中的表达。为了便于叙述，这里先介绍磁压降和磁阻的概念。如图 A. 3. 2 所示，假设磁路段 ab 的磁场强度为 H，沿磁力线方向中心线的长度为 l，则称由 a 端到 b 端磁场强度的积分为该段磁路的磁压降 U_{m}。磁压降的单位为安培（A）。

图 A. 3. 2　磁路段 ab

$$U_{\mathrm{m}} = \int_{a}^{b} \boldsymbol{H} \mathrm{d}\boldsymbol{l} = Hl$$

进一步地，假设该磁路段的磁通为 Φ，铁磁材料的磁导率为 μ，则有

$$U_{\mathrm{m}} = Hl = \frac{B}{\mu} l = \frac{l}{\mu S} \Phi = R_{\mathrm{m}} \Phi \tag{A.3.2}$$

式中，R_{m} 的单位为 1/H，称为该段磁路的磁阻。

$$R_{\mathrm{m}} = \frac{l}{\mu S} \tag{A.3.3}$$

磁路中的磁阻类似于电路中的电阻。需要特别指出的是，由于铁磁材料的磁导率 μ 不是常数，所以其磁阻也不是常数，即磁路是非线性系统。

磁路的基尔霍夫第二定律表述为：沿磁路的任一闭合回路，各磁路段的磁压降的代数和等于和中心线交链的磁通势的代数和，即对于沿磁路的一个包含 M 个磁路段、N 个与中心线交链的磁通势的闭合回路，有

$$\sum_{j=1}^{M} U_{\mathrm{m}j} = \sum_{k=1}^{N} F_{\mathrm{m}k} \tag{A.3.4}$$

式中，$F_{mk}=N_k i_k$ 为与磁路中心线交链的第 k 个磁通势；U_{mj} 为第 j 个磁路段的磁压降。

该定律形式上类似于电路中的 KVL。磁路中的闭合回路类似电路中的电压回路，磁压降类似电路中的电压降（电压），磁通势类似电路中的电动势。使用时，需要先规定回路的绕行方向和 $\boldsymbol{H}$ 的参考方向。当 $\boldsymbol{H}$ 的参考方向与绕行方向一致时，磁压降前的符号为“+”，否则为“-”；当磁通势中电流的方向与回路的绕行方向符合右手螺旋定则时，磁通势前的符号为“+”，否则为“-”。

例 A. 3. 2 图 A. 3. 1 所示磁路中，考虑由 $l_1-l_2-l_0-l_2'$ 四个磁路段组成的闭合回路，假设各磁路段的磁场强度值分别为 H_1、H_2、H_0、H_2（由于长度为 l_2 和 l_2' 的两个磁路段的铁芯材料相同，截面积也相同，因此它们的磁场强度相同，统一用 H_2 表示）。若规定绕行方向为顺时针方向，则根据磁路的基尔霍夫第二定律，可以列写方程如下：

$$H_1l_1+H_2(l_2+l_2')+H_0l_0=N_1i_1+N_2i_2$$

A. 3. 3　磁路与电路的类比

由以上内容可知，磁路和电路在很多概念上具有相似性，因此常利用分析电路的相关思路来分析磁路。对于一个磁路，可以画出其电路模拟图来辅助分析。图 A. 3. 3 所示为由三个磁路段组成的磁路及其对应的电路模拟图。其中，虽然铁芯段所用的铁磁材料相同，但上下两段铁芯的截面积不同，由于磁阻 R_m 与磁路段的截面积 S、磁导率 μ 有关，因此在进行分析时，凡是截面积或材料不同的磁路段，均需要划分为单独的磁路段。

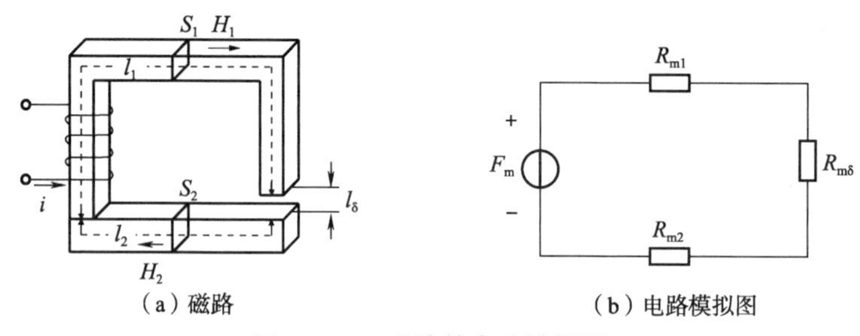

图 A. 3. 3　磁路的电路模拟图

表 A. 3. 1 总结了电路与磁路的主要相似点。

表 A. 3. 1　电路与磁路的主要相似点

电　路	磁　路
电动势 E	磁通势 F_m
电流 I	磁通 Φ
电压 $U=RI$	磁压降 $U_m=R_m\Phi$
电导率 γ	磁导率 μ
电阻 $R=\dfrac{l}{\gamma S}$	磁阻 $R_m=\dfrac{l}{\mu S}$
KCL $\sum I=0$	磁路的基尔霍夫第一定律 $\sum\Phi=0$
KVL $\sum U=\sum E$	磁路的基尔霍夫第二定律 $\sum U_m=\sum F_m$

需要说明的是，磁路和电路的相似仅是形式上的，两者有本质的区别。电路中的电流

是带电粒子的运动，电流流经电阻时有功率消耗。磁路中的磁通不代表粒子的运动，恒定磁通穿过磁阻不损耗功率。自然界存在对电流良好的绝缘材料，但尚未发现对磁通绝缘的材料，即电路中存在开路现象，但磁路中没有开路现象。

A.4 直流磁路的计算

在直流磁路中，由于励磁电流为直流，因此磁通不随时间变化。直流磁路通常应用在直流电磁铁、直流电机等设备中。

直流磁路的计算分为两类：一类是预先给定磁通，要求计算产生该磁通所需要的磁通势或励磁电流；另一类是预先给定磁通势，要求计算该磁通势在磁路中产生的磁通。

这里仅考虑无分支磁路的计算问题。无分支磁路仅有一个磁回路，在不计及漏磁通时，磁路中的磁通处处相等。分析时，应该先根据材料和截面积的不同对磁路进行分段，使得每一段磁路具有相同的材料和截面积，并根据各磁路段的尺寸计算其截面积和磁路段的平均长度（即中心线的长度）。

需要注意的是，在某些磁路中，存在由空气形成的磁路段，称为气隙。由于气隙与周围的环境之间没有边界，且磁导率较低，因此磁通在通过气隙时，会向外扩张，形成边缘效应，如图 A.4.1 所示。

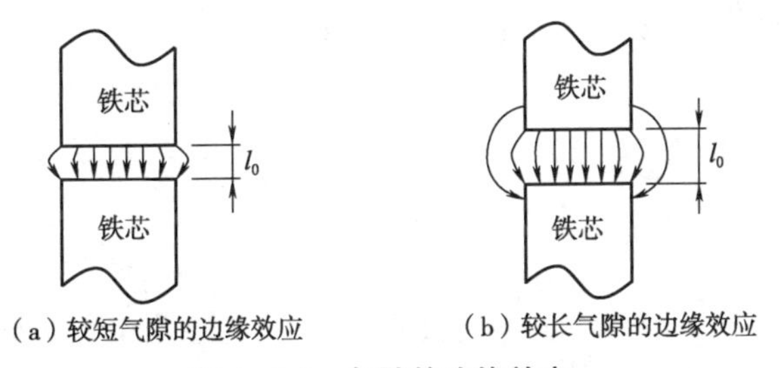

（a）较短气隙的边缘效应　　（b）较长气隙的边缘效应

图 A.4.1　气隙的边缘效应

气隙的长度越长，气隙的边缘效应越大、越复杂，越难于精确计算。当气隙较短时，可用如下经验公式来计算气隙的有效截面积：

$$S_0=(a+l_0)(b+l_0)\approx ab+(a+b)l_0 \quad \text{（矩形截面磁路）} \tag{A.4.1}$$

$$S_0=\pi\left(r+\frac{l_0}{2}\right)^2\approx \pi r^2+\pi r l_0 \quad \text{（圆形截面磁路）} \tag{A.4.2}$$

式中，l_0 为气隙长度；a、b 为矩形截面的长和宽；r 为圆形截面的半径。

A.4.1 已知磁通求磁通势

根据是否已知各磁路段的磁导率 μ，磁通势的计算方法分两种：

（1）如果各磁路段磁导率 μ 已知，先根据 $B=\dfrac{\Phi}{S}$ 获得各个磁路段的磁感应强度 B，再由 B 求得 H，然后根据磁路的基尔霍夫第二定律列写方程，求出所需磁通势 F_m。

（2）如果各磁路段磁导率 μ 未知，仍先根据 $B=\dfrac{\Phi}{S}$ 获得各个磁路段的磁感应强度 B，再根据各磁路段材料的 B-H 曲线查得与 B 对应的 H，最后根据磁路的基尔霍夫第二定律列写方程，求出所需磁通势 F_m。

例 A. 4. 1 有简单磁路如图 A. 4. 2 所示，已知铁芯截面积 $S=3\times3\times10^{-4}\ m^2$，相对磁导率 $\mu_r=5\ 000$，气隙长度 $l_\delta=5\times10^{-4}$ m，整个磁路中心线长度 $l=0.3$ m。若希望磁路中的磁感应强度 $B=1$ T，试求所需的励磁磁动势。

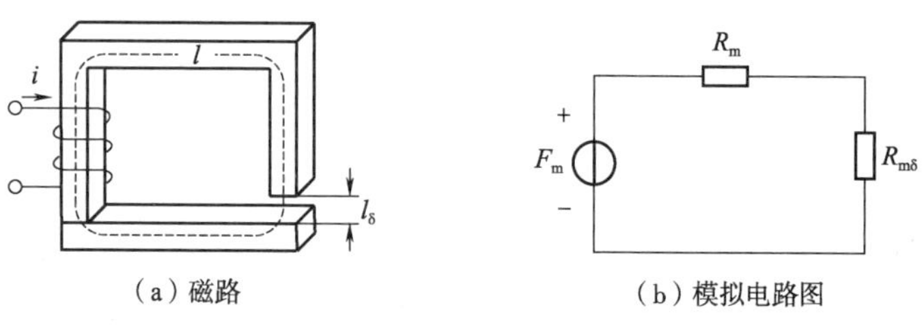

（a）磁路　　（b）模拟电路图

图 A. 4. 2　例 A. 4. 1 图

解　本题磁路由两段组成：截面积、材质均相同的铁芯段和气隙段。对于气隙段，计算截面积时需考虑到边缘效应。

（1）铁芯段：

磁场强度 H_{Fe}：

$$H_{Fe}=\frac{B_{Fe}}{\mu}=\frac{1}{5\ 000\times4\pi\times10^{-7}}\ A/m\approx159\ A/m$$

铁芯段磁压降：

$$H_{Fe}l_{Fe}=159\times(0.3-0.000\ 5)\ A\approx47.6\ A$$

（2）气隙段：

截面积：

$$S_\delta=(3+0.05)\times(3+0.05)\times10^{-4}\ m^2=3.05^2\times10^{-4}\ m^2$$

磁场强度：

$$H_\delta=\frac{B_\delta}{\mu_0}=\frac{\frac{\Phi}{S_\delta}}{\mu_0}=\frac{\frac{B_{Fe}\times S_{Fe}}{S_\delta}}{\mu_0}=\frac{\frac{1\times3^2}{3.05^2}}{4\pi\times10^{-7}}\ A/m\approx7.7\times10^5\ A/m$$

气隙段磁压降：

$$H_\delta l_\delta=7.7\times10^5\times0.000\ 5\ A=385\ A$$

（3）求磁通势。根据磁路的基尔霍夫第二定律，有

$$F_m=H_{Fe}l_{Fe}+H_\delta l_\delta$$

求得所需的磁通势为

$$F_m=(47.6+385)\ A=432.6\ A$$

通过本例可见，不同材质磁路段的磁压降的效果不同。本例中，气隙段的长度虽然很短，但其磁压降却占了整个磁通势的 89%，使得铁芯段的磁压降大大降低，即气隙具有去磁作用。因此，在希望使用较小励磁线圈获得较高磁感应强度的场合，磁路中应尽量避免存在气隙，例如变压器和电动机的磁路。另一方面，在有的场合也可以有意识地利用气隙，通过调整气隙的大小来改变磁路中的磁感应强度和磁通的大小，从而使设备具有某种

可调性。

本例也可以使用模拟电路图来求解，如图 A. 4. 2（b）所示。

例 A. 4. 2　一圆环形磁路及其基本磁化曲线如图 A. 4. 3 所示。平均磁路长度 l = 100 cm，截面积 $S=5\ \text{cm}^2$。若要求在磁路中产生 2×10^{-4} Wb 的磁通，已知励磁线圈匝数为 1 000，求励磁电流为多少？

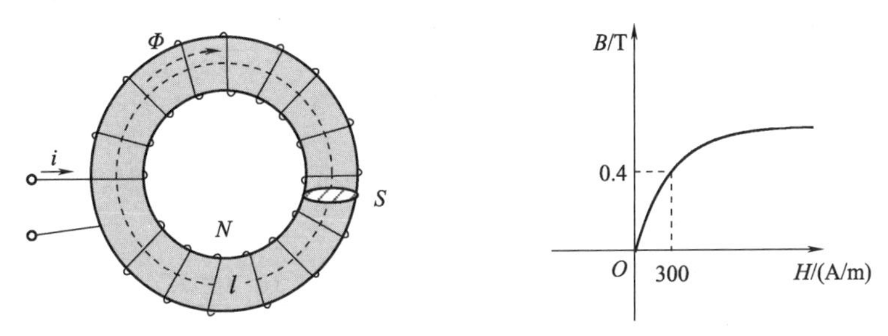

图 A. 4. 3　圆环形磁路及其基本磁化曲线

解　磁感应强度为

$$B=\frac{\Phi}{S}=\frac{2\times10^{-4}}{5\times10^{-4}}\ \text{T}=0.4\ \text{T}$$

查基本磁化曲线，得知 $H=300$ A/m

因此，所需磁通势为

$$F_{\text{m}}=Hl=300\times1\ \text{A}=300\ \text{A}$$

所需励磁电流为

$$I=\frac{F_{\text{m}}}{N}=0.3\ \text{A}$$

A. 4. 2　已知磁通势求磁通

对于已知磁通势，求该磁通势在磁路中产生的磁通的问题，由于各磁路段的磁导率不是常数，不能直接由解析式直接求解，一般可采用试探法。

先假设一个磁通 Φ，然后按照“已知磁通求磁通势”的方法，计算获得该磁通所需要的磁通势。如果求得的磁通势与给定的磁通势的误差满足要求，则这个假设的磁通就是问题的解；如果求得的磁通势与给定的磁通势相差太远，则对先前假设的磁通 Φ 进行修正，再重新计算磁通势。如此反复，直至求得的磁通势与给定的磁通势的误差满足要求为止。

在上述试探法中，磁通 Φ 的初始值的设定非常关键。由前面的例子可知，当磁路含有气隙时，气隙部分的磁压降往往占整个磁路磁通势的大部分比例。因此，可假设气隙磁压降等于给定的磁通势，进而计算得出第一次磁通假设值。

例 A. 4. 3　磁路如图 A. 4. 4（a）所示。气隙的长度 $l_0=1$ mm，磁路截面积 $S=16\ \text{cm}^2$，中心线长度 $l=50$ cm，线圈的匝数 $N=1\ 250$，励磁电流 $I=800$ mA。铁芯的材料为铸钢，磁化曲线如图 A. 4. 4（b）所示。不考虑气隙部分的边缘扩张效应，求磁路中的磁通。

解　用试探法求解。给定的磁通势为

$$F_{\text{m}}=NI=1\ 250\times800\times10^{-3}\text{A}=1\ 000\ \text{A}$$

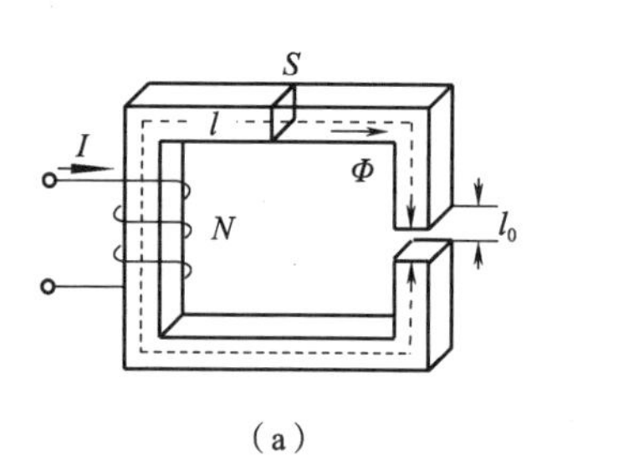

(a)

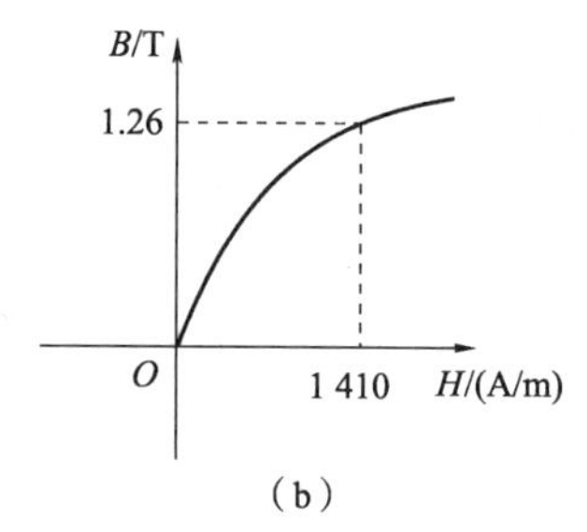

(b)

图 A. 4. 4 例 A. 4. 3 图

由于空气隙的磁阻较大，可暂设整个磁路的磁通势全部用于气隙，由此来设定磁通的初始值：

$$\Phi^1 = B_0^1 S_0 = \mu_0 H_0^1 S_0 = \frac{F_m \mu_0 S_0}{l_0} = \frac{1\,000 \times 4\pi \times 10^{-7} \times 16 \times 10^{-4}}{10^{-3}} \approx 20.11 \times 10^{-4}\text{Wb}$$

式中，Φ^1 表示第一次试探使用的假设磁通，其余变量的含义类似。

当磁通为 Φ^1 时，铁芯部分的磁感应强度为

$$B_{Fe}^1 = \frac{\Phi^1}{S} \approx 1.26\ \text{T}$$

由磁化曲线得到铁芯部分的磁感应强度为

$$H_{Fe}^1 = 1\,410\ \text{A/m}$$

气隙部分的磁场强度为（由于不考虑边缘扩张效应，因此气隙部分的磁感应强度等于铁芯部分的磁感应强度，即 $B_0^1 = B_{Fe}^1$）

$$H_0^1 = \frac{B_0^1}{\mu_0} \approx 10.08 \times 10^5\ \text{A/m}$$

求得对应的磁通势为

$$F_m^1 = H_{Fe}^1 l_{Fe} + H_0^1 l_0 = 1\,713\ \text{A}$$

显然，根据第一次设定的磁通 Φ^1 求得的磁通势 F_m^1 与给定的磁通势 F_m 相差甚远，因此需要调整设定的磁通，重新计算。相邻两次试探的磁通设定可以按下式进行调整

$$\Phi^{n+1} = \Phi^n \frac{F_m}{F_m^n}$$

如此反复，求得各次试探中设定的磁通 Φ^n 和对应的磁通势 F_m^n，见表 A. 4. 1。

表 A. 4. 1 例 A. 4. 3 各次迭代求解的结果

试探次数 n	假设磁通 $\Phi^n/\times 10^{-4}$ Wb	对应磁通势 F_m^n/A	误差/%
1	20.11	1 713	71.3
2	11.74	906	-9.4
3	12.94	987	-1.3
4	13.11	1 002	0.2

显然，经过四次试探，求得的磁通势 $F_m^n(n = 4)$ 与给定的磁通势 F_m 间的误差只有 0.2%，可以认为达到需要的精度，此时对应的磁通 $\Phi^4 = 13.11 \times 10^{-4}$ Wb 即为所求。

A.5 交流磁路的特点

当励磁电流随时间变化时，铁芯内的磁通也会随时间变化，这类磁路称为交流磁路。交流电磁铁、变压器和交流电动机的磁路均为交流磁路。

A.5.1 铁芯损耗

与直流磁路中没有功率损耗不同，在交流磁路中，由于磁通是交变的，铁芯内部存在功率损耗，称为铁芯损耗，简称铁损。铁损主要包括磁滞损耗和涡流损耗。

磁滞损耗是铁磁物质在交变磁化时出现的功率损失，它把相应的电能转化为热能。磁滞损耗与铁磁材料的磁滞回线的面积成正比。工程上，采用如下的经验公式计算磁滞损耗：

$$P_h = \sigma_h f B_m^n V$$

式中，σ_h 是与材料有关的常数；B_m 为磁感应强度的最大值；n 的值由 B_m 确定，当 $B_m < 1$ T 时，$n=1.6$；当 $B_m > 1$ T 时，$n=2$；V 为铁芯的体积；f 为交变电压、磁通的频率。

当通过铁芯的磁通变化时，根据电磁感应定律，铁芯中将产生感应电动势，并产生环形流动的电流。由于这些环形电流在铁芯内部围绕磁通做旋涡状流动，所以称为涡流，如图 A.5.1 所示。涡流在铁芯电阻中引起的损耗称为涡流损耗。

分析表明：频率越高，磁通密度越大，感应电动势越大，涡流损耗也越大；铁芯的电阻率越大，涡流所流过的路径越长，涡流损耗就越小。工程上，为了减少铁芯的涡流损耗，人们把铁芯材料制成薄片（0.35~0.5 mm），然后用这些薄片叠成铁芯，如图 A.5.2 所示。彼此间相互绝缘的铁芯薄片能够有效削弱涡流的形成，使得铁芯中的涡流损耗大大减小。

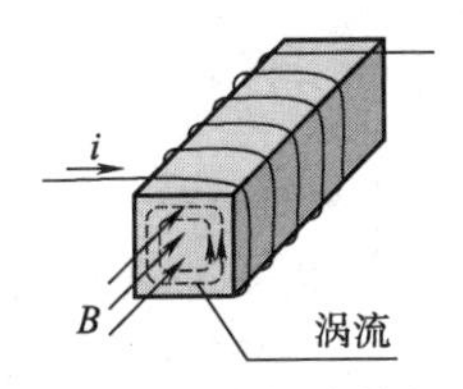

图 A.5.1 铁芯中的涡流

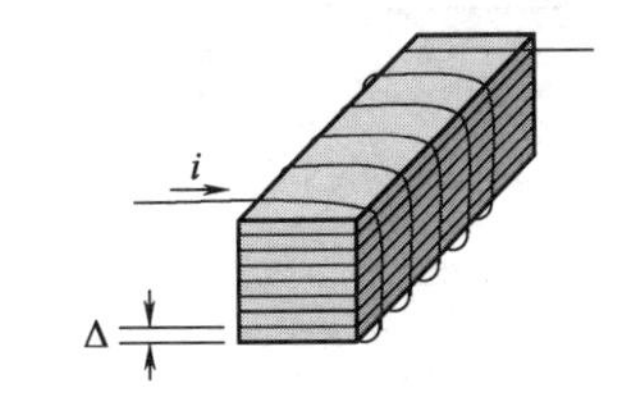

图 A.5.2 用硅钢片叠成的铁芯

对于由硅钢片叠成的铁芯，在正常的工作磁通密度范围内（$1\ \text{T} < B_m < 1.8\ \text{T}$），涡流损耗 P_e 为

$$P_e = C_e \Delta^2 f^2 B_m^2 V$$

式中，C_e 为涡流损耗系数，其大小取决于材料的电阻率；Δ 为硅钢片厚度。

A.5.2 励磁电流、线圈电压与磁通的波形

由于铁磁材料的磁感应强度 $\boldsymbol{B}$ 与磁场强度 $\boldsymbol{H}$ 不成线性关系，因此磁路中的磁通与励磁电流之间也不成线性关系。当励磁电流为正弦波时，磁通为非正弦波形；反之亦然。下面以单个励磁线圈、无分支的均匀铁芯线圈磁路为例进行讨论。

根据磁路的基尔霍夫第二定律，在磁场强度 H 处处相等的均匀铁芯线圈磁路中，有

$Hl=Ni$，即

$$H=\frac{N}{l}i$$

由于 N、l 为常数，因此均匀铁芯线圈磁路的 B-i 曲线与其 B-H 曲线相似。又由于 $B=\Phi/S$，所以其 Φ-i 曲线与其 B-i 曲线相似。因此，其 Φ-i 曲线与其 B-H 曲线相似。

设某铁磁材料的 Φ-i 曲线如图 A.5.3（a）所示（其形状与该材料的 B-H 曲线类似）。当励磁电流为图 A.5.3（b）的正弦量 $i(t)$ 时，可以根据图 A.5.3（a）得到图 A.5.3（b）中对应的磁通 $\Phi(t)$ 曲线。因 Φ-i 曲线上部的 $\frac{\mathrm{d}\Phi}{\mathrm{d}i}$ 比较小，使得 $\Phi(t)$ 波形的顶端变得平缓。根据电磁感应定律，线圈两端的感应电压为磁通的导数，即

$$u=N\frac{\mathrm{d}\Phi}{\mathrm{d}t} \tag{A.5.1}$$

因此，当 $\Phi(t)$ 波形出现畸变时，电压波形也会发生畸变，如图 A.5.3（b）中的虚线 $u(t)$ 所示。

当磁通 $\Phi(t)$ 为正弦量时，由式（A.5.1）可知，线圈两端电压也为正弦量。由于 Φ-i 的非线性关系，可知励磁电流 $i(t)$ 的波形为非正弦波形，如图 A.5.4 所示。由于 Φ-i 曲线的上凸形状，其下部的 $\left|\frac{\mathrm{d}\Phi}{\mathrm{d}i}\right|$ 大于上部的 $\left|\frac{\mathrm{d}\Phi}{\mathrm{d}i}\right|$，所以可以在下部用较小的励磁电流得到较大的磁通，而在上部则需要较大的励磁电流。因此，形成正弦波形磁通的励磁电流具有尖顶波形。

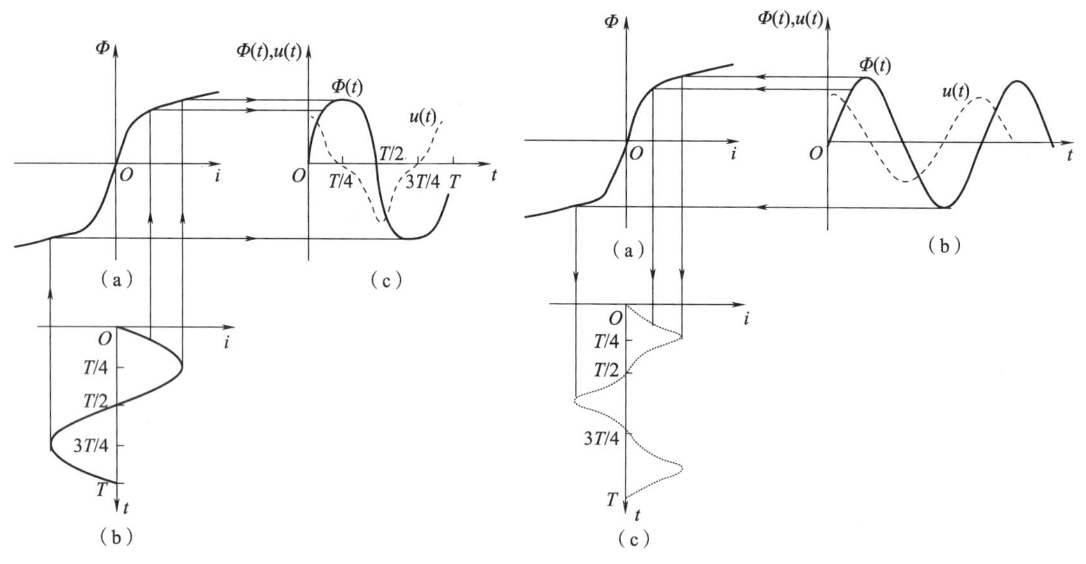

图 A.5.3　励磁电流为正弦量时的磁通和电压波形　　图 A.5.4　磁通为正弦量时的电流和电压波形

 A.6　交流铁芯线圈的电路模型

交流铁芯线圈是一个常见的电工部件。由于磁饱和、磁滞、涡流现象的存在，很难为

其建立精确的电路模型。由于器件的非线性性质，也无法直接使用相量法进行分析。不过，可以采用等效正弦波法建立交流铁芯线圈在交流电路中的近似电路模型。

等效正弦波的处理思想如下：假设二端器件在有效值为 U 的交变电压 u 激励下，产生有效值为 I 的交变电流 i，二端器件吸收的平均功率为 P；u、i 的波形成分中主要是基波，另外还有不显著的高次谐波。此时可以利用有效值分别为 U、I，频率为基波频率的正弦波近似表示交变电压 u 和电流 i，且满足

$$P = UI\cos\theta$$

式中，θ 为等效正弦电压、电流的相位差。

该二端器件的等效复阻抗 Z 为

$$Z = \frac{\dot{U}}{\dot{I}} = |Z|\underline{/\theta}$$

A.6.1 理想铁芯线圈的相量模型

如果忽略磁化曲线的磁滞特性、漏磁通和线圈导线电阻，并用等效正弦波来代替发生了畸变的波形，则可以用一个非线性电感作为铁芯线圈的电路模型，其电磁特性表达为磁链与电流的非线性函数 $\Psi = f(i)$。相量模型和相量图如图 A.6.1（a）、图 A.6.1（b）所示。

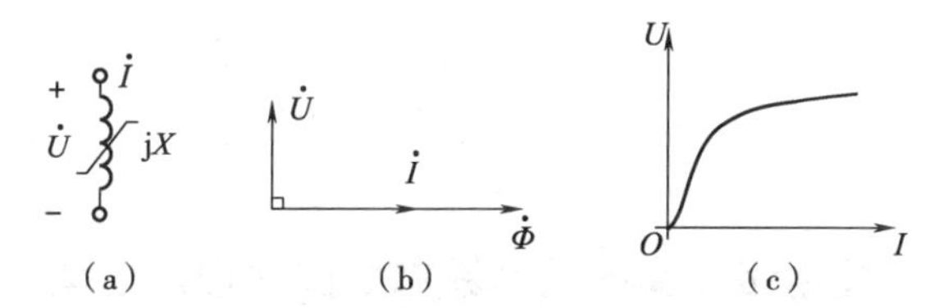

图 A.6.1 理想交流铁芯线圈相量模型

其中，$\dot{U}$ 为铁芯线圈电压，$\dot{I}$ 为铁芯线圈励磁电流，此时 $\dot{I}$ 全部用作磁化电流。根据正弦稳态下电感的 VCR，$\dot{I}$ 的相位滞后 $\dot{U}$ 90°。由于线圈电压 u 被等效为一个正弦波，而 $u = N\dfrac{\mathrm{d}\Phi}{\mathrm{d}t}$，因此主磁通 Φ 也是一个正弦波，其相位比 u 滞后 90°，在图 A.6.1（b）中用相量 $\dot{\Phi}$ 表示，称为磁通相量。铁芯线圈的感抗 $X = \dfrac{U}{I}$ 不是一个常数，它随着电压的变化而变化。电压越高，铁芯饱和程度越高（即最大磁感应强度 B_m 越大），感抗 X 越小，如图 A.6.1（c）所示。

A.6.2 考虑铁损时铁芯线圈的相量模型

如果忽略漏磁通和导线电阻，但考虑铁芯线圈的铁损，则铁芯线圈的等效电路模型如图 A.6.2（a）所示。它由一个非线性电导 G_0 和非线性感纳 B_0 并联而成，其中铁损等效为电导 G_0，而感纳 B_0 则是 A.6.1 中理想铁芯线圈的等效模型。励磁电流包含两部分，表示为

$$\dot{I}=\dot{I}_{a}+\dot{I}_{r}=\sqrt{I_{a}^{2}+I_{r}^{2}}\ \angle\alpha$$

式中，电流 $\dot{I}_a$ 与电压 $\dot{U}$ 同相，为励磁电流 $\dot{I}$ 的有功分量，用于计及铁损；电流 $\dot{I}_r$ 相位滞后电压 $\dot{U}90°$，是铁芯线圈的磁化电流，为励磁电流 $\dot{I}$ 的无功分量；α 为励磁电流 $\dot{I}$ 超前磁化电流 $\dot{I}_r$ 的相角，α 通常很小。

画出相量图如图 A. 6. 2（b）所示。

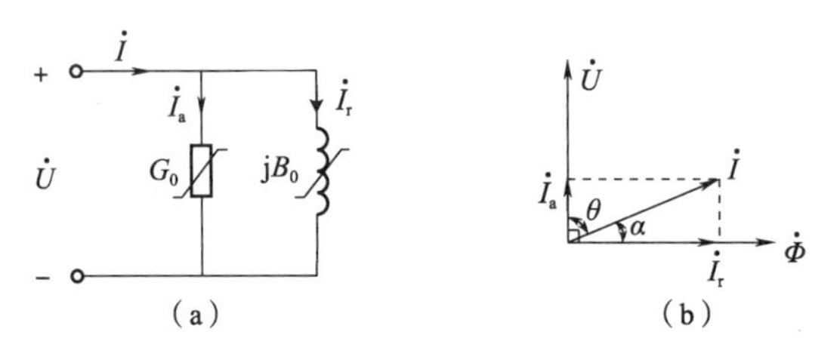

图 A. 6. 2　不考虑线圈电阻和漏磁通铁芯线圈的相量模型

电导 G_0 和感纳 B_0 不是常数，而是随着 U 的改变（即最大磁感应强度 B_m 的变化）而变化。给定电压 U，若通过实验或其他方法得到电流 I 及铁芯线圈的功率 P，由于 $\cos\theta=\frac{P}{UI}$，便可由下面的方法求得此时的 G_0 和 B_0：

$$G_0=\frac{I_a}{U}=\frac{I\cos\theta}{U}$$

$$B_0=-\frac{I_r}{U}=-\frac{I|\sin\theta|}{U}$$

A. 6. 3　考虑铁损、线圈电阻和漏磁通时铁芯线圈的相量模型

此时，线圈电阻可以等效为一个与铁芯线圈串联的电阻 R。对于漏磁通，由于它的磁路主要为空气，其磁阻主要取决于空气段的磁阻，因此可以认为漏磁链与电流之间存在线性关系，故可以用一个线性电感 L_σ 来表示漏磁通，称为漏电感。漏电感 L_σ 的定义为

$$L_\sigma=\frac{\Psi_\sigma}{i}$$

式中，Ψ_σ 为漏磁链。

由于铁芯线圈的磁链 Ψ 包含主磁链 Ψ_0 和漏磁链 Ψ_σ，即 $\Psi=\Psi_0+\Psi_\sigma$，因此线圈电路的方程为

$$Ri+\frac{d\Psi}{dt}=Ri+\frac{d\Psi_0}{dt}+\frac{d\Psi_\sigma}{dt}=u$$

对应的相量表达式为

$$\dot{U}=\dot{U}_R+\dot{U}_0+\dot{U}_\sigma$$

式中，$\dot{U}_R$ 为线圈电阻电压；$\dot{U}_0$ 为主磁通等效电路电压；$\dot{U}_\sigma$ 为漏磁通的等效电路电压。

由此可知，漏磁通的等效电感（漏电感）应该和主磁通的等效电路相串联。因此，在同时考虑铁芯线圈的铁损、电阻和漏磁通的情况下，铁芯线圈的等效电路如图 A. 6. 3 所示 。

对应的相量图如图 A. 6. 4 所示。

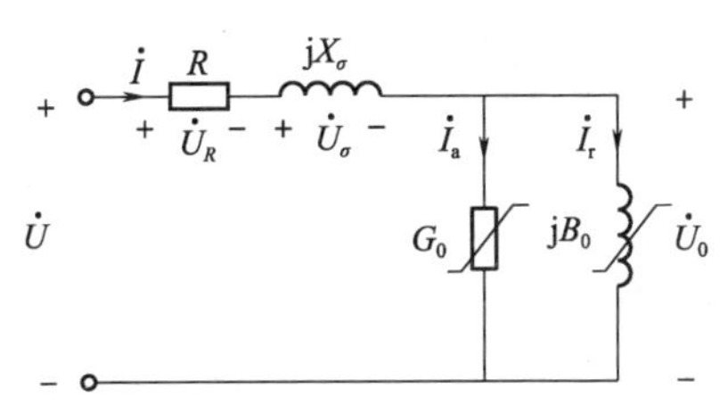

图 A. 6. 3　同时考虑铁损、线圈电阻和漏磁通时铁芯线圈的等效电路

图 A. 6. 4　相量图

由于 $\dot{U}_R$ 与电流 $\dot{I}$ 相位相同，故在电阻 R 上将产生功率损耗 RI^2，由于该损耗由铜质导线中的电阻所形成，所以也称之为铜损。$\dot{U}_\sigma$ 的相位超前电流 $\dot{I}$ 的相位 90°，它只涉及无功功率的交换，不产生有功功率损耗。

习　题

A. 1　磁路和电路有何相似点和不同点？

A. 2　某一磁路的铁芯呈圆柱形，截面积为 $4\pi\times10^{-4}$ m^2。该磁路中有一段长度为 0. 1 cm 的气隙，试求气隙的磁阻。

A. 3　有一截面积为 10×10^{-4} m^2 的铁芯，其相对磁导率 $\mu_r=600$。已知铁芯中磁场强度为 15 A/cm，试求铁芯中的磁通。

A. 4　一个由铸铁材料构成的闭合均匀磁路，截面积 $S=6$ cm^2，磁路的平均长度 $l=$ 0. 4 m，线圈的匝数为 200。如果希望在铁芯中产生 4.2×10^{-4} Wb 的磁通，问需在该线圈中通入多大的电流？

A. 5　题图 A. 1 所示的均匀无分支磁路，截面积 $S=16\times10^{-4}$ m^2，中心线长度 $l=0.5$ m，铁芯材料为 D21 硅钢片，线圈匝数为 1 000，电流为 200 mA。(1) 求磁路的磁通。(2) 如保持磁通不变，铁芯材料改为铸铁，求所需磁通势为多少？

A. 6　如题图 A. 2 所示铁芯线圈。铁芯材料为 D21 硅钢片，欲使气隙中的磁感应强度为 0. 8 T，试求所需磁通势。

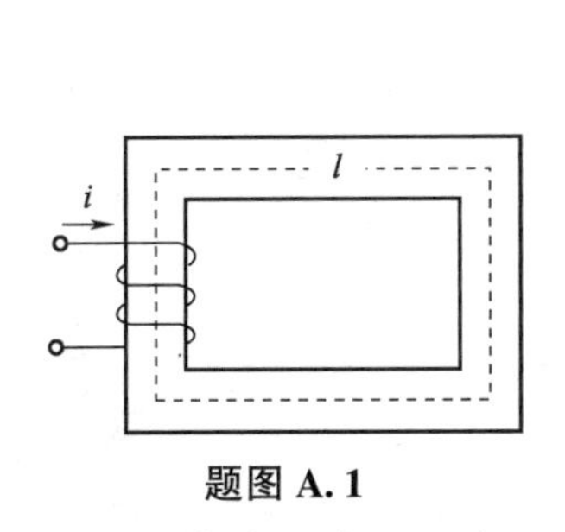

题图 A. 1

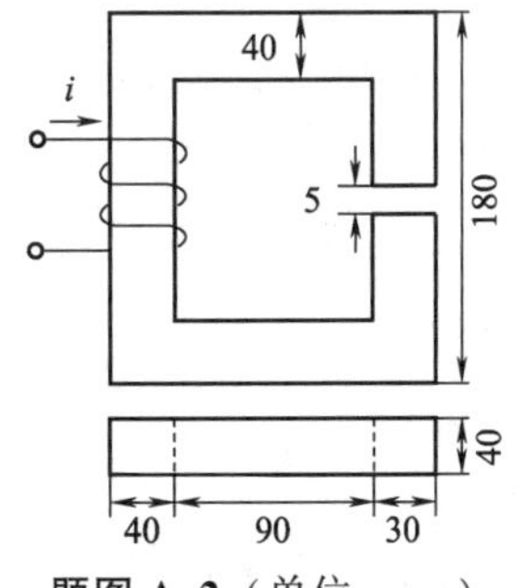

题图 A. 2（单位：mm）

A. 7　一圆环形铁芯，截面积为 S，磁路中心线长度为 l_f，铁环有气隙，长度为 l_a，铁芯上绕有 N 匝线圈。假设铁芯材料的磁导率 μ 为常数，求此线圈的电感 L。若 $l_f=30$ cm，$l_a=1$ mm，$\mu_r=1\ 000$，$S=4$ cm^2，$N=1\ 000$，计算电感 L 的值。

参 考 文 献

[1] 李瀚荪. 电路分析基础 [M]. 5 版. 北京：高等教育出版社，2017.

[2] 邱关源，罗先觉. 电路 [M]. 5 版. 北京：高等教育出版社，2006.

[3] 于歆杰，朱桂萍，陆文娟. 电路原理 [M]. 北京：清华大学出版社，2007.

[4] WILAM H H, JACK E K, JAMIE D P, et al. Engineering circuit analysis [M]. 9th ed. New York: McGraw-Hill Education, 2019.

[5] CHARLES K A, MATTHEW N O. Fundamentals of electric circuits [M]. 6th ed. New York: McGraw-Hill Education, 2017.

[6] 江辑光，刘秀成. 电路原理 [M]. 北京：清华大学出版社，1996.

[7] DAVID I J, MARK N R. Basic engineering circuit analysis [M]. 11th ed. New Jersey: Wiley, 2015.